建筑工程概论

主　编　商如斌
副主编　李海涛　查京民　肖　艳

天津大学出版社
TIANJIN UNIVERSITY PRESS

内容提要

本书共分4篇17章，内容包括：建筑和构成建筑的基本要素，建筑设计，建筑材料的基本性质，基本建筑材料，以水泥为基础组成材料的建筑材料，防水材料与保温材料，装饰材料，基础与地下室，墙的构造，楼板层与地板层构造，楼梯与台阶，屋顶构造，门窗，单层厂房的承重结构和构造，工业化建筑，建筑的主体工程以及装饰工程等。

本书除作为大专院校建筑工程、工程管理、财务管理及相关专业教材外，还可供从事建筑工程设计、施工、项目管理的工程技术人员和概预算人员参考。

图书在版编目(CIP)数据

建筑工程概论/商如斌主编. —天津：天津大学出版社，2010.7（2018.3重印）
ISBN 978-7-5618-3538-8

Ⅰ.①建… Ⅱ.①商… Ⅲ.①建筑工程-概论 Ⅳ.①TU

中国版本图书馆CIP数据核字(2010)第112278号

出版发行 天津大学出版社
地　　址 天津市卫津路92号天津大学内(邮编:300072)
电　　话 发行部:022-27403647
网　　址 publish.tju.edu.cn
印　　刷 天津泰宇印务有限公司
经　　销 全国各地新华书店
开　　本 185mm×260mm
印　　张 18.5
字　　数 468千
版　　次 2010年7月第1版
印　　次 2018年3月第5次
定　　价 36.00元

前　言

建筑工程是运用数学、物理学、化学等基础知识和力学、材料等技术知识及建筑工程方面的专业知识研究各种建筑物设计、修建的一门学科。近些年来，随着我国改革开放的深入，国民经济和科学技术发速发展，建筑工程理论与实践的发展在我国经济建设中发挥着越来越重要的作用。

本书第1版自2002年出版以来已使用多年，随着教育教学改革的不断深入和建筑工程技术的不断进步，原教材中的部分内容已显得陈旧。这次再版，保持了第1版的编写体系和特色，对相关内容进行了修订。

本书全面阐述了建筑工程的有关技术知识，包括建筑设计、建筑材料、建筑构造及建筑施工的基本内容。其中，有关名词采用了国家标准(GB)所规定的统一写法，有关数据采用了法定计量单位。在编写过程中力求概念清晰、条理分明、便于自学。

本书可作为建筑工程、工程管理及相关专业的建筑工程概论课程的教材，也可供建筑工程设计、施工、项目管理、工程概预算等人员参考。

本书由商如斌任主编，李海涛、查京民、肖艳任副主编。第1、2章由李海涛编写，第3、4、5、6、7、9、10、12章由查京民编写，第8、11、13、15章由肖艳编写，第14、16、17章由商如斌编写。

本书编写过程中，借鉴参考了许多有关教材和资料，并得到了天津大学出版社的大力支持和帮助，在此一并表示感谢。

限于编者水平，书中难免存在缺点和错误，希望同行和读者批评指正。

编者

2010年7月

目　录

第 1 篇　建筑概论

第1章 建筑概述

1.1 建筑和构成建筑的基本要素

1.1.1 建筑的基本概念

建筑是建筑物和构筑物的通称。具体说,供人们进行生产、生活或其他活动的房屋或场所称为建筑物,如住宅、医院、学校、商店等;人们不能直接在其内进行生产、生活的建筑称为构筑物,如水塔、烟囱、桥梁、堤坝、纪念碑等。无论是建筑物还是构筑物,都是为了满足一定功能,运用一定的物质材料和技术手段,依据科学规律和美学原则而建造的相对稳定的人造空间。

本书所涉及的建筑主要是建筑物。

1.1.2 建筑构成的基本要素

建筑从根本上看是由三个基本要素构成,即建筑功能、建筑物质技术条件和建筑形象,简称"建筑三要素"。

1. 建筑功能

建筑功能是指建筑物在物质和精神方面必须满足的使用要求。当人们说某个建筑物适用或者不适用时,一般是指它能否满足某种功能要求。所以建筑的功能要求是建筑物最基本的要求,也是人们建造房屋的主要目的。

在人类社会,建筑的功能除了满足人的物质生活要求之外,还有社会生活和精神生活方面的功能要求,因此,具有一定的社会性。

建筑功能要求是随着社会生产和生活的发展而发展的,从构木为巢到现代化的高楼大厦,从手工业作坊到高度自动化的大工厂,建筑功能越来越复杂多样,人们对建筑功能的要求也越来越高。

不同的功能要求产生了不同的建筑类型,例如各种生产性建筑、居住建筑、公共建筑等。而不同的建筑类型又有不同的建筑特点。所以建筑功能是决定各种建筑物性质、类型和特点的主要因素。

2. 建筑的物质技术条件

建筑的物质技术条件包括材料、结构、设备和建筑生产技术(施工)等重要内容。材料和结构是构成建筑空间环境的骨架;设备是保证建筑物达到某种要求的技术条件;而建筑生产技术则是实现建筑生产的过程和方法。例如:钢材、水泥和钢筋混凝土的出现,从材料上解决了现代建筑中大跨、高层的结构问题;电脑和各种自动控制设备的应用,解决了现代建筑中各种复杂的使用要求;而先进的施工技术,又使这些复杂的建筑得以实现。所以它们都是达到建筑功能要求和艺术要求的物质技术条件。

建筑的物质技术条件是受社会生产水平和科学技术水平制约的。例如,随着生产和科学技术的发展,各种新材料、新结构、新设备不断出现,同时工业化施工水平不断提高,建筑的物质技术条件也出现了新的面貌。而建筑的物质技术条件进一步现代化，必然会给建筑功能和建筑形象带来新的变化。新的功能要求由于技术上可能而产生了，例如多功能大厅、超高层建筑等；新的建筑形象由于材料、结构的改变而出现了，例如薄壳、悬索等结构的建筑形象。同样，建筑在满足社会的物质要求和精神要求的同时，也会反过来向物质技术条件提出新的要求，推动物质技术条件进一步发展。

总之，物质技术条件是建筑发展的重要因素，只有在物质技术条件具有一定水平的情况下，建筑的物质功能要求和艺术审美要求才有可能充分实现。

3. 建筑形象

根据建筑的功能和艺术审美要求，并考虑民族传统和自然环境条件，通过物质技术条件的创造，构成一定的建筑形象。构成建筑形象的因素，包括建筑群体和单体的体形、内部和外部的空间组合、立面构图、细部处理、材料的色彩和质感以及光影和装饰的处理，等等。如果对这些因素处理得当，就能产生良好的艺术效果，给人以一定的感染力，例如庄严雄伟、朴素大方、轻松愉快、简洁明朗、生动活泼，等等。

建筑形象并不单纯是一个美观问题，它还常常反映社会和时代的特征，表现出特定时代的生产水平、文化传统、民族风格和社会精神面貌；表现出建筑物一定的性格和内容。例如埃及的金字塔、希腊的神庙、中世纪的教堂、中国古代的宫殿、近现代出现的摩天大楼以及我国北京的人民大会堂，等等，它们都有不同的建筑形象，反映着不同的社会文化和时代背景。

由于建筑首先是一种物质资料的生产，因此建筑形象就不能离开建筑的功能要求和物质技术条件而任意创造，否则就会走到形式主义、惟美主义的歧途。

在上述三个基本构成要素中，满足功能要求是建筑的首要目的；材料、结构、设备等物质技术条件是达到建筑目的的手段；而建筑形象则是建筑功能、技术和艺术内容的综合表现。这三者之中，功能常常是主导的，对技术和建筑形象起决定作用；物质技术条件是实现建筑的手段，因而建筑功能和建筑形象在一定程度上受到它的制约；建筑形象也不完全是被动的，在同样的条件下，根据同样的功能和艺术要求，使用同样的建筑材料和结构，也可创造出不同的建筑形象，达到不同的美学要求。在优秀的建筑作品中，这三者是辩证统一的。

1.2 建筑物的分类与等级划分

随着社会和科学技术的发展，一些建筑类型正在消失，例如教堂等；一些建筑类型正在转化，例如手工业作坊正在转化为现代化的工业厂房；而更多的新的建筑类型正在产生，例如核电站、卫星站、大型客机机场等。

到目前为止，建筑物的类型已有许许多多，而各种建筑物都有不同的使用要求和特点，因此有必要对建筑物进行分类和分等。建筑物分类和分等的目的主要在于：

①便于总结各种类型建筑设计的特殊规律，以提高设计水平；

②便于研究由于社会生活和科学技术的发展而提出的新的功能要求，了解建筑类型发展的远景，以保证建筑设计更符合实际要求；

②便于根据不同类型的建筑特点，提出明确的任务，制定规范、定额、指标，以指导设计和施工；

④便于分析研究同类建筑的共性，以进行标准设计和工业化建造体系的设计；

⑤便于掌握建筑标准,合理控制投资等。

1.2.1 建筑物分类

1.按使用性质分

建筑物按照使用性质,通常可以分为以下几类。

①民用建筑:指供人们工作、学习、生活、居住用的建筑物。

②工业建筑:指为工业生产服务的生产车间及为生产服务的辅助车间、动力用房、仓贮等。

③农业建筑:指供农(牧)业生产和加工用的建筑,如种子库、温室、畜禽饲养场、农副产品加工厂、农机修理厂(站)等。

2.民用建筑分类

1)按使用功能分类

民用建筑按照使用功能分类,可以分为居住建筑和公共建筑两大类。

(1)居住建筑 主要指供家庭和集体生活起居用的建筑物,如住宅、宿舍、公寓等。

(2)公共建筑 主要指供人们从事各种政治、文化、福利服务等社会活动用的建筑物,其中包括:

①行政办公建筑:机关、企事业单位的办公楼。

②文教建筑:学校、图书馆、文化宫等。

③托教建筑:托儿所、幼儿园等。

④科研建筑:研究所、科学实验楼等。

⑤医疗建筑:医院、门诊部、疗养院等。

⑥商业建筑:商店、商场、购物中心等。

⑦观览建筑:电影院、剧院等。

⑧体育建筑:体育馆、体育场、健身房、游泳池等。

⑨旅馆建筑:旅馆、宾馆、招待所等。

⑩交通建筑:航空港、水路客运站、火车站、汽车站、地铁站等。

⑪通信广播建筑:电信楼、广播电视台、邮电局等。

⑫园林建筑:公园、动物园、植物园、亭台楼榭等。

⑬纪念性建筑:纪念堂、纪念碑、陵园等。

⑭其他建筑:如监狱、派出所、消防站。

2)按地上层数或高度分类

①住宅建筑按层数分类:1~3层为低层住宅;4~6层为多层住宅;7~9层为中高层住宅;10层及10层以上为高层住宅。

②除住宅建筑之外的民用建筑高度不大于24 m者为单层和多层建筑,大于24 m者为高层建筑(不包括建筑高度大于24 m的单层公共建筑)。

③建筑物高度大于100 m的民用建筑为超高层建筑。

3)按规模和数量分类

①大量性建筑:指建筑规模不大,但修建数量多,与人们生活密切相关的分布面广的建筑,如住宅、中小学教学楼、医院、中小型影剧院、中小型工厂等。

②大型性建筑:指规模大、耗资多的建筑,如大型体育馆,大型剧院,航空港、站,博览馆,大型工厂等。与大量性建筑相比,其修建数量是很有限的,这类建筑在一个国家或一个地区具有

代表性,对城市面貌的影响也较大。

4)按主要承重结构的材料分类

①木结构建筑:指以木材作房屋承重骨架的建筑。

②砖(或石)结构建筑:指以砖或石材为承重墙柱和楼板的建筑。这种结构便于就地取材,能节约钢材、水泥和降低造价,但抗害性能差,自重大。

③钢筋混凝土结构建筑:指以钢筋混凝土作承重结构的建筑。如框架结构、剪力墙结构、框剪结构、筒体结构等,具有坚固耐久、防火和可塑性强等优点,故应用较为广泛。

④钢结构建筑:指以型钢等钢材作为房屋承重骨架的建筑。钢结构力学性能好,便于制作和安装,工期短,结构自重轻,适宜超高层和大跨度建筑中采用。随着我国高层、大跨度建筑的发展,采用钢结构的趋势正在增长。

⑤混合结构建筑:指采用两种或两种以上材料作承重结构的建筑。如由砖墙、木楼板构成的砖木结构建筑;由砖墙、钢筋混凝土楼板构成的砖混结构建筑;由钢屋架和混凝土(或柱)构成的钢混结构建筑。其中砖混结构在大量民用建筑中应用最广泛。

5)按建筑的设计使用年限分类

《民用建筑设计通则 GB 50352—2005》(2005 年 7 月 1 日起实施)根据民用建筑的设计使用年限,把建筑物分为四类(见表 1-1)。

表 1-1 根据设计使用年限分类

类别	设计使用年限(年)	示 例
1	5	临时性建筑
2	25	易于替换结构构件的建筑
3	50	普通建筑和构筑物
4	100	纪念性建筑和特别重要的建筑

1.2.2 建筑物等级划分

建筑物可按耐火性能分等级,建筑物的耐火等级是由建筑物主要构件的燃烧性能和耐火极限两方面决定的。现行《建筑设计防火规范 GB 50016—2006》(2006 年 12 月 1 日起实施)将普通建筑的耐火等级划分为四级(见表 1-2),其构件的燃烧性能和耐火极限不应低于相应等级的规定。一级的耐火性能最好,四级最差。性能重要的或者规模宏大的或者具有代表性的建筑,通常按一、二级耐火等级进行设计;大量性的或一般性的建筑按二、三级耐火等级设计;次要的或者临时建筑按四级耐火等级设计。耐火等级按燃烧性能和耐火极限这两个因素确定。

表1-2　民用建筑的燃烧性能和耐火极限

构件名称 \ 燃烧性能和耐火极限(h) \ 耐火等级		一级	二级	三级	四级
墙柱	防火墙	不燃烧体3.00	不燃烧体3.00	不燃烧体3.00	不燃烧体3.00
	承重墙	不燃烧体3.00	不燃烧体2.50	不燃烧体2.00	难燃烧体0.50
	非承重外墙	不燃烧体1.00	不燃烧体1.00	不燃烧体0.50	燃烧体
	楼梯间墙、电梯井墙、住宅单元之间的墙、住宅分户墙	不燃烧体2.00	不燃烧体2.00	不燃烧体1.50	难燃烧体0.50
	疏散走道两侧的隔墙	不燃烧体1.00	不燃烧体1.00	不燃烧体0.50	难燃烧体0.25
	房间隔墙	不燃烧体0.75	不燃烧体0.50	难燃烧体0.50	难燃烧体0.25
柱		不燃烧体3.00	不燃烧体2.50	不燃烧体2.00	难燃烧体0.50
梁		不燃烧体2.00	不燃烧体1.50	不燃烧体1.00	难燃烧体0.50
楼板		不燃烧体1.50	不燃烧体1.00	不燃烧体0.50	燃烧体
屋顶承重构件		不燃烧体1.50	不燃烧体1.00	燃烧体	燃烧体
疏散楼梯		不燃烧体1.50	不燃烧体1.00	不燃烧体0.50	燃烧体
吊顶(包括吊顶搁栅)		不燃烧体0.25	难燃烧体0.25	难燃烧体0.15	燃烧体

注:①以木柱承重且以不燃烧材料作为墙体的建筑物,其耐火等级应按四级确定;

②二级耐火等级的建筑物吊顶采用不燃烧体时,其耐火极限不限;

③在二级耐火等级的建筑中,面积不超过100 m^2 的房间隔墙,如执行本表的规定确有困难时,可采用耐火极限不低于0.3 h的不燃烧体;

④一、二级耐火等级建筑疏散走道两侧的隔墙,按本表规定执行确有困难时,可采用0.75 h不燃烧体。

1)建筑构件的燃烧性能

建筑构件的燃烧性能可分为如下三类。

①不燃烧体:指用不燃烧材料做成的建筑构件,如天然石材、人工石材、金属材料等。

②燃烧体:指用容易燃烧的材料做成的建筑构件,如木材、纸板、胶合板等。

③难燃烧体:指用不易燃烧的材料做成的建筑构件,或者用燃烧材料做成,但用非燃烧材料作为保护层的构件,如沥青混凝土构件、木板条抹灰等。

2)建筑构件的耐火极限

所谓耐火极限,是指任一建筑构件在规定的耐火试验条件下,从受到火的作用时起,到失去支持能力或完整性被破坏或失去隔火作用时为止的这段时间,用小时表示。只要以下三个条件中任一个条件出现,就可以确定是否达到其耐火极限。

(1)失去支持能力　指构件在受到火焰或高温作用下,由于构件材质性能的变化,使承载能力和刚度降低,承受不了原设计的荷载而破坏。例如受火作用后的钢筋混凝土梁失去支承能力,钢柱失稳破坏;非承重构件自身解体或垮塌等,均属失去支持能力。

(2)完整性被破坏　指薄壁分隔构件在火中高温作用下,发生爆裂或局部塌落,形成穿透裂缝或孔洞,火焰穿过构件,使其背面可燃物燃烧起火。例如受火作用后的板条抹灰墙,内部可燃板条先行自燃,一定时间后,背火面的抹灰层龟裂脱落,引起燃烧起火;预应力钢筋混凝土楼板使钢筋失去预应力,发生炸裂,出现孔洞,使火苗窜到上层房间。在实际中这类火灾相当多。

(3)失去隔火作用　指具有分隔作用的构件,背火面任一点的温度达到220 ℃时,构件失去隔火作用。例如一些燃点较低的可燃物(纤维系列的棉花、纸张、化纤品等)烤焦后以致起火。

1.3 基本建设程序

基本建设程序是指一栋房屋由开始拟定计划至建成投入使用必须遵循的程序。目前我国基本建设程序的内容和步骤主要有:前期工作阶段,主要包括项目建议书、可行性研究、设计工作;建设实施阶段,主要包括施工准备、建设实施;竣工验收阶段和后评价阶段。这几个大的阶段中每一阶段都包含着许多环节和内容。

1.3.1 前期工作阶段

1. 项目建议书

项目建议书是要求建设某一具体项目的建议文件,是基本建设程序中最初阶段的工作,是投资决策前对拟建项目的轮廓设想。项目建议书的主要作用是为了推荐一个拟进行建设的项目的初步说明,论述它建设的必要性、条件的可行性和获得的可能性,供基本建设管理部门选择并确定是否进行下一步工作。

项目建议书报经有审批权限的部门批准后,可以进行可行性研究工作,但并不表明项目非上不可,项目建议书不是项目的最终决策。

2. 可行性研究

项目建议书一经批准,即可着手进行可行性研究。可行性研究是指在项目决策前,通过对项目有关的工程、技术、经济等各方面条件和情况进行调查、研究、分析,对各种可能的建设方案和技术方案进行比较论证,并对项目建成后的经济效益进行预测和评价的一种科学分析方法,由此考察项目技术上的先进性和适用性,经济上的盈利性和合理性,建设的可能性和可行性。可行性研究是项目前期工作的最重要的内容,它从项目建设和生产经营的全过程考察分析项目的可行性,其目的是回答项目是否必须建设,是否可能建设和如何进行建设的问题,其结论为投资者的最终决策提供直接的依据。因此,凡大中型项目以及国家有要求的项目,都要进行可行性研究,其他项目有条件的也要进行可行性研究。

3. 设计工作

一般建设项目(包括工业建筑、民用建筑、城市基础设施、水利工程、道路工程等),设计过程划分为初步设计和施工图设计两个阶段。对技术复杂而又缺乏经验的项目,可根据不同行业的特点和需要,增加技术设计阶段。对一些水利枢纽、农业综合开发、林区综合开发项目,为解决总体部署和开发问题,还需进行规划设计或编制总体规划,规划审批后编制具有符合规定深度要求的实施方案。

(1)初步设计(基础设计)　初步设计的内容依项目的类型不同而有所变化,一般来说,它是项目的宏观设计,即项目的总体设计、布局设计,主要的工艺流程、设备的选型和安装设计,土建工程量及费用的估算等。初步设计文件应当满足编制施工招标文件、主要设备材料订货和编制施工图设计文件的需要,是下一阶段施工图设计的基础。

(2)施工图设计(详细设计)　施工图设计的主要内容是根据批准的初步设计,绘制出正确、完整和尽可能详细的建筑、安装图纸。施工图设计完成后,必须由施工图设计审查单位审查并加盖审查专用章后使用。审查单位必须是取得审查资格，且具有审查权限要求的设计咨询单位。经审查的施工图设计还必须经有权审批的部门进行审批。

1.3.2 建设实施阶段

1. 施工准备

(1)建设开工前的准备　主要内容包括：征地、拆迁和场地平整；完成施工用水、电、路等工程；组织设备、材料订货；准备必要的施工图纸；组织招标投标(包括监理、施工、设备采购、设备安装等方面的招标投标)并择优选择施工单位，签订施工合同。

(2)项目开工审批　建设单位在工程建设项目可研批准，建设资金已经落实，各项准备工作就绪后，应当向当地建设行政主管部门或项目主管部门及其授权机构申请项目开工审批。

2. 建设实施

(1)项目新开工建设时间　开工许可审批之后即进入项目建设施工阶段。开工之日按统计部门规定是指建设项目设计文件中规定的任何一项永久性工程(无论生产性或非生产性)第一次正式破土开槽开始施工的日期。公路、水库等需要进行大量土、石方工程的，以开始进行土方、石方工程作为正式开工日期。

(2)年度基本建设投资额　国家基本建设计划使用的投资额指标，是以货币形式表现的基本建设工作，是反映一定时期内基本建设规模的综合性指标。年度基本建设投资额是建设项目当年实际完成的工作量，包括用当年资金完成的工作量和动用库存的材料、设备等内部资源完成的工作量；而财务拨款是当年基本建设项目实际货币支出。投资额是以构成工程实体为准，财务拨款是以资金拨付为准。

(3)生产或使用准备　生产准备是生产性施工项目投产前所要进行的一项重要工作。它是基本建设程序中的重要环节，是衔接基本建设和生产的桥梁，是建设阶段转入生产经营的必要条件。使用准备是非生产性施工项目正式投入运营使用所要进行的工作。

1.3.3 竣工验收阶段

1. 竣工验收的范围

根据国家规定，所有建设项目按照上级批准的设计文件所规定的内容和施工图纸的要求全部建成，工业项目经负荷试运转和试生产考核能够生产合格产品，非工业项目符合设计要求，能够正常使用，都要及时组织验收。

2. 竣工验收的依据

按国家现行规定，竣工验收的依据是经过上级审批机关批准的可行性研究报告、初步设计或扩大初步设计(技术设计)、施工图纸和说明、设备技术说明书、招标投标文件和工程承包合同、施工过程中的设计修改签证、现行的施工技术验收标准及规范以及主管部门有关审批、修改、调整文件等。

3. 竣工验收的准备

竣工验收的准备主要有三方面的工作：一是整理技术资料。各有关单位(包括设计、施工单位)应将技术资料进行系统整理，由建设单位分类立卷，交生产单位或使用单位统一保管。技术资料主要包括土建方面、安装方面及各种有关的文件、合同和试生产的情况报告等。二是绘制竣工图纸。竣工图必须准确、完整、符合归档要求。三是编制竣工决算。建设单位必须及时清理所有财产、物资和未花完或应收回的资金，编制工程竣工决算，分析预(概)算执行情况,考核投资效益,报规定的财政部门审查。

竣工验收必须提供相应资料文件。一般非生产项目的验收要提供以下文件资料:项目的审批文件、竣工验收申请报告、工程决算报告、工程质量检查报告、工程质量评估报告、工程质量监督报告、工程竣工财务决算批复、工程竣工审计报告、其他需要提供的资料。

4. 竣工验收的程序和组织

按国家现行规定,建设项目的验收根据项目的规模大小和复杂程度可分为初步验收和竣工验收两个阶段进行。规模较大、较复杂的建设项目应先进行初验,然后进行全部建设项目的竣工验收。规模较小、较简单的项目,可以一次进行全部项目的竣工验收。

生产性项目的验收根据行业不同有不同的规定。工业、农业、林业、水利及其他特殊行业,要按照国家相关的法律、法规及规定执行。上述程序只是反映项目建设共同的规律性程序,不可能反映各行业的差异性。因此,在建设实践中,还要结合行业项目的特点和条件,有效地去贯彻执行基本建设程序。

1.3.4 后评价阶段

建设项目后评价是工程项目竣工投产、生产运营一段时间后,再对项目的立项决策、设计施工、竣工投产、生产运营等全过程进行系统评价的一种技术经济活动。通过建设项目后评价以达到肯定成绩,总结经验,研究问题,吸取教训,提出建议,改进工作,不断提高项目决策水平和投资效果的目的。我国目前开展的建设项目后评价一般都按三个层次组织实施,即项目单位的自我评价、项目所在行业的评价和各级发展计划部门(或主要投资方)的评价。

1.4 建筑模数协调统一标准

为了便于建筑制品、建筑构配件及其组合件实现工业化大规模生产,使不同材料、不同形式和不同制造方法的建筑构配件、组合件符合模数并具有较大的通用性和互换性,1973 年我国颁布了《建筑统一模数制》(GBJ2—73)。1986 年在对上述规范进行了修订、补充的基础上,更名为《建筑模数协调统一标准》(GBJ2—86)重新颁布,作为设计、施工、构件制作、科研的尺寸依据。建筑模数协调统一标准包括以下几点内容。

1.4.1 基本模数、导出模数和模数数列

1. 基本模数

基本模数的数值,应为 100 mm,其符号为 M 即 1 M 等于 100 mm。整个建筑物和建筑物的一部分以及建筑组合件的模数化尺寸,应是基本模数的倍数。

2. 导出模数

导出模数应分为扩大模数和分模数,其基数应符合下列规定:

①水平扩大模数基数为 3 M、6 M、12 M、15 M、30 M、60 M,其相应的尺寸分别为 300、600、1 200、1 500、3 000、6 000 mm;竖向扩大模数的基数为 3 M 与 6 M,其相应的尺寸为 300 mm 和 600 mm;

②分模数基数为 1/10 M、1/5 M、1/2 M、其相应的尺寸为 10、20、50 mm。

3. 模数数列

它是由基本模数和导出模数为基础扩展成的一系列的尺寸。不同类型的建筑物及其各组

成部分间的尺寸统一与协调，应减小尺寸的范围以及使尺寸的叠加和分割有较大的灵活性，模数数列应按表1-3采用。

表1-3　模数数列

单位：mm

基本模数	扩大模数						分模数		
1 M	3 M	6 M	12 M	15 M	30 M	60 M	1/10 M	1/5 M	1/2 M
100	300	600	1 200	1 500	3 000	6 000	10	20	50
100	300						10		
200	600	600					20	20	
300	900						30		
400	1 200	1 200	1 200				40	40	
500	1 500			1 500			50		50
600	1 800	1 800					60	60	
700	2 100						70		
800	2 400	2 400	2 400				80	80	
900	2 700						90		
1 000	3 000	3 000		3 000	3 000		100	100	100
1 100	3 300						110		
1 200	3 600	3 600	3 600				120	120	
1 300	3 900						130		
1 400	4 200	4 200					140	140	
1 500	4 500			4 500			150		150
1 600	4 800	4 800	4 800				160	160	
1 700	5 100						170		
1 800	5 400	5 400					180	180	
1 900	5 700						190		
2 000	6 000	6 000	6 000	6 000	6 000	6 000	200	200	200
2 100	6 300							220	
2 200	6 600	6 600						240	
2 300	6 900								250
2 400	7 200	7 200	7 200					260	
2 500	7 500			7 500				280	
2 600		7 800						300	300
2 700		8 400	8 400					320	
2 800		9 000		9 000	9 000			340	
2 900		9 600	9 600						350
3 000				10 500				360	
3 100			10 800					380	

续表

基本模数	扩大模数						分模数		
1 M	3 M	6 M	12 M	15 M	30 M	60 M	1/10 M	1/5 M	1/2 M
3 200			12 000	12 000	12 000	12 000		400	400
3 300					15 000				450
3 400					18 000	18 000			500
3 500					21 000				550
3 600					24 000	24 000			600
					27 000				650
					30 000	30 000			700
					33 000				750
					36 000	36 000			800
									850
									900
									950
									1 000

1.4.2 模数数列的适用范围

模数数列的适用范围如下：

①水平基本模数 1 M 至 20 M 的数列，应主要用于门窗洞口和构配件截面等处；

②竖向基本模数 1 M 至 36 M 的数列，应主要用于建筑物的层高、门窗洞口和构配件截面等处；

③水平扩大模数 3 M、6 M、12 M、15 M、30 M、60 M 的数列，应主要用于建筑物的开间或柱距、进深或跨度、构配件尺寸和门窗洞口等处；

④竖向扩大模数 3 M 数列，应主要用于建筑物的高度、层高和门窗洞口等处；

⑤分模数 1/10 M、1/5 M、1/2 M 的数列，应主用于缝隙、构造节点、构配件截面等处。

1.5 建筑物热工设计的气候分区

气候条件对建筑的设计与构造处理有很大的影响。建筑热工设计应与地区气候相适应，为经济合理地解决我国各地区建筑物的热工设计问题，《民用建筑设计通则》GB 50352—2005 对我国进行了气候分区，并对不同地区的建筑提出了不同要求，见表 1－4 所示。

表 1－4 不同分区对建筑的不同要求

分区名称		热工分区名称	气候主要指标	建筑基本要求
Ⅰ	ⅠA ⅠB ⅠC ⅠD	严寒地区	1 月平均气温≤－10℃ 7 月平均气温≤25℃ 7 月平均相对湿度≥50%	1. 建筑物必须满足冬季保温、防寒、防冻等要求 2. ⅠA、ⅠB 区应防止冻土、积雪对建筑物的危害 3. ⅠB、ⅠC、ⅠD 区的西部，建筑物应防冰雹、防风沙

续表

分区名称		热工分区名称	气候主要指标	建筑基本要求
Ⅱ	ⅡA ⅡB	寒冷地区	1月平均气温 -10～0℃ 7月平均气温 18～28℃	1. 建筑物应满足冬季保温、防寒、防冻等要求，夏季部分地区应兼顾防热 2. ⅡA区建筑物应防热、防潮、防暴风雨，沿海地带应防盐雾侵蚀
Ⅲ	ⅢA ⅢB ⅢC	夏热冬冷地区	1月平均气温 0～10℃ 7月平均气温 25～30℃	1. 建筑物必须满足夏季防热、遮阳、通风降温要求，冬季应兼防寒 2. 建筑物应防雨、防潮、防洪、防雷电 3. ⅢA区应防台风、暴雨袭击及盐雾侵蚀
Ⅳ	ⅣA ⅣB	夏热冬暖地区	1月平均气温 >10℃ 7月平均气温 25～29℃	1. 建筑物必须满足夏季防热、遮阳、通风、防雨要求 2. 建筑物应防雨、防潮、防洪、防雷电 3. ⅣA区应防台风、暴雨袭击及盐雾侵蚀
Ⅴ	ⅤA ⅤB	温和地区	7月平均气温 18～25℃ 1月平均气温 0～13℃	1. 建筑物应满足防雨和通风要求 2. ⅤA区建筑物应注意防寒，ⅤB区应特别注意防雷电
Ⅵ	ⅥA ⅥB	严寒地区	7月平均气温 <18℃ 1月平均气温 -22～0℃	1. 热工应符合严寒和寒冷地区相关要求 2. ⅥA、ⅥB应防冻土对建筑物地基及地下管道的影响，并应特别注意防风沙 3. ⅥC区的东部，建筑物应防雷电
	ⅥC	寒冷地区		
Ⅶ	ⅦA ⅦB ⅦC	严寒地区	7月平均气温≥18℃ 1月平均气温 -20～-5℃ 7月平均相对湿度 <50%	1. 热工应符合严寒和寒冷地区相关要求 2. 除ⅦD区外，应防冻土对建筑物地基及地下管道的危害 3. ⅦB区建筑物应特别注意积雪的危害 4. ⅦC区建筑物应特别注意防风沙，夏季兼顾防热 5. ⅦD区建筑物应注意夏季防热，吐鲁番盆地应特别注意隔热、降温
	ⅦD	寒冷地区		

第 2 章　建筑设计

2.1　概述

建筑设计分为民用建筑设计和工业建筑设计。民用建筑设计是指根据用户对功能的要求,具体确定建筑标准、结构形式、建筑物的空间和平面布置以及建筑群体的合理安排的设计。工业建筑设计是指按照工艺流程和设备布置的要求,完善地表达建筑物和构筑物的外形、空间布置、结构类型及建筑群体的合理组成的设计。

2.1.1　建筑设计的内容

建筑设计是指建筑物在建筑、结构、设备等方面的综合性设计工作,指由建筑师来承担和完成的设计工作。包括建筑设计、结构设计、设备设计三个方面。

建筑设计主要是根据建设单位提供的任务书,在满足总体规划的前提下,对基地环境、建筑功能、材料设备、结构布置、建筑施工、建筑经济和建筑形象等方面做全面的综合分析,提出建筑设计方案,并将此方案绘制成建筑设计施工图。建筑设计的目的在于确定使用空间的存在形式。

结构设计是在建筑设计的基础上选择结构方案,确定结构类型,进行结构计算与结构设计,最后完成结构施工图。结构设计的目的在于确定使用空间存在的可能。

设备设计包括给水排水、采暖通风、电器照明、通信、燃气、动力等专业的设计,确定其方案类型、设备选型并完成相应的施工图设计。设备设计的目的在于改善建筑空间的使用条件。

建筑设计具体包括以下两方面内容。

(1)建筑空间环境的组合设计　主要是通过对建筑空间的限定、塑造和组合来解决建筑的功能、技术、经济和美观等问题。其具体内容有建筑总平面设计、建筑平面设计、建筑剖面设计与立面设计。

(2)建筑空间环境的构造设计　主要是通过确定房屋各组成部分的材料和构造方式来解决建筑功能、技术、经济和美观等问题。内容包括对基础、墙体、楼地板层、屋顶、楼梯、门窗等构件进行详细的构造设计。

2.1.2　设计程序

设计工作的程序是建设项目决策→编制各阶段设计文件→配合施工和参加验收→工程总结。

1. 建设项目决策

建设项目决策是设计单位根据主管部门或建设单位的委托而参加的项目决策工作。其内容包括以下三方面。

1)可行性研究咨询

可行性研究咨询的主要任务是研究建设项目在技术上是否先进、适用、可靠,在经济上是否合理、是否有赢利，以便减少项目决策的盲目性，使建设项目的确定具有科学依据。它是编制设计任务书的基础。

2）参加设计任务书的编制

设计任务书是工程项目确定建设方案的决策文件，是编制设计文件的主要依据。

3）参与项目建设地点的论证选择

建设地点的选择是在拟建地区范围内具体确定建设项目的位置和方向。

2. 编制设计文件

设计文件工作是根据国家规定的政策、标准、规范和程序以及设计任务书的要求，通过招标、投标择优选择设计单位，进行设计、编制设计文件。设计文件是现场施工的主要依据，必须内容完整，深度符合要求，文字与图纸准确、清晰，保证设计质量。

根据建设项目的不同情况，设计过程一般划分为两个阶段，即初步设计（或扩大初步设计）和施工图设计；重大项目和技术复杂项目，可根据其特点和需要按三阶段设计，即初步设计、技术设计和施工图设计。

1）初步设计

初步设计是对批准的设计任务书提出的内容进行概略的计划，作出初步的规定。它的任务是在指定的地点、控制的投资额和规定的限期内，保证拟建工程在技术上的可靠性和经济上的合理性，对建设项目作出基本的技术方案，同时编制出项目的设计总概算。

2）技术设计

技术设计是初步设计的深化阶段，也是初步设计具体化的设计阶段。它是根据初步设计和更详细的调查资料来编制，进一步决定初步设计所采取的重大技术方案，协调各专业工种之间的矛盾，妥善解决各种技术问题，并编制修正总概算。技术设计的图纸和文件除与初步设计大致相同外，还应更详细些，如局部尺寸关系，具体做法，各技术工种之间的矛盾解决方法以及结构、设备设计图，说明书，计算书等。

3）施工图设计

施工图设计是在批准的初步设计或技术设计的基础上，设计和绘制出更加具体、详细的可据以施工的图纸和文件。

3. 配合施工和参加验收

参与施工中设计变更及工程竣工验收工作。

4. 工程总结

参与工程竣工后的总结工作。

2.2　民用建筑设计

2.2.1　建筑设计的基本要求和设计依据

1. 建筑设计的基本要求

建筑房屋的主要目的是满足人们居住、教育、办公、文化和娱乐等使用要求，满足物质和精神的需求，同时建筑物首先要保障人身安全，保障人体健康的卫生条件，不影响公众利益，不破坏周围环境，同时还要符合节约能源等基本国策。建筑设计要符合下列基本要求：

①建筑布置应符合城市规划要求；

②各项建筑设施应符合安全使用要求；

③室内应符合人体健康要求；

④各类建筑的使用不影响公众利益和周围环境。

2. **建筑设计的依据**

建筑设计的主要依据是人体尺寸和人体活动所需的空间尺度，家具、设备要求的空间，气象条件和地形、地质、水文及地震烈度。

1）人体尺度和人体活动所需的空间尺度

建筑物是供人使用的，确定其空间尺度必须满足人体活动所需的空间尺度。门洞、走廊、楼梯的宽度和高度以及家具设备的大小等都与人体尺度有关。

2）家具、设备要求的空间

在确定建筑物的平面及空间尺寸时，要考虑家具及设备所占用的尺度及人们使用中所需要的活动空间。

3）气象条件

气象条件是指大气中的温度、日照、雨雪、风向、云雾、风速等现象。建筑物中的保温、隔热、通风、采光、朝向、防水、排水以及建筑物体形组合等均与气象条件有关。在设计前应收集当地气象资料，作为设计依据。

4）地形、地质、水文及地震烈度

建筑物基地地形的平缓或起伏对建筑物的剖面有较大影响。当地形平缓时，将房屋首层设在同一标高；当地形起伏较大时，将房屋错层建造。

基地的地质构造、土质情况影响地基承载力，对房屋平面组合、结构布置产生影响。

水文条件是指地下水及水位高低。它直接影响建筑的基础埋深、地下室的防潮防水构造处理。

地震烈度表示震区房屋建筑遭受地震破坏程度。地震烈度直接影响建筑物的结构和构造。

2.2.2 建筑平面设计

建筑平面设计是根据建筑的功能要求确定各房间合理的面积、形状，门窗的大小、位置及各部位的尺寸；满足日照、采光、通风、保温、隔热、隔声、防潮、防水、防火、节能等方面的要求；确保平面组合合理，功能分区明确；同时兼顾结构及施工的可行性。

民用建筑设计，按使用性质的不同，各房间可分为使用房间和交通联系房间。

使用房间又可分为主要使用房间和辅助使用房间。主要使用房间是建筑物的主体部分，如住宅中的起居室、卧室，学校中的教室、实验室等。辅助使用房间是为了保证主要使用房间使用要求而设置的，如住宅中的卫生间、厨房，学校中的厕所、储藏室等。

交通联系房间是指建筑中的门厅、过厅、走廊、楼梯、电梯等。

1. **主要使用房间平面设计**

1）房间的面积、形状及尺寸

房间的面积主要是由房间人数、家具设备及人们活动使用面积、房间的交通面积三方面因素决定的。

房间的使用人数应根据房间的使用功能和相应的建筑标准确定。房间的使用人数决定着室内家具设备的数量，决定着交通面积的大小。房间的形状和尺寸应考虑使用特点、家具的布置方式、采光、通风、音响、结构形式及平面组合方式等。以中学普通教室为例加以说明。图 2－1 为某中学矩形普通教室的尺寸和桌椅布置图。

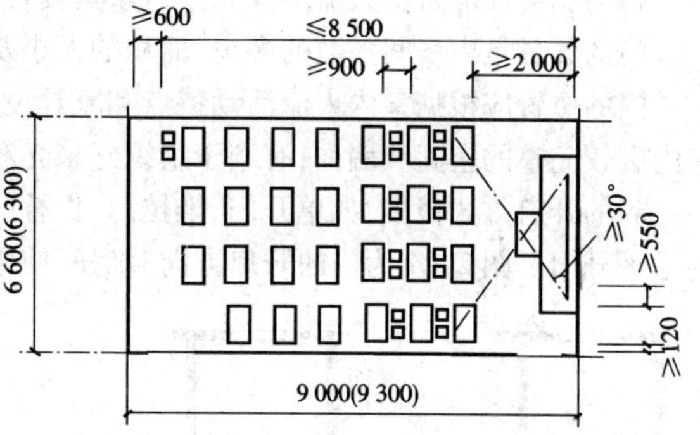

图 2－1　中学矩形普通教室的尺寸和桌椅布置

教室的平面形状在满足视、听要求的条件下还可以选用六边形、正方形等几种形状。图 2－2 为教室的平面形状和尺寸。

有的公共建筑由于结构、功能、视线、音质、建筑艺术等要求，把房间设计成各种形状，如图 2－3 所示的哈尔滨市黑天鹅电影院和北京市地坛体育馆。

确定房间的形状和尺寸还应考虑各个房间的关系，尽量减小开间和进深的参数，为实现建筑构配件标准化创造条件。

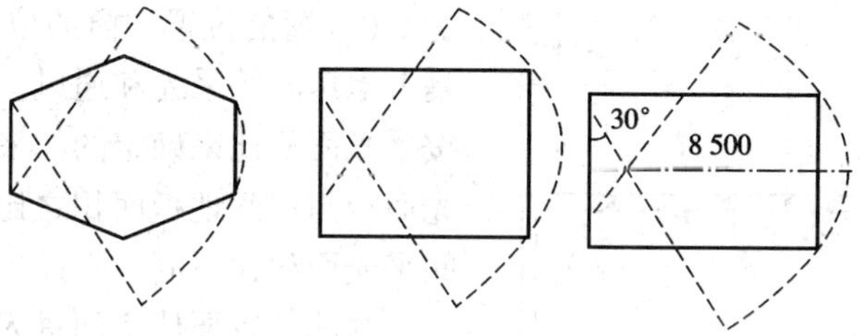

图 2－2　满足视听要求时教室的形状和尺寸

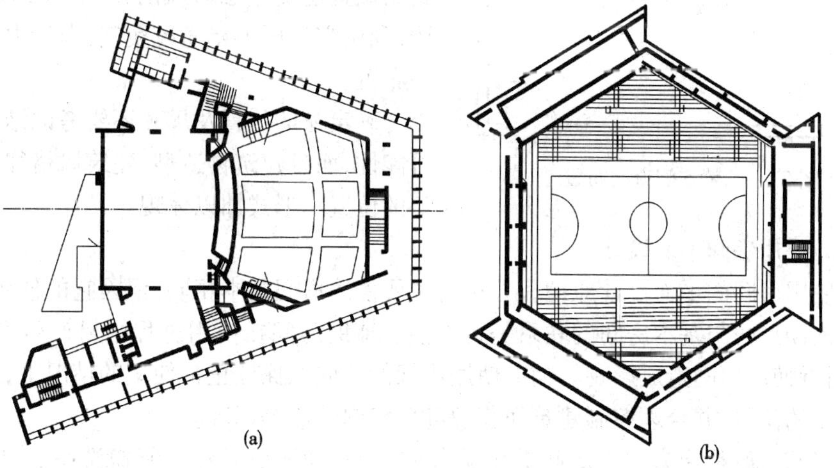

图 2－3　特殊平面形状的房间

(a)哈尔滨市黑天鹅电影院　(b)北京市地坛体育馆

2)房间的门窗设置

(1)门的设置　门的设置主要是确定门的宽度、数量、位置与开启方式。门的主要作用是供人们出入和联系不同使用空间，同时兼有采光和通风的功能。

门的宽度一般是由人流多少和搬运家具设备时所需要的宽度来确定的。

门的数量是由房间人数的多少、面积的大小及安全疏散等要求决定的。

门的位置应根据室内人流活动特点和家具设备布置的要求设置,要考虑缩短交通路线,使室内有较完整的空间和墙面,有利于组织好采光和穿堂风等。

门的开启方式很多,如单开门、推拉门、折叠门、弹簧门、卷帘门等,在民用建筑中普遍采用的是平开门。图 2-4 为门的开启方向对房间使用的影响。

(a)　(b)　(c)　(d)

图 2-4　门的开启方向对房间使用的影响

(a)、(b)、(c)不正确　(d)正确

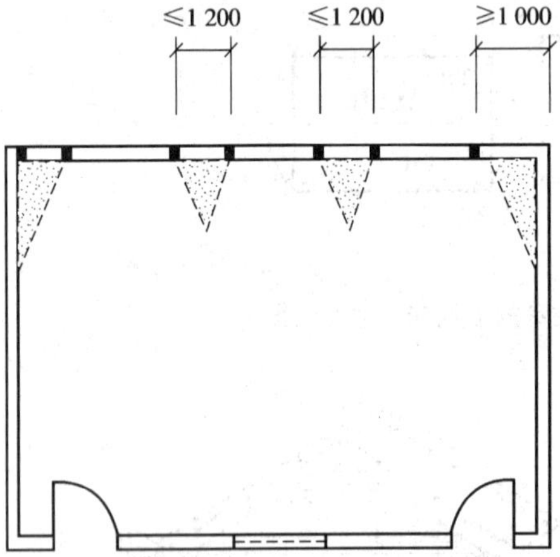

图 2-5　教室侧窗的布置

(2)窗的位置　窗的位置和尺寸的确定主要是考虑房间的采光和通风。窗采光面积的大小是按采光面积比来确定的。采光面积比是指窗的透光面积与房间地板面积之比。不同使用性质的房间采光面积比不同。

窗的位置要使房间进入的光线均匀和内部家具、设备布置方便。图 2-5 为教室侧窗的布置。窗的位置还要考虑通风的作用,要组织好室内通风,利用空气压力差通风换气,设计中应将门窗统一布置。

确定窗的位置及尺寸还要考虑结构和构造的可能性,而且建筑物造型、建筑风格往往也要通过窗的位置和形式加以体现。

2. 辅助使用房间平面设计

辅助使用房间的平面设计原理和方法与主要使用房间基本相同,但因它的使用性质特殊,还应考虑辅助房间与基本房间的联系是否方便。辅助房间在使用过程中易产生噪声、不良气味,会对附近使用房间造成影响。辅助使用房间的朝向在保证正常使用的情况下,尽量设在建筑物中较差的位置,并合理控制建筑面积、高度、室内装修等标准。

辅助房间一般是指为主要房间提供服务的房间,如厕所、卫生间、盥洗室、水暖电设备用房、厨房、储藏室等。

现以厕所设计为例。厕所的面积应根据厕所内各种设备的规格尺寸以及人们使用时所需的基本尺度确定。厕所内主要卫生设备有大便器、小便池、洗手盆、污水池等。卫生设备数量取决于使用人数的多少。

按照人体活动所需空间尺度,单独设置一个大便器的厕所当采用外开门时所需的最小净尺寸为900 mm×1 200 mm,内开门时为900 mm×1 400 mm。

厕所在建筑平面中的位置应隐蔽、使用方便、隔绝气味,常设在走道的两端或中部又比较隐蔽的部位,转角处朝向较差的位置。公共厕所的位置应具有良好的采光、通风,并设有前室,男女厕所尽量组合在一起,不应设在有严格卫生要求和配电室的直接上层。公共厕所前室的进深通常为1.2～2 m,以利于防止气味扩散并遮挡视线,通常设置洗手盆、污水池等。公共厕所的布置方式一般有单排和双排两种。图2－6为厕所卫生设备尺寸及布置方式。

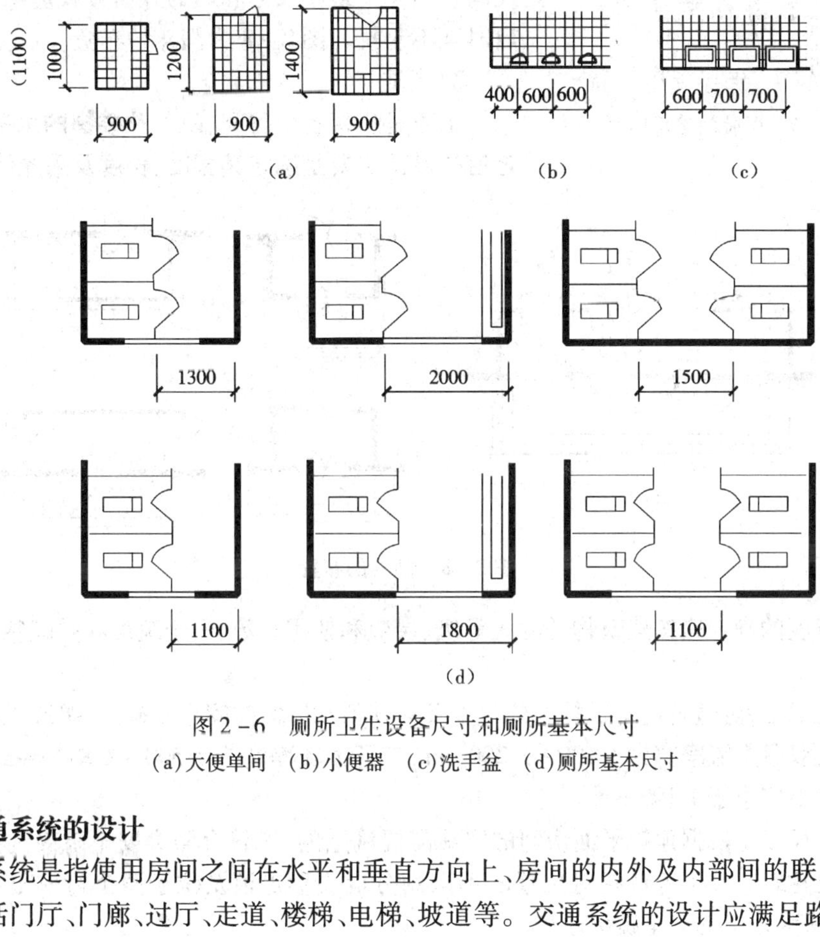

图2－6　厕所卫生设备尺寸和厕所基本尺寸

(a)大便单间　(b)小便器　(c)洗手盆　(d)厕所基本尺寸

3.交通系统的设计

交通系统是指使用房间之间在水平和垂直方向上、房间的内外及内部间的联系部分。交通系统包括门厅、门廊、过厅、走道、楼梯、电梯、坡道等。交通系统的设计应满足路线短捷、明确、方便、适用、安全疏散及有利于建筑造型等要求。

1)门厅、过厅

门厅是建筑物的主要出入口,是人流集散的交通枢纽。门厅在水平方向连接走道,垂直方向与楼梯或电梯连通。门厅根据建筑性质不同还兼有其他功能。门厅是人们进入建筑首先到达的地方,它的空间处理效果将给人们留下深刻的印象。

(1)门厅的设计　在建筑设计中首先要将门厅设置在明显的位置上,与交通干线有明确的流向关系,妥善解决好水平交通、垂直交通及各部分功能之间的关系,使交通路线简捷、流畅、明确,互不交叉干扰。图2－7为某小型医院门诊部门厅平面示意图,其布置是根据人们就诊的一般顺序,使门厅兼有挂号、取药等功能,同时利用门厅的角落留出排队挂号和取药的位置。

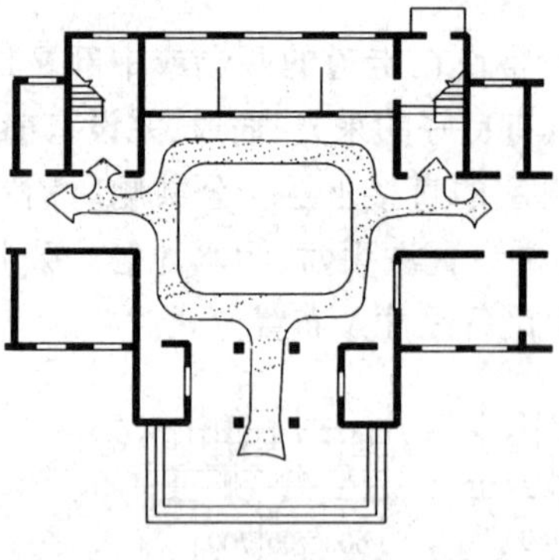

图2-7 医院门诊部门厅

(2)门厅的形式与面积　门厅的布置形式主要有对称布置和非对称布置两种。对称布置的门厅有明确的轴线,导向性强;非对称布置的门厅没有明确的轴线,布置比较灵活。门厅的面积应按建筑的使用性质、规模和标准综合考虑。

为避免风沙和冷空气进入,门厅对外出口应设置挡风间。门斗的最小尺寸和门的开启方式应保证两道门开启时互不干扰。图2-8为门斗的布置。

2)走道

走道是连接各个房间、门厅及楼梯的水平交通设施。走道的设计主要是确定其宽度、长度及采光问题。

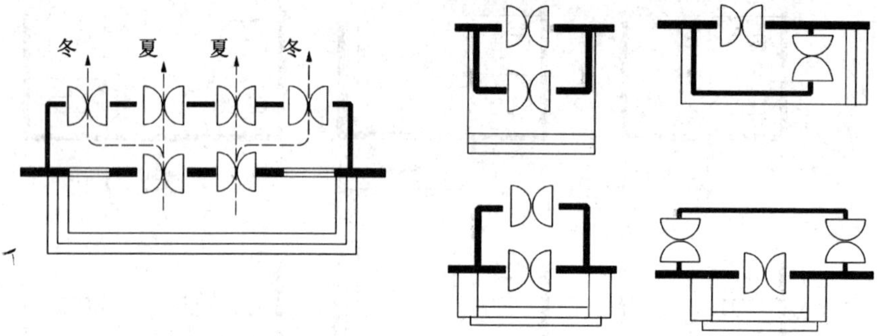

图2-8　门斗的布置

走道宽度的确定应按建筑物的耐火等级、层数和使用人数、安全疏散和空间感受等因素综合考虑。

一般情况下,走道宽度是根据人体尺度及人体活动所需空间尺寸确定,单股人流走道净宽为900 mm,双股人流净宽为1 100～1 200 mm,三股人流净宽为1 500～1 800 mm。安全疏散走道的宽度不应小于1 100 mm。

走道的长度是根据建筑平面房间的实际需要确定的,应符合防火安全疏散的要求。按走道与楼梯及建筑对外出入口相对位置的不同划分成袋形走道及位于两个对外出口之间的走道。图2-9为走道的安全疏散距离。

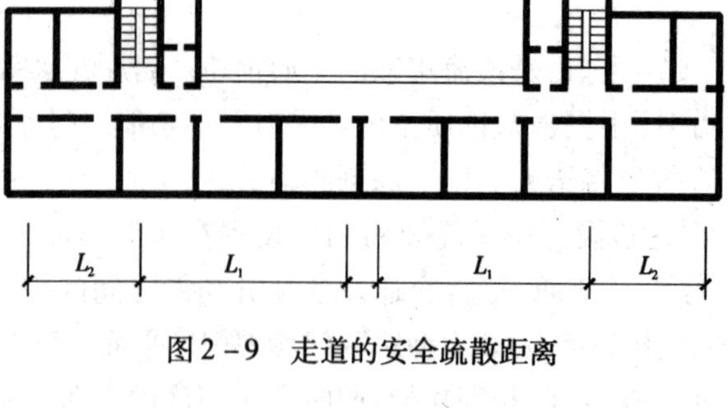

图2-9　走道的安全疏散距离

走道的采光一般应有直接的天然采光。对于两侧布置房间的走道常用的采光方式有:走道尽端开窗直接采光;利用门厅、过厅、开敞式楼梯间直接采光;利用房间两侧的窗或门上亮子间接采光。

3)楼梯

楼梯是建筑物中上、下各层的垂直交通设施。合理地选择楼梯的形式与位置、确定楼梯的尺度对建筑的使用、安全及立面效果有重要影响。

(1)楼梯的形式与位置　楼梯按使用性质分为主要楼梯、次要楼梯和消防楼梯。主要楼梯设在门厅内明显的位置,或靠近门厅处;次要楼梯常设在次要入口附近。当建筑物内楼梯数量与位置未能满足防火疏散要求时,常在建筑物的端部设室外开敞式疏散楼梯。

楼梯的形式有直跑式、双跑式、双分式、双合式、转角式、三跑式、四跑式、八角式、螺旋式、曲线形、剪刀式和交叉式等。

(2)楼梯的尺度　楼梯的尺度包括坡度、净空宽度、净空高度、踏步尺寸、扶手高度等。

楼梯的坡度是指楼梯段的坡度。它的表示方法有两种:一种是用斜面和水平面所夹角度表示;另一种表示方法是斜面的垂直投影高度与斜面的水平投影长度之比。

楼梯的宽度包括楼梯段的宽度和平台宽度。

楼梯梯段或平台的净宽,是指扶手中心线间的水平距离或墙面至扶手中心线的水平距离。有儿童经常使用的楼梯井净宽大于 200 mm 时,必须采取安全措施。

楼梯的净空高度包括楼梯段的净高和平台过道处的净高。

楼梯的踏步尺寸包括踏步宽度和踏步高度。其中,踏步宽度(g)指相邻两踏步前缘线之间的水平距离。踏步高度(r)是指相邻两踏步之间的垂直距离。踏步面宽度与人的脚长和人在上、下楼梯时脚与踏步面接触的状态有关。关于楼梯在本书第 11 章还有详细介绍。

4. 建筑平面组合设计

建筑平面组合设计是将建筑物的单一房间平面通过一定的形式连接成一个整体建筑的过程。

组合设计对建筑整体功能的发挥、结构方案的选择、技术经济性、形象美观、结合环境和改善环境等都有重要影响。

1)使用要求对平面组合的影响

在平面设计时,首先应根据房间的使用要求把它们分类集中,划分成若干个功能区,确定各功能区之间的关系,然后分析功能区内各房间的关系。

进行建筑的功能分析时,应考虑以下几方面。

(1)房间的主次及内外关系　一幢建筑物有许多房间,但各个房间的地位不同,有主有次,在平面组合中应合理安排。

(2)房间的使用顺序和交通路线的组织　建筑中有些房间的使用是有一定顺序的,按其使用顺序合理组织交通路线,确定房间的位置。

例如,图 2－10 为某综合医院门诊部平面图,病人就医的顺序一般为挂号→候诊→诊疗→划价→收费→取药→离开。所以把挂号、划价、收费、取药等房间设在出入口附近。

(3)各功能区之间的联系和分隔　在建筑平面组合时,根据房间的活动特点和使用性质不同,考虑各房间之间的联系与分隔,将联系密切的房间集中布置,形成功能区,而将使用中避免相互干扰的房间适当分隔。利用功能分析图可以比较形象地表示出各功能区的划分及相互之间的关系,图 2－11(a)为某中学的功能分区图。

现以中学教学楼为例。教学楼按使用性质主要由教学区、行政办公区和生活服务用房三部分组成。教学区和行政办公区既要有方便的联系,又要避免相互干扰,因此不宜相距过远;生活服务用房应为服务对象的使用提供方便。对于教学区的音乐教室,因它对周围房间干扰较大,应当与教学及行政办公区分隔,图 2 - 11(b)、(c)、(d)为教学楼的几种平面组合方式。

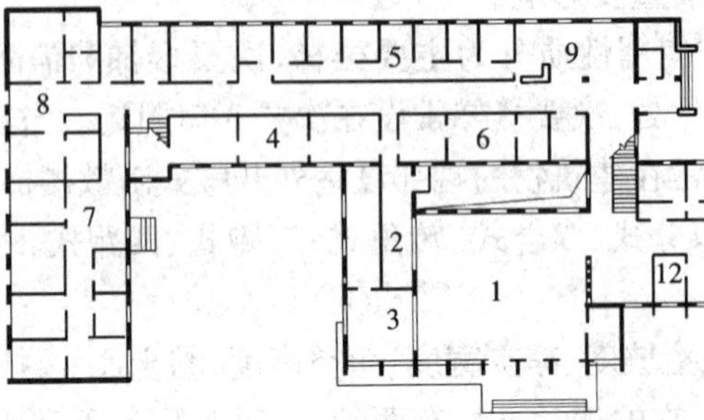

图 2 - 10　某医院门诊部平面

1—门厅　2—挂号、收款　3—西药房　4—西药库　5—内科　6—化验　7—急诊
8—放射科　9—候诊　10—中医科　11—儿科　12—中药房　13—中药库

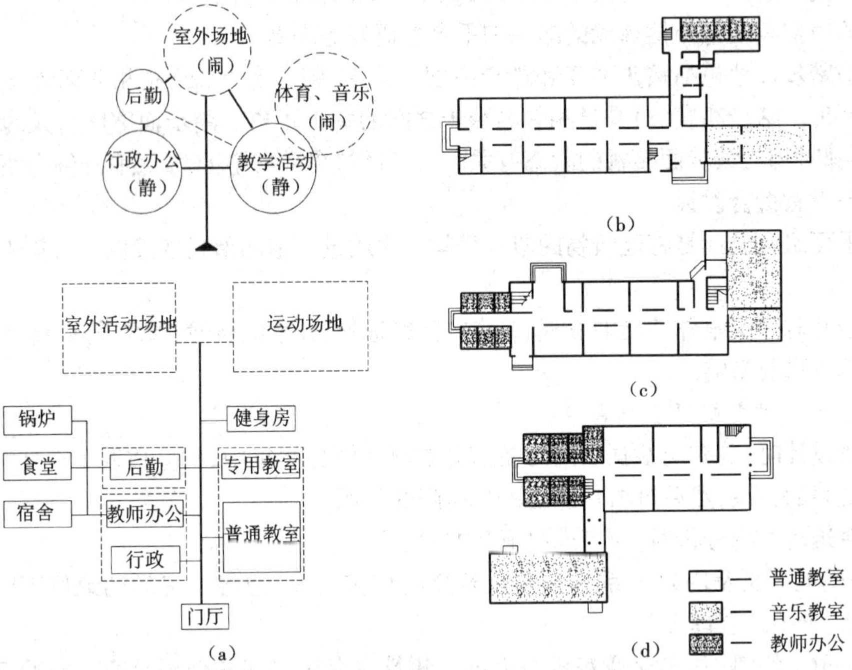

图 2 - 11　学校建筑的功能分区和平面组合

(a)中学的功能分区　(b)教学楼以门厅分为三部分

(c)声响较大的教室在教学楼尽端　(d)声响较大的教室在教学楼外单独设置

2)结构布置及基地环境对组合的影响

目前常用的结构类型有砖混结构、框架结构、空间结构等。

根据建筑平面空间组合的情况,确定建筑结构形式,使结构体系传力明确,结构方案简明可行,构件种类较少,施工方便。把建筑开间、进深、高度相同或相近的房间组合在一起,根据梁、板的经济跨度和结构强度、刚度要求选择合理的承重方案。对建筑面积和高度相差较大，相互之间需要分开的，可以把它们分别集中布置，并通过设走廊、台阶、错层等方式进行组合。

在多层或高层建筑中，要使上下层之间传力明确，承重墙、柱上下层位置要对正。把大面积的房间设在上层，把使用荷载大的房间设在底层，把层高相同的房间布置在同一层。

在建筑平面组合时，要结合地形、方位、道路走向等确定建筑的布局、层数、体形和位置。

3）建筑平面组合的几种形式

（1）走廊式组合　走廊式组合是利用走廊将房间连接起来，各房间沿走廊一侧或两侧布置。这种组合方式使各房间在使用上保持独立性，而各房间又通过走廊联系在一起，保证房间之间不穿套，而且联系方便。走廊两侧布置房间的称为中间走廊式，走廊一侧布置房间的称为单面走廊式，单面走廊式又分为单内廊式和单外廊式。图 2－12 为走廊式组合平面。这种组合方式常用于教学楼、办公楼、医院、宿舍等建筑。

（a）　（b）　（c）

图 2－12　走廊式组合平面

（a）中间走廊　（b）单内廊　（c）单外廊

（2）套间式组合　套间式组合是将各使用房间穿套，穿套原则按使用上的流线要求而定。这种组合方式使各房间的使用顺序和连续性较强，各房间不需单独分隔，将使用面积和交通面积合为一体，但应该组织好人流路线，避免人流交叉。

这种组合常用于展览馆、纪念馆等。图 2－13 为某展览馆平面布置。

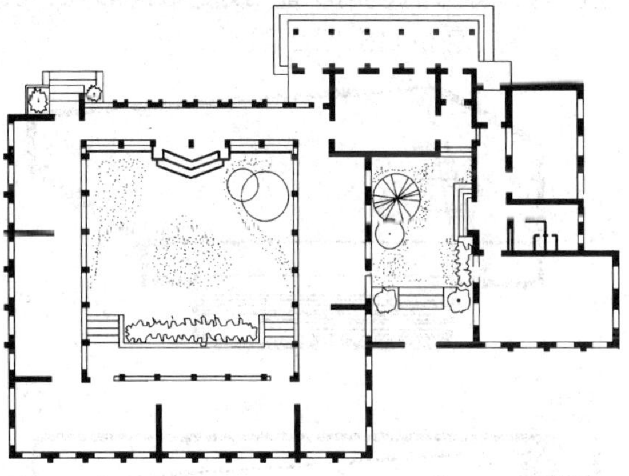

图 2－13　某展览馆平面

（3）大厅式组合　大厅式组合是以一个大厅为主体，其余各房间均围绕大厅布置。其特点是大厅空间大，人流集中，视听要求高，需人工照明，其他房间面积小，便于自然采光通风，并提供辅助服务。

这种组合常用于体育馆、影剧院等。图 2－14 为大厅式组合平面图。

（4）单元式组合　单元就是将关系密切的房间组合在一起，成为一个相对独立的整体。

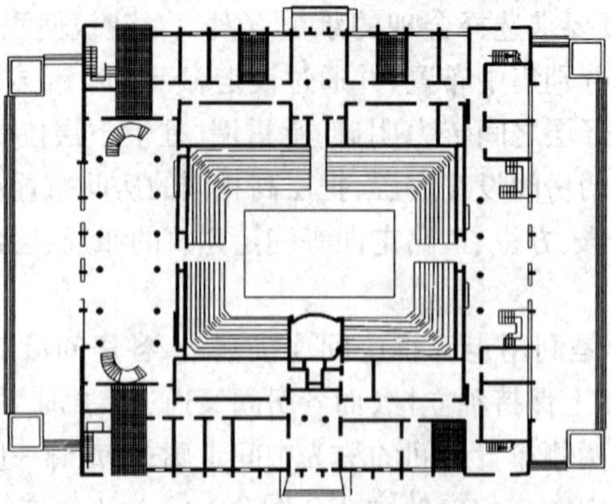

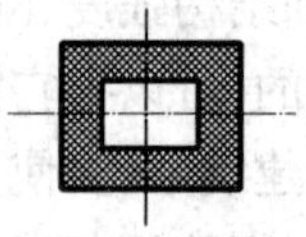

图 2-14 大厅式组合(体育馆)

其特点是功能分区明确,单元之间有独立性,布置灵活。这种组合方式常在住宅、托幼所、学校建筑中使用。

(5)混合式组合 由于功能上的要求,在建筑平面组合设计中往往是多种组合共存于一幢建筑中,这种组合称为混合式组合。

2.2.3 剖面设计

建筑剖面设计是建筑物在垂直方向房屋各部分的组合关系设计。主要内容有:分析确定房屋的剖面形状,各部分高度,建筑层数及空间组合利用,选择结构、构造方案。本节重点叙述房屋的剖面形状和各部分高度的确定。

1. 房间的剖面形状

一般民用建筑房间的剖面形状有矩形和非矩形两种。矩形剖面便于各房间的空间组合,有利于结构布置、家具摆设,且施工方便。大多数房间都采用矩形剖面(如教室、办公室、居室、旅馆、商店等),但有些房间有特殊的使用功能,或受结构形式、采光、通风要求的影响,而形成特有的非矩形剖面(图 2-15、图 2-16、图 2-17)。

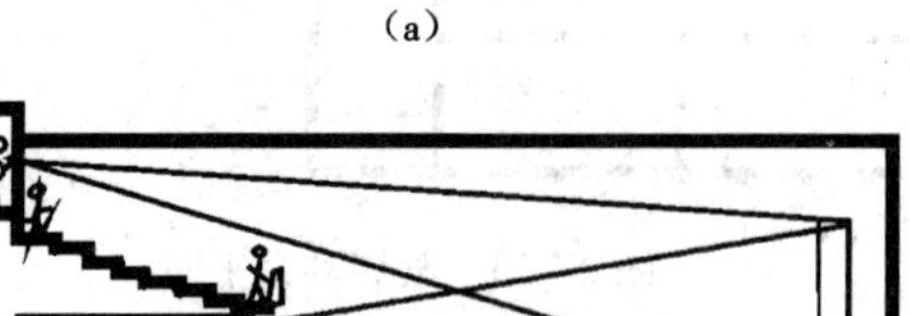

(a)

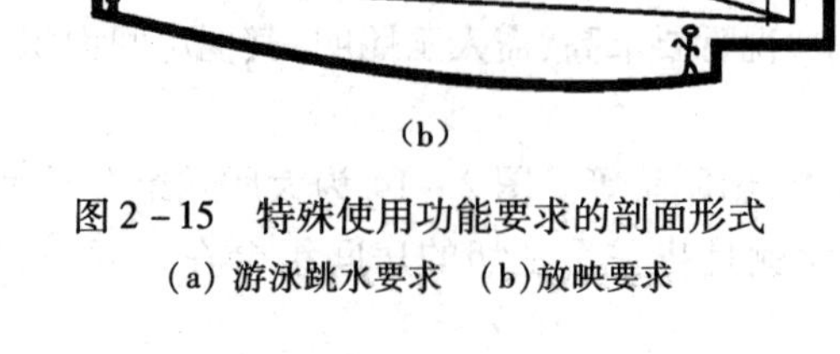

(b)

图 2-15 特殊使用功能要求的剖面形式

(a) 游泳跳水要求 (b)放映要求

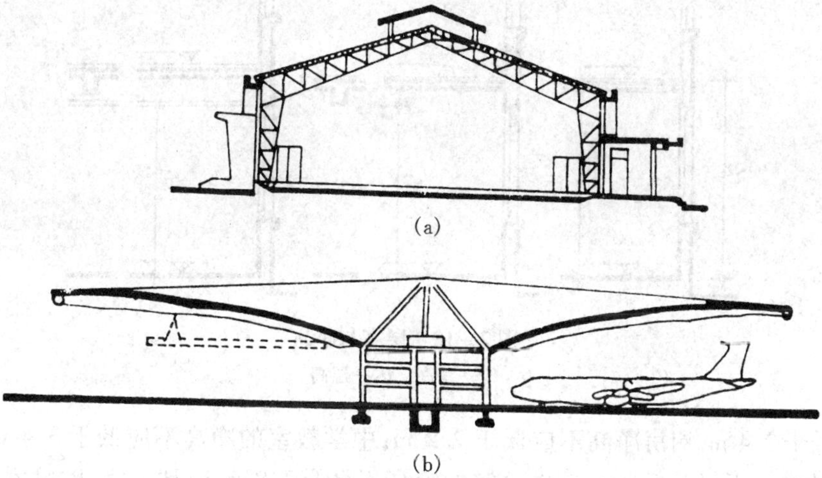

图 2－16　受结构形式影响的剖面形式

(a) 刚架结构　(b) 悬索与钢筋混凝土双曲薄壳相结合的混合悬挂结构

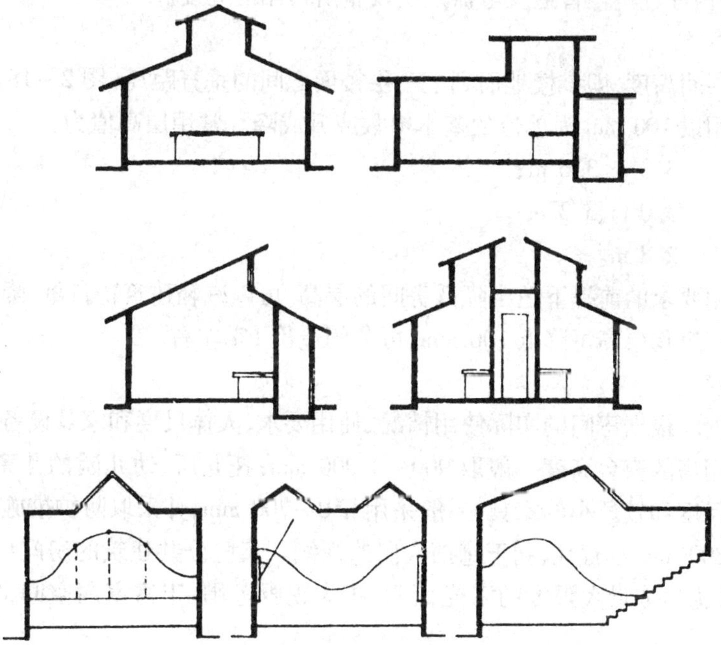

图 2－17　受采光与通风影响的剖面形式

2. 房间的高度

建筑剖面图中应确定和标注的高度及标高有：净高、层高、窗台高度、室内外地面标高、窗洞口上缘标高和雨篷标高。

1）净高

净高是指房间的净空高度，即从室内的楼地面到顶棚或其他构件底面（如大梁）之间的垂直距离（图 2－18）。

建筑物各种用房的净高可按单项建筑设计规范的规定执行。如住宅中的卧室、起居室的

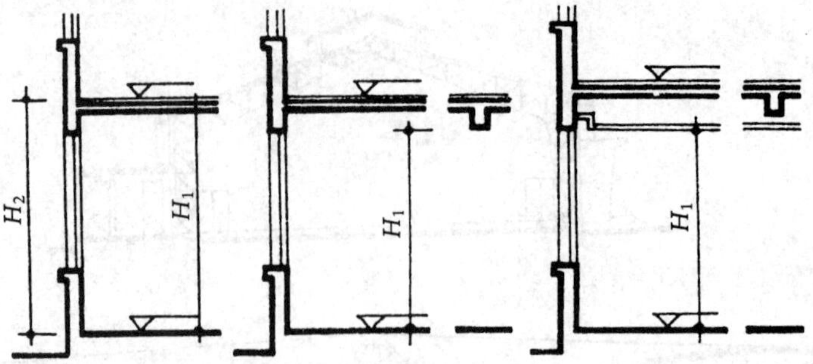

图 2-18 层高与净高

H_1—净高 H_2—层高

净高不应低于 2.4 m，厨房净高不应低于 2.2 m；中学教室的净高不应低于 3.4 m；集体宿舍（双层床）的净高不得低于 3.0 m；办公室的净高不得低于 2.6 m；地下室、贮藏室、局部夹层、走道的最低处净高不应低于 2.0 m。

确定房屋净高时还应考虑下列因素：室内的活动特点和家具设备布置，采光和通风，室内空间比例，结构构件、设备、管道及电器照明设备所占用的高度。

2）层高

层高系指层间高度，即该楼地面到上一层楼面之间的垂直距离（图 2-18）。

层高应采用以 100 mm 为单位的基本模数或升或降。常用层高值为：

中学教室　3.3 m、3.6 m；

办公室　3.0 m、3.3 m；

住宅　2.8 m。

在满足使用要求的前提下适当降低房间的层高，可以减轻建筑物自重，降低造价。例如普通砖混结构的建筑物层高每降低 100 mm，可节约造价 1% 左右。

3）窗台高度

窗台的高度应根据房间的实际使用情况、使用要求、人体尺度和家具设备的高度确定。生活、工作、学习用房的窗台高度一般取 900～1 000 mm；托儿所、幼儿园的儿童用房窗台高度，结合儿童身体尺度和较矮小的家具，一般采用 650～700 mm，并采取防护措施；浴室、厕所的窗台可提高到 1 800 mm 左右，以利于遮挡人们的视线。某些公共建筑的房间（如餐厅、休息厅、娱乐活动场所）为争取最大限度的采光面积、扩大视野范围、丰富室内空间，常将窗台降低或做成落地窗。

4）窗洞口上缘标高

窗洞口上缘标高系指窗洞口顶面标高，一般定在圈梁或过梁下面（图 2-19）。

5）室内外地面标高

（1）室内地面标高　室内地面标高系指底层的室内地面，定为设计标高的零点（±0.00）。

（2）室外地面标高　室外地面标高一般都低于室内地面 150～600 mm。但有些公共建筑从建筑造型要求考虑，为使建筑物显得更加雄伟庄严，室内外高差可以按需要提高。

（3）易于积水或需要经常冲洗的房间地面标高　这种房间或设施如浴室、厕所、厨房、阳台以及外走廊等，它们的地面应比其他房间的地面标高低 20～50 mm。

6）雨篷标高

雨篷标高宜高于门洞口标高200 mm左右。这主要是考虑与门的关系，过高遮雨效果不好，过低有压抑感，而且不便于安装照明灯（图2－20）。

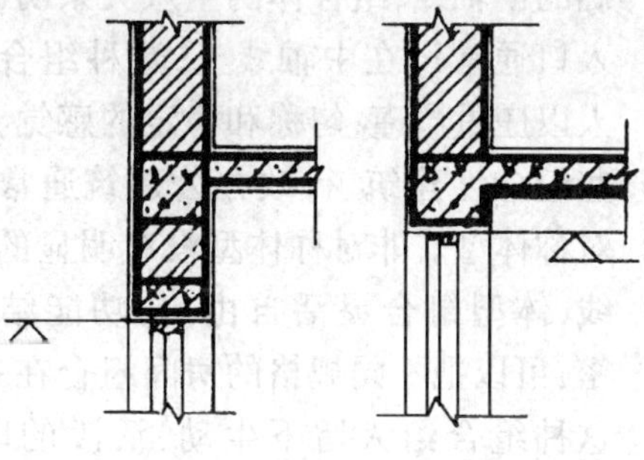

图2－19　窗洞口上缘标高

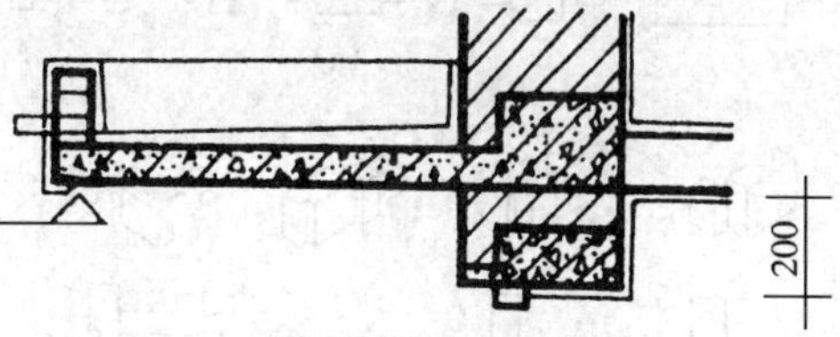

图2－20　雨篷标高

7）楼梯各部分的高度、标高以及建筑物檐口高度

楼梯各部分的高度、标高以及建筑物檐口高度在剖面设计中应结合构造设计确定。

2.2.4　建筑体型和立面设计

建筑体型设计主要是对建筑外形总的体量、形状、比例、尺度等方面的确定，并针对不同类型建筑采用相应的体型组合方式。立面设计主要是对建筑体型的各个方面进行深入刻画和处理，使整个建筑形象趋于完善。

建筑的体型和立面应体现建筑特性，具有时代感，给人以美的感受，同时还要与室内空间、结构形式相结合。

1. 建筑体型和立面设计的要求

（1）体型和立面特征要反映建筑功能要求　建筑的外部体型和立面设计应正确地反映建筑的功能特征。

（2）要结合材料、结构形式和施工特点　结构形式、材料性能、施工方法的不同，建筑会产生不同的外部形象。

（3）适应基地环境和规划的总体要求　单体建筑是城市建筑群中的一个单元，单体建筑的形象应与周围的建筑及环境保持有机的联系，互相衬托，达到美化环境的目的。同时也要满足城市整体规划的要求。

（4）符合建筑美学原则　建筑造型设计中的美学原则，是指建筑构图中的一些基本规律，如尺度、比例、均衡、统一、韵律、对比、变化等，综合运用这些规律来创造美好的建筑形象。

2. 建筑体型的组合

建筑的体型是多种多样的，决定建筑体型的主要因素是建筑的内部空间，好的建筑立面都是建立在好的体型的基础上的。

1）建筑体型的组合方式

建筑体型基本上可归纳为单一体型和组合体型两大类。

单一体型是指整幢房屋基本上是一个比较完整的、简单的几何形体。平面形式多采用正方形、圆形、三角形、多边形、风车形、Y形等。这种组合给人留下完整、简洁、大方、轮廓明确的印象。

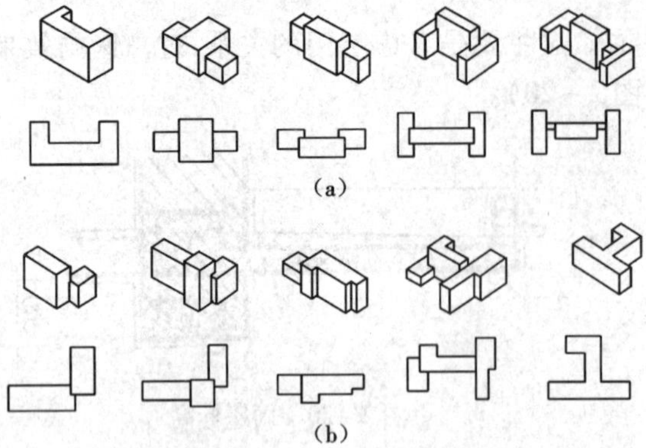

图 2-21　组合体型
(a)对称体型　(b)非对称体型

组合体型是由若干个简单体型组合在一起的体型。组合方式主要有对称体型和非对称体型两类。对称体型具有明确的中轴线，组合体的主从关系明确，出入口通常设在中轴线上，这种组合体给人以庄重严谨、匀称和稳定的感觉，如一些纪念性建筑、行政办公建筑通常采用对称体型。非对称体型没有明显的中轴线，体型组合灵活自由，与功能结合紧密，可以把不同规格的房间组合在一起，这种组合给人留下生动、活泼的印象。图 2-21 为组合体型的各种形式。

2）建筑体型组合的基本要求

（1）比例适当、整体匀称　组合体型各部分之间的比例适当、整体匀称是建筑组合体型设计的基本要求。

（2）主次分明、交接明确　建筑体型的组合应按功能的要求，分为主要部分和附属部分。应处理好相互关系，使主次明确、交接清楚。组合体之间的连接要明确、自然，不能模糊不清。图 2-22 为建筑各体型连接方式。

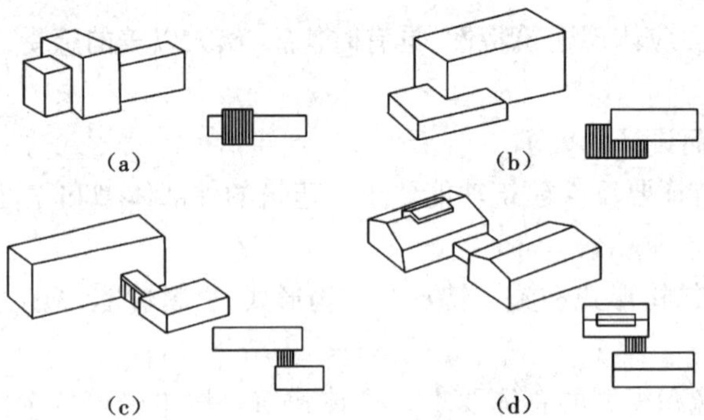

图 2-22　建筑各体型间连接方式
(a)直接连接　(b)咬接　(c)以走廊连接　(d)以连接体连接

3. **建筑的立面设计**

建筑立面是建筑物各个墙面的外部形象。立面设计要结合建筑内部空间、使用要求进行设计。

建筑立面主要由墙面、外露梁柱、门窗、阳台、外廊、檐口、勒脚、台阶、花饰等组成。

立面设计的任务是合理确定立面各组成部分的形状、色彩、比例关系、材料质感等，运用节奏、韵律、虚实对比等构图规律设计出完整、美观、反映时代特征的立面。

建筑立面设计的步骤是首先初步确定建筑平面、剖面关系，描绘出各个立面的轮廓，然后分析立面上各部分总的比例关系，如墙面、门窗的处理，最后对重点部位进行细部处理，如建筑入口、门廊、装饰等处理。

形象美观的建筑物，是建筑平、剖、立面图及体型、环境各方面因素有机结合、相互协调的结果。

立面设计中要注意以下几方面处理。

1)立面的比例尺度处理

立面设计中合适的比例关系是立面设计成功的先决条件。恰当的尺度能反映出建筑的真实情况。

2)立面虚实处理

建筑立面的虚实对比，经常利用墙面的凸凹起伏及实墙与洞口的比例来实现。

3)墙面划分处理

立面设计中通过构件或门窗等有规律的排列和变化，将墙面作不同方向的划分，体现出建筑的不同韵律和节奏。

竖向划分建筑立面给人以挺拔、高耸、向上的气氛；横向划分建筑立面给人以亲切、舒展、轻快的感觉。在立面上同时采用横向与竖向两种划分手法称为混合划分。图2-23为立面的处理方式。

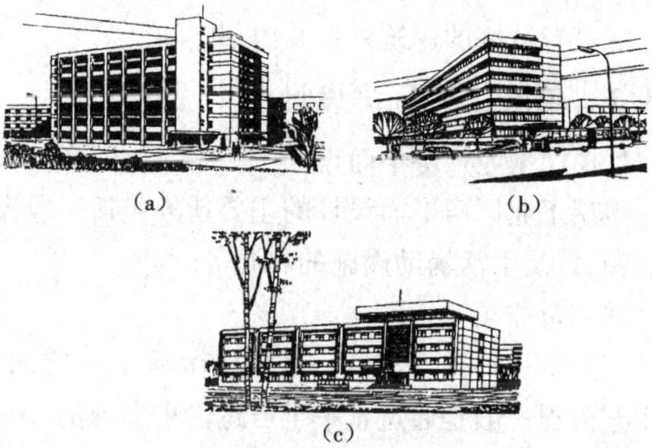

图2-23 立面的划分

(a)竖向划分 (b)横向划分 (c)混合划分

4)材料质感和色彩搭配

色彩和质感都是材料的某种属性，合理的选择和搭配材料的质感和色彩，使建筑立面更加丰富多彩。浅色使人感到清晰、宁静，暖色使人感到热烈、兴奋。光滑的表面使人感到轻巧，粗糙的表面使人感到厚重。

5)立面重点部位的细部处理

在立面处理中，对重点部位（如建筑物的主要出入口、台阶、檐口、窗洞、阳台、勒脚、雨篷等）进行细部处理，可以对建筑立面形象起到画龙点睛的作用。

建筑设计是建筑平面、剖面、立面、体型、环境各方面有机结合、相互协调的结果。在建筑设计中应以开阔的思路、严谨的科学态度创造出功能适用、形象完美的建筑物。

2.3 工业建筑设计

2.3.1 工业建筑设计概述

工业建筑是为工业生产需要而建造的各种不同用途的建筑物和构筑物的总称。

工业建筑设计的主要任务是按生产工艺的要求，合理确定厂房的平、立、剖面形式，选择承重结构和围护结构方案、材料及构造形式，解决采光、通风、生产环境、卫生条件等问题，创造出坚固适用、技术先进、明朗、简洁、大方的工业建筑。

1. 工业建筑的特点

工业建筑具有以下特点：

①厂房的平面、剖面空间尺度是由生产工艺要求决定的；

②厂房内一般有起重运输设备、机械设备等；

③厂房结构会承受较大静荷载、动荷载及撞击荷载等；

④厂房在使用中会产生大量的热、烟尘、有害气体、有侵蚀性的液体、噪声等；

⑤厂房内有各种工程技术管网。

2. 工业建筑设计的要求

①满足生产工艺流程的要求。厂房设计必须符合生产工艺的要求，满足生产设备和运输设备的布置要求，以及生产工艺对厂房技术的要求。

②满足卫生方面要求。厂房内应具有良好的采光、通风，有可靠的排除余热、湿气和烟尘的措施，具有隔离、净化、消声处理，满足工人卫生和生活上的需要。

③满足统一化与工业化要求。

④满足生产发展及灵活性要求。

⑤具有良好的建筑外形及内部空间。

2.3.2 单层工业厂房设计

1. 单层工业厂房平面设计

单层工业厂房平面设计的主要任务包括工段布置、平面形式确定、内部交通运输组织、柱网选择，以及生活辅助设施的布置等。

1）工段布置

工业生产种类繁多，每一种生产都有它一定的生产程序，这种程序称为生产工艺流程。生产工艺流程一般是通过水平生产运输来实现的，因此工段的布置反映出工艺流程的顺序。厂房平面组合应按生产工艺流程要求布置。

以机械厂金工装配车间为例加以说明。金工装配车间按工艺要求分为机械加工和装配两个主要生产工段。机械加工工段主要是对金属毛坯进行车、铣、刨、镗、钻、磨等加工成机械产品中的零件；装配工段主要是对加工好的零件进行总装配使之成为机械产品。它们的平面布置一般有直线布置、平行布置、垂直布置三种形式。

（1）直线布置　即装配工段布置在机械加工工段的延伸部位，如图 2－24（a）所示。毛坯

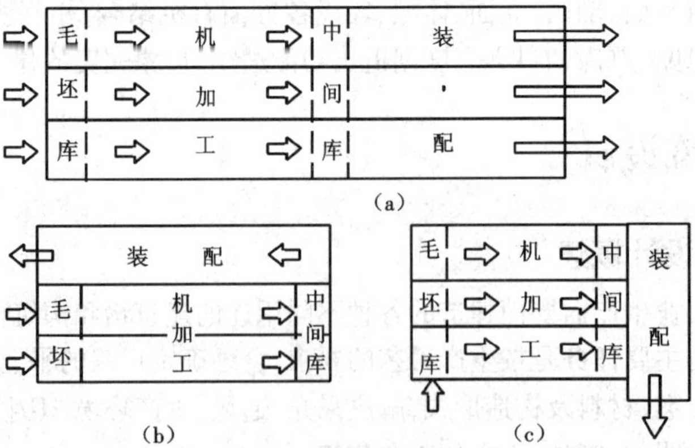

图 2－24　金工装配车间平面组合形式示例

（a）直线布置　（b）平行布置　（c）垂直布置

由厂房一端进入,成品则由另一端运出,生产线为直线形。

(2)平行布置　即机械加工与装配两工段互相平行布置,如图 2－24(b)所示。从零件加工到装配的生产线是马蹄形。

(3)垂直布置　即装配工段布置在与机械加工工段相垂直的横向跨间,如图 2－24(c)所示。

2)单层厂房平面轮廓形式

单层厂房的平面轮廓形式常见的有矩形、方形、L 形、T 形和山形等,如图 2－25 所示。厂房平面形式的确定应满足生产工艺流程、工段组合、采光通风等要求。

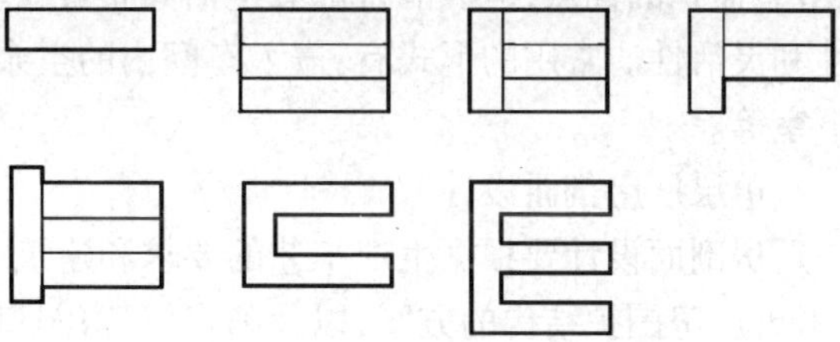

图 2－25　单层厂房的平面形式

3)柱网尺寸的确定

平面布置中跨度和柱距的确定形成柱网。柱网的大小是根据生产所需要的面积和技术经济比较等因素确定的。柱网的确定对选择厂房的主要承重结构方案以及对厂房的造价都有很大的影响。柱网尺寸的确定应根据生产设备大小、设备布置方式、加工部件运输、生产操作所需的空间等要求。

4)厂房生活间设计

为满足工人在生产过程中的生产卫生及生活需要,厂房还需设有生活福利用房,一般称为生活间。厂房生活间主要由生产卫生用房和生活用房组成。生产卫生用房包括存衣室、浴室、盥洗室、洗衣房等;生活用房包括厕所、休息室、进餐室等。

厂房生活间的设备与设计方法,与民用建筑中同类房间有很多相似之处,只是具体人数和使用上有差别。

生活间的布置方式,根据地区气候条件、工厂规模、性质、总体布置和车间的生产卫生特征,以及使用方便、经济合理等因素来确定。常用的有内部式、独立式和毗连式,如图 2－26 所示。毗连式布置是指生活间贴建在厂房一侧或一端。

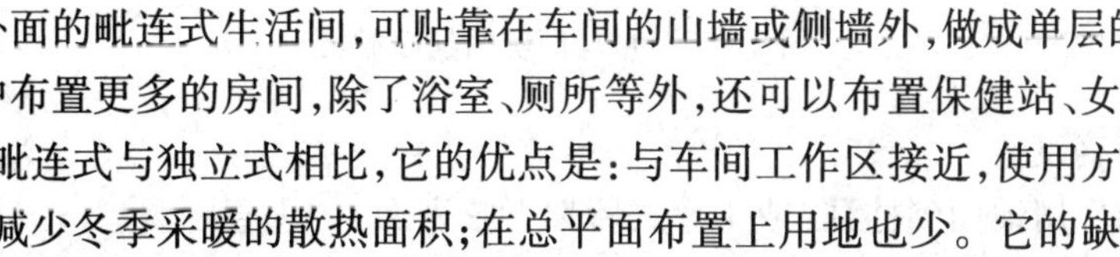

图 2－26　生活间的布置方式

设在车间外面的毗连式生活间,可贴靠在车间的山墙或侧墙外,做成单层的或多层的。此种形式可以集中布置更多的房间,除了浴室、厕所等外,还可以布置保健站、女工卫生室、哺乳室、办公室等。毗连式与独立式相比,它的优点是:与车间工作区接近,使用方便;与车间连接处合用一道墙,减少冬季采暖的散热面积;在总平面布置上用地也少。它的缺点是:当房间布置在车间侧面时,会影响车间的采光和通风;如布置在车间端部时,对长度较大的厂房,这些房间离车间另一端的工作地点要远一些。毗连式的生活间,因房间较小,荷载也不大,所以一般多采用砖混结构。当厂房采用骨架结构时,由于二者的结构形式不同,荷载大小也悬殊,故在其连接处宜设置沉降缝,使屋顶、墙身、基础均要断开,因此,这些房间的结构和构造均较复杂。

独立式的生活间是布置在单独的建筑物内,与车间保持一定距离。二者之间可设走廊或地道相连。它的优点是:平面布置灵活,结构简单,卫生条件好,车间和生活间均能获得良好的采光和通风,便于集中布置而供几个车间合用。它的缺点是:使厂区用地增多,造价较高,与车间联系不便,路程较远。某些热加工车间,如炼钢、轧钢、铸工、锻工等车间适于采用此种形式。

在生产状况允许的条件下,利用车间内部的空闲位置布置生活间。它具有使用方便、经济、节省面积的优点,但只能将部分生活间布置在车间内,位置也较分散,有时会影响车间的通用性和灵活性。常用的形式有:嵌入车间内的空余地段;悬挂在车间空间或夹层;半地下室或地下室等。

2. 单层厂房剖面设计

厂房剖面设计要根据生产工艺的要求和建筑结构条件,选择厂房剖面形式、确定厂房的高度、考虑厂房围护结构的方案,以及确定门、窗洞口的标高与定位轴线的标注等。其主要内容和要求如下:①选择厂房剖面形式、高度和一些主要尺寸,使其符合生产和运输设备布置及操作所需要的空间;②保证车间内规定的采光条件,如侧窗口的布置、天窗形式的选择及布置、窗口尺寸的确定等;③根据生产特点和当地气象条件,满足车间的保温、隔热、通风换气及除尘等要求;④处理好雨水的排除;⑤遵守统一化基本规则的要求,调整厂房的高度或高差。

1)厂房的剖面形式

厂房的剖面形式与生产工艺车间的采光通风要求、屋面排水方式及厂房的结构形式有关。图 2-27 为常见单层厂房的剖面形式。

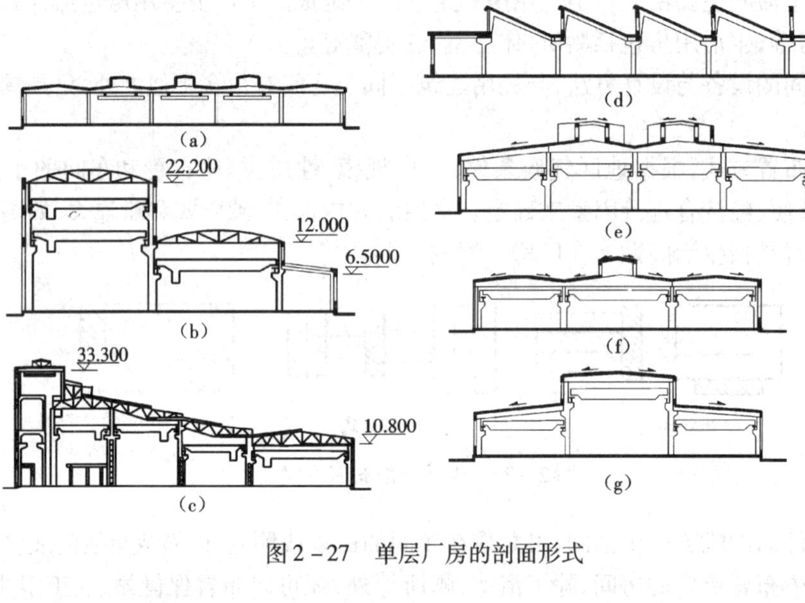

图 2-27 单层厂房的剖面形式

2)确定厂房高度

厂房高度指厂房地面到柱顶(或下撑式屋架下弦底面)的垂直距离。

(1)无吊车厂房高度的确定　无吊车厂房的高度主要取决于厂房内最高的生产设备及安装检修所需的净高,同时要考虑采光和通风的要求,并符合《厂房建筑模数协调标准》的扩大模数 3M 数列。

(2)有吊车厂房高度的确定(图 2-28)　有吊车厂房高度

$$H = H_1 + H_2 + C_h$$

$$H_1 = h_1 + h_2 + h_3 + h_4 + h_5$$

式中 H——柱顶标高；

H_2——轨上尺寸；

C_h——上方间隙；

H_1——轨顶标高；

h_1——生产设备或隔断的最大高度；

h_2——吊车越过设备时，吊车与设备之间的安全高度；

h_3——被起吊物体的最大高度；

h_4——起吊重物时，吊车缆索的最小高度；

h_5——吊钩距轨顶面的最小高度，可由吊车规格表中查出。

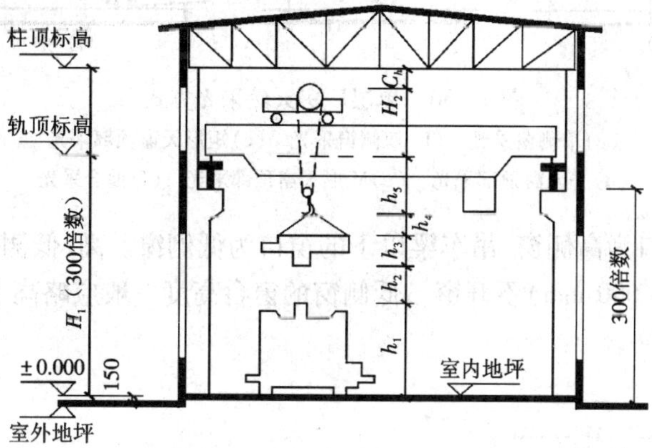

图2-28 厂房高度的确定

在满足生产的前提下，利用厂房空间降低柱顶标高，可节省建筑造价。其方法有：利用两榀屋架之间的空间布置个别高大设备（图2-29(a)）；也可降低局部地面标高，将某些大型设备或工件放在地坑里（图2-29(b)）。

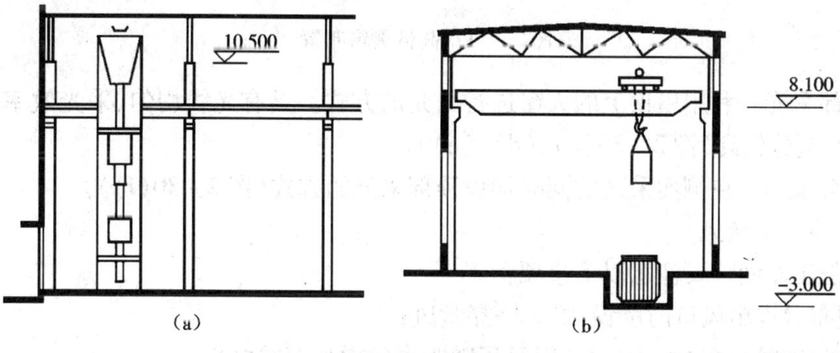

图2-29 厂房空间的利用

(a)利用屋架空间布置设备 (b)降低局部地面标高布置设备

3）室内外地面标高

单层厂房室内地面标高由厂区总平面设计确定，其相对标高为±0.000。为防止雨水流入室内，室外标高一般应低于室内标高150 mm，为通行方便，室外入口处应设置坡道，其坡度不宜过大。

4)采光方式

(1)侧面采光　利用在外墙上开侧窗进行采光的方式。具有光线方向性强、造价低等特点(图2-30(a)、(b))。

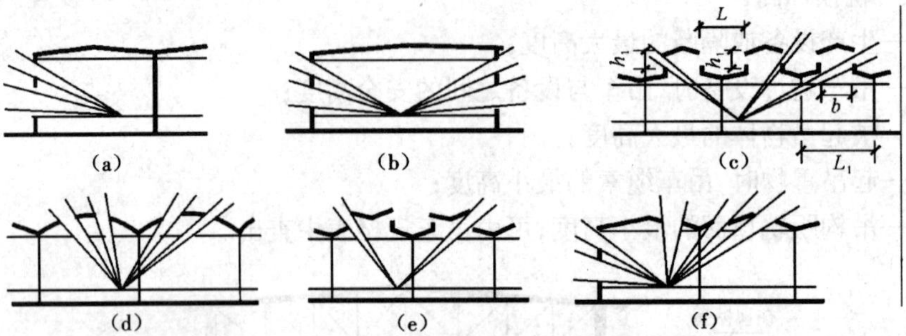

图2-30　单层厂房天然采光方式

(a)单侧窗采光　(b)双侧窗采光　(c)矩形天窗顶部采光

(d)平天窗顶部采光　(e)M形天窗顶部采光　(f)混合采光

吊车梁以上的窗口为高侧窗,吊车梁以下的窗口为低侧窗。高、低侧窗之间应留出一段高度(吊车梁高度上下各600 mm)不开窗。低侧窗的窗台高度一般应略高于工作面高度(图2-31)。

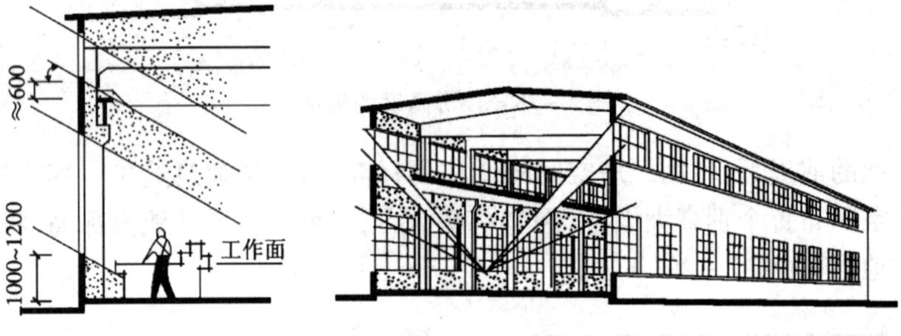

图2-31　高低侧窗布置

(2)顶部采光　利用屋顶上的天窗进行采光的方式。具有光线均匀、采光效率高的特点,但构造复杂,造价较高(图2-30(c)、(d)、(e))。

(3)混合采光　在侧面采光的同时加设顶部采光的方式(图2-30(f))。

5)厂房的自然通风

(1)冷加工车间　要注意以下事项:

①合理布置进出风口的位置,组织好穿堂风;

②厂房宽度限制在60 m左右(因风压随距离的增加而减弱);

③使夏季主导风向垂直于厂房的长度方向。

(2)热加工车间　要注意以下事项。

①进风口、排风口的布置如图2-32所示。

②合理布置热源。

③设开敞式外墙。开敞式外墙是指外墙上窗洞口处不设窗扇而用挡雨板代替。按开敞部位的不同,可分为全开敞式、上开敞式、下开敞式三种,如图 2－33 所示。

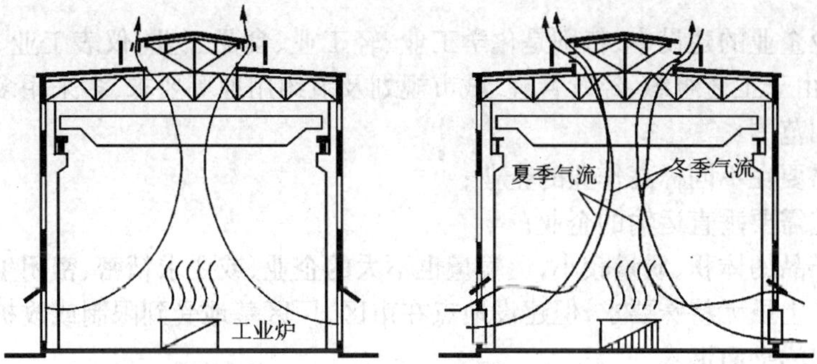

图 2－32　进、排风口位置
(a)南方地区热加工车间　(b)北方地区热加工车间

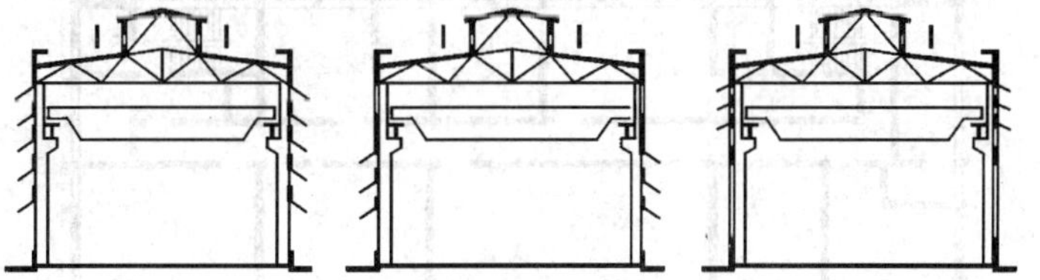

图 2－33　开敞式外墙的形式
(a)全开敞式　(b)下开敞式　(c)上开敞式

2.3.3　多层工业厂房设计

1. 多层工业厂房的特点及适用范围

多层工业厂房在建筑平面布置和结构形式选择方面,都与单层工业厂房有很大区别。它的特点是:厂房内部各工段分布在各层,各工段之间不仅有水平联系,而且还有垂直联系。设计时须解决其相互关系,合理安排垂直方向交通枢纽的位置,以及各楼层之间生活辅助用室的相对集中等问题。

多层工业厂房的宽度因受侧窗采光的限制,所以不宜太大。它的柱网尺寸也不宜过大,因为除了底层以外,以上各层的荷载均由各层楼板承担,然后传递到柱和基础上去。如柱网尺寸增大,对结构造价影响较大,所以选择柱网尺寸时,结构条件的限制较多。

为了更好地了解多层工业厂房以便进行方案选择,以下列出多层工业厂房的优点和缺点。

多层工业厂房的优点有以下三点。

①占地面积小,节约用地,在城市中建厂此优点尤为突出。此外,由于节约用地,相应地缩短室外一切管网、道路、围墙等设施,因而基本建设费用可以降低。

②对于一般轻型的工业厂房,在规模相同的情况下,其建筑造价较单层厂房低。

③外围护结构(外墙和屋顶)的面积比单层厂房小,故采暖和空气调节装置及经常使用费都比较经济。

多层工业厂房的缺点有以下三点:

①柱网尺寸小,工艺布置不如单层厂房灵活;

②为满足各层的通风和采光的需要，厂房宽度受一定的限制；

③工业产品和设备的荷载，除首层外，其余各层均由承重结构承担，故楼板的荷载不能太大。

在现代工业企业的建设中，特别是化学工业、轻工业、食品工业、仪表工业、电子工业及轻型制造工业等，由于工艺组织、经营管理、城市规划及节约用地等要求，多采用多层厂房。多层工业厂房的适用范围：

①生产上需要在不同标高作业的企业；

②生产工艺需要垂直运输的企业；

③设备和产品的体积、质量较小，运输量也不大的企业，或要求精密、密闭生产的企业；

④生产工艺上虽无特殊要求，但建设地点在市区，厂区基地受到限制或改扩建的企业。

2. 多层厂房的平面形式

多层厂房有如下几种平面形式。

(1)内通道式　用内走道联系两侧各生产工段的平面形式(图2-34)。

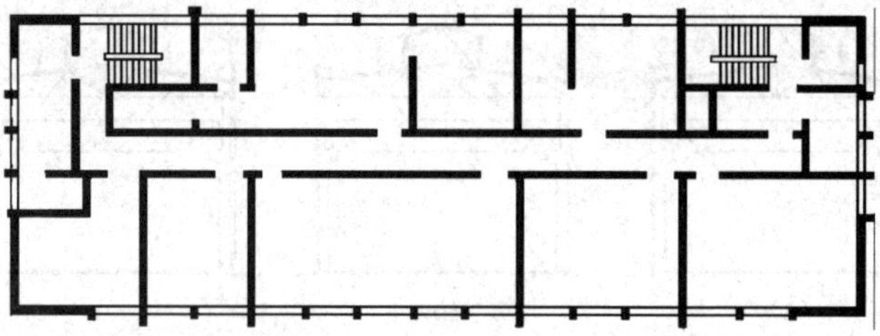

图2-34　内通道式平面形式

(2)统间式　各工段按生产工艺流程布置在一个大空间内的平面形式(图2-35)。

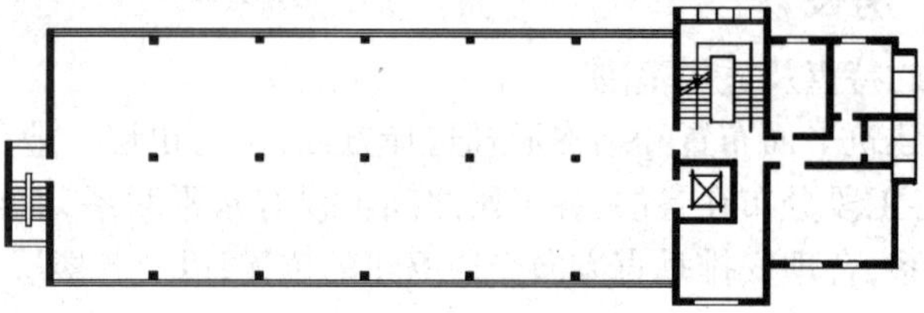

图2-35　统间式平面形式

(3)大宽度式　按生产工艺的特殊性，加大建筑宽度，大小空间结合布置各生产工段的平面形式(图2-36)。

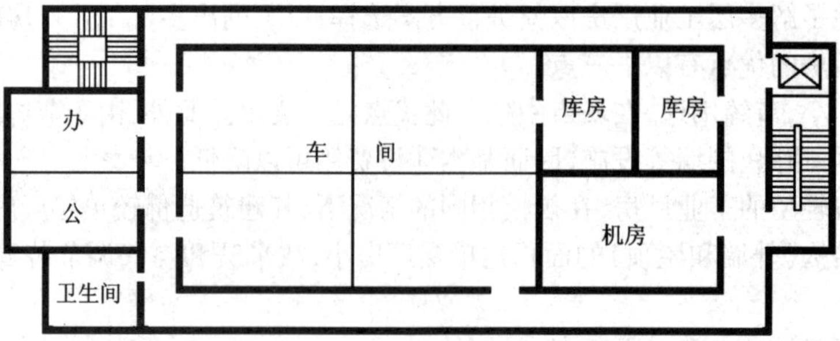

图2-36　大宽度式平面形式

(4)组合式　根据生产工艺的特殊性并考虑城市规划要求，采取多种平面形式的组合(图2-37)。

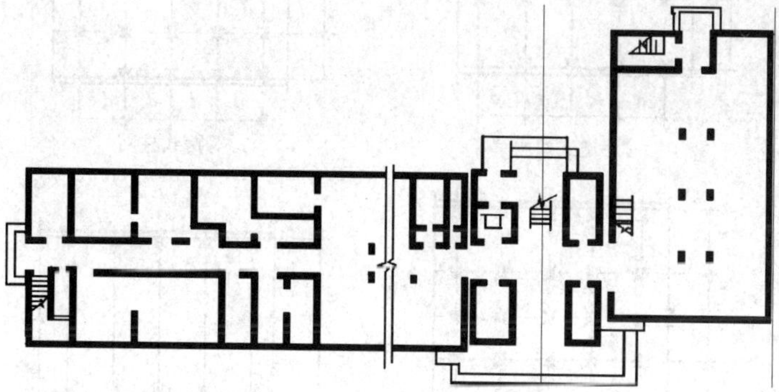

图2-37　组合式平面形式

(5)单元式　专为出租或出售而设计的没有固定工艺要求的多单元平面形式(图2-38)，也称多层通用性厂房或工业大厦。

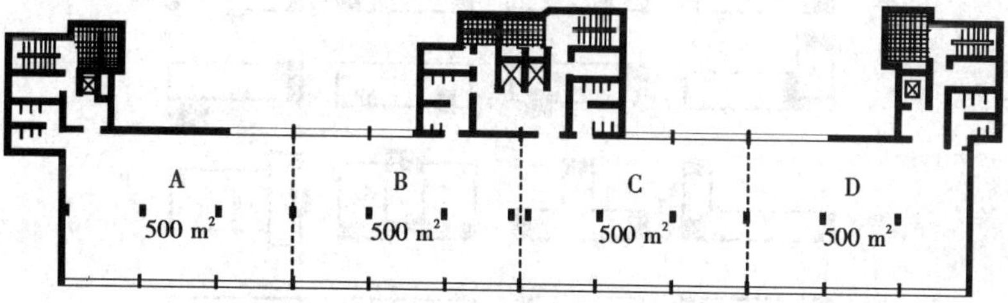

图2-38　单元式平面形式

3. 柱网选择

常见的多层厂房柱网类型有内通道式柱网、等跨式柱网、不等跨式杆网、大跨度式柱网等四种(图2-39)。

4. 平面布置原则

①多层厂房的平面布置应根据生产工艺流程、工段组合、交通运输、采光通风，以及生产上的各种技术要求，经过综合研究后加以决定。

②各工段间，由于生产性质、对生产环境要求等的不同，组合时应将具有共性的工段作水平和垂直的集中分区布置。

③楼梯间、电梯间的位置应能保证人流、货流通畅近便，避免曲折迂回。楼梯、电梯间的主要出入口位置要明显，其数量及布置应满足有关防火安全与疏散要求。

在多层厂房建筑平面中，常常将楼梯、电梯和生沽辅助用房组合成单元，布置在厂房平面的端部、内部、外纵墙内外侧(图2-40)。

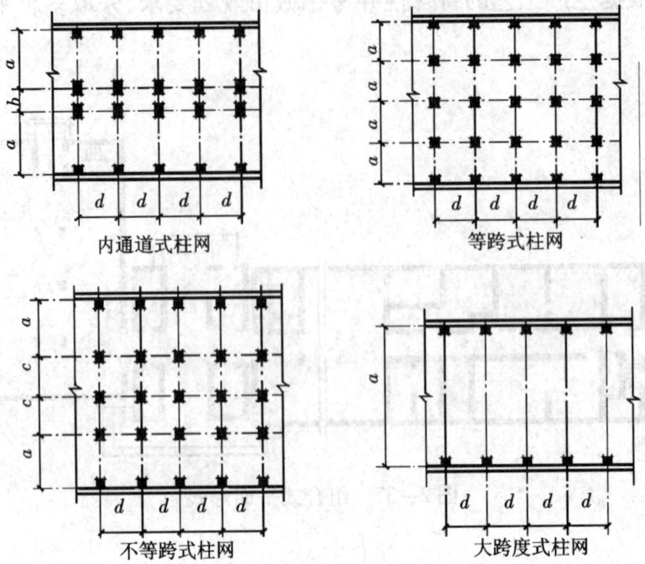

图 2－39 柱网类型

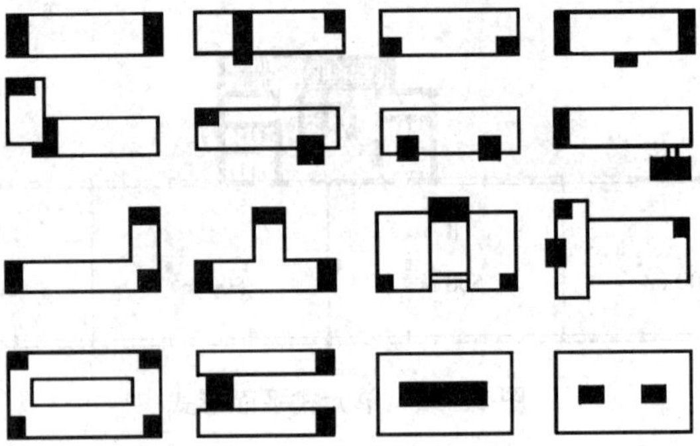
图 2－40 楼梯、电梯间、生活间的平面布置

5. 多层厂房剖面设计

1) 多层厂房层数的确定

多层厂房的层数主要取决于工艺过程中的上下工序的划分，同时要考虑设备的布置、基地大小、地基承载力和经济条件等。例如面粉厂的工艺过程是由上而下垂直运输的，由于竖向工艺过程的布置，这样就确定了各层工段的位置，相应地也就确定了建筑物的层数。又如某轻型机械加工厂，它的重型生产设备比较多，适于布置在底层，由于底层面积加大，相应地层数少一些就可满足全部生产面积的需要。

2) 多层厂房层高的确定

多层厂房的层高，主要取决于能容纳车间内的最大生产设备、管道的敷设和满足运输的要求。在某些厂房内生产设备和运输要求高度不大时，厂房层高则要由采光、通风等要求来决定。

厂房的层高和厂房的宽度有密切关系。厂房的宽度一般由设备的尺寸和排列方式决定。

当厂房的宽度设计得较大时，为了保证厂房中部有足够的天然光线，就要提高窗口的高度，因此厂房的层高就相应地加大，建筑造价也就随之增加。所以应根据车间不同的采光要求和厂房的宽度选择合适的层高。

第 2 篇　建筑材料

第 3 章　建筑材料的基本性质

建筑材料是指建筑结构物中使用的各种材料及制品，它是一切建筑工程的物质基础。正确选择和合理使用建筑材料，对建筑结构物的安全、实用、美观、耐久及造价有着重大的意义。

建筑材料可按不同原则进行分类。根据材料来源，可分为天然材料及人造材料；根据使用部位，可分为承重材料、屋面材料、墙体材料和地面材料等；根据建筑功能，可分为结构材料、装饰材料、防水材料、绝热材料等；根据组成物质的种类及化学成分，将建筑材料分为无机材料、有机材料和复合材料等。

随着社会生产力和科学技术水平的提高，各种新型建筑材料不断被研制出来，进而推动了建筑结构设计方法和施工工艺的变化，而新的建筑结构设计方法和施工工艺对建筑材料品种和质量提出更高的要求。随着人类的进步和社会的发展，更有效地利用地球有限的资源，全面改善及迅速扩大人类工作与生存空间，发展环保型建筑材料已势在必行。建筑材料在原材料、生产工艺、性能及产品方面也将面临新的挑战和更广阔的发展空间。在原材料方面要充分利用再生资源及工农业废料；在生产工艺方面要大力引进现代技术，改造或淘汰陈旧设备，降低原材料及能源消耗，减少环境污染；在性能方面要力求轻质、高强、耐久及多功能；在产品型式方面要积极发展预制技术，逐步提高构件化、单元化的水平。

掌握各种建筑材料的性能及其适用范围，选择最合适的品种，是设计者的主要任务。

3.1　材料的基本物理性质

3.1.1　材料的密度、表观密度与堆积密度

1. 密度

密度是指材料在绝对密实状态下，单位体积的质量，按下式计算：

$$\rho = \frac{m}{V}$$

式中：ρ——密度，g/cm^3；

m——材料的质量，g；

V——材料在绝对密实状态下的体积，cm^3。

绝对密实状态下的体积是指不包括孔隙在内的体积。除了钢材、玻璃等少数材料外，绝大多数材料都有一些孔隙。在测定有孔隙材料的密度时，应把材料磨成细粉，干燥后，用李氏瓶测定其实体积。材料磨得越细，测得的密度数值就越精确。砖、石材等块状材料的密度即用此法测得。

在测量某些致密材料（如卵石等）的密度时，直接以块状材料为试样，以排液置换法测量其体积，材料中部分与外部不连通的封闭孔隙无法排除，这时所求得的密度称为近似密度（ρ_a）。

2. 表观密度

表观密度是指材料在自然状态下,单位体积的质量,按下式计算:

$$\rho_0 = \frac{m}{V_0}$$

式中:ρ_0——表观密度,g/cm^3或kg/m^3;

m——材料的质量,g 或 kg;

V_0——材料在自然状态下的体积,或称表观体积,cm^3或m^3。

材料的表观体积是指包含内部孔隙的体积。当材料孔隙内含有水分时,其质量和体积均将有所变化,故测定表观密度时,须注明其含水情况。一般是指材料在气干状态(长期在空气中干燥)下的表观密度。在烘干状态下的表观密度,称为干表观密度。

3. 堆积密度

堆积密度是指粉状或粒状材料,在堆积状态下,单位体积的质量,按下式计算:

$$\rho_0' = \frac{m}{V_0'}$$

式中:ρ_0'——堆积密度, kg/m^3;

m——材料的质量,kg;

V_0'——材料的堆积体积,m^3。

测定散粒材料的堆积密度时,材料的质量是指填充在一定容器内的材料质量,其堆积体积是指所用容器的容积而言。因此,材料的堆积体积包含了颗粒之间的空隙。

常用建筑材料的密度、表观密度、堆积密度和孔隙率见表 3-1。

表 3-1 常用建筑材料的密度、表观密度、堆积密度和孔隙率

材料	密度 ρ(g/cm^3)	表观密度 ρ_0(kg/m^3)	堆积密度 ρ_0'(kg/m^3)	孔隙率 P(%)
石灰岩	2.40~2.60	1 800~2 600	—	0.6~3.0
花岗岩	2.70~3.00	2 500~2 900	—	0.5~1.0
碎石(石灰岩)	2.60	—	1 400~1 700	—
砂	2.60	2 500~2 600	1 400~1 700	35~40(空隙率)
黏土	2.60	—	1 600~1 800	—
普通黏土砖	2.50~2.70	1 600~1 900	—	20~40
黏土空心砖	2.50~2.70	1 000~1 400	—	50~60
水泥	2.80~3.10	—	1 200~1 300	50~55(空隙率)
普通混凝土	—	2 300~2 500	—	5~20
轻骨料混凝土	—	800~1 900	—	—
木材	1.55~1.60	400~800	—	55~75
钢材	7.85	7850	—	0
泡沫塑料	—	20~50	—	98

3.1.2 材料的密实度与孔隙率

1. 密实度

密实度是指材料体积内被固体物质充实的程度,按下式计算:

$$D = \frac{V}{V_0} \times 100\% \quad 或 \quad D = \frac{\rho_0}{\rho} \times 100\%$$

式中：D——密实度；

V——材料在绝对密实状态下的体积，cm^3；

V_0——材料在自然状态下的体积，或称表观体积，cm^3 或 m^3；

ρ_0——表观密度，g/cm^3 或 kg/m^3；

ρ——密度，g/cm^3。

2. 孔隙率

孔隙率是指材料体积内，孔隙体积所占的比例，用下式表示：

$$P = \frac{V_0 - V}{V_0} = 1 - \frac{V}{V_0} = \left(1 - \frac{\rho_0}{\rho}\right) \times 100\%$$

即

$$D + P = 1$$

或

$$\text{密实度} + \text{孔隙率} = 1$$

孔隙率的大小直接反映了材料的致密程度。材料内部孔隙的构造，可分为连通的与封闭的两种。连通孔隙不仅彼此贯通且与外界相通，而封闭孔隙则不仅彼此不连通且与外界相隔绝。孔隙按尺寸大小又分为极微细孔隙、细小孔隙和较粗大孔隙。孔隙的大小及其分布对材料的性能影响较大。

3. 填充率

填充率是指散粒材料在某堆积体积中，被其颗粒填充的程度，按下式计算：

$$D' = \frac{V}{V'_0} \times 100\% \quad \text{或} \quad D' = \frac{\rho'_0}{\rho} \times 100\%$$

式中：D'——填充率；

V'_0——材料的堆积体积；

ρ'_0——堆积密度。

4. 空隙率

空隙率（P'）是指散粒材料在某堆积体积中，颗粒之间的空隙体积所占的比例，用下式表示：

$$P' = \frac{V'_0 - V}{V'_0} = 1 - \frac{V}{V'_0} = (1 - \frac{\rho'_0}{\rho}) \times 100\%$$

即

$$D' + P' = 1$$

或

$$\text{填充率} + \text{空隙率} = 1$$

空隙率的大小反映了散粒材料的颗粒互相填充的致密程度。空隙率可作为控制混凝土骨料级配与计算含砂率的依据。

3.1.3　材料与水有关的性质

1. 亲水性与憎水性

建筑物常与水或大气中的水气接触。然而水分与不同固体材料表面之间相互作用的情况是不同的。在材料、水和空气的交点处，沿水滴表面的切线与水和固体接触面所成的夹角（润湿边角）θ 越小，浸润性愈好。如果润湿边角 θ 为零，则表示

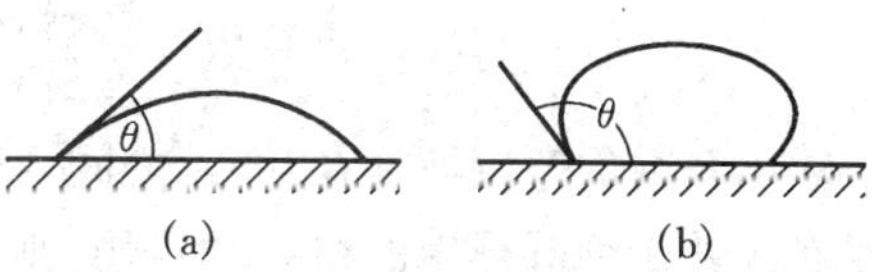

图3－1　材料润湿边角

（a）亲水性材料　（b）憎水性材料

该材料完全被水所浸润;居于中间的数值表示不同程度的浸润。一般认为,当润湿边角 $\theta \leq 90°$时(如图 3-1(a)),水分子之间的内聚力小于水分子与材料分子间的相互吸引力,此种材料称为亲水性材料。当 $\theta > 90°$时(如图 3-1(b)),水分子之间的内聚力大于水分子与材料分子间的吸引力,则材料表面不会被水浸润,此种材料称为憎水性材料。这一概念也可应用到其他液体对固体材料的浸润情况,相应地称为亲液性材料或憎液性材料。

2. 含水率

材料中所含水的质量与干燥状态下材料的质量之比,称为材料的含水率,即

$$W = \frac{m_1 - m}{m} \times 100\ \%$$

式中:W——材料的含水率,%;

m——材料在干燥状态下的质量,g;

m_1——材料在含水状态下的质量,g。

3. 吸水性

材料与水接触吸收水分的性质,称为材料的吸水性。当材料吸水饱和时,其含水率称为吸水率。多数情况是按质量计算吸水率,但也有按体积计算吸水率的(吸入水的体积占材料自然状态下体积的百分率)。如果材料具有细微而连通的孔隙,则其吸水率较大;若是封闭孔隙,水分就不容易渗入。粗大的孔隙水分虽然容易渗入,但仅能润湿孔壁表面而不易在孔内存留。所以,封闭或粗大孔隙材料,其吸水率是较低的。

各种材料的吸水率相差很大,如花岗岩等致密岩石的吸水率仅为0.5%~0.7%,普通混凝土为2%~3%,黏土砖为8%~20%,而木材或其他轻质材料的吸水率则常大于100 %。

4. 吸湿性

材料在潮湿空气中吸收水分的性质称为吸湿性。吸湿作用一般是可逆的,也就是说材料既可吸收空气中的水分,又可向空气中释放水分。

与空气湿度达到平衡时的含水率称为平衡含水率。木材的吸湿性特别明显,它能大量吸收水气而增加重量,致使材料降低强度和改变尺寸。木门窗在潮湿环境往往不易开关,就是由于吸湿所引起的。保温材料如果吸收水分之后,将很大程度地降低其隔热性能。所以要特别注意采取有效的防护措施。

5. 耐水性

材料抵抗水的破坏作用的能力称为耐水性。一般材料随着含水量的增加,会减弱其内部结合力,强度都有不同程度的降低,即使致密的石料也不能完全避免这种影响。例如,花岗岩长期浸泡在水中,强度将下降3%,普通黏土砖和木材所受影响更为显著。材料的耐水性可用软化系数表示:

$$软化系数 = \frac{材料在吸水饱和状态下的抗压强度}{材料在干燥状态下的抗压强度}$$

软化系数的范围波动在0~1之间。软化系数的大小,有时成为选择材料的重要依据。受水浸泡或处于潮湿环境的重要建筑物,则必须选用软化系数不低于0.85的材料建造,通常软化系数大于0.80的材料,可以认为是耐水的。

6. 抗渗性

材料抵抗压力水渗透的性质称为抗渗性(或不透水性)。材料的抗渗性用渗透系数 K 来

表示：

$$K = \frac{Qd}{AtH}$$

式中：K——渗透系数，cm/h；

Q——透水量，cm^3；

d——试件厚度，cm；

A——透水面积，cm^2；

t——时间，h；

H——静水压力水头，cm。

渗透系数愈小的材料表示其抗渗性愈好。

对于混凝土和砂浆材料，抗渗性常用抗渗等级来表示：

$$S = 10H - 1$$

式中：S——抗渗等级；

H——试件开始渗水时的水压力，MPa。

材料抗渗性的好坏，与材料的孔隙率和孔隙特征有密切关系。孔隙率很低而且是封闭孔隙的材料就具有较高的抗渗性能。对于地下建筑及水工构筑物，因常受到压力水的作用，所以要求材料具有一定的抗渗性；对于防水材料，则要求具有更高的抗渗性。材料抵抗其他液体渗透的性质，也属于抗渗性，如贮油罐则要求材料具有良好的不渗油性。

7. 抗冻性

材料在水饱和状态下，能经受多次冻融循环作用而不破坏，也不严重降低强度的性质，称为材料的抗冻性。

材料的抗冻性用抗冻标号表示。抗冻标号是以规定的试件，在规定试验条件下，测得其强度降低不超过规定值，并无明显损坏和剥落时所能经受的冻融循环次数，以此作为抗冻标号，用符号“Dn”表示，其中 n 即为最大冻融循环次数，如 D_{25}、D_{50}等。

材料抗冻标号的选择，是根据结构物的种类、使用条件、气候条件等来决定的。例如烧结普通砖、陶瓷面砖、轻混凝土等墙体材料，一般要求其抗冻标号为 D_{15} 或 D_{25}；用于桥梁和道路的混凝土应为 D_{50}、D_{100} 或 D_{200}，而水工混凝土要求高达 D_{300}。

3.1.4　材料的热工性质

1. 导热性

当材料两侧存在温度差时，热量将由温度高的一侧、通过材料传递到温度低的一侧，材料的这种传导热量的能力，称为导热性。

材料的导热性可用导热系数表示。导热系数的物理意义是：厚度为 1 m 的材料，两侧表面温度差为 1 K（或 1 ℃）时，在 1 h 内通过 1 m^2 面积传递的热量。用公式表示为

$$\lambda = \frac{Qa}{(t_1 - t_2)A \cdot Z}$$

式中：λ——材料的导热系数，W/(m · K)；

Q——传导的热量，J；

a——材料的厚度，m；

A——材料传热的面积，m^2；

Z——传热时间,s;

(t_1-t_2)——材料两侧温度差,K 或℃。

材料的导热系数愈小,表示其绝热性能愈好。各种材料的导热系数差别很大,如泡沫塑料 $\lambda=0.035$ W/(m·K),而大理石 $\lambda=3.48$ W/(m·K)。工程中通常把 $\lambda<0.23$ W/(m·K)的材料称为绝热材料。

2. 比热

材料比热(C)的物理意义是指1 kg 重的材料,在温度每改变 1 K 时所吸收或放出的热量。用公式表示为

$$C=\frac{Q}{m(t_1-t_2)}$$

式中:C——比热,kJ/(kg·K);

Q——传导的热量,J;

m——材料质量,kg;

t_1-t_2——材料两侧温度差,K 或℃。

材料的导热系数和热容量是设计建筑物围护结构(墙体、屋盖)进行热工计算时的重要参数,设计时应选用导热系数较小而热容量较大的建筑材料,以使建筑物保持室内温度的稳定性。同时,导热系数也是工业窑炉热工计算和确定冷藏库绝热层厚度时的重要数据。几种典型材料的热工性质指标如表 3-2 所示,由表可见,水的比热最大。

表 3-2 几种典型材料的热工性质指标

材 料	导热系数 λ (W/(m·K))	比热 C (kJ/(kg·K))
铜	370	0.38
钢	55	0.46
花岗岩	2.9	0.80
普通混凝土	1.8	0.88
烧结普通砖	0.55	0.84
松木(横纹)	0.15	1.63
泡沫塑料	0.03	1.30
冰	2.20	2.05
水	0.60	4.19
静止空气	0.025	1.00

3.2 材料的基本力学性质

材料的力学性质是指材料在外力作用下,抵抗破坏的能力和变形方面的性质,它对合理选用材料非常重要,是建筑材料最重要的技术性质。

3.2.1 材料的强度

材料在外力(荷载)作用下抵抗破坏的能力,称为材料的强度。当材料受外力作用时,其

内部就产生应力。外力增加,应力相应增大,直至材料内部质点间结合力不足以抵抗所作用的外力时,材料即发生破坏。材料破坏时,应力达极限值,这个极限应力值就是材料的强度,也称极限强度。

根据外力作用形式的不同,材料的强度有抗压强度、抗拉强度、抗弯强度及抗剪强度等,如图 3 - 2 所示。

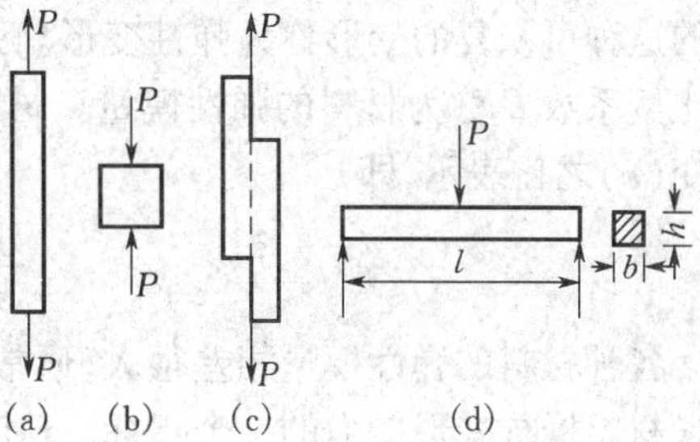

图 3 - 2　材料受外力作用示意图

(a)抗拉　(b)抗压　(c)抗剪　(d)抗弯

材料的这些强度是通过静力试验来测定的,故总称为静力强度。材料的静力强度是通过标准试件的破坏试验而测得。材料的抗压、抗拉和抗剪强度的计算公式为

$$f = \frac{P}{A}$$

式中:f——材料的极限强度(抗压、抗拉或抗剪),MPa;

P——试件破坏时的最大荷载,N;

A——试件受力面积,mm^2。

材料的强度与其组成及结构有关,即使材料的组成相同而构造不同,强度也不一样。材料的孔隙率愈大,则强度愈小。一般表观密度大的材料,其强度也大。晶体结构的材料,其强度还与晶粒粗细有关,其中细晶粒的强度高。玻璃原是脆性材料,抗拉强度很小,但当制成玻璃纤维后,则成了很好的抗拉材料。材料的强度还与其含水状态及温度有关,含有水分的材料,其强度较干燥时的低。一般温度高时,材料的强度将降低,这对沥青混凝土尤为明显 。

材料的强度与其测试所用的试件形状、尺寸有关,也与试验时加荷速度及试件表面形状有关。相同材料采用小试件测得的强度较大试件高;加荷速度快者强度值偏高;试件表面不平或表面涂润滑剂时,所测强度值偏低。由此可知,材料的强度是在特定条件下测定的数值。为了使试验结果准确,且具有可比性,各国都制定了统一的材料试验标准,在测定材料强度时,必须严格按照规定的试验方法进行。材料的强度是大多数材料划分等级的依据。常用建筑材料的强度如表 3 - 3 所示。

表 3 - 3　常用建筑材料的强度　　MPa

材　料	抗　压	抗　拉	抗　剪	抗　弯
花岗岩	100 ~ 250	7 ~ 25	13 ~ 19	10 ~ 40
烧结普通砖	7.5 ~ 30	—	—	1.8 ~ 4.0
普通混凝土	7.5 ~ 60	1 ~ 3	—	1.5 ~ 6.0
松木(顺纹向)	30 ~ 50	80 ~ 120	7.7 ~ 10.0	60 ~ 100
建筑钢材	235 ~ 1 600	235 ~ 1 600	4 ~ 8	60 ~ 110

3.2.2　材料的弹性与塑性

材料在外力作用下产生变形,当外力去除后能完全恢复到原始形状的性质称为弹性。材

料的这种可恢复的变形称为弹性变形。弹性变形属可逆变形，其数值大小与外力成正比，这时的比例系数 E 称为材料的弹性模量。材料在弹性变形范围内，E 为常数，其值可用应力(σ)与应变(ε)之比表示，即

$$\frac{\sigma}{\varepsilon} = E = \text{常数}$$

各种材料的弹性模量相差很大，通常原子键能高的材料具有高的弹性模量。弹性模量是衡量材料抵抗变形能力的一个指标。E 值愈大，材料愈不易变形，亦即刚度好。弹性模量是结构设计时的重要参数。

材料在外力作用下产生变形，当外力去除后，有部分变形不能恢复，这种性质称为材料的塑性，这种不能恢复的变形称为塑性变形。塑性变形为不可逆变形。

实际上纯弹性变形的材料是没有的，通常一些材料在受力不大时，表现为弹性变形，而当外力达一定值时，则呈现塑性变形，如低碳钢就是典型的这种材料。另外许多材料在受力时，弹性变形和塑性变形同时发生，这种材料当外力取消后，弹性变形会恢复，而塑性变形不能消失。混凝土就是这类材料的代表。弹塑性材料的变形曲线如图 3－3 所示，图中 ab 为可恢复的弹性变形，bO 为不可恢复的塑性变形。

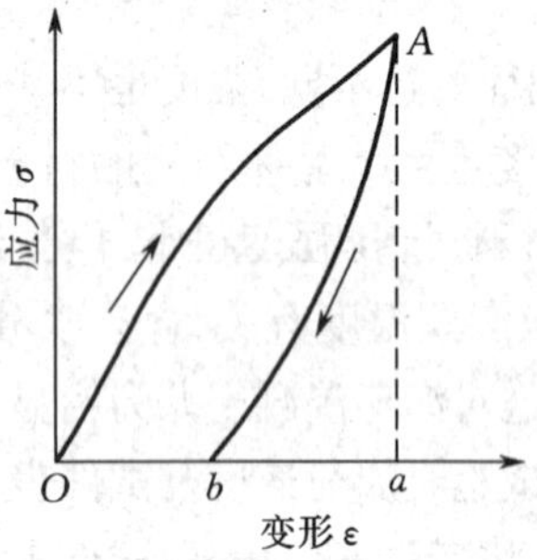

图 3－3 弹塑性材料的变形曲线

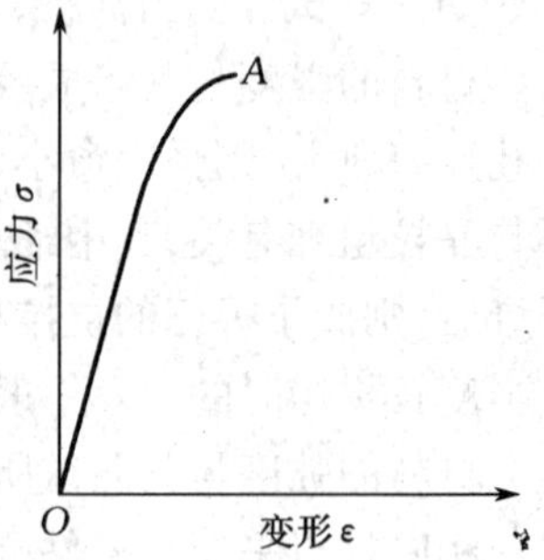

图 3－4 脆性材料的变形曲线

3.2.3 材料的脆性与韧性

材料受外力作用，当外力达一定值时，材料发生突然破坏，且破坏时无明显的塑性变形，这种性质称为脆性，具有这种性质的材料称脆性材料，其变形曲线如图 3－4 所示。脆性材料的抗压强度远大于其抗拉强度，可高达数倍甚至数十倍，所以脆性材料不能承受振动和冲击荷载，也不宜用作受拉构件，只适于用作承压构件。建筑材料中大部分无机非金属材料均为脆性材料，如天然岩石、陶瓷、玻璃、普通混凝土等。

材料在冲击或振动荷载作用下，能吸收较大的能量，同时产生较大的变形而不破坏，这种性质称为韧性。在建筑工程中，对于要求承受冲击荷载和有抗震要求的结构，如吊车架、桥梁、路面等所用的材料，均应具有较高的韧性。

3.2.4 材料的硬度与耐磨性

硬度是指材料表面抵抗硬物压入或刻划的能力。测定材料硬度的方法有多种，通常采用的有刻划法和压入法两种，不同材料其硬度的测定方法不同。刻划法常用于测定天然矿物的硬度，按硬度递增顺序分为 10 级，即滑石、石膏、方解石、萤石、磷灰石、正长石、石英、黄玉、刚玉、金刚石。压入法如布氏硬度值是以压痕单位面积上所受压力来表示的，常用于测定钢材、

木材和混凝土等建筑材料的硬度。

材料的硬度愈大,其耐磨性愈好。工程中有时也可用硬度来间接推算材料的强度。材料的耐磨性与材料的组成成分、结构、强度、硬度等有关。在建筑工程中,对于用作踏步、台阶、地面、路面等的材料,应具有较高的耐磨性。

3.3　材料的耐久性

材料的耐久性是指用于建筑物的材料,在环境的多种因素作用下,能经久不变质、不破坏,长久地保持其使用性能的性质。

3.3.1　材料经受的环境作用

材料在建筑物使用过程中,除材料内在原因使其组成、构造、性能发生变化以外,还要长期受到使用条件及各种自然因素的作用,这些作用可概括为以下几方面。

1. 物理作用

物理作用包括环境温度、湿度的交替变化,即冷热、干湿、冻融等循环作用。材料在经受这些作用后,将发生膨胀、收缩或产生内应力,长期的反复作用,将使材料渐遭破坏。

2. 化学作用

化学作用包括大气和环境水中的酸、碱、盐等溶液或其他有害物质对材料的侵蚀作用以及日光、紫外线等对材料的作用。

3. 机械作用

机械作用包括荷载的持续作用,交变荷载对材料引起的疲劳、冲击、磨损、磨耗等。

4. 生物作用

生物作用包括菌类、昆虫等的侵害作用,导致材料发生腐朽、虫蛀等而破坏。

耐久性是材料的一项综合性质,各种材料耐久性的具体内容,因其组成和结构不同而异。例如钢材易受氧化而锈蚀;无机非金属材料常因氧化、风化、炭化、溶蚀、冻融、热应力、干湿交替作用等而破坏;有机材料多因腐烂、虫蛀、老化而变质等。

3.3.2　材料耐久性的测定

对材料耐久性最可靠的判断,是对其在使用条件下进行长期的观察和测定,但这需要很长的时间。为此,近年来采用快速检验法,这种方法是模拟实际使用条件,将材料在实验室进行有关的快速试验,根据试验结果对材料的耐久性作出判定。

3.3.3　提高材料耐久性的重要意义

在设计建筑物选用材料时,必须考虑材料的耐久性问题,因为只有采用耐久性良好的建筑材料,才能保证建筑物的耐久性。提高材料的耐久性,对节约建筑材料、保证建筑物长期正常使用、减少维修费用、延长建筑物使用寿命等,均具有十分重要的意义。

3.4　材料的装饰性

3.4.1　材料装饰性的意义

建筑是技术与艺术相结合的产物,而建筑艺术的发挥,除建筑设计外,在很大程度上取决于建筑材料的装饰性。为了满足这方面的要求,建材行业的工作者们不断研制和生产出各种形形色色、琳琅满目的装饰材料。

建筑装饰材料主要用作建筑物内外墙面、柱面、地面及顶棚等处的饰面层,这类材料往往兼具结构、绝热、防潮、防火、吸声、隔音或耐磨等两种以上的功能。因此,采用装饰材料修饰主体结构的面层,不仅能大大改善建筑物的外观艺术形象,使人们获得舒适和美的感受,最大限度地满足人们生理和心理上的各种需要,同时也起到了保护主体结构材料的作用,提高建筑物的耐久性。所以材料的装饰性对于建筑物具有十分重要的作用。近年来,随着人们生活水平的提高,对建筑装修、装饰的要求越来越高,目前一般用于建筑装饰的费用要占建筑总造价的1/3以上,高等级的建筑物可能更高。所以材料的装饰性很重要。

3.4.2 材料的装饰功能

装饰材料通常通过以下功能达到美化建筑物的作用。

1. 色彩

色彩最能突出表现建筑物的美,古今中外的建筑物,无一不是利用材料的色彩来塑造其美。同时,不同色彩能使人产生不同感觉。如建筑外部的浅色块给人以庞大、肥胖感,深色块使人感觉瘦小和苗条。在室内看到红、橙、黄等色使人联想到太阳、火焰而感到温暖,故称暖色;见到绿、蓝、紫罗蓝等色会让人联想到大海、蓝天、森林而感到凉爽,故称冷色。暖色调使人感到热烈、兴奋、温暖,冷色调使人感到宁静、幽雅、清凉。为此,建筑装饰材料的色彩可以营造不同的空间环境,满足不同的使用要求。

2. 光泽

光泽是材料的表面特性之一,也是材料的重要装饰性能。高光泽的材料具有很高的观赏性,同时在灯光的配合下,能对空间环境的装饰效果起到强化、点缀和烘托的作用。

光泽是光线在材料表面有方向性的反射。若反射光线分散在各个方向,称漫反射,如为与入射光线成对称的集中反射,则称镜面反射。镜面反射是材料产生光泽的主要原因。材料表面的光洁度越高,光线的反射越强,光泽越高。所以许多装饰材料的面层均加工成光滑的表面,如天然大理石和花岗石板材、釉面砖、镜面玻璃、不锈钢钢板等。

生产中判别材料表面的光泽度,可采用光电光泽度计进行测定。

3. 透明性

材料的透明性是由于光线透射材料的结果。能透光又能透视的材料称透明体(如普通平板玻璃),只能透光而不能透视者称半透明体(如压花玻璃)。由于透明材料具有良好的透光性,故被广泛用作建筑采光和装饰。采用大量透明材料建造的玻璃幕墙建筑,给人以通透明亮、具有强烈的时代气息之感。

4. 表面质感

表面质感是指材料本身具有的材质特性,或材料表面由人为加工至一定程度而造成的表面视感和触感,如表面粗细、软硬程度、手感冷暖、纹理构造、凹凸不平、图案花纹、明暗色差等。这些表面质感均会对人们的心理产生影响。设计时根据建筑功能要求,恰当地选用各种不同质感的材料,充分发挥材料本身的质感特性,是成功的重要途径。

5. 形状尺寸

材料的形状与尺寸是建筑构造的细部之一。将建筑材料加工生产成各种形状和不同尺寸的型材,以配合建筑形体和线条,可构筑成风格各异的各种建筑造型,既满足使用功能要求,又创造出建筑的艺术美。

第4章　基本建筑材料

4.1　天然石材

天然石材是经过加工或不加工的岩石，它是最古老的建筑材料之一。天然石材具有较高的抗压强度，良好的耐久性和耐磨性。天然石材在建筑中主要用作结构材料、装饰材料、混凝土骨料和人造建材的原料。但由于石材脆性大、抗拉强度低、自重大，石结构的抗震性能差，加之岩石的开采加工较困难、价格高等原因，石材作为结构材料，近代已逐步被混凝土材料所代替，但装饰用石材十分普遍。随着石材加工水平的不断提高，石材独特的装饰效果得到充分展示，作为高级饰面材料，颇受人们欢迎，许多商场、宾馆等公共建筑均使用石材做墙面、地面装饰材料。天然岩石经自然风化或人工破碎而得的卵石、碎石、砂等，大量用作混凝土的骨料，是混凝土的主要组成材料之一。作为原料使用的天然岩石，如石灰石是生产硅酸盐水泥、石灰的原料，石英岩是生产陶瓷、玻璃的原料等。

4.1.1　岩石的形成与分类

岩石是由各种不同的地质作用所形成的天然矿物的集合体。组成岩石的矿物称造岩矿物。由一种矿物构成的岩石称单成岩（如石灰岩），由两种或更多种矿物构成的岩石称复成岩。自然界大部分岩石都是复成岩，如花岗岩是由长石、石英、云母及某些暗色矿物组成。只有少数岩石是单成岩，如白色大理岩，是由方解石或白云石所组成。岩石并无确定的化学成分和物理性质，同一种岩石，产地不同，其矿物组成和结构均有差异，因而其颜色、强度、性能等也均不相同。

天然岩石根据其形成的地质条件不同，可分为岩浆岩、沉积岩和变质岩三大类。

1. 岩浆岩

岩浆岩又称火成岩。它是地壳深处的熔融岩浆上升到地表附近或喷出地表经冷凝而成。岩浆岩是组成地壳的主要岩石，占地壳总重的89%。根据岩浆冷却情况的不同，岩浆岩又可分为深成岩、喷出岩和火山岩三种。

深成岩特点是：矿物全部结晶且晶粒较显，呈块状构造，构造致密；具有抗压强度高，吸水率小，表观密度大和抗冻性、耐磨性、耐水性好等性质。建筑上常用的深成岩有花岗岩、辉长岩、闪长岩等。花岗岩是主要的饰面材料。花岗岩建筑庄严肃穆，稳重大方，雄伟壮观，耐风化。

喷出岩特点是大部分结晶不完全，多呈细小结晶（隐晶质）或玻璃质结构。当喷出岩形成较厚的岩层时，其结构与深成岩相似；当形成较薄的岩层时，因冷却快，且岩浆中气体由于压力降低而膨胀，故常呈多孔结构，近于火山岩。建筑上常用的喷出岩有玄武岩、辉绿岩、安山岩等。玄武岩和辉绿岩十分坚硬，难以加工，常用作耐酸或耐热材料，也是制造铸石和岩棉的原料。

火山岩是火山爆发时，岩浆被喷到空中，经急速冷却后落下而形成的岩石。其特点是表观密度较小，呈多孔玻璃质结构。建筑上常用的火山岩有火山灰、浮石、火山凝灰岩等。火山灰常用作水泥的混合材，浮石可作轻骨料用于配制轻骨料混凝土。

2. 沉积岩

沉积岩又称水成岩。它是由露出地表的各种岩石（母岩）经自然风化、风力搬迁、流水冲移等作用后再沉淀堆积形成的岩石。沉积岩为层状构造，其各层的成分、结构、颜色、层厚等均不相同。与岩浆岩相比，沉积岩的表观密度较小，密实度较差，吸水率较大，强度较低，耐久性也较差。

沉积岩分机械沉积岩（如砂岩）、生物沉积岩（如石灰岩）和化学沉积岩（如菱镁矿、石膏岩）等三种。其中石灰岩虽仅占地壳总重的5%，但在地表面分布极广，达地壳表面积的75%。石灰岩是建筑上用途最广、用量最大的岩石，它不仅是制造石灰和水泥的主要原料，而且是普通混凝土常用的骨料。石灰岩还可砌筑基础、勒脚、墙体、拱、柱、路面、踏步、挡土墙等。其中致密者，经磨光打蜡，可代替大理石板材使用。

3. 变质岩

变质岩是由岩浆岩或沉积岩在地壳运动过程中，受到地壳内部高温、高压的作用，使岩石原来的结构发生变化，产生熔融再结晶而形成的岩石。通常沉积岩变质后，结构较原岩致密，性能变好；而岩浆岩变质后，有时构造不如原岩坚实，性能变差。建筑上常用的变质岩为大理岩、石英岩、片麻岩等。其中大理岩自古以来就被视作一种高级的建筑饰面材料，它在我国资源丰富，几乎遍及各省、区，最有名的是云南大理县的大理石。石英岩十分耐久，常用于重要建筑的饰面、地面、踏步等，同时它也是陶瓷、玻璃等工业的原料。

4.1.2 天然石材的技术性质

天然石材的技术性质决定于其矿物组成的种类、特性和它的结合状态，即构造形式。

1. 物理性质

1）表观密度

石材表观密度与其矿物组成和孔隙率有关。致密的石材，如花岗岩、大理石等，其表观密度接近其密度，为2 500 ~ 3 100 kg/m³；而孔隙率较大的石材（如火山凝灰岩、浮石等），其表观密度为500 ~ 1 700 kg/m³。

天然石材按表观密度大小可分为重石和轻石两类，表观密度大于1 800 kg/m³的为重石，表观密度小于1 800 kg/m³的为轻石。重石可用于建筑物的基础、贴面、地面、房屋外墙、桥梁及水工构筑物等；轻石主要用作墙体材料。

2）吸水性

石材的吸水性主要与其孔隙率及孔隙特征有关。深成岩以及许多变质岩孔隙率都很小，因而吸水率也很小。例如花岗岩的吸水率通常小于0.5%。沉积岩由于形成条件的不同，胶结情况和密实程度亦不同，因而孔隙率与孔隙特征的变化很大，其吸水率的波动也很大。例如致密的石灰岩，吸水率可小于1%；而多孔贝壳石灰岩，吸水率高达15%。

石材的吸水性对强度和耐水性有很大影响。石材吸水后会降低颗粒之间的黏结力，使结构减弱，从而使强度降低。石材吸水性还影响到其他一些性质，如导热性、抗冻性等。

3）耐水性

石材的耐水性用软化系数（K）表示。根据软化系数的大小石材可分为高、中和低三等耐水性，$K > 0.90$ 的石材为高耐水性石材，$K = 0.70 \sim 0.90$ 为中耐水性石材，$K = 0.60 \sim 0.70$ 为低耐水性石材。一般 $K<0.80$ 的石材，不允许用于重要建筑。

4）抗冻性

石材的抗冻性与其矿物组成、晶粒大小及分布均匀性、天然胶结物的胶结性质等有关。石材在水饱和状态下，经规定次数的反复冻融循环，若无贯穿裂纹且质量损失不超过5%，强度损失不超过25%时，则为符合抗冻性。

5）耐热性

石材的耐热性取决于其化学成分及矿物组成。含有石膏的石材，在100 ℃以上时开始破坏；含有碳酸镁的石材，当温度高于625 ℃时会发生破坏；含有碳酸钙的石材，温度达827 ℃时开始破坏。由石英和其他矿物所组成的结晶石材（如花岗岩等），当温度达到700 ℃以上时，由于石英受热发生膨胀，强度会迅速下降。

6）导热性

石材的导热性主要与其表观密度和结构状态有关。重质石材导热系数可达2.91～3.49 W/（m·K）。相同成分的石材，玻璃态比结晶态的导热系数小。

2. 力学性质

1）抗压强度

石材的抗压强度是其划分强度等级的依据。测定抗压强度的试件是尺寸为50 mm×50 mm×50 mm的立方体。天然石材的强度等级分为MU100、MU80、MU60、MU50、MU40、MU30、MU20、MU15和MU10等九个等级。

天然岩石抗压强度的大小，取决于岩石的矿物组成、结构与构造特征、胶结物质的种类及均匀性等因素。例如石英含量愈高的岩石强度也愈高，而云母含量愈多则强度愈低。结晶质石材强度较玻璃质的为高，等粒状结构的强度较斑状的高，构造致密的石材强度较疏松多孔的高。具有层状、带状或片状结构的石材，其垂直于层理方向的抗压强度较平行于层理方向的高。沉积岩由硅质物质胶结者，其抗压强度较大，石灰质物质胶结的次之，泥质物质胶结的则较小。

2）抗拉强度与冲击韧性

天然岩石的抗拉强度比抗压强度小得多，为抗压强度的1/20～1/10，是典型的脆性材料。这是石材不同于金属材料和木材的重要特征，也是限制其使用范围的重要原因。

岩石的冲击韧性决定于其矿物组成与结构。石英岩、硅质砂岩有很高的脆性，含暗色矿物较多的辉长岩、辉绿岩等具有相对较好的韧性。通常，晶体结构的岩石较非晶体结构的岩石韧性好。

3）硬度

岩石的硬度以莫氏或肖氏硬度表示。它取决于岩石组成矿物的硬度与构造。凡由致密、坚硬矿物组成的石材，其硬度就高。岩石的硬度与抗压强度有很好的相关性，一般抗压强度高的硬度也大。岩石的硬度愈大，其耐磨性和抗刻划性能愈好，但表面加工愈困难。

4）耐磨性

耐磨性是指石材在使用条件下抵抗摩擦、边线剪切以及冲击等复杂作用的性质。石材的耐磨性以单位面积磨耗量表示。石材耐磨性与其组成矿物的硬度、结构、构造特征以及石材的抗压强度和冲击韧性等有关，组成矿物愈坚硬、构造愈致密以及石材的抗压强度和冲击韧性愈高，则石材的耐磨性愈好。

3. 工艺性质

石材的工艺性质是指其对开采与加工的适应性。包括可加工性、磨光性和易钻性等。

1) 可加工性

可加工性是指对岩石进行劈解、破碎与凿琢等加工时的难易程度。强度、硬度较高的石材,不易加工;质脆而糙、有颗粒交错的结构、含有层状或片状构造以及已风化的岩石,都难以满足加工要求。

2) 磨光性

磨光性指岩石能够研磨成光滑表面的性质。致密、均匀、细粒结构的岩石,一般都有良好的磨光性;通过一定的研磨、抛光工艺可获得光亮、洁净的表面,从而充分展现天然石材斑斓的色彩和纹理质感,获得良好的装饰效果。疏松多孔、有鳞片状结构的岩石,磨光性均不好。

3) 易钻性

易钻性指岩石钻孔的难易程度。影响易钻性的因素很复杂,一般与岩石的强度、硬度、冲击韧性等性质有关。

4.1.3 建筑石材的加工成品及选用

1. 建筑石材的加工成品

根据建筑工程使用要求,建筑石材一般加工成以下一些产品。

1) 毛石

毛石是指形状不规则的块石,根据其外形又可分为乱毛石和平毛石两种。乱毛石是指各个面的形状均不规则的块石,平毛石是指上、下两个面平行的块石。毛石主要用于砌筑建筑物基础、勒脚、墙身、挡土墙等。平毛石还用于铺筑园林中的小径石路,可形成不规则的拼缝图案,增加环境的自然美。

2) 料石

料石是指经人工斩凿或机械加工成规则六面体的块石,通常又分为四种:

毛料石——表面不经加工或稍加修整的料石;

粗料石——表面加工成凹凸深度不大于 20 mm 的料石;

半细料石——表面加工成凹凸深度不大于 10 mm 的料石;

细料石——表面加工成凹凸深度不大于 2 mm 的料石。

料石一般由致密均匀的砂岩、石灰岩、花岗岩等开凿而成,制成条石、方石或拱石,用于建筑物的基础、勒脚、墙体等部位。

3) 石板

石板主要是用花岗岩和大理岩经机械加工而成。其中剁斧板、机刨板、粗磨板用于外墙面、柱面、台阶、勒脚等部位,磨光板材因具有镜面感,色彩鲜艳,光泽动人,主要用于室内墙面、柱面、地面等装饰。

4) 广场地坪、路面、庭院小径用石材

广场地坪、路面及庭院小径用石材,主要有石板(规则或不规则的)、方石、条石、拳石、卵石等,这些岩石要求坚实耐磨、抗冻和抗冲击性好。当用平毛石、拳石、卵石铺筑地坪或小径时,可以巧妙地利用石材的色彩和外形镶拼成各种图案,从而获得意想不到的艺术效果。

2. 建筑装饰常用饰面石材

用于建筑装饰的天然石材品种繁多,但按其基本属性可归为大理石和花岗石两大类。

1)大理石建筑板材

岩石学中所指的大理岩是由石灰岩或白云岩变质而成的变质岩,主要矿物成分是方解石或白云石,主要化学成分为碳酸盐类(碳酸钙或碳酸镁)。但建筑上所说的大理石是广义的,是指具有装饰功能,并可磨光、抛光的各种沉积岩和变质岩,大致包括各种大理岩、石英岩、蛇纹岩(以上均属变质岩),以及致密石灰岩、砂岩、白云岩(以上均属沉积岩)等。

大理石结构紧密、细腻,构造致密,表观密度为2 700 kg/m^3左右,抗压强度较高(一般可达100 ~ 150 MPa),莫氏硬度3 ~ 4,吸水率小,装饰性好,耐磨性好,但硬度不大,抗风化性差,易被酸类侵蚀。大理石较易进行锯解、雕琢和磨光等加工。纯净的大理岩为白色,我国常称汉白玉。大理石中一般常含有氧化铁、二氧化铁、云母、石墨、蛇纹石等杂质,使大理石常呈现红、黄、棕、黑、绿等各色斑斓纹理,磨光后极为美丽典雅,对大理石选择使用恰当,可获得极佳的装饰效果。

天然大理石建筑板材根据形状可分为普型板材(N)和异型板材(S)两类。普型板材为正方形或长方形,其他形状的板材为异型板材。大理石板材产材厚度多为20 mm,欧美国家已向厚度为12 ~ 15 mm的薄型板材方向发展,最薄可达7 mm。

建筑上常用的大理石板材除用大理岩加工的外,还有用砂岩、石英岩和致密的石灰岩加工的饰面板材。

2)花岗石建筑板材

岩石学中花岗岩是指由石英、长石及少量云母和暗色矿物(橄榄石类、辉石类、角闪石类及黑云母等)组成全晶质的岩石。但建筑上所说的花岗石与大理石一样,也是广义的,是指具有装饰功能,并可磨光、抛光的各类岩浆岩及少量其他类岩石,主要是岩浆岩中的深成岩和部分喷出岩及变质岩,大致包括各种花岗岩、闪长岩、正长岩、辉长岩(以上均属深成岩),以及辉绿岩、玄武岩、安山岩(以上均属喷出岩),片麻岩(底变质岩)等。这类岩石的组成构造非常致密,矿物全部结晶且晶粒粗大,呈块状构造或粗晶嵌入玻璃质结构中的斑状构造。它们经研磨、抛光后形成的镜面,呈现出斑点状花纹。

花岗石的物理力学特性优于大理石,表观密度为2 600 ~ 2 800 kg/m^3,抗压强度可达120 ~ 250 MPa,具有优异的耐磨性、耐久性,耐酸性很强,材质坚硬,不易风化变质。但是多数花岗石不抗火,因为它的成分中含有较多的石英(20% ~ 40%),石英在573 ℃及870 ℃时发生晶态转变,产生体积膨胀,故火灾时此类花岗石会产生严重开裂而破坏。

花岗石板材的加工制作工艺流程与大理石相似,但因花岗石质地坚硬,所以在加工时要比大理石困难得多。

天然花岗石建筑板材按形状分为普型板材(N)和异型板材(S)两种。普型板材为正方形或长方形,其他形状的板材为异形板材。按表面加工程度又分为:细面板材(RB)(表面平整光滑)、镜面板材(PL)(表面平整,具有镜面光泽)、粗面板材(RU)(表面粗糙平整,具有较规则加工条纹的机刨板、剁斧板、锤击板等)。花岗石板材产品按质量分为优等品(A)、一等品(B)及合格品(C)三个等级。

磨光花岗石板材表面平整光滑,色彩斑斓,质感坚实,华丽庄重,主要用作建筑物内外饰面材料。另外,花岗石材也可用作重要的大型建筑物基础、踏步、栏杆、堤坝、桥梁、路面、街边石等。

3. 天然石材选用原则

建筑工程选用天然石材时,应根据建筑物的类型、使用要求和环境条件,再结合地方资源进行综合考虑,所选石材应满足适用、经济和美观等几方面的要求。

1)适用性

所谓适用性是指在选用建筑石材时,应针对建筑物不同部位,选用满足技术要求的石材。如对于结构用石材,主要要求指标是石材的强度、耐水性、抗冻性等;对饰面用石材,主要技术要求是尺寸公差、表面平整度、光泽度和外观缺陷等,而强度及其他物理力学性能则不作规定,或仅供参考;对于要求耐磨、耐酸等专用石材,应分别就其耐磨、耐酸等性能提出具体的要求。

2)经济性

由于天然石材自重大,开采运输不方便,不宜长途运输,故应贯彻就地取材原则,以缩短运距,减少劳动强度,降低成本。同时,天然岩石一般均质地坚硬,雕琢加工困难,加工时费工耗时,成本高。一些名贵石材,价格高昂,因此选材时必须予以慎重考虑。

3)色彩

石材装饰必须要与建筑环境相协调,其中色彩相融性尤其明显和重要,因此选用天然石材时,必须认真考虑所选石材的颜色与纹理,力争取得最佳装饰效果。

4.2 砖、瓦

砖、瓦是建筑工程中用作墙体和屋面的主要建筑材料。用黏土烧结的砖和瓦,是传统建筑材料。它生产方便、价格便宜,最大缺点是要耗用大量耕地,且生产耗能高、自重大。继续大量使用黏土砖不适合我国国情。随着现代建筑的发展,大力开发和使用轻质、高强、耐久、多功能、节土、节能、大尺寸、可工业化生产的新型材料非常重要。

4.2.1 烧结砖

砖按孔洞率分为:无孔洞或孔洞率小于15%的实心砖(普通砖);孔洞率等于或大于15%,孔的尺寸小而数量多的多孔砖;孔洞率等于或大于15%,孔的尺寸大而数量少的空心砖等。砖按制造工艺分为:经焙烧而成的烧结砖;经蒸汽(常压或高压)养护而成的蒸养(压)砖;以自然养护而成的免烧砖等。

1. 烧结普通砖

黏土、页岩、煤矸石、粉煤灰等原料的化学组成相近。烧结砖是以这些原料为主,并加入少量添加料,经配料、混合匀化、制坯、干燥、预热、焙烧而成。因此,烧结砖有黏土砖(N)、页岩砖(Y)、煤矸石砖(M)、粉煤灰砖(F)等多种。

烧结普通砖的公称尺寸为240 mm × 115 mm × 53 mm。黏土砖的表观密度在1 600 ~ 1 800 kg/m^3之间;吸水率一般为6% ~ 18%;导热系数约为0.55 W/(m·K)。砖的吸水率与砖的焙烧温度有关,焙烧温度高,砖的孔隙率小、吸水率低,强度高。但砖的吸水率过低,则会影响砖的热工性能和砌筑性质。

烧结普通砖一般分为优等品、合格品两个产品等级。产品中不允许有欠火砖、酥砖和螺旋纹砖。优等品应无泛霜,合格品不得严重泛霜。

烧结普通砖根据10块砖样的抗压强度平均值和强度标准值,规定了MU30、MU25、MU20、MU15、MU10和MU7.5六个强度等级,应不小于表4-1规定的值。

表4-1　烧结普通砖强度等级划分规定　MPa

强度等级	抗压强度平均值 $\bar{R}$ ≥	抗压强度标准值f_K ≥
MU30	30.0	23.0
MU25	25.0	19.0
MU20	20.0	14.0
MU15	15.0	10.0
MU10	10.0	6.5
MU7.5	7.5	5.0

砖的抗风化性能与砖的使用寿命密切相关,抗风化性能好的砖其使用寿命长。砖的抗风化性能除与砖本身性质有关外,还与所处的环境风化指数有关。国家标准中规定,严重风化区中的东北三省以及内蒙、新疆等地区用砖的抗冻性试验必须符合规定指标要求,其他严重风化地区和非严重风化区用的砖可不做冻融试验,但必须满足抗风化性能指标。

烧结普通砖具有一定的强度,较好的耐久性,可用于砌筑承重或非承重的内外墙、柱、拱、沟道及基础等。优等品砖可用于清水墙建筑,合格品砖可用于混水墙建筑。中等泛霜的砖不能用于潮湿部位。

2. 烧结多孔砖

烧结多孔砖是以黏土、页岩、煤矸石等为主要原料,经焙烧而成。烧结多孔砖为大面有孔的直角六面体,孔多而小,孔洞垂直于受压面。砖的主要规格为: M型:190 mm×190 mm×90 mm; P型:240 mm×115 mm×90 mm,其形状如图4-1所示。

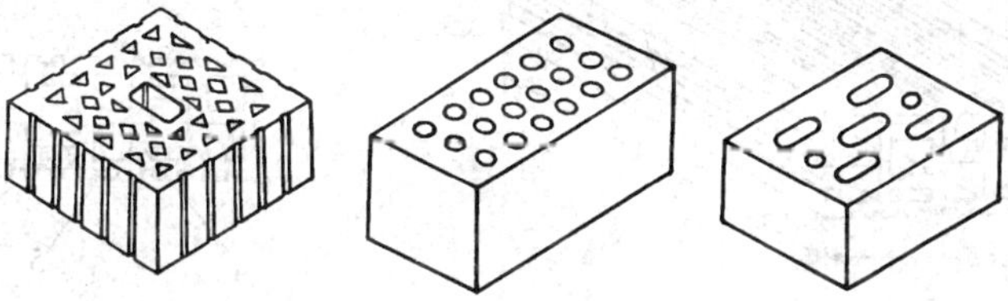

M型　　P型

图4-1　烧结多孔砖

根据烧结多孔砖的抗压强度和抗折荷重,分为30、25、20、15、10、7.5六个强度等级。根据砖的尺寸偏差、外观质量、强度等级和物理性能(冻融、泛霜、石灰爆裂、吸水率)分为优等品、一等品和合格品三个产品等级,其抗压强度和抗折荷重应不小于表4-2中的值。

表4-2 烧结多孔砖的强度等级

产品等级	强度等级	抗压强度(MPa)		抗折荷重(kN)	
		平均值≥	单块最小值≥	平均值≥	单块最小值≥
优等品	30	30.0	22.0	13.5	9.0
	25	25.0	18.0	11.5	7.5
	20	20.0	14.0	9.5	6.0
一等品	15	15.0	10.0	7.5	4.5
	10	10.0	6.0	5.5	3.0
合格品	7.5	7.5	4.5	4.5	2.0

烧结多孔砖孔洞率在15%以上,表观密度约为1 400 kg/m^3。虽然多孔砖具有一定的孔洞率,使砖受压时有效受压面积减小,但因制坯时受较大的压力,使砖孔壁致密程度提高,且对原材料要求也较高,这就补偿了因有效面积减少而造成的强度损失,故烧结多孔砖的强度仍较高,常被用于砌筑六层以下的承重墙。

3.**烧结空心砖**

烧结空心砖是以黏土、页岩、煤矸石等为主要原料,经焙烧而成。烧结空心砖为顶面有孔洞的直角六面体,孔大而少,孔洞为矩形条孔或其他孔形、平行于大面和条面,在与砂浆的接合面上应设有增加结合力的深度1 mm以上的凹线槽,如图4-2所示。

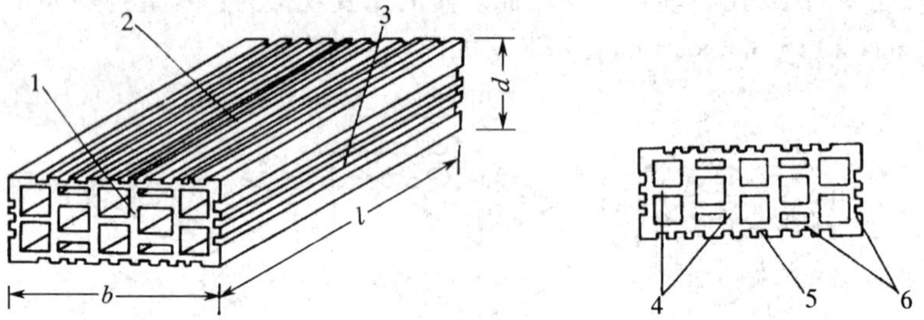

图4-2 烧结空心砖

1—顶面 2—大面 3—条面 4—肋 5—凹线槽 6—外壁

l—长度 *b*—宽度 *d*—高度

按烧结空心砖和空心砌块的表观密度分成800、900、1 100三个表观密度级别,每个表观密度级别又根据孔洞及其排列数、尺寸偏差、外观质量、强度等级、物理性能等分为优等品、一等品、合格品三个产品等级(见表4-3)。根据抗压强度分为2.0、3.0、5.0三个强度等级。砖和砌块的规格尺寸有两个系列,即长度l、宽度b、高度为d:290 mm×190(140)mm×90 mm和240 mm×180(175)mm×115 mm,也可由供需双方商定。砖和砌块的壁厚应大于10 mm;肋厚应大于7 mm。

表 4-3　烧结空心砖的强度等级

产品等级	强度等级	大面抗压强度(MPa)		条面抗压强度(MPa)	
		平均值≥	单块最小值≥	平均值≥	单块最小值≥
优等品	5.0	5.0	3.7	3.4	2.3
一等品	3.0	3.0	2.2	2.2	1.4
合格品	2.0	2.0	1.4	1.6	0.9

烧结空心砖，孔洞率一般在35%以上，表观密度在800~1 100 kg/m^3之间。这种砖自重较轻，强度不高，因而多用作非承重墙，如多层建筑内隔墙或框架结构的填充墙等。

多孔砖、空心砖可节省黏土，节省能源，且砖的自重轻、热工性能好，使用多孔砖尤其是空心砖和空心砌块，既可提高建筑施工效率、降低造价，还可减轻墙体自重、改善墙体的热工性能等。

4.2.2　蒸养(压)砖

蒸养(压)砖是以石灰和含硅材料(砂子、粉煤灰、煤矸石、炉渣和页岩等)加水拌和，经压制成型、蒸汽养护或蒸压养护而成。我国目前使用的主要有灰砂砖、粉煤灰砖、炉渣砖等。

1. 灰砂砖(又称蒸压灰砂砖)

灰砂砖是由磨细生石灰或消石灰粉、天然砂和水按一定配比，经搅拌混合、陈伏、加压成型，再经蒸压(一般温度为175~203 ℃、压力为0.8~1.6 MPa的饱和蒸汽)养护而成。

实心灰砂砖的规格尺寸与烧结普通砖相同，其表观密度为1 800~1 900 kg/m^3，导热系数约为0.61 W/(m·K)。蒸压灰砂砖按浸水24 h后的抗压强度和抗折强度分为MU25、MU20、MU15、MU10四个等级，每个强度等级有相应的抗冻指标。

由于灰砂砖中的一些组分如水化硅酸钙、氢氧化钙、碳酸钙等不耐酸，也不耐热，若长期受热会发生分解、脱水、甚至还会使石英发生晶型转变，因此灰砂砖应避免用于长期受热高于200 ℃、受急冷急热交替作用或有酸性介质侵蚀的建筑部位。此外，砖中的氢氧化钙等组分会被流水冲失，所以灰砂砖不能用于有流水冲刷的地方。

灰砂砖的表面光滑，与砂浆黏结力差，所以其砌体的抗剪不如黏土砖砌体好，在砌筑时必须采取相应措施，以防止出现渗雨漏水和墙体开裂。刚出釜的灰砂砖不宜立即使用，一般宜存放一个月左右再用。砌筑时灰砂砖的含水率会影响砖与砂浆的黏结力。所以，应使砖含水率控制在7%~12%。砌筑砂浆宜用混合砂浆。

2. 粉煤灰砖

粉煤灰砖是以粉煤灰、石灰为主要原料，掺加适量石膏和骨料经坯料制备、压制成型、常压或高压蒸汽养护而成的实心砖。

粉煤灰具有火山灰的性质，在水热环境中，在石灰的碱性激发和石膏的硫酸盐激发共同作用下，形成水化硅酸钙、水化硫铝酸钙等多种水化产物，而获得一定的强度。

粉煤灰砖的抗压强度和抗折强度分为20、15、10、7.5四个强度等级。根据砖的外观质量、强度、抗冻性和干燥收缩值分为优等品、一等品、合格品。优等品的强度等级应不低于15级、干燥收缩值应不大于0.60 mm/m；一等品的强度等级应不低于10级，干燥收缩值应不大于0.75 mm/m；合格品的干燥收缩值应不大于0.85 mm/m。

粉煤灰砖呈深灰色,表观密度约为1 500 kg/m³。粉煤灰砖可用于工业与民用建筑的墙体和基础,但用于基础或易受冻融和干湿交替作用的建筑部位必须使用一等砖与优等砖。粉煤灰砖不得用于长期受热(200 ℃以上),受急冷、急热和有酸性介质侵蚀的建筑部位。用粉煤灰砖砌筑的建筑物,应适当增设圈梁及伸缩缝,或采取其他措施,以避免或减少收缩裂缝的产生。粉煤灰砖出釜后宜存放一星期后再用于砌筑。砌筑前,粉煤灰砖要提前浇水湿润砖,如自然含水率大于10%时,可以干砖砌筑。砌筑砂浆可用掺加适量粉煤灰的混合砂浆,以利黏结。

3. 炉渣砖

炉渣砖又名煤渣砖,是以煤燃烧后的炉渣为主要原料,加入适量石灰、石膏(或电石渣、粉煤灰)和水搅拌均匀,并经陈伏、轮碾、成型、蒸汽养护而成。

炉渣砖呈黑灰色,表观密度一般为1 500~1 800 kg/m³,吸水率为6%~18%。炉渣砖按抗压强度和抗折强度分为20、15、10三个强度等级。按外观质量及物理性能分为一等、二等两个产品级别。

炉渣砖可用于一般工程的内墙和非承重外墙。其他使用要点与灰砂砖、粉煤灰砖相似。

4.2.3 瓦和屋面板

1. 烧结瓦

用于烧结瓦的黏土应杂质含量少、塑性好。其烧结原理与烧结砖相同。黏土瓦有红瓦和青瓦两种。按用途分有平瓦和脊瓦两种。平瓦用于屋面,脊瓦用于屋脊。

平瓦的规格尺寸有Ⅰ、Ⅱ和Ⅲ三个型号。分别为400 mm×240 mm,380 mm×225 mm和360 mm×220 mm。每15张平瓦铺1 m² 屋面。平瓦按尺寸偏差、外观质量和物理力学性能分为优等品、一等品和合格品三个等级。单片平瓦的最小抗折荷重不得小于680 N;覆盖每一平方米屋面的瓦吸水后重量不得超过55 kg;抗冻性要求经15次冻融循环后,无分层、开裂和剥落等损伤,抗渗性要求不得出现水滴。脊瓦分为一等品和合格品两个产品等级。脊瓦的规格尺寸要求长度大于或等于300 mm,宽度大于或等于180 mm。单片脊瓦的最小抗折荷载不得低于680 N,抗冻性等的要求同平瓦。

2. 混凝土瓦

混凝土瓦的耐久性好、成本低,但自重大于黏土瓦。在配料中加入耐碱颜料,可制成彩色瓦。混凝土平瓦的标准尺寸有400 mm×240 mm和385 mm×235 mm两种。同时对其抗折荷重、抗渗性、抗冻性等都有具体要求,如单片瓦的抗折荷重不得低于600 N等。

3. 石棉水泥瓦

石棉水泥瓦是用水泥和温石棉为原料,经加水搅拌、压滤成型、养护而成。它可分为大波瓦、中波瓦、小波瓦和脊瓦四种。

石棉水泥瓦单张面积大、有效利用面积大、防火、防腐、耐热、耐寒、质轻,适用于简易工棚、仓库及临时设施的屋面。但石棉纤维对人体健康有害,许多发达国家已经禁用石棉水泥瓦,现在的替代产品有耐碱玻璃纤维水泥瓦、有机纤维水泥瓦等。

4. 钢丝网水泥大波瓦

钢丝网水泥大波瓦是用普通水泥和砂子加水搅拌后浇模,中间放置一层冷拔低碳钢丝网,成型后再经养护而成的大波波形瓦。这种瓦的尺寸为1700 mm×830 mm×14 mm,每块重50 kg左右。适用于工厂散热车间、仓库及临时建筑的屋面,有时也用作这些建筑的围护结构。

5. 聚氯乙烯波纹瓦

聚氯乙烯波纹瓦又称塑料瓦楞板，它是以聚氯乙烯树脂为主体，加入其他配合剂，经塑化、压延、压波而制成的波纹瓦，其规格尺寸为2 100 mm×(1 100~1 300)mm×(1.5~2)mm。这种瓦质轻、防水、耐腐、透光、有光泽，常用作车棚、凉棚、果棚等简易建筑的屋面，另外也可用作遮阳板。

6. 玻璃钢波形瓦

玻璃钢波形瓦是用不饱和聚酯树脂和玻璃纤维为原料，经手工糊制而成的波形瓦，其尺寸为：(1 800~3 000)mm×(700~800)mm×(0.5~1.5)mm。这种波形瓦质轻、强度大、耐冲击、耐高温、透光、有色泽，适用于建筑遮阳板、车站月台、凉棚等的屋面。

7. 沥青瓦

沥青瓦是以玻璃纤维薄毡为胎料，以改性沥青为涂敷材料而制成的一种片状屋面材料。其特点是质量轻，可减少屋面自重，施工方便，具有互相黏结的功能，有很好的抗风能力。制作沥青瓦时，表面可撒以各种不同色彩的矿物粒料，形成彩色沥青瓦，可起对建筑物增添装饰美化的作用。沥青瓦适用于一般民用建筑的屋面，彩色沥青瓦宜用于乡村别墅、园林宅院、斜坡屋面工程。

8. 铝合金波纹板

用于屋面的铝合金波纹板自重轻、强度高、耐腐蚀性好、美观大方、阳光反射力强、安装方便。可用于坡度为1/8~1/6的屋面，铺设时采用从下到上逆风铺设。

此外，可用于屋面的板材还有多种，如彩色压型钢板、钢丝网水泥夹芯板、预应力空心板、金属面板与隔热芯材组成的复合板等。

4.3 石灰、石膏

4.3.1 石灰

石灰是在建筑上使用较早的矿物胶凝材料之一。石灰的原料石灰石分布很广，生产工艺简单，成本低廉，所以在建筑上一直应用很广。

石灰石的主要成分是碳酸钙，将石灰石锻烧，碳酸钙将分解成为生石灰，其主要成分为氧化钙：

$$CaCO_3 \xrightarrow{900℃} CaO + CO_2\uparrow$$

为了加速分解过程，煅烧温度常提高至1 000~1 100 ℃。生石灰呈白色或灰色块状。烧透的新石灰表观密度800~1 000 kg/m^3。原料中多少含有一些碳酸镁，因而生石灰中还含有次要成分氧化镁。生石灰中氧化镁含量≤5%的称为钙质石灰，>5%的称为镁质石灰。镁质石灰熟化较慢，但硬化后强度稍高。

石灰的另一来源是化学工业副产品。例如用水作用于碳化钙(即电石)以制取乙炔时，所产生的电石渣，其主要成分是氢氧化钙，即消石灰(或称熟石灰)：

$$CaC_2 + 2H_2O = C_2H_2 + Ca(OH)_2$$

1. 生石灰的熟化

工地上使用石灰时，通常将生石灰加水，使之消解为消石灰——氢氧化钙，这个过程称为石灰的“消化”，又称“熟化”：

$$CaO + H_2O \rightarrow Ca(OH)_2 + 64.9 \times 10^3 J$$

石灰的熟化为放热反应，熟化时体积增大1～2.5倍。煅烧良好、氧化钙含量高的石灰熟化较快，放热量和体积增大也较多。

按石灰用途，我国工地上熟化石灰的方法有两种。

①用于调制石灰砌筑砂浆或抹灰砂浆时，需将生石灰在化灰池中熟化成石灰浆后，通过筛网流入储灰坑。石灰浆在储灰坑中沉淀并除去上层水分后称为石灰膏。石灰膏表观密度1 300～1 400 kg/m^3。石灰砂浆的配合比，一般按石灰膏的体积计算。

生石灰中常含有欠火石灰和过火石灰。欠火石灰降低石灰的利用率；过火石灰颜色较深，密度较大，熟化很慢。当石灰已经硬化后，其中过火颗粒才开始熟化，体积膨胀，引起隆起和开裂。为了消除过火石灰的危害，石灰浆应在储灰坑中“陈伏”两星期以上。“陈伏”期间，石灰浆表面应保有一层水分，与空气隔绝，以免碳化。

②用于拌制石灰土（石灰、黏土）、三合土（石灰、黏土、砂石或炉渣等）时，将生石灰熟化成消石灰粉。生石灰熟化成消石灰粉时，理论上需水32.1%，由于一部分水分需消耗于蒸发，实际加水量常为生石灰质量的60%～80%，应以能充分消解而又不过湿成团为度。工地可采用分层浇水法，每层生石灰块厚约50 cm。或在生石灰块堆中插入有孔的水管，缓慢地向内灌水。消石灰粉在使用以前，也应有类似石灰浆的“陈伏”时间。

用人工熟化石灰，劳动强度大，劳动条件差，所需时间长，质量也不均一，现在多用机械方法在工厂中将生石灰熟化成消石灰粉，在工地调水使用。

2. 石灰的硬化

石灰浆体在空气中逐渐硬化，是由下面两个同时进行的过程来完成的：

①结晶作用——游离水分蒸发，氢氧化钙逐渐从饱和溶液中结晶；

②碳化作用——氢氧化钙与空气中的二氧化碳化合生成碳酸钙结晶，释出水分并被蒸发。

碳化作用实际是二氧化碳与水形成碳酸，然后与氢氧化钙反应生成碳酸钙。所以这个作用不能在没有水分的全干状态下进行。而且，碳化作用在长时间内只限于表层，氢氧化钙的结晶作用则主要在内部发生。所以，石灰浆体硬化后，是由表里两种不同的晶体组成的。随着时间延长，表层碳酸钙的厚度逐渐增加。增加的速度显然决定于与空气接触的条件。使用于深土中的熟石灰，硬化特别缓慢，而且，经过很长时间，其内部仍为氢氧化钙。

3. 石灰的技术性质

生石灰熟化为石灰浆时，能自动形成颗粒极细（直径约为1 μm）的呈胶体分散状态的氢氧化钙，表面吸附一层厚的水膜。因此用石灰调成的石灰砂浆其突出的优点是具有良好的可塑性，在水泥砂浆中掺入石灰浆，可使可塑性显著提高。

由于空气中二氧化碳稀薄，碳化甚为缓慢，而且表面碳化后，形成紧密外壳，不利于碳化作用的深入，也不利于内部水分的蒸发，因此石灰是硬化缓慢的材料。同时，石灰的硬化只能在空气中进行。硬化后的强度也不高，1∶3的石灰砂浆28天抗压强度通常只有0.2～0.5 MPa，受潮后石灰溶解，强度更低，在水中还会溃散。所以，石灰不宜在潮湿的环境下使用，也不宜单独用于建筑物基础。石灰在硬化过程中，蒸发出大量的游离水而引起显著的收缩，所以除调成石灰乳作薄层涂刷外，不宜单独使用。常在其中掺入砂、纸筋等以减少收缩和节约石灰。

按石灰中氧化镁的含量，将生石灰分为钙质生石灰（MgO含量≤5%）和镁质生石灰（MgO

含量>5%)两类,它们按技术指标又可分为优等品、一等品、合格品三个等级。消石灰粉分为钙质消石灰粉(MgO 含量<4%)、镁质消石灰粉(4%≤ MgO 含量 <24%)和白云石消石灰粉(24%≤ MgO 含量 <30%)三类,并按它们的技术指标分为优等品、一等品、合格品三个等级。通常优等品、一等品适用于饰面层和中间涂层,合格品仅用于砌筑。

4. 石灰在建筑中的应用

石灰在建筑上的用途主要有以下几类。

1)石灰乳和石灰砂浆

将消石灰粉或熟化好的石灰膏加入多量的水搅拌稀释,成为石灰乳,这是一种廉价易得的涂料,主要用于内墙和天棚刷白,增加室内美观和亮度,我国农村也用于外墙。石灰乳可加入各种耐碱颜料;调入少量磨细粒化高炉矿渣或粉煤灰,可提高其耐水性;调入聚乙烯酸、干酪素、氯化钙或明矾,可减少涂层粉化现象。

石灰砂浆是将石灰膏、砂加水拌制而成,按其用途,分为砌筑砂浆和抹面砂浆。石灰乳和石灰砂浆应用于吸水性较大的基面(如普通黏土砖)上时,应事先将基面润湿,以免石灰浆脱水过速而成为干粉,丧失胶结能力。

2)石灰土(灰土)和三合土

石灰土(石灰+黏土)和三合土(石灰+黏土+砂石或炉渣、碎砖等填料)的应用,我国已有数千年的历史,分层夯实成为灰土墙或广场、道路的垫层或简易面层。石灰与黏土之间的物理化学作用尚待继续研究,可能是由于石灰改善了黏土的和易性,在强力夯打之下,大大提高了紧密度。而且,黏土颗粒表面的少量活性氧化硅和氧化铝与氢氧化钙起化学反应,生成了不溶性水化硅酸钙和水化铝酸钙,将黏土颗粒黏结起来,因而提高了黏土的强度和耐水性。石灰土中石灰用量增大,则强度和耐水性相应提高,但超过某一用量(视石灰质量和黏土性质而定)后,就不再提高了。一般石灰用量约为石灰土总重的6%~12%或更低。为了方便石灰与黏土等的拌和,宜用磨细生石灰或消石灰粉,磨细生石灰还可使灰土和三合土有较高的紧密度,因而有较高的强度和耐水性。

3)制作硅酸盐制品

石灰是制作硅酸盐混凝土及其制品的主要原料之一。硅酸盐混凝土是以磨细的石灰与硅质材料为胶凝材料,必要时加入少量石膏,经高压或常压蒸汽养护,生成以水化硅酸钙为主要产物的混凝土。所谓硅质材料是指含 SiO_2 的材料,其中往往同时含有 Al_2O_3。硅酸盐混凝土中常用的硅质材料有粉煤灰,磨细的煤矸石、页岩、浮石、砂等。

4)碳化石灰板

碳化石灰板是将磨细生石灰、纤维状填料(如玻璃纤维)或轻质骨料(如矿渣)搅拌成型,然后用二氧化碳进行人工碳化(12~24 h)而成的一种轻质板材。为了减轻容重和提高碳化效果,多制成空心板。人工碳化的简易方法是用塑料布将坯体盖严,通以石灰窑的废气(废气中二氧化碳的浓度在30%~40%之间)。

碳化石灰空心板表观密度约为700~800 kg/m^3(当孔洞率为34%~39%时),抗弯强度为3~5 MPa,抗压强度为5~15 MPa,导热系数小于0.2 W/(m·K),能锯、能钉,所以这种板适宜用作非承重内隔墙板、天花板等。

石灰在建筑上除以上用途外,还可用来配制无熟料水泥(如石灰矿渣水泥、石灰粉煤灰水泥、石灰火山灰水泥等)。

4.3.2 石膏

石膏胶凝材料是一种以硫酸钙为主要成分的气硬性胶凝材料。由于石膏胶凝材料及其制品具有许多优良的性质，原料来源丰富，生产能耗较低，因而在建筑工程中得到广泛应用。目前常用的石膏胶凝材料有：建筑石膏、高强石膏、无水石膏水泥、高温燃烧石膏等。

1. 石膏胶凝材料的生产

生产石膏胶凝材料的原料主要是天然二水石膏（$CaSO_4 \cdot 2H_2O$）矿石；另外还有只用于生产无水石膏水泥的天然无水石膏（$CaSO_4$），又称天然硬石膏；除天然原料外，也可用一些含有 $CaSO_4 \cdot 2H_2O$ 或含有 $CaSO_4 \cdot 2H_2O$ 与 $CaSO_4$ 的混合物的化工副产品及废渣（称为化工石膏）作为生产石膏的原料。

生产石膏胶凝材料的主要工序是破碎、加热与磨细。将天然二水石膏（或主要成分为二水石膏的化工石膏）加热时，随着温度的升高将发生如下变化：温度为 65～75 ℃时，$CaSO_4 \cdot 2H_2O$ 开始脱水，至 107～170 ℃时生成半水石膏 $CaSO_4 \cdot \frac{1}{2}H_2O$，其反应式为

$$CaSO_4 \cdot 2H_2O \rightarrow CaSO_4 \cdot \frac{1}{2}H_2O + 1\frac{1}{2}H_2O$$

当加热温度为 170～200 ℃时，石膏继续脱水，成为可溶性硬石膏，与水调和后仍能很快凝结硬化；当加热温度升高到 200～250 ℃时，石膏中残留很少的水，凝结硬化非常缓慢；当加热高于 400 ℃，石膏完全失去水分，成为不溶性硬石膏，失去凝结硬化能力，成为死烧石膏；当温度高于 800 ℃时，部分石膏分解出的氧化钙起催化作用，所得产品又重新具有凝结硬化性能。这就是高温煅烧石膏。当温度高于 1 600 ℃时，$CaSO_4$ 全部分解为石灰（CaO）。

2. 建筑石膏

建筑石膏主要用于制作石膏建筑制品。

1）建筑石膏的硬化

建筑石膏与适当的水相混合，最初成为可塑的浆体，但很快就失去塑性和产生强度，并发展成为坚硬的固体。发生这种现象的实质，是由于浆体内部经历了一系列的物理化学变化。

首先，半水石膏溶解于水，很快成为饱和溶液。溶液中的半水石膏与水化合，按下式还原为二水石膏：

$$CaSO_4 \cdot \frac{1}{2}H_2O + 1\frac{1}{2}H_2O = CaSO_4 \cdot 2H_2O$$

由于二水石膏在水中的溶解度比半水石膏小得多（仅为半水石膏溶解度的 1/5），半水石膏的饱和溶液对于二水石膏就成了过饱和溶液。所以二水石膏以胶体微粒自水中析出。由于二水石膏的析出，破坏了半水石膏溶解的平衡状态，新的一批半水石膏又可继续溶解和水化。如此循环进行，直到半水石膏全部耗尽。浆体中的自由水分因水化和蒸发而逐渐减少，二水石膏胶体微粒数量则不断增加，而这些微粒比原来的半水石膏粒子要小得多，由于粒子总表面积增加，需要更多的水分来包裹，所以，浆体的稠度便逐渐增大，颗粒之间的摩擦力和黏结力逐渐增加，因而浆体可塑性逐渐减小，表现为石膏的"凝结"。其后，浆体继续变稠，逐渐凝聚成为晶体，晶体逐渐长大，共生和相互交错。这个过程使浆体逐渐产生强度，并不断增长，直到完全干燥，晶体之间的摩擦力和黏结力不再增加，强度才停止发展。这就是石膏的硬化过程。

2)建筑石膏的技术性质与应用

建筑石膏的密度为2.60~2.75 g/cm^3,堆积密度为800~1 000 kg/m^3。建筑石膏初凝和终凝时间都很短,为便于使用,需降低其凝结速度,可加入缓凝剂。

建筑石膏水化反应的理论需水量只占半水石膏质量的18.6%,在使用中为使浆体具有足够的流动性,通常加水量可达60%~80%,因而,硬化后,由于多余水分的蒸发,在内部形成大量孔隙,孔隙率可达50%~60%,导致与水泥相比强度较低,表观密度小。

由于石膏制品的孔隙率大,因而导热系数小,吸声性强,吸湿性大,可调节室内的温度和湿度。同时石膏制品质地洁白细腻,凝固时不像石灰和水泥那样出现体积收缩,反而略有膨胀(膨胀量约1%),可浇注出纹理细致的浮雕花饰,所以是一种较好的室内饰面材料。但石膏制品的耐水性和抗冻性较差,不宜用于潮湿部位。为提高其耐水性,可加入适量的水泥、矿渣等水硬性材料,也可加入氨基、密胺、聚乙烯酸等水溶性树脂,或沥青、石蜡等有机乳液,以改善石膏制品的孔隙状态和孔壁的憎水性。另外,建筑石膏制品在遇火灾时,二水石膏中的结晶水蒸发,吸收热量,并在表面形成蒸汽幕和脱水物隔热层,并且无有害气体产生,所以具有较好的抗火性能。但建筑石膏制品不宜长期用于靠近65 ℃以上高温的部位,以免二水石膏在此温度作用下脱水分解而失去强度。建筑石膏在运输及贮存时应注意防潮,一般贮存3个月后,强度将降低30%左右。所以贮存期超过3个月应重新进行质量检验,以确定其等级。

根据建筑石膏的上述性能特点,它在建筑上的主要用途有:制成石膏抹灰材料、各种墙体材料(如纸面石膏板、石膏空心条板、石膏砌块等),各种装饰石膏板、石膏浮雕花饰、雕塑制品等。

4.4 水泥

水泥是最重要的建筑材料之一,它大量应用于各类土木工程,如工业与民用建筑、公路、铁路、水利、海港和国防等工程。水泥及其制品工业是土建工程最重要的上游产业之一。我国建筑工程中目前常用的水泥主要有硅酸盐水泥、普通硅酸盐水泥、矿渣硅酸盐水泥、火山灰质硅酸盐水泥和粉煤灰硅酸盐水泥,在一些特殊工程中,还使用高铝水泥、膨胀水泥、快硬水泥、低热水泥和耐硫酸盐水泥等。由于水泥的科学技术及生产不断发展,满足各种特殊性能要求的新品种水泥正在逐渐增多,例如膨胀硅酸盐水泥、低热硅酸盐水泥和膨胀硫铝酸盐水泥等。

4.4.1 水泥的品种与标号

1.硅酸盐水泥

凡由硅酸盐水泥熟料、0~5%石灰石或粒化高炉矿渣、适量石膏磨细制成的水硬性胶凝材料,称为硅酸盐水泥(波特兰水泥)。硅酸盐水泥分两种类型,不掺加混合材料的称Ⅰ型硅酸盐水泥,其代号为P·Ⅰ。在硅酸盐水泥熟料粉磨时掺加不超过水泥质量5%石灰石或粒化高炉矿渣混合材料的称Ⅱ型硅酸盐水泥,其代号为P·Ⅱ。

硅酸盐水泥的原料主要是石灰质原料和黏土质原料两类。石灰质原料主要提供CaO,它可以采用石灰石、白垩、石灰质凝灰岩等。黏土质原料主要提供SiO_2、Al_2O_3及少量Fe_2O_3,可以采用黏土、黄土等。硅酸盐水泥生产的大体步骤是:先把几种原材料按适当比例配合后在磨机中磨成生料;然后将制得的生料入窑进行煅烧;再把烧好的熟料配以适当的石膏(和混合材料)在磨机中磨成细粉,即得到硅酸盐水泥。

水泥和标准砂按1∶2.5混合,加入规定数量的水,按规定的方法制成试件,在标准温度(20±2 ℃)的水中养护,测定其3天和28天的强度。按照测定结果,将硅酸盐水泥分为42.5、52.5、62.5和72.5等四个标号。52.5和62.5标号按早期强度分为两种类型。各标号、各类型硅酸盐水泥的各龄期强度不得低于表4-4中的数值。

表4-4 硅酸盐水泥各龄期的强度要求

标号	抗压强度(MPa)		抗折强度(MPa)	
	3天	28天	3天	28天
42.5R	22.5	42.5	4.0	6.5
52.5	23.0	52.5	4.0	7.0
52.5R	27.0	52.5	5.0	7.0
62.5	28.0	62.5	5.0	8.0
62.5R	32.0	62.5	5.5	8.0
72.5R	37.0	72.5	6.0	8.5

注:R—早强型。

2. 普通硅酸盐水泥

凡由硅酸盐水泥熟料、6%~15%混合材料、适量石膏磨细制成的水硬性胶凝材料,称为普通硅酸盐水泥(简称普通水泥),代号P·O。水泥中混合材料掺加量按质量百分比计:掺活性混合材料时,不得超过15%,其中允许用不超过5%的窑灰或不超过10%的非活性混合材料来代替;掺非活性混合材料时,不得超过10%。

普通水泥分为32.5、42.5、52.5和62.5四个标号,其中42.5、52.5和62.5标号按早期强度分两种类型。各标号、各类型水泥的各龄期强度不得低于表4-5中的数值。普通水泥的初凝不得早于45 min,终凝不得迟于10 h。在0.08 mm方孔筛上的筛余不得超过10%。沸煮安定性必须合格。

普通硅酸盐水泥中绝大部分仍为硅酸盐水泥熟料,其性能与硅酸盐水泥相近。但由于掺入了少量混合材料,与硅酸盐水泥相比,早期硬化速度稍慢,其3天、7天的抗压强度稍低,抗冻性与耐磨性能也稍差。在应用范围方面,与硅酸盐水泥也相同,广泛用于各种混凝土或钢筋混凝土工程,是我国主要水泥品种之一。

表4-5 普通硅酸盐水泥各龄期的强度要求

标号	抗压强度(MPa)		抗折强度(MPa)	
	3天	28天	3天	28天
32.5	12.0	32.5	2.5	5.5
42.5	16.0	42.5	3.5	6.5
42.5R	21.0	42.5	4.0	6.5
52.5	21.0	52.5	4.0	7.0
52.5R	26.0	52.5	5.0	7.0
62.5	26.0	62.5	5.0	8.0
62.5R	31.0	62.5	5.5	8.0

注:R—早强型。

3. 矿渣硅酸盐水泥

凡由硅酸盐水泥熟料和粒化高炉矿渣、适量石膏磨细制成的水硬性胶凝材料称为矿渣硅酸盐水泥(简称矿渣水泥),代号P.S。水泥中粒化高炉矿渣掺加量按质量百分比计为20%～70%。允许用石灰石、窑灰、粉煤灰和火山灰质混合材料中的一种材料代替矿渣,代替数量不得超过水泥质量的8%,替代后水泥中粒化高炉矿渣不得少于20%。

矿渣硅酸盐水泥熟料中氧化镁的含量不得超过5.0%。如水泥经压蒸安定性试验合格,则水泥熟料中氧化镁的含量允许放宽到6.0%。水泥中三氧化硫的含量不得超过4.0%。

矿渣硅酸盐水泥分为27.5、32.5、42.5、52.5、62.5五个标号,其中42.5、52.5水泥按早期强度分两种类型。各标号、各类型水泥的各龄期强度不得低于表4-6中的数值。矿渣硅酸盐水泥对细度、凝结时间及体积安定性的要求均与普通硅酸盐水泥相同。这种水泥的密度通常为2.8～3.1 g/cm^3,堆积密度为1 000～1 200 kg/m^3。

矿渣水泥的凝结硬化和性能,与硅酸盐水泥相比主要有以下特点:

①凝结硬化稍慢,早期(3天、7天)强度较低。但在硬化后期(28天以后),甚至超过同标号普通硅酸盐水泥;

②抵抗软水、海水和硫酸盐腐蚀能力较强,宜用于水工、海港工程和大体积混凝土工程;

③这种水泥硬化后碱度较低,故抗碳化能力较差;

④其抗冻性、抗渗性和抵抗干湿交替循环的性能均不及普通水泥。

矿渣水泥应用较广泛,也是我国水泥产量最大的品种之一。

4. 火山灰质硅酸盐水泥

凡由硅酸盐水泥熟料和火山灰质混合材料、适量石膏磨细制成的水硬性胶凝材料称为火山灰质硅酸盐水泥(简称火山灰水泥),代号P.P。水泥中火山灰质混合材料掺加量按质量百分比计为20%～50%。

火山灰质硅酸盐水泥的标号和类型及在各龄期的强度数值与矿渣水泥相同,对其细度、凝结时间及体积安定性的要求与普通硅酸盐水泥相同。这种水泥的密度较小,通常为2.8～3.1 g/cm^3;堆积密度为900～1 000 kg/m^3。

与普通硅酸盐水泥比较,火山灰质硅酸盐水泥具有硬化较慢、早期强度较低、水化热较小、后期强度增长较快、密度较高、抗渗性较好、抗淡水侵蚀的能力很强。故这种水泥宜用于大体积混凝土工程。但这种水泥需水量大、收缩大、抗冻性差、抗碳化能力差,不宜在寒冷、干燥或干热环境下使用。

5. 粉煤灰硅酸盐水泥

凡由硅酸盐水泥熟料和粉煤灰、适量石膏磨细制成的水硬性胶凝材料称为粉煤灰硅酸盐水泥(简称粉煤灰水泥),代号P.F。水泥中粉煤灰掺加量按质量百分比计为20%～40%。

对粉煤灰硅酸盐水泥的品质要求同火山灰质硅酸盐水泥。各种标号、各种类型的粉煤灰硅酸盐水泥在各龄期的强度数值与矿渣硅酸盐水泥、火山灰质硅酸盐水泥相同,见表4-6。对细度、凝结时间及体积安定性的要求与普通硅酸盐水泥相同。

粉煤灰硅酸盐水泥的凝结硬化与火山灰质硅酸盐水泥很相近,主要是水泥熟料矿物水化,所生成的氢氧化钙通过液相扩散到粉煤灰球形玻璃体的表面,与活性氧化物发生作用(或称为吸附和侵蚀),生成水化硅酸钙和水化铝酸钙;当有石膏存在时,随即生成水化硫铝酸钙晶体。

与普通硅酸盐水泥比较，粉煤灰硅酸盐水泥具有如下特性。

①硬化较慢，早期强度较低，但后期强度可以赶上，甚至超过普通硅酸盐水泥。粉煤灰的活性愈高和细度愈细，则这种水泥的强度增长愈快。对于承受荷载较迟的工程，使用粉煤灰水泥特别有利。

②这种水泥水化热较小，其数值与火山灰质硅酸盐水泥相近，故宜用于大体积混凝土工程。

③由于粉煤灰内比表面积较小，吸附水的能力较小，因而这种水泥干缩性小，抗裂性较高。如在矿渣硅酸盐水泥中掺入适量的粉煤灰，不仅能保持矿渣硅酸盐水泥的早期强度不变，而且能明显地改善其干缩性和脆性。这种水泥耐硫酸盐腐蚀能力较强，但次于矿渣硅酸盐水泥。这种水泥耐冻性较差，并随粉煤灰掺量的增加而降低。同时，由于粉煤灰水泥石中碱度较低，故抗碳化性能较差。粉煤灰水泥混凝土初始析水速度快，制品表面易产生收缩裂纹，故施工时应予注意。

表 4-6 矿渣水泥、火山灰水泥及粉煤灰水泥各龄期的强度要求

标号	抗压强度(MPa)			抗折强度(MPa)		
	3 天	7 天	28 天	3 天	7 天	28 天
27.5	—	13.0	27.5	—	2.5	5.0
32.5	—	15.0	32.5	—	3.0	5.5
42.5	—	21.0	42.5	—	4.0	6.5
42.5R	19.0	—	42.5	4.0	—	6.5
52.5	21.0	—	52.5	4.0	—	7.0
52.5R	23.0	—	52.5	4.5	—	7.0
62.5R	28.0	—	62.5	5.0	—	8.0

目前，硅酸盐水泥、普通硅酸盐水泥、矿渣硅酸盐水泥、火山灰质硅酸盐水泥和粉煤灰硅酸盐水泥仍是我国广泛使用的五种水泥，现将这五种水泥的成分、特性和选用汇总于表 4-7。

表 4-7 五种水泥的特性、标号及一般适用范围

水泥品种	主要成分	特性	密度(g/cm^3)	堆积密度(kg/cm^3)	标号	适用范围	不适用处
硅酸盐水泥	硅酸盐水泥熟料中不掺混合料或掺不超过 5% 的石灰石或粒化高炉矿渣	1. 硬化快，强度高 2. 水化热大 3. 耐冻性好 4. 耐腐蚀与耐软水侵蚀性差	3.0～3.15	1 000～1 600	42.5R，52.5，52.5R，62.5，62.5R，72.5R	1. 重要结构的高强混凝土工程 2. 冬季施工及严寒地区受反复冰冻的工程	1. 受压力水或化学侵蚀水作用的工程 2. 大体积混凝土工程
普通水泥	在硅酸盐水泥熟料中允许掺 6%～15%的混合材料	1. 早期强度较高 2. 水化热较大 3. 耐冻性较好 4. 耐腐蚀与耐软水侵蚀性差	3.0～3.15	1 000～1 600	32.5，42.5，42.5R，52.5，52.5R，62.5，62.5R	一般混凝土工程包括受反复冰冻的工程	1. 受压力水或化学侵蚀水作用的工程 2. 大体积混凝土工程

续表

水泥品种	主要成分	特性	密度(g/cm³)	堆积密度(kg/cm³)	标号	适用范围	不适用处
矿渣水泥	在硅酸盐水泥熟料中掺入20%~70%的粒化高炉矿渣		2.8~3.10	1 000~1 200	27.5,32.5 42.5,42.5R,52.5,52.5R,62.5R	1.一般混凝土工程 2.大体积混凝土工程 3.蒸汽养护构件 4.需抗硫酸盐的一般工程 5.耐热混凝土	1.早期强度要求较高的工程 2.严寒地区并在水位升降范围内的混凝土工程
火山灰水泥	在硅酸盐水泥熟料中掺入20%~50%的火山灰质混合材料	抗渗性较好,其他同矿渣水泥	2.8~3.10	900~1 000	27.5,32.5 42.5,42.5R,52.5,52.5R,62.5R	1.一般混凝土工程 2.大体积混凝土工程 3.蒸汽养护构件 4.有抗渗要求的工程 5.需抗硫酸盐的一般工程	1.早期强度要求较高的工程 2.受冻工程 3.在干燥环境中的工程 4.有耐磨性要求的工程
粉煤灰水泥	在硅酸盐水泥熟料中掺入20%~40%的粉煤灰	干缩性较小,抗裂性好,其他同火山灰水泥	2.8~3.10	900~1 000	275,325 425,425R,525,525R,625R	1.一般混凝土工程及大体积混凝土工程 2.蒸汽养护构件 3.需抗硫酸盐的一般工程	有碳化要求的工程

4.4.2 水泥熟料矿物组成及特性

硅酸盐水泥的主要熟料矿物的名称和含量范围如下:

硅酸三钙 $3CaO \cdot SiO_2$,简写为 C_3S,含量37%~60%;

硅酸二钙 $2CaO \cdot SiO_2$,简写为 C_2S,含量15%~37%;

铝酸三钙 $3CaO \cdot Al_2O_3$,简写为 C_3A,含量 7%~15%;

铁铝酸四钙 $4CaO \cdot Al_2O_3 \cdot Fe_2O_3$,简写为 C_4AF,含量10%~18%。

在以上的主要熟料矿物中,硅酸三钙和硅酸二钙的总含量在70%以上,铝酸三钙与铁铝酸四钙的含量在25%左右,故称为硅酸盐水泥。除主要熟料矿物外,水泥中还含有少量游离氧化钙、游离氧化镁和碱,但其总含量一般不超过水泥量的10%。

熟料矿物与水发生的水解或水化作用统称为水化,水泥单矿物与水发生水化反应,生成水化物,并放出一定的热量。不同熟料矿物与水作用所表现的性能是不同的。对水泥的性能要求主要是强度、凝结硬化速度、水化放热的大小及收缩大小等。各种水泥熟料矿物水化所表现的特性如表4-8和图4-3所示。

表4-8 各种熟料矿物单独与水作用时表现出的特性

名称	硅酸三钙	硅酸二钙	铝酸三钙	铁铝酸四钙
凝结硬化速度	快	慢	最快	快
28天水化放热量	多	少	最多	中
强度	高	早期低、后期高	低	低

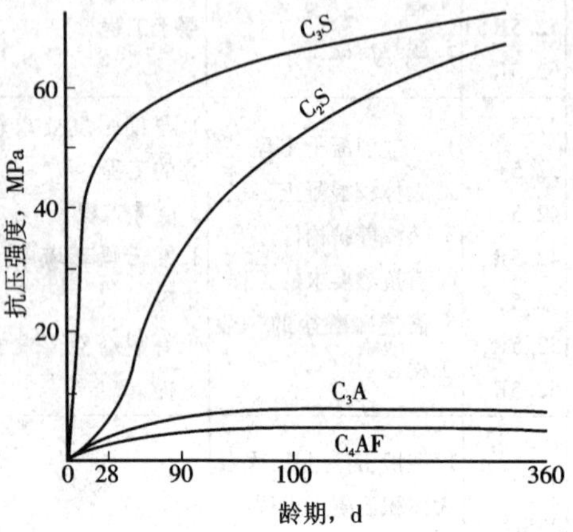

图4-3 各种熟料矿物的强度增长

水泥是几种熟料矿物的混合物,改变熟料矿物成分间的比例时,水泥的性质即发生相应的变化。例如提高硅酸三钙的含量,可以制得高强度水泥;又如降低铝酸三钙和硅酸三钙含量,提高硅酸二钙含量,可制得水化热低的水泥,如大坝水泥。

4.4.3 水泥的凝结和硬化

水泥加水拌和后,成为可塑的水泥浆,水泥浆逐渐变稠失去塑性,在尚未具有强度的过程,称为水泥的"凝结"。随后产生明显的强度并逐渐发展而成为坚强的人造石——水泥石,这一过程称为水泥的"硬化"。凝结和硬化是人为地划分的。实际上是一个连续的复杂的物理化学变化过程。

1. 水泥的水化

水泥是多矿物、多组分的物质,它与水拌和后,就立即发生化学反应,各个组分开始溶解,水泥颗粒间的纯水很快变为含多种离子的溶液,溶液中的主要离子有钙离子,钾、钠离子和硅酸根离子、铝酸根离子、硫酸根离子。因此,水泥的水化作用开始后,基本上是在含碱的氢氧化钙、硫酸钙的饱和溶液中进行,在溶液中硫酸根耗尽后,水化则在饱和氢氧化钙溶液中进行。

根据目前的认识,水泥加水后,铝酸三钙立即发生反应,硅酸三钙和铁铝酸四钙也很快水化,而硅酸二钙则水化较慢。如果忽略一些次要的和少量的成分,则硅酸盐水泥与水作用后,生成的主要水化物有:水化硅酸钙和水化铁酸钙凝胶、氢氧化钙、水化铝酸钙和水化硫铝酸钙晶体。在充分水化的水泥石中,C—S—H凝胶约占70%,$Ca(OH)_2$约占20%,钙矾石和单硫型水化硫铝酸钙约占7%。

2. 水泥的凝结硬化过程

水泥的凝结硬化过程目前是这样认为的:首先,水泥加水拌和,未水化的水泥颗粒分散在水中,成为水泥浆体(图4-4(a))。水泥颗粒的水化从其表面开始。水和水泥一接触,水泥颗粒表面的水泥熟料先溶解于水,然后与水反应,或水泥熟料在固态直接与水反应,形成相应的水化物,水化物溶解于水。由于各种水化物的溶解度很小,水化物的生成速度大于水化物向溶液中扩散的速度,一般在几分钟内,水泥颗粒周围的溶液成为水化物的过饱和溶液,先后析出水化硅酸钙凝胶、水化硫铝酸钙、氢氧化钙和水化铝酸钙晶体等水化产物,包在水泥颗粒表面。在水化初期,水化物不多,包有水化物膜层的水泥颗粒之间还是分离着的,水泥浆具有可塑性(图4-4(b))。水泥颗粒不断水化,随着时间的推移,新生水化物增多,使包在水泥颗粒表面的水化物膜层增厚,颗粒间的空隙逐渐缩小,而包有凝胶体的水泥颗粒则逐渐接近,以至相互接触,在接触点借助于范德华力,凝结成多孔的空间网络,形成凝聚结构(图4-4(c))。这种结构在振动的作用下可以破坏。凝聚结构的形成,使水泥浆开始失去可塑性,也就是水泥的初凝,但这时还不具有强度。随着以上过程的不断进行,固态的水化物不断增多,颗粒间的接触点数目增加,结晶体和凝胶体互相贯穿形成的凝聚——结晶网状结构不断加强。而固相颗粒之间的空隙(毛细孔)不断减小,结构逐渐紧密。使水泥浆体完全失去可塑性,达到能担负一定荷载的强度。水泥表现为终凝,并开始进入硬化阶段(图4-4(d))。水泥进人硬化期后,水化速度逐渐减慢,水化物随时间的增长而逐渐增加,扩展到毛细孔中,使结构更趋致密,强度相应提高。

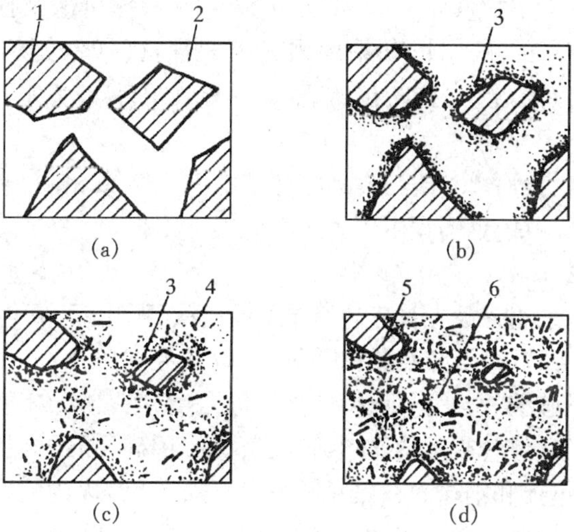

图4-4　水泥凝结硬化过程示意

(a)分散在水中未水化的水泥颗粒　(b)在水泥颗粒表面形成水化物膜层

(c)膜层长大并互相连接(凝结)　(d)水化物进一步发展,填充毛细孔(硬化)

1—水泥颗粒　2　水分　3　凝胶　4—晶体

5—水泥颗粒的未水化内核　6—毛细孔

根据水化反应速度和物理化学的主要变化,可将水泥的凝结硬化分为表4-9所列的几个阶段。

表4-9　水泥凝结硬化时的几个阶段

凝结硬化阶段	一般的放热反应速度	一般的持续时间	主要物理化学变化
初始反应期	168 J/(g·h)	5~10 min	初始溶解和水化
潜伏期	4.2 J/(g·h)	1 h	胶体颗粒围绕水泥颗粒成长
凝结期	在6 h内逐渐增加到2 J/(g·h)	6 h	膜层增厚,水泥颗粒进一步水化
硬化期	在24 h内逐渐增加到4.2 J/(g·h)	6 h至若干年	凝胶体填充毛细孔

4.4.4 其他品种水泥

1. 高铝水泥

高铝水泥是以铝矾土和石灰石为原料，经推烧（熔融状态），得到以铝酸钙为主、氧化铝含量约 50% 的熟料，磨制的水硬性胶凝材料。它是一种快硬、高强、耐腐蚀、耐热的水泥。

高铝水泥以前称为矾土水泥。高铝水泥的水化和硬化，主要就是铝酸一钙的水化及其水化物的结晶情况。

高铝水泥在普通硬化条件下，水泥石中不含铝酸三钙和氢氧化钙，同时密实度也较大，因此对矿物水和硫酸盐的侵蚀作用具有很高的抵抗能力。

高铝水泥常为黄或褐色，也有呈灰色的。高铝水泥的密度和堆积密度与普通硅酸盐水泥相近。

高铝水泥主要用于工期紧急的工程，如国防、道路和特殊抢修工程等，也可用于冬季施工的工程。高铝水泥有较高的耐热性，如采用耐火粗细骨料（如铬铁矿等）可制成使用温度达 1 300～1 400 ℃的耐热混凝土。另外，在高铝水泥中掺加石膏或无水石膏，可有效地克服长期强度降低的现象。

高铝水泥的水化放热量大，一般与高标号硅酸盐水泥大致相同，但其放热速度特别快，故使用高铝水泥时应特别注意，更不宜用于大体积混凝土工程。

2. 白色硅酸盐水泥

白色硅酸盐水泥系采用含极少量着色物质（氧化铁、氧化锰、氧化钛、氧化铬等）的原料，如纯净的高岭土、纯石英砂、纯石灰石或白垩等，在较高温度（1 500～1 600 ℃）烧成熟料。其熟料矿物成分主要还是硅酸盐。为了保持白水泥的白度，在燃烧、粉磨和运输时均应防止着色物质混入，常采用天然气、煤气或重油作燃料，在磨机中用硅质石材或坚硬的白色陶瓷作为衬板及研磨体，不能用铸钢板和钢球。在熟料磨细时可加入 5% 以内的石灰石或窑灰。

白色硅酸盐水泥的性质与普通硅酸盐水泥相同。白色硅酸盐水泥分为 325、425、525 和 625 四个标号。按白度分为特级、一级、二级和三级四个级别。白水泥的初凝时间不得早于 45 min，终凝不得迟于 12 h。对细度、沸煮安定性和三氧化硫含量的要求与普通硅酸盐水泥相同。熟料中氧化镁的含量不得超过 4. 5% 。

白色硅酸盐水泥熟料、石膏和耐碱矿物颜料共同磨细，可制成彩色硅酸盐水泥。耐碱矿物颜料对水泥不起有害作用，常用的有：氧化铁（红、黄、褐、黑色）、氧化锰（褐、黑色）、氧化铬（绿色）、赭石（赭色）、群青（蓝色）以及普鲁士红等，但制造红色、黑色或棕色水泥时，可在普通硅酸盐水泥中加入耐碱矿物颜料，而不一定用白色硅酸盐水泥。

白色和彩色硅酸盐水泥，主要用于建筑物内外的表面装饰工程上，如地面、接面、楼梯、墙、柱及台阶等。可做成水泥拉毛、彩色砂浆、水磨石、水刷石、斩假石等饰面，也可用于雕塑及装饰部件或制品。使用白色或彩色硅酸盐水泥时，应以彩色大理石、石灰石、白云石等彩色石子或石屑和石英砂作粗细骨料。制作方法可以在工地现场浇制，也可在工厂预制。

3. 快硬水泥

凡以硅酸盐水泥熟料和适量石膏磨细制成的，以 3 天抗压强度表示标号的水硬性胶凝材料，称为快硬硅酸盐水泥（简称快硬水泥）。

快硬硅酸盐水泥的制造方法与硅酸盐水泥基本相同，主要依靠调节矿物组成及控制生产措施，使制得成品的性质符合要求。

熟料中硬化最快的矿物成分是铝酸三钙和硅酸三钙。制造快硬水泥时，应适当提高它们的含量，通常硅酸三钙为50%～60%，铝酸三钙为8%～14%，铝酸三钙和硅酸三钙的总量应不少于60%～65%。为加快硬化速度，可适当增加石膏的掺量（达8%）和提高水泥的粉磨细度。通常比表面积为3 000～4 000 cm^2/g。

快硬硅酸盐水泥的各标号各龄期强度数值不得低于表4－10中的数值。

表4－10　快硬硅酸盐水泥各龄期强度要求

标号	抗压强度（MPa）			抗折强度（MPa）		
	3天	7天	28天*	3天	7天	28天*
325	15.0	32.5	52.5	3.5	5.0	7.2
375	17.0	37.5	57.5	4.0	6.0	7.6
425	19.0	42.5	62.5	4.5	6.4	8.0

注：*为供需双方参考指标。

快硬硅酸盐水泥的使用已日益广泛，主要适用于要求早期强度高的工程、紧急抢修的工程、抗冲击及抗震性工程、冬季施工、制作混凝土及预应力混凝土预制构件。

除快硬硅酸盐水泥外，还有快硬硫铝酸盐水泥。快硬硫铝酸盐水泥具有快凝、早强、不收缩的特点，宜用于配制早强、抗渗和抗硫酸盐侵蚀等混凝土，负温施工（冬季施工），浆锚、喷锚支护、抢修、堵漏，水泥制品、玻璃纤维增强水泥（GRC）制品及一般建筑工程。但由于这种水泥碱度较低，使用时应注意钢筋的锈蚀问题。此外，它的耐热性较差。

4. 膨胀水泥及自应力水泥

前述各种水泥的共同点是在硬化过程中产生一定的收缩，可能造成裂纹、透水和不适于某些工程的使用。膨胀水泥及自应力水泥的不同之处，是在硬化过程中不但不收缩，而且有不同程度的膨胀。膨胀水泥及自应力水泥有两种配制途径：一种以硅酸盐水泥为主配制的，凝结较慢，俗称硅酸盐型；另一种以高铝水泥为主配制的，凝结较快，俗称铝酸盐型。

硅酸盐型膨胀水泥及自应力水泥，是由硅酸盐水泥、高铝水泥和石膏按一定比例共同磨细或分别粉磨再经混匀而成。铝酸盐型的，是以高铝水泥熟料和二水石膏磨细而成的。

硅酸盐型膨胀水泥及自应力水泥的膨胀作用是基于硬化初期，高铝水泥中的铝酸盐和石膏遇水化合，生成高硫型水化硫铝酸钙晶体（钙矾石），所生成的钙矾石，起初填充水泥石内部孔隙，强度有所增长。随着水泥不断水化，钙矾石数量增多，晶体长大，就会产生膨胀，削弱和破坏了水泥石结构，强度下降。由此可知，膨胀是削弱、破坏水化产物粒子间的联系，而强度则是强化它们之间的内部联系。因此，一般习惯称高铝水泥为膨胀组分，而硅酸盐水泥则为强度组分。但实际上硅酸盐水泥中的C_3A或C_3S等都参与了形成钙矾石的反应，同时钙矾石对强度发展也有相当影响，所以它们的作用并不能绝然分开，而是相辅相成的。

如膨胀水泥中膨胀组分含量较多，膨胀值较大，在膨胀过程中又受到限制时（如受到钢筋的限制），则水泥石本身就会受到压应力。该压力是依靠水泥本身的水化而产生的，所以称为自应力，并以自应力值（MPa）表示所产生压应力的大小。自应力值大于2 MPa的称为自应力水泥。

铝酸盐型膨胀水泥及自应力水泥的膨胀作用，同样是基于硬化初期生成钙矾石，体积膨胀之故。而水泥强度的增长,则是由于高铝水泥本身水化增长强度之故。

5. 抗硫酸盐水泥

以硅酸钙为主要成分的特定矿物组成的水泥熟料,加入适量石膏,磨细制成的具有较高抗硫酸盐性能的水泥。其熟料中铝酸三钙的含量不大于5%。此种水泥适用于受硫酸盐侵蚀,冻融和干湿交替作用下的工程结构,如盐碱滩、海洋化工企业、地下工程、水利工程等。

4.4.5 水泥保管注意事项

水泥最容易受潮,如受到雨淋、水渍等会立即凝固,失去效能。储存过久的水泥,吸收空气中的水分,也会结块硬化,使强度降低,甚至不能使用。所以水泥在储运过程中,要特别注意防潮防水。而且不宜储存过久,一般在良好的条件下,存放期限为3个月。如存放超过6个月时,则应重新检验,确定标号,否则不得在主要工程上使用。

4.5 建筑钢材

建筑钢材是指用于钢结构的各种型材(如圆钢、角钢、工字钢等)、钢板、钢管和用于钢筋混凝土中的各种钢筋、钢丝等。钢材具有强度高,有一定塑性和韧性,有承受冲击和振动荷载的能力,可以焊接或铆接,便于装配等特点,因此,在建筑工程中大量使用钢材作为结构材料。用型钢制作钢结构,安全性大,自重较轻,适用于大跨度及多层结构。用钢筋制作的钢筋混凝土结构,自重较大,但用钢量较少,还克服了钢结构因易锈蚀而维护费用大的缺点。因而钢筋混凝土结构在建筑工程中采用尤为广泛。钢筋是最重要的建筑材料之一。

4.5.1 钢的分类

钢的分类方法很多,但最主要的是按化学成分、质量、用途和冶炼方法分类。

钢按化学成分可分为碳素钢和合金钢两大类。

碳素钢根据含碳量可分为:低碳钢(含碳小于0.25%)、中碳钢(含碳0.25%~0.6%)和高碳钢(含碳大于0.6%)。除铁和碳以外,还含有在冶炼中难以除净的少量硅、锰、磷、硫、氧和氮等,其中磷、硫、氧、氮等对钢材性能产生不利影响,为有害杂质。

合金钢中含有一种或多种特意加入或超过碳素钢限量的化学元素如锰、硅、钒、钛等,这些元素称为合金元素。合金元素的作用是改善钢的性能,或者使其获得某些特殊性能。合金钢按合金元素的总含量可分为低合金钢(合金元素总含量小于5%)、中合金钢(合金元素总含量为5%~10%)和高合金钢(合金元素总含量大于10%)。

根据钢中有害杂质的多少,工业用钢可分为普通钢、优质钢和高级优质钢;根据钢的用途不同,工业用钢常分为结构钢、工具钢和特殊性能钢;建筑上所用的主要是属碳素结构钢的低碳钢和属普通钢的低合金结构钢。

常用的炼钢方法有空气转炉法、氧气转炉法、平炉法和电炉法等。建筑钢材主要为空气转炉法、氧气转炉法、平炉法冶炼的钢。

根据脱氧程度的不同,钢可分沸腾钢、镇静钢和介于二者之间的半镇静钢。沸腾钢和镇静钢相比较,沸腾钢的致密程度较差,故冲击韧性和焊接性较差,但成品率较高,成本较低。

建筑钢材主要是经热轧制成并按热轧状态供应的。热轧可使钢坯中大部分气孔焊合,晶粒破碎细化,故钢材质量提高。

4.5.2　建筑钢材的力学性能

建筑钢材的力学性能主要有抗拉、冷弯、冲击韧性、硬度和耐疲劳性等。

1. 抗拉性能

抗拉性能是建筑钢材的重要性能。由拉力试验测定的屈服点、抗拉强度和伸长率是钢材的重要技术指标。建筑钢材的抗拉性能，可通过低碳钢（软钢）受拉的应力—应变图阐明（图 4 - 5）。

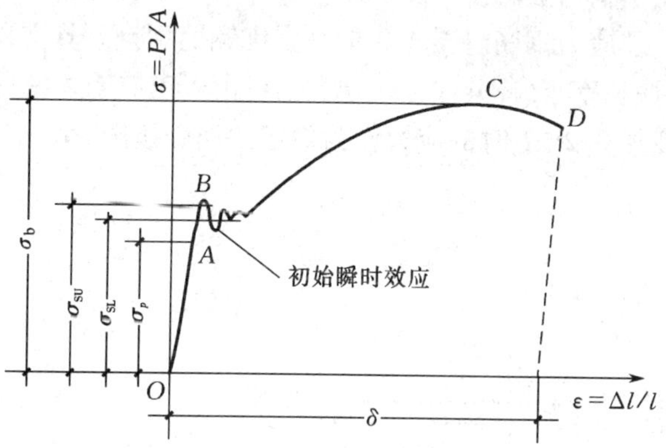

图 4 - 5　低碳钢受拉的应力—应变图

图中明显地可划分为弹性阶段（$O \sim A$）、屈服阶段（$A \sim B$）、强化阶段（$B \sim C$）和颈缩阶段（$C \sim D$）等四个阶段。在 OA 范围内，如卸去拉力，试件能恢复原状，这种性质称为弹性。与 A 点对应的应力称为弹性极限，用 σ_p 表示。当应力稍低于 A 点对应的应力时，应力与应变的比值为常数，称为弹性模量，用 E 表示，即 $\frac{\sigma}{\varepsilon} = E$。弹性模量反映钢材的刚度，即产生单位弹性应变时所需应力的大小。它是钢材在受力条件下计算结构变形的重要指标。建筑工程中常用的碳素结构钢 Q235 的弹性模量为 $(2.0 \sim 2.1) \times 10^5$ MPa。

应力超过 A 点以后，如卸去拉力，试件变形不能完全消失，表明已经出现塑性变形，到达屈服阶段。试样在试验过程中力不增加（保持恒定）仍能继续伸长时的应力称为屈服点，用 σ_S 表示。如果达到屈服阶段时力发生下降，则应区分上屈服点和下屈服点。上屈服点（σ_{sU}）是指试样发生屈服而力首次下降前的最大应力。下屈服点（σ_{sL}）是指不计初始瞬时效应（见图 4 - 5）时屈服阶段中的最小应力。Q235 钢的屈服点应在 235 MPa 以上。

钢材受力达到屈服点以后，变形迅速发展，尽管尚未破坏，但已不能满足使用要求。故设计中一般以屈服点作为强度取值的依据。

从图中 BC 曲线逐步上升可以看出：试件在屈服阶段以后，其抵抗塑性变形的能力又重新提高，故称为强化阶段。当曲线达到最高点 C 以后，试件薄弱处截面急剧缩小，塑性变形迅速增加，产生"颈缩现象"，直至断裂。试样拉断过程中最大力所对应的应力（即 C 点）称为抗拉强度，用 σ_b 表示。Q235 钢的抗拉强度在 375 MPa 以上。

抗拉强度在设计中虽然不能利用，但屈强比 σ_s/σ_b 有一定意义。屈强比愈小，反映钢材受力超过屈服点工作时的可靠性愈大，因而结构的安全性高。但屈强比太小，反映钢材不能有效地被利用。Q235 号钢的屈强比大致为 0.58 ~ 0.63；低合金结构钢的屈强比一般为 0.65 ~ 0.75。

试样拉断后，标距的伸长与原始标距的百分比，称为断后伸长率，以 δ 表示。试件拉断后，将其拼合（图 4 - 6），量出拉断后标距部分的长度 l_1（mm），即可按下式计算伸长率 δ：

$$\delta = \frac{l_1 - l_0}{l_0} \times 100\%$$

式中　l_0——试件的原标距长度，mm。

伸长率表明钢材的塑性变形能力,是钢材的重要技术指标。尽管结构是在弹性范围内使用,但其应力集中处,其应力可能超过屈服点。一定的塑性变形能力,可保证应力重分布,从而避免结构的破坏。

预应力钢筋混凝土用的高强度钢筋和钢丝具有硬钢的特点:抗拉强度高,无明显的屈服阶段,伸长率小(图4-7)。这类钢材由于没有明显的屈服阶段,不能测定屈服点,故常以发生残余变形$0.2\%l_0$时的应力作为规定的屈服极限,用$\sigma_{0.2}$表示。

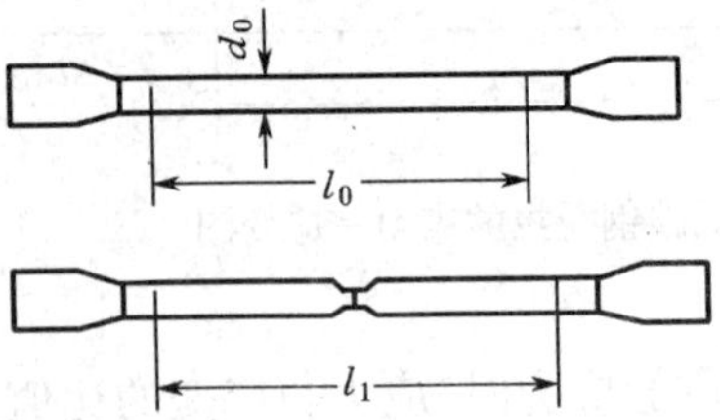

图4-6 试件断后标距的测量

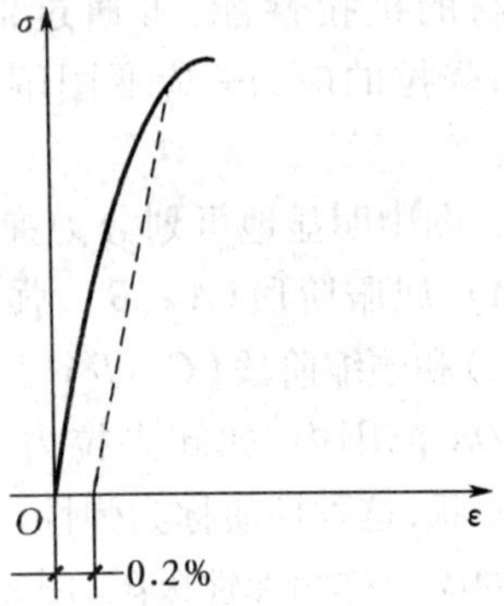

图4-7 硬钢的屈服点$\sigma_{0.2}$

2. 冷弯性能

冷弯性能,指钢材在常温下承受弯曲变形的能力,是建筑钢材的重要工艺性能,对钢筋弯起和弯钩有影响。

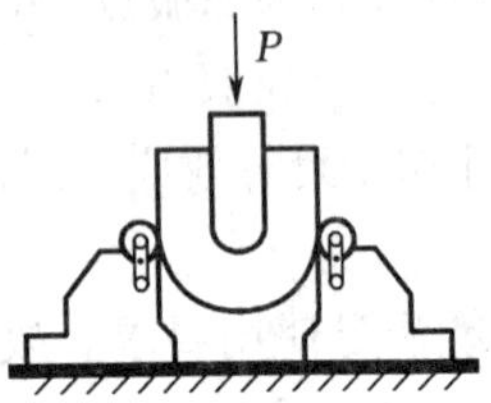

图4-8 冷弯试验示意图

钢材的冷弯性能指标,用试件在常温下所能承受的弯曲程度表示。弯曲程度是通过试件被弯曲的角度和弯心直径对试件厚度(或直径)的比值区分的。

冷弯试验是通过试件弯曲处的塑性变形实现的。它和伸长率一样,表明钢材在静荷下的塑性。但冷弯是钢材处于不利变形条件下的塑性,而伸长率则是反映钢材在均匀变形下的塑性。故冷弯试验是一种比较严格的检验,能揭示钢材是否存在内部组织不均匀、内应力和夹杂物等缺陷。在拉力试验中,这些缺陷,常因塑性变形导致应力重分布而得不到反映。

3. 冲击韧性

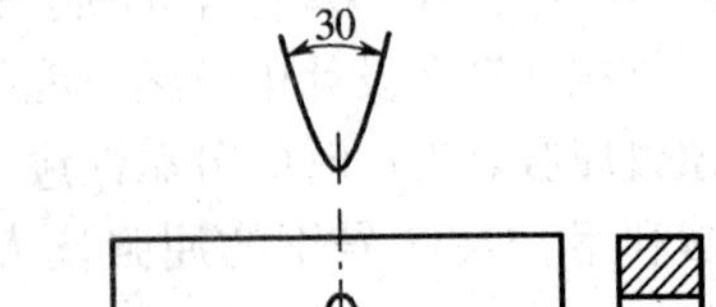

图4-9 冲击韧性试验示意图

冲击韧性指钢材抵抗冲击荷载的能力。冲击韧性指标是通过标准试件的弯曲冲击韧性试验确定的(图4-9),以摆锤打击试件,于刻槽处将其打断,试件单位截面积(cm^2)上所消耗的功,即为钢材的冲击韧性值,用冲击韧性α_k(J/cm^2)表示。α_k值愈大,冲击韧性愈好。

试验表明,冲击韧性随温度的降低而下降,这种性质称为钢材的冷脆性。钢材脆性临界温度愈低,其低温冲击性能愈好。所以在负温下使用的结构,应当选用脆性临界温度较使用温度为低的钢材。

钢材随时间的延长而表现出强度提高,塑性和冲击韧性下降,这种现象称为时效。完成时效变化的过程可达数十年。许多因素都将降低钢材的冲击韧性，对于直接承受动荷载而且可能在负温下工作的重要结构，必须按照有关规范要求进行钢材的冲击韧性检验。

4. 硬度

钢材的硬度指其表面局部体积内，抵抗外物压入产生塑性变形的能力。测定钢材硬度的方法有布氏法、洛氏法和维氏法等。较常用的为布氏法和洛氏法。布氏法的测定原理是利用直径为 D(mm)的淬火钢球，以 P(N)的荷载将其压入试件表面，经规定的持续时间后卸除荷载，即得直径为 d(mm)的压痕，以压痕表面积 F(mm^2)除荷载 P，所得的应力值即为试件的布氏硬度值 HB，以数字表示，不带单位。

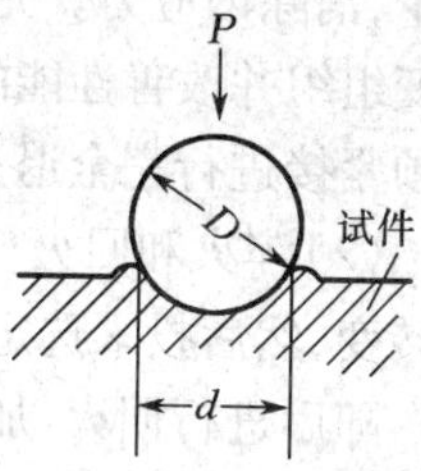

图4－10 布氏硬度测定示意图

5. 耐疲劳性

在交变应力作用下的结构构件，钢材往往在应力远小于抗拉强度时发生断裂，这种现象称为钢材的疲劳破坏。疲劳破坏的危险应力用疲劳极限来表示，它是指疲劳试验中试件在交变应力作用下，于规定的周期基数内不发生断裂所能承受的最大应力。设计承受反复荷载且须进行疲劳验算的结构时，应当了解所用钢材的疲劳极限。

钢材的疲劳极限与其抗拉强度有关，一般抗拉强度高，其疲劳极限也较高。由于疲劳裂纹是在应力集中处形成和发展的，钢材的疲劳极限不仅与其内部组织有关，也和表面质量有关。例如，钢筋焊接接头的卷边和表面微小的腐蚀缺陷，都可使疲劳极限显著降低。

4.5.3 钢材的冷加工及时效强化、热处理和焊接

1. 钢材的冷加工及时效强化

将钢材于常温下进行冷拉、冷拔或冷轧，使产生塑性变形，从而提高屈服强度，塑性、韧性和弹性模量降低，这个过程称为冷加工强化处理。

工地或预制构件厂常利用这一原理，对钢筋或低碳钢盘条按一定制度进行冷拉或冷拔加工，以提高屈服强度节约钢材。

将经过冷拉的钢筋于常温下存放15～20天，或加热到100～200 ℃并保持一定时间，这个过程称为时效处理，前者称为自然时效，后者称为人工时效。

冷拉以后再经时效处理的钢筋，其屈服点进一步提高，抗拉极限强度稍见增长，塑性继续有所降低。由于时效过程中内应力的消减，故弹性模量可基本恢复。

钢筋经冷拉时效后性能变化的规律，可从拉力试验的应力—应变曲线明显地反映出来。

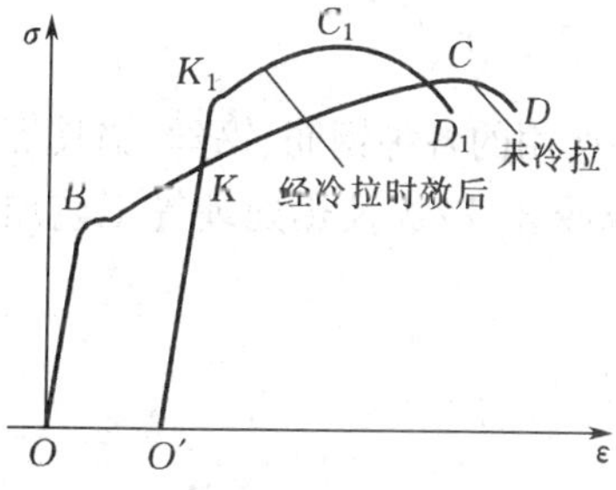

图4－11 钢筋经冷拉时效后应力—应变的变化图

图4－11中为经冷拉和时效试件前后的应力—应变曲线。表明钢筋经冷拉时效以后，屈服点和抗拉强度都得到提高，塑性和韧性则相应降低。

工地通常是通过试验选择恰当的冷拉应力和时效处理措施。一般强度较低的钢筋，采用自然时效即可达到时效目的。强度较高的钢筋，对自然时效几天无反应，必须进行人工时效。

2. 钢材的热处理

热处理是将钢材按一定规则加热、保温和冷却，以改变其组织，从而获得需要性能的一种工艺过程。热处理的方法有退火、正火、淬火和回火。建筑钢材一般只在生产厂进行处理并以热处理状态供应。

在施工现场,有时须对焊接件进行热处理。

(1)退火　有低温退火和完全退火等。低温退火的目的是利用加温使加工中产生的缺陷减少,消除内应力。完全退火的加热温度为800~850 ℃,经保温后以适当速度缓冷,从而达到改变组织并改善性能的目的。例如,含碳量较高的高强度钢筋,焊接中容易形成很脆的组织,必须紧接进行完全退火以消除这一不利的转变,保证焊接质量。

(2)淬火和回火　淬火和回火通常是两道相连的处理过程。淬火是加热、保温使组织完全转变,然后投入选定的冷却介质(如水或矿物油等)中急冷,使转变为不稳定组织;淬火即完结。随后进行回火,加热温度在150~650 ℃内选定。保温后按一定速度冷却至室温。其目的是促进不稳定组织转变为需要的组织,消除淬火产生的内应力。我国目前生产的热处理钢筋,即系采用中碳低合金钢经油花淬火和铅浴高温(500~650 ℃)回火制得的。

3.钢材的焊接

焊接连接是钢结构的主要连接方式,在工业与民用建筑的钢结构中,焊接结构占90%以上。在钢筋混凝土工程中,焊接大量应用于钢筋接头、钢筋网、钢筋骨架和预埋件的焊接,以及装配式构件的安装。

建筑钢材所用焊接方法主要的是钢结构焊接用的电弧焊和钢筋连接用的接触对焊。焊件的质量主要取决于选择正确的焊接工艺和适宜的焊接材料,以及钢材本身的焊接性能。

电弧焊的焊接接头是由基本金属和焊缝金属通过二者间的熔合线部分连接而成。焊缝金属是在焊接时电弧的高温之下由焊条金属熔化而成;同时电弧的高温也使基本金属的边缘部分熔化,与熔融的焊条金属通过扩散作用均匀地密切熔合,有助于金属间的牢固连接。接触对焊的焊接接头亦相类似。因不用焊条,故其连接是通过接触端面上由电流熔化的熔融金属冷却凝固而成。

经常产生的焊接缺陷有焊缝金属缺陷(热裂纹、气孔、夹杂物)和基本金属热影响区的缺陷(冷裂纹、晶粒粒大和析出脆化等)。由于焊接件在使用过程中要求的主要力学性能是强度、塑性、韧性和耐疲劳性,因此,对性能影响最大的焊接缺陷是焊件中的裂纹、缺口和由于硬化而引起的塑性和冲击韧性的降低。

4.5.4　建筑钢材的标准与选用

建筑钢材可分为钢结构用型钢和钢筋混凝土结构用钢筋两类。各种型钢和钢筋的性能主要取决于所用钢种及其加工方式。本节将分别说明建筑工程中常用的钢种及各种常用型材的性能和选用原则。

1.建筑钢材的主要钢种

在建筑工程中,钢结构所用的各种型钢,钢筋混凝土结构所用的各种钢筋、钢丝、锚具等钢材,基本上都是碳素结构钢和低合金结构钢等钢种,经热轧或冷轧、冷拔及热处理等工艺加工而成的。现将主要常用钢种的性能和牌号分述如下。

1)碳素结构钢

碳素结构钢的牌号由4个要素组成:

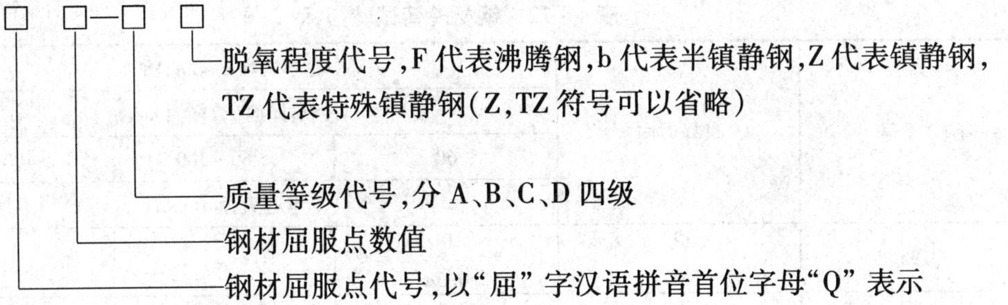

例如 Q235—BZ，表示这种碳素结构钢的屈服点 $\sigma_s \geqslant 235$ MPa（当钢材厚度或直径≤16 mm 时），质量等级为 B 级，即含碳量为 0.12% ~0.20%，含锰 0.30% ~0.70%，含硅≤0.30%，有害元素硫应控制在 0.045% 以下，磷应控制在 0.045% 以下，伸长率 δ_5 应达到 26% 以上（厚度或直径 <16 mm 时）；在 0℃时的 V 形冲击功（纵向）应达到 27 J 以上；脱氧程度为镇静钢。

碳素结构钢的力学性能应符合表 4－11 的要求，冷弯试验按表 4－12 进行。

表 4－11　碳素结构钢的力学性能

牌号	等级	拉伸试验														冲击试验	
		屈服点 σ_h（MPa）						抗拉强度 σ_b（MPa）	伸长率 δ_5（%）							温度（℃）	V形冲击功（纵向）J
		钢材厚度（直径）（mm）							钢材厚度（直径）（mm）								
		≤16	16~10	>40~60	>60~100	>100~150	>150		≤16	>16~40	>40~60	>60~100	>100~150	>150			
		≥							≥								≥
Q195	—	(195)	(185)	—	—	—	—	315~390	33	32	—	—	—	—		—	—
Q215	A	215	205	195	185	175	165	335~410	31	30	29	28		26		—	—
	B															20	27
Q235	A	235	225	215	205	195	185	375~460	26	25	24	23	22	21		—	—
	B															20	27
	C															0	
	D															-20	
Q255	A	255	245	235	325	215	205	410~510	24	23	22	21	20	19		—	—
	B															20	27
Q257	—	275	265	255	245	235	225	490~610	20	19	18	17	16	15		—	—

一般而言，碳素结构钢的塑性较好，适宜于各种加工，在焊接、冲击及适当超载的情况下也不会突然破坏，它的化学性能稳定，对轧制、加热及骤冷的敏感性较小，因而常用于建筑结构。

表 4－12 钢材冷弯试验指标

牌号	试样方向	冷弯试验 $B=2a$,180°		
		钢材厚度(直径)(mm)		
		60	>60～100	>100～200
		弯心直径 d(mm)		
Q195	纵	0	—	—
	横	0.5a		
Q215	纵	0.5a	1.5a	2a
	横	a	2a	2.5a
Q235	纵	a	2a	2.5a
	横	1.5a	2.5a	a
Q255	2a	3a	3.5a	
Q275	3a	2a	4.5a	

注:B 为试样宽度,a 为钢材厚度(直径)。

2)低合金高强度结构钢

在碳素结构钢的基础上加入总量小于5%的合金元素即成低合金高强度结构钢。国家标准规定,低合金高强度结构钢共有5个牌号,所加元素主要有锰、硅、钒、钛、铌、铬、镍及稀土元素。低合金高强度结构钢的牌号,由三个要素组成:

□ □ □
- 质量等级符号,分为A、B、C、D、E五级
- 屈服点数值
- 代表屈服点的汉语拼音字母Q

由于合金元素的细晶强化和固溶强化等作用,使低合金钢非但具有较高的强度,而且也具有较好的塑性、韧性和焊接性。因此,它是综合性能较为理想的建筑钢材,尤其是大跨度、承受动荷载和冲击荷载的结构物中更为适用。表4－13和4－14中列出了低合金高强度结构钢的化学成分与力学性能。

表 4－13 低合金高强度结构钢的化学成分

牌号	质量等级	化学成分(%)										
		C ≤	Mn	Si ≤	P ≤	S ≤	V	Nb	Ti	Al ≥	Cr ≤	Ni ≤
Q295	A	0.16	0.80～1.50	0.55	0.045	0.045	0.02～0.15	0.015～0.060	0.02～0.20	—		
	B	0.16	0.80～1.50	0.55	0.040	0.040	0.02～0.15	0.015～0.060	0.02～0.20	—		
Q345	A	0.02	1.00～1.60	0.55	0.045	0.045	0.02～0.15	0.015～0.060	0.02～0.20	—		
	B	0.02	1.00～1.60	0.55	0.040	0.040	0.02～0.15	0.015～0.060	0.02～0.20	—		
	C	0.20	1.00～1.60	0.55	0.035	0.035	0.02～0.15	0.015～0.060	0.02～0.20	0.015		
	D	0.18	1.00～1.60	0.55	0.030	0.030	0.02～0.15	0.015～0.060	0.02～0.20	0.015		
	E	0.18	1.00～1.60	0.55	0.025	0.025	0.02～0.15	0.015～0.060	0.02～0.20	0.015		

续表

牌号	质量等级	化学成分（%）										
		C ≤	Mn	Si ≤	P ≤	S ≤	V	Nb	Ti	Al ≥	Cr ≤	Ni ≤
Q390	A	0.20	1.00~1.60	0.55	0.045	0.045	0.02~0.20	0.015~0.060	0.02~0.20	—	0.30	0.70
	B	0.20	1.00~1.60	0.55	0.040	0.040	0.02~0.20	0.015~0.060	0.02~0.20	—	0.30	0.70
	C	0.20	1.00~1.60	0.55	0.035	0.035	0.02~0.20	0.015~0.060	0.02~0.20	0.015	0.30	0.70
	D	0.20	1.00~1.60	0.55	0.030	0.030	0.02~0.20	0.015~0.060	0.02~0.20	0.015	0.30	0.70
	E	0.20	1.00~1.60	0.55	0.025	0.025	0.02~0.20	0.015~0.060	0.02~0.20	0.015	0.30	0.70
Q420	A	0.20	1.00~1.70	0.55	0.045	0.045	0.02~0.20	0.015~0.060	0.02~0.20	—	0.40	0.70
	B	0.20	1.00~1.70	0.55	0.040	0.040	0.02~0.20	0.015~0.060	0.02~0.20	—	0.40	0.70
	C	0.20	1.00~1.70	0.55	0.035	0.035	0.02~0.20	0.015~0.060	0.02~0.20	0.015	0.40	0.70
	D	0.20	1.00~1.70	0.55	0.030	0.030	0.02~0.20	0.015~0.060	0.02~0.20	0.015	0.40	0.70
	E	0.20	1.00~1.70	0.55	0.025	0.025	0.02~0.20	0.015~0.060	0.02~0.20	0.015	0.40	0.70
Q460	C	0.20	1.00~1.70	0.55	0.035	0.035	0.02~0.20	0.015~0.060	0.02~0.20	0.015	0.70	0.70
	D	0.20	1.00~1.70	0.55	0.030	0.030	0.02~0.20	0.015~0.060	0.02~0.20	0.015	0.70	0.70
	E	0.20	1.00~1.70	0.55	0.025	0.025	0.02~0.20	0.015~0.060	0.02~0.20	0.015	0.70	0.70

注：表中的 Al 为全铝含量。如化验酸溶铝时，其含量应不小于 0.010%。

表 4-14　低合金高强度结构钢的力学性能

牌号	质量等级	屈服点 σ_s（MPa）				抗拉强度 σ_b（MPa）	伸长率 δ_5（%）	冲击功（A_{kV}）（纵向）（J）				180°弯曲试验 d：弯心直径 a：试样厚度（直径）	
		厚度（直径，边长）（mm）						20℃	0℃	-20℃	-40℃	钢材厚度（直径）（mm）	
		≤15	16~35	35~50	50~100			不小于				≤16	16~100
		不小于											
Q295	A	295	275	255	235	390~570	23					d=2a	d=3a
	B						23	34					
Q345	A						21						
	B						21	34					
	C	345	325	295	275	470~630	22		34			d=2a	d=3a
	D						22			34			
	E						22				27		
Q390	A						19						
	B						19	34					
	C	390	370	350	330	490~650	20		34			d=2a	d=3a
	D						20			34			
	E						20				27		
Q420	A						18						
	B						18	34					
	C	420	400	380	360	520~680	19		34			d=2a	d=3a
	D						19			34			
	E						19				27		
Q460	C						17		34				
	D	460	440	420	400	550~750	17			34		d=2a	d=3a
	E						17				27		

2. 常用建筑钢材

1) 热轧钢筋

热轧钢筋是建筑工程中用量最大的钢材品种之一，主要用于钢筋混凝土结构和预应力钢筋混凝土结构的配筋。按力学性能热轧钢筋可分为 4 级，各级钢筋的主要性能见表 4－15。

表 4－15 热轧钢筋的力学性能

表面形状	钢筋级别	代号	公称直径(mm)	屈服点 σ_s (MPa)	抗拉强度 σ_b (MPa)	伸长率 δ_5(%)
光圆	Ⅰ	HPB235 HPB300	5.5～20	235 300	370 400	23
月牙肋	Ⅱ	HRB335 HRB335F	6～50	335	455	17
月牙肋	Ⅲ	HRB400 HRB400F	6～50	400	540	16
月牙肋	Ⅳ	HRB500 HRB500F	6～50	500	630	15

2) 预应力混凝土用热处理钢筋

预应力混凝土用热处理钢筋指用热轧中碳低合金钢筋经淬火、回火或调质处理的钢筋。通常有直径为 6、8.2、10 mm 三种规格，抗拉强度 $\sigma_b \geqslant 1\,500$ MPa，屈服点 $\sigma_{0.2} \geqslant 1\,350$ MPa，伸长率 $\delta_{10} \geqslant 6\%$。为增加与混凝土的黏结力，钢筋表面常轧有通长的纵肋和均布的横肋。通常卷成直径为 1.7～2.0 m 的弹性盘条供应，开盘后可自行伸直。使用时应按所要求长度切割，不能用电焊切割，也不能焊接，以免引起强度下降或脆断。

热处理钢筋的设计强度取标准强度的 0.8，先张法和后张法预应力结构的张拉控制应力分别为标准强度的 0.7 和 0.65。

热处理钢筋在预应力结构中使用，具有与混凝土黏结性能好、应力松弛率低、施工方便等优点。

3) 冷拔低碳钢丝

用直径 6.5 或 8 mm 的碳素结构钢热轧盘条，在常温下经冷拔工艺拔制而成的直径为 3、4 或 5 mm 的圆截面钢丝，称为冷拔低碳钢丝。

这种钢丝在冷拔过程中，由于钢材的位错增多，使晶格滑移受阻，因而强度提高，同时伸长率下降。所以其强度主要取决于热轧盘条的原有强度和冷拔后的总变形量，拔制时应适当选择冷拔道次，以保证其强度和塑性性能满足要求。用作预应力混凝土构件的钢丝，应逐盘取样进行力学性能检验，并判定级别和组别，以便合理安排使用。

4) 预应力钢丝、刻痕钢丝和钢铰线

以优质高碳钢圆盘条经等温淬火并拔制而成。预应力钢丝的直径为 2.5～5 mm，抗拉强度为 1 500～1 900 MPa。

若将预应力钢丝经辊压出规律性凹痕，以增强与混凝土的黏结，则成刻痕钢丝。

以一根钢丝为芯、6 根钢丝围绕其周围绞合在一起，即成 7 股的钢绞线。

钢丝、刻痕钢丝及钢绞线均属于冷加工强化的钢材，没有明显的屈服点，材料检验只能以抗拉强度为依据。其强度几乎等于热轧Ⅳ级钢筋的两倍，并具有较好的柔韧性，使用时可根据要求的长度切断。设计强度取值以条件屈服点 $\sigma_{0.2}$ 的统计值来确定。

预应力钢丝、刻痕钢丝和钢绞线适用于大荷载、大跨度及曲线配筋的预应力混凝土结构。

5）型钢

钢结构构件一般直接选用各种型钢。构件之间可直接连接或附以连接钢板进行连接。连接方式可铆接、螺栓连接或焊接。所以钢结构所用钢材主要是型钢和钢板。型钢有热轧及冷成型两种，钢板也有热轧（厚度为 0.35 ~200 mm）和冷轧（厚度为 0.2 ~5 mm）两种。

（1）热轧型钢 常用的热轧型钢有角钢（等边和不等边）、工字钢、槽钢、T 形钢、H 形钢、Z 形钢等。热轧型钢的标记方式为在一组符号中需标出型钢名称、横断面主要尺寸、型钢标准号及钢号与钢种标准。

钢结构用钢的钢种和钢号，主要根据结构与构件的重要性、荷载性质（静载或动载）、连接方法（焊接、铆接或螺栓连接）、工作条件（环境温度及介质）等因素予以选择。对于承受动荷载的结构、处于低温环境的结构、焊接的结构及结构中的关键构件，应选用质量较好的钢材。我国建筑用热轧型钢主要采用碳素结构钢 Q235 - A，其强度适中，塑性和焊接性较好，而且冶炼容易，成本低廉，适合建筑工程使用。在钢结构设计规范中推荐使用的低合金钢，主要有两种：Q345（16Mn）及 Q390（15MnV），可用于大跨度、承受动载的钢结构中。

（2）冷弯薄壁型钢 通常是用 2 ~6 mm 薄钢板冷弯或模压而成，有角钢、槽钢等开口薄壁型钢及方形、矩形等空心薄壁型钢，可用于轻型钢结构。冷弯薄壁型钢的标示方法与热轧型钢相同。

（3）钢板和压型钢板 用光面轧辊轧制而成的扁平钢材，以平板状态供货的称钢板，以卷状供货的称钢带。按轧制温度不同，又可分为热轧和冷轧两种。建筑用钢板及钢带的钢种主要是碳素结构钢，一些重型结构、大跨度桥梁、高压容器等也采用低合金钢钢板。

按厚度来分，热轧钢板分为厚板（厚度大于 4 mm）和薄板（厚度为 0.35 ~4 mm）两种；冷轧钢板只有薄板（厚度为 0.2 ~4 mm）一种。厚板可用于焊接结构。薄板可用作屋面或墙面等围护结构，或作为涂层钢板的原料，如制作压型钢板等。钢板可用来弯曲型钢。

薄钢板经冷压或冷轧成波形、双曲形、V 形等形状，称为压型钢板。制作压型钢板的板材采用有机涂层薄钢板（或称彩色钢板）、镀锌薄钢板、防腐薄钢板或其他薄钢板。

压型钢板具有单位质量轻、强度高、抗震性能好、施工快、外形美观等特点。主要用于围护结构、楼板和屋面等。

4.6 木材

木材是人类使用最早的建筑材料之一。木材具有许多优良性质：轻质高强，易加工，导电、导热性低，有很好的弹性和塑性，能承受冲击和振动等作用，在干燥环境或长期置于水中均有很好的耐久性。因而木材历来与水泥、钢材并列为建筑工程中的三大材料。目前，木材用于结构已经很少，但由于木材具有美丽的天然花纹，给人以淳朴、古雅、亲切的质感，因此木材作为装饰与装修材料，仍有其独特的功能和价值，因而被广泛应用。木材也有使其应用受到限制的缺点，如构造不均匀性，各向异性，易吸湿吸水从而导致形状、尺寸、强度等物理、力学性能变化；长期处于干湿交替环境中，其耐久性变差；易燃、易腐、天然疵病较多等。

建筑工程中所用木材主要来自某些树木的树干部分。然而，树木的生长缓慢，而木材的使用范围广、需求量大,因此对木材的节约使用与综合利用显得尤为重要。

4.6.1 木材的分类与构造

1. 木材的分类

木材的树种很多,从树叶的外观形状可将木材分为针叶树木和阔叶树木两大类。

针叶树树干通直而高大,易得大材,纹理平顺,材质均匀,木质较软而易于加工,故又称软木材。其表观密度和胀缩变形较小,耐腐性较强,为建筑工程中主要用材,多用作承重构件。常用树种有松、杉、柏等。

阔叶树树干通直部分一般较短,材质较硬,较难加工,故又名硬木材;一般较重,强度较大,胀缩、翘曲变形较大,较易开裂,建筑上常用作尺寸较小的构件。有些树种具有美丽的纹理,适于作内部装修、家具及胶合板等。常用树种有榆木、水曲柳、柞木等。

2. 木材的构造

各种树木具有不同的构造,而木材的性质和应用又与木材的构造有着密切关系。

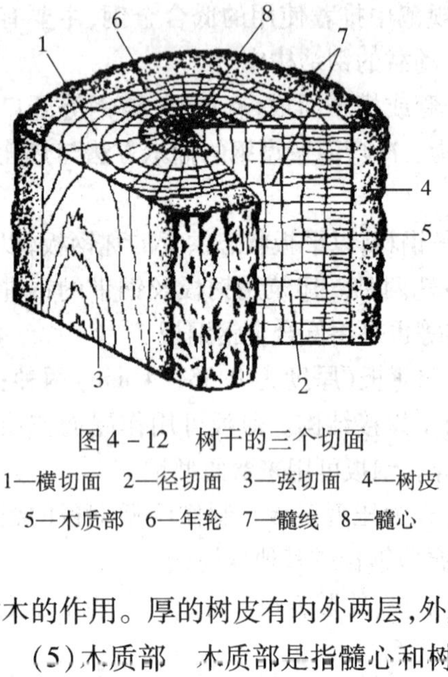

图 4-12 树干的三个切面

1—横切面 2—径切面 3—弦切面 4—树皮 5—木质部 6—年轮 7—髓线 8—髓心

木材在各个方向上的构造是不一致的,因此要了解木材构造必须从三个切面进行观察,如图 4-12 所示。

(1)横切面 横切面是指与树干主轴或木纹相垂直的切面,在这个面上可观察到若干以髓心为中心呈同心圈的年轮(生长轮)以及木髓线。从横切面上可以看到树木的树皮、木质部、年轮和髓心,有的木材还可看到放射状的髓线。

(2)径切面 径切面是指通过树轴的纵切面。年轮在这个面上呈互相平行的带状。

(3)弦切面 弦切面是指平行于树轴的切面。年轮在这个面上成"V"字形。

(4)树皮 树皮覆盖在木质部的外表面,起保护树木的作用。厚的树皮有内外两层,外层即为外皮(粗皮),内层为韧皮,紧靠着木质部。

(5)木质部 木质部是指髓心和树皮之间的部分,是工程使用的主要部分。靠近树皮的部分,材色较浅水分较多,称为边材。在髓心周围部分,材色较深、水分较少,作为心材。心材材质较硬,密度增大,渗透性降低,耐久性、耐腐性均较边材高。在横切面上所显示的深浅相间的同心圈称为年轮,一般树木每年生长一圈。

在同一年轮内,春天生长的木质,色较浅,质松软,强度低,称为春林(早材),夏秋二季生长的木质,色较深,质坚硬,强度高,称为夏材(晚材)。相同树种,年轮愈密而均匀,材质愈好;夏材部分愈多,木材强度愈高。

(6)髓心 髓心形如管状,纵贯整个树木的干和枝的中心,是最早生成的木质部分,质松软、强度低,易腐朽。

(7)髓线 髓线以髓心为中心,呈放射状分布。髓线的细胞壁很薄,质软,它与周围细胞的结合力弱。木材干燥时易沿髓线开裂。阔叶树的髓线发达。

4.6.2　木材的性质

1. 化学性质

纤维素、半纤维素、木质素是木材细胞壁的主要组成，其中纤维素占 50% 左右。此外，还有少量的油脂、树脂、果胶质、蛋白质、无机物等等。由此可见，木材的组成主要是一些天然高分子化合物。

木材的化学性质复杂多变。在常温下木材对稀的盐溶液、稀酸、弱碱有一定的抵抗能力，但随着温度升高，木材的抵抗能力显著降低。而强氧化性的酸、强碱在常温下也会使木材发生变色、湿胀、水解、氧化、酯化、降解交联等反应。在高温下即使中性水也会使木材发生水解等反应。

木材的上述化学性质也正是木材某些处理、改性以及综合利用的工艺基础。

2. 物理性质

1）密度与表观密度

木材的密度各树种相差不大，一般为 1.48 ~ 1.56 g/cm^3。

木材的表观密度则随木材孔隙率、含水量以及其他一些因素的变化而不同。一般有气干表观密度、绝干表观密度和饱水表观密度之分。木材的表观密度愈大，其湿胀干缩率也愈大。

2）吸湿性与含水率

由于纤维素、半纤维素、木质素的分子均含有羟基（—OH 基），所以木材很易从周围环境中吸附水分。木材中所含的水根据其存在形式可分为三类。

①自由水是存在于细胞腔中和细胞间隙中的水。自由水含量影响木材的表观密度、燃烧性和抗腐蚀性。

②吸附水是被吸附在细胞壁内细纤维间的水，吸附水含量影响到木材体积的胀缩和强度。

③化含水即木材化学组成中的结合水。

当木材细胞腔和细胞间隙中的自由水完全脱去为零，而细胞壁吸附水尚为饱和，此时木材的含水率称为“木材的纤维饱和点”。纤维饱和点随树种而异，一般在 25% ~ 30% 之间，平均为 30% 左右。

木材含水量的多少与木材的表观密度、强度、耐久性、加工性、导热性、导电性等有着一定关系。尤其是纤维饱和点是木材物理力学性质发生变化的转折点。

潮湿的木材能在较干燥的空气中失去水分，干燥的木材也能从周围的空气中吸收水分。当木材长时间处于一定温度和湿度的空气中，则会达到相对稳定的含水率，亦即水分的蒸发和吸收趋于平衡，这时木材的含水率称为平衡含水率，它随大气的温度和相对湿度而变化。

新伐木材含水率常在 35% 以上，长期处于水中的木材含水率更高，风干木材含水率为 15% ~25% 。室内干燥的木材含水率常为 8% ~15% 。

3. 湿胀干缩

木材具有显著的湿胀干缩性。当木材从潮湿状态干燥至纤维饱和点时，自由水蒸发其尺寸不改变，继续干燥，亦即当细胞壁中吸附水蒸发时，则发生体积收缩。反之，干燥木材吸湿时，将发生体积膨胀，直到含水量达纤维饱和点时为止。此后，木材含水量继续增大，也不再膨胀。木材的这种湿胀干缩性随树种而有差异，一般来讲，表观密度大的、夏材含量多的，胀缩就较大。

木材由于构造不均匀,使各方向胀缩也不一样,在同一木材中,这种变化沿弦向最大,径向次之,纤维方向最小。木材干燥时,弦向干缩为6%～12%,径向干缩3%～6%,纤维方向0.1%～0.35%,这主要是受髓线影响所致。由此可知,湿材干燥后,将改变其截面形状和尺寸,这是实际应用上极为不利的现象。

木材的湿胀干缩对木材的使用有严重影响,干缩使木结构构件连接处发生隙缝而致接合松弛,湿胀则造成凸起。为了避免这种情况,最根本的办法是预先将木材进行干燥,使木材的含水率与将作成的构件使用时所处的环境湿度相适应,即将木材预先干燥至平衡含水率后才加工使用。

4. 其他物理性质

木材其他物理性质如下:

①木材的导热系数随其表观密度增大而增大,顺纹方向的导热系数大于横方向;

②干材具有很高的电阻,当木材的含水量提高或温度升高时,木材电阻会降低;

③木材具有较好的吸声性能,故常用软木板、木丝板、穿孔板等作为吸声材料。

4.6.3 木材的力学性质

1. 木材的强度

木材构造的不均质性,使木材的力学性质也具有明显的方向性,建筑工程中的木材所受荷载种类主要有压、拉、弯、剪切等。

1)抗压强度

木材的顺纹抗压强度较高,仅次于顺纹抗拉和抗弯强度,且木材的疵病对其影响较小。顺纹受压破坏是木材细胞壁丧失稳定性的结果,并非纤维的断裂。工程中常见的柱、桩、斜撑及框架等承重构件均是顺纹受压。木材横纹受压时,开始细胞壁弹性变形,此时变形与外力成正比。当超过比例极限时,细胞壁失去稳定,细胞腔被压扁,随即产生大量变形。所以,木材的横纹抗压强度以使用中所限制的变形量来决定,通常取其比例极限作为横纹抗压强度极限指标。木材横纹抗压强度比顺纹抗压强度低得多。通常只有其顺纹抗压强度的10%～20%。

2)抗拉强度

木材的顺纹抗拉强度是木材各种力学强度中最高的。顺纹受拉破坏时往往不是纤维被拉断而是纤维间被撕裂。顺纹抗拉强度为顺纹抗压强度的2～3倍。但强度值波动范围大。木材的疵病如木节、斜纹、裂缝等都会使顺纹抗拉强度显著降低。同时,木材受拉杆件连接处应力复杂,这是使顺纹抗拉强度难以被充分利用的原因。木材的横纹抗拉强度很小,仅为顺纹抗拉强度的1/40～1/10,因为木材纤维之间横向连接薄弱。

3)抗弯强度

木材受弯曲时内部应力十分复杂,上部是受到顺纹抗压,下部为顺纹抗拉,而在水平面中则有剪切力。木材受弯破坏时,通常在受压区首先达到强度极限,开始形成微小的不明显的皱纹,但并不立即破坏,随着外力增大,皱纹慢慢地在受压区扩展,产生大量塑性变形,以后当受拉区域内许多纤维达到强度极限时,则因纤维本身及纤维间连接的断裂而最后破坏。

木材的抗弯强度很高,为顺纹抗压强度的1.5～2倍。因此,在土建工程中应用很广,如用于桁架、梁、桥梁、地板等。但木节、斜纹等对木材的抗弯强度影响很大,特别是当它们分布在受拉区时。另外,裂纹不能承受弯曲构件中的顺纹剪切。

4）剪切强度

木材的剪切有顺纹剪切、横纹剪切和横纹切断三种，如图4－13所示。

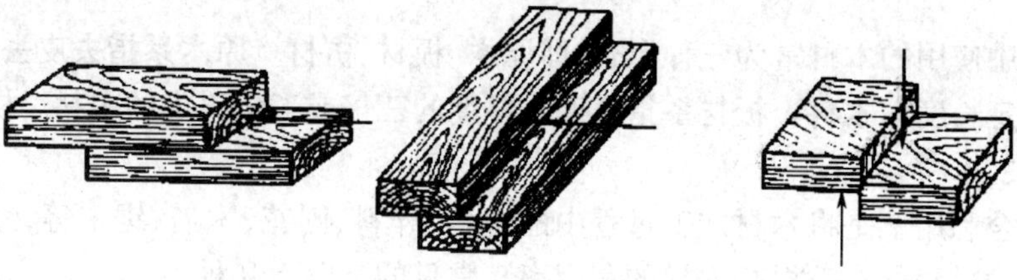

(a) (b) (c)

图4－13 木材的剪切

（a）顺纹剪切 （b）横纹剪切 （c）横纹切断

斜纹为木纤维与树轴成一定夹角，斜纹木材严重降低其顺纹抗拉强度，抗弯次之，对顺纹抗压影响较小。

裂纹、腐朽、虫害等疵病，会造成木材构造的不连续性或破坏其组织，因此严重地影响木材的力学性质，有时甚至能使木材完全失去使用价值。

2. 木材的韧性

木材的韧性较好，因而木结构具有良好的抗震性。木材的韧性受很多因素影响，如木材的密度愈大，冲击韧性愈好；高温会使木材变脆，韧性降低。而负温则会使湿木材变脆而韧性、强度降低；任何缺陷的存在都会严重降低木材的冲击韧性。

3. 木材的硬度和耐磨性

木材的硬度和耐磨性主要取决于细胞组织的紧密度，各个截面上相差显著。木材横截面的硬度和耐磨性都较径切面和弦切面为高。木髓线发达的木材其弦切面的硬度和耐磨性均比径切面高。

常用木材的物理力学性能见表4－16。

表4－16 常用树种的木材主要物理力学性能

树种名称	产地	气干表观密度（g/cm³）	干缩系数		顺纹抗压强度（MPa）	顺纹抗拉强度（MPa）	抗弯强度（MPa）	顺纹抗剪强度（MPa）	
			径向	弦向				径面	弦面
针叶树：									
杉木	湖南	0.371	0.123	0.277	38.8	77.2	63.8	4.2	4.9
	四川	0.416	0.136	0.286	39.1	93.5	68.4	6.0	5.0
红松	东北	0.440	0.122	0.321	32.8	98.1	65.3	6.3	6.9
马尾松	安徽	0.533	0.140	0.270	41.9	99.0	80.7	7.3	7.1
落叶松	东北	0.641	0.168	0.398	55.7	129.9	109.4	8.5	6.8
鱼鳞云杉	东北	0.451	0.171	0.349	42.4	100.9	75.1	6.2	6.5
冷杉	四川	0.433	0.174	0.341	38.8	97.3	70.0	5.0	5.5

注：表内数据摘自《中国主要树种的木材物理力学性质和用途》，中国林业科学研究院编，1977年。

4.6.4 木材的应用

木材在建筑材料领域里是一种供不应求的材料，因此，对木材的节约使用（开发代木材料)、合理应用(大材不小用、优材不劣用等)和综合利用显得十分重要。

木材在建筑工程中可被用作桁架、梁、柱、桩、门窗、地板、脚手架、混凝土楼板以及其他一些装饰、装修。

建筑工程中使用的木材常为三种形式,即原木、板材、枋材。原木系指去皮去枝梢后,按一定规格锯成一定长度的木料。板材系指宽度为厚度的三倍或三倍以上的木料。枋材则指长度不足厚度三倍的木料。

木材的综合利用就是将木材加工过程中的边角、碎料、刨花、木屑、锯末等,经过再加工处理,制成各种人造板材,有效提高木材的利用率。常见的有以下几种。

1. 胶合板

胶合板是将原木沿年轮方向施切成薄片,经干燥处理后上胶,以数张薄片使其纤维方向互相垂直叠放,再经热压而制成。胶合板的薄片层数为奇数,一般为 3 ~ 13 层。厚度为 2.5 ~ 30 mm,宽度为 215 ~ 1 220 mm,长度为 95 ~ 2 440 mm。针叶树和阔叶树均可制作胶合板。常用的胶粘剂有酚醛树脂、脲醛树脂、血胶、豆胶等。

胶合板与普通木板相比具有许多优点:如克服了木材各向异性的缺点;导热系数小,绝热性能好;无明显的纤维饱和点存在;平衡含水率和吸湿性比木材低;木材的疵病被剔除,板面质量好等。

胶合板分类方法很多,如按板的结构可分为胶合板、夹芯胶合板和复合胶合板;按用途可分为特种胶合板与普通胶合板。普通胶合板又分为Ⅰ、Ⅱ、Ⅲ、Ⅳ四类。各类胶合板的主要特性与适用范围见表 4 – 17。

表 4 – 17　胶合板的分类、特性及适用范围

种类	分类	名　称	胶　种	特　性	适用范围
针叶树材胶合板 阔叶树材胶合板	Ⅰ类	耐气候胶合板	酚醛树脂胶或其他性能相当的胶	耐久、耐煮沸或蒸汽处理,耐干热,抗菌	室内、外工程
	Ⅱ类	耐水胶合板	脲醛树脂胶或其他性能相当的胶	耐冷水浸泡及短时间热水浸泡,抗菌,但不耐煮沸	室内、外工程
	Ⅲ类	耐潮胶合板	血胶、低树脂脲醛树脂胶或其他性能相当的胶	耐短期冷水浸泡	室内工程 (一般常态下使用)
	Ⅳ类	不耐潮胶合板	豆胶或其他性能相当的胶	有一定的胶合强度,但不耐潮	室内工程 (一般常态下使用)

2. 纤维板

纤维板是将树皮、刨花、树枝等废料,经破碎浸泡、研磨成木浆,加入胶粘剂或利用木材自身的胶粘物质,再经热压、干燥等工序而制成的板材。

纤维板木材利用率高达 90% 以上,且材质均匀,各向强度一致,弯曲强度大,不易胀缩和翘曲开裂。

纤维板根据其表观密度分为三种:硬质纤维板(表观密度不小于 800 kg/m^3)、中硬纤维板(表观密度介于 400 ~ 800 kg/m^3之间)、软质纤维板(表观密度小于 400 kg/m^3)。

硬质纤维板可用作室内墙壁、地板、家具和装修等。软质纤维板表观密度小，孔隙率大，常被用作绝热、吸声材料。

纤维板吸水后会导致沿板厚度方向膨胀，而强度下降，且板面发生变形翘曲，因此纤维板若使用于湿度较大的环境中，应作防潮处理。

3. 刨花板

刨花板是利用施加或未施加胶料的木质刨花或木质纤维材料（如木片、锯屑、亚麻等）压制的板材。刨花板所用的胶结料有：豆胶、血胶等动植物胶；酚醛树脂、脲醛树脂等合成树脂胶以及水泥、菱苦土等无机胶凝材料。

刨花板按制造方法可分成平压刨花板和挤压刨花板（实心挤压刨花板和空心挤压刨花板）二类。

此外，同类产品还有木丝板、木屑板等。刨花板、木丝板、木屑板通常用作吊顶板材、隔断、隔热板和吸声板等。

第5章　以水泥为基本组成材料的建筑材料

5.1　建筑砂浆

建筑砂浆在建筑工程中是常用的建筑材料,它用途广泛、用量较大。建筑砂浆一般可分为砌筑砂浆和抹面砂浆两类。在砖石结构中,砌筑砂浆可将单块的黏土砖、石材或砌块胶结起来,构成砌体。砖墙勾缝和填充大型墙板的接缝,墙面、地面及梁柱的表面都需用砂浆抹面,起到保护结构以及装饰作用;镶贴大理石、水磨石、贴面砖、瓷砖、马赛克等也需用砂浆。此外,还有隔热、吸声、防水、防腐等特殊用途的砂浆,以及专门用于装饰的装饰砂浆。

5.1.1　砂浆的组成材料

1. 胶凝材料

配制砂浆常用的胶凝材料有水泥、石灰及黏土等,分别可配制成水泥砂浆、石灰砂浆和混合砂浆。

水泥是砂浆中主要的胶凝材料,普通水泥、矿渣水泥、火山灰质水泥等常用品种的水泥都可用来配制砂浆。要根据砂浆的用途不同,合理地选择水泥品种,确定水泥标号要考虑经济原则。通常对建筑砂浆的强度要求并不很高,所以宜尽量选用中低标号的水泥就能满足强度要求。但必须使用符合国家标准的水泥,严禁使用不合格产品和假冒伪劣产品。对于特殊用途的砂浆,要选用相应的特种水泥。例如接头、接缝、结构加固、修补裂缝等,应采用膨胀水泥。

有时为了改善砂浆的和易性、节约水泥,还常在砂浆中掺入适量的石灰或黏土制成石灰砂浆、混合砂浆(水泥石灰砂浆、石灰黏土砂浆)等。

2. 砂

配制砂浆用砂应符合国家规定技术性质要求和质量标准,以选用洁净的中砂为宜。由于砂浆层较薄,对砂子的最大粒径应有所限制。用于毛石砌体的砂浆,其砂的最大粒径应小于砂浆层厚度的1/5~1/4;对砖砌体,砂的粒径不宜大于2.5 mm;对于光滑的抹面及勾缝砂浆则应采用细砂。

砂中的黏土杂质含量对砂浆的强度、变形性、稠度及耐久性影响较大,必须有所限制。强度等级为M5以上砂浆用砂,其黏土杂质含量不得超过5%;M5以下的砂浆,其黏土杂质不得超过10%;M1以下砂浆,其黏土杂质不得超过15%~20%。

3. 塑化剂

当采用高标号水泥配制低强度砂浆时,由于水泥标号过高,致使水泥用量过少,而砂用量过多,砂浆常会产生分层、泌水(表面积水)现象,造成和易性不良。如遇上述情况,为了改善其和易性,可在水泥砂浆中掺入适量的石灰膏、黏土膏、粉煤灰或松香皂(微沫剂)等塑化剂。

在砂浆中掺入石灰质或黏土质塑化剂时,必须事先制成膏浆后再掺入。但掺入符合细度要求的生石灰粉或粉煤灰时,可直接加入砂浆搅拌机中,与其他组成材料搅拌均匀,以改善砂浆和易性。

微沫剂是用松香与氢氧化钠熬制而成的，是一种憎水性表面活性剂。它在砂浆中可产生大量微小气泡，减小水泥颗粒和砂粒之间的摩擦力，改善砂浆的和易性。微沫剂的掺量一般为水泥用量的十万分之五到万分之一。

4. 水

拌制砂浆要求使用不含有害物质的洁净水。凡可饮用的水，均可拌制砂浆。不得使用污水拌制砂浆。

5.1.2　砂浆的技术性质

新拌的砂浆主要要求具有良好的和易性。和易性良好的砂浆容易铺抹成均匀的薄层，且能与砖石底面紧密黏接，既便于施工操作，又能保证工程质量。砂浆和易性包括流动性和保水性两方面性能。

硬化后砂浆应具有所需的强度和对底面的黏结力，而且应具有适应变形的能力。

1. 流动性

砂浆的流动性也称稠度，是指在自重或外力作用下流动的性能。

施工时，砂浆要能很好地铺成均匀薄层，以及泵送砂浆，要求砂浆具有一定的流动性。

砂浆流动性用沉入度来表示。稠度仪的标准圆锥体在砂浆中沉入的厘米数即为沉入度。砂浆流动性越大，其沉入度也越大。

对于多孔吸水的砌体材料和干热的天气，要求砂浆流动性要大些；相反，对于密实不吸水材料和湿冷天气，则要求流动性小些。对砖砌体用砂浆，其沉入度以 8 ~ 10 cm 为宜；对石砌体用砂浆，其沉入度以 3 ~ 5 cm 为宜。

2. 保水性

砂浆能够保持水分的能力称为保水性，即新拌砂浆，在运输、停放、使用过程中，水分不致分离的性质。保水性差的砂浆容易产生分层、泌水或使流动性降低。同时砂浆失水后，会影响水泥正常硬化，从而降低砌体的质量。

影响砂浆保水性的因素与材料组成有关。若砂及水的用量过多，而胶凝材料及掺合料不足，或是砂粒过粗，都将导致保水性不良。因此，注意砂浆组成材料的适当比例，才能获得良好的保水性。

3. 强度

砂浆硬化后应具有足够的强度，根据边长为 7.07 cm 的立方体试块，按标准条件养护 28 天的抗压强度值确定其强度等级。砂浆强度等级可分为 M15、M10、M7.5、M5、M2.5、M1 和 M0.4 七种。特别重要的砌体要采用 M10 以上的砂浆。

用于不吸水底面（如密实的石材）的砂浆强度可用下式计算：

$$f_{m,0} - 0.29 f_{ce}\left(\frac{C}{W} - 0.4\right)$$

或中：$f_{m,0}$——养护 28 天的砂浆抗压强度，MPa；

f_{ce}——水泥标号，MPa；

$\frac{C}{W}$——灰水比。

用于吸水底面（如砖或其他多孔材料）时，即使砂浆用水量不同，经过底面吸水后，因砂浆具有保水性，在砂浆内保留的水分几乎是相同的。因此，砂浆强度与水灰比无关，可用下面的经验公式计算：

$$f_{m,0} = A \cdot f_{ce} \quad Q_c/1\,000 + B$$

式中：$f_{m,0}$——养护28天的砂浆抗压强度，MPa；

f_{ce}——水泥标号，MPa；

Q_c——每1 m^3砂浆中的水泥用量，kg；

A、B——系数，可参照表5-1选用。

表5-1 系数A、B的值

砂浆品种	A	B
水泥混合砂浆	1.50	-4.25
水泥砂浆	1.03	3.50

4. 黏结力

砂浆必须有足够的黏结力，才能把砖石材料黏结为坚固的整体。砂浆的抗压强度越高，其黏结力一般也越大。此外，砂浆的黏结力与砖石表面状况、清洁程度、湿润情况以及施工养护条件等都有关系。所以在砌砖之前，要求把砖浇水润湿，可以提高砂浆与砖之间的黏结力，保证砌体的质量。

5.1.3 砌筑砂浆

砌筑砂浆首先要根据工程类别及砌体部位的设计要求来选择强度，然后再确定其配合比。同时还需保证砂浆有良好的和易性。

砂浆配合比，一般情况可查阅有关手册或资料来选择。如需计算，应先确定各项材料的用量。再加适量的水搅拌达到施工所需的稠度。

每1 m^3砂中水泥用量由下式求得：

$$Q_c = \frac{1\,000(f_{m,0} - B)}{Af_{ce}}$$

上式的符号见砂浆强度一节。适用于含水率为1%～3%的中砂或粗砂。

混合材料的用量由下式求得：

$$D = (300 \sim 500) - Q_c$$

式中：D——每1 m^3砂中石灰膏或黏土膏的掺量，kg；

Q_c——每1 m^3砂中的水泥用量，kg。

每1 m^3砂浆中砂用量由下式求得：

$$S = 1 \cdot \rho_{0干}$$

式中：S——每1 m^3砂浆中砂用量，kg；

$\rho_{0干}$——砂干燥状态的堆积密度，kg/m^3。

所用石灰膏的沉入量应为12 cm，黏土膏的沉入量应为14～15 cm。最初得到的配合比必须经过试配，并检验其强度，必要时要进行调整。

5.1.4 抹面砂浆

凡用于建筑物或建筑构件表面的砂浆，统称为抹面砂浆。根据抹面砂浆功能的不同，一般可分为普通抹面砂浆、装饰砂浆、防水砂浆和具有某些特殊功能的砂浆(如绝热、防辐射、耐酸砂浆等)。

对抹面砂浆要求具有良好的和易性、较高的黏接力、不开裂、不脱落等性能。

1. 抹面砂浆

抹面砂浆应用非常广泛,它的功用是保护墙体、地面,以提高防潮、抗风化、防腐蚀的能力,增强耐久性,并使表面平整美观。

抹面砂浆通常分为两层或三层进行施工。对保水性要求比砌筑砂浆更高,胶凝材料用量也较多。砖墙的底层抹灰,多用石灰砂浆或石灰炉灰砂浆。板条墙或顶棚的底层抹灰,多用麻刀或纸筋石灰灰浆。混凝土墙、梁、柱、顶板等底层抹灰,多用水泥石灰混合砂浆。中间层抹灰起找平作用,多用混合砂浆或石灰砂浆。面层的砂浆要求表面平滑,所用砂粒较细(最大粒径 1.25 mm),多用混合砂浆或麻刀石灰灰浆。在容易碰撞或潮湿的地方,如墙裙、踢脚板、地面、雨罩、窗台、水池及水井等处,多用 1∶2.5 水泥砂浆。

2. 装饰砂浆

装饰砂浆是指用于室内外装饰,增加建筑物美观为主的砂浆,它具有特殊的表面形式,并呈现各种色彩、条纹与花样。常用的胶凝材料有白水泥、石灰、石膏,或在水泥中掺加耐碱、耐光的颜料,或掺加白色大理石粉以增加表面色彩效果。所用细骨料多为白色、浅色或彩色的天然砂、彩色大理石碎屑、陶瓷碎屑或特制的塑料色粒。有时加人云母碎片、玻璃碎粒、贝壳等使表面获得闪光效果。

装饰砂浆表面可进行各种艺术效果处理,如水磨石、水刷石、干粘石、斩假石、麻点、拉毛等。

3. 防水砂浆

制作防水层的砂浆称为防水砂浆,砂浆防水层又称刚性防水层。它仅适用于不受振动和具有一定刚度的混凝土或砖石砌体工程。对于变形较大或可能发生不均匀沉陷的建筑物,都不宜采用刚性防水层。

防水砂浆可以用普通水泥砂浆来制作,也可在水泥砂浆中掺入防水剂来提高砂浆的抗渗能力。防水砂浆要选用级配良好的砂子(即颗粒尺寸搭配合理的砂子)来配制。

防水砂浆的配合比,一般情况下水泥与砂子用量之比在 1∶2 ~ 3 之间,水灰比应在 0.5 ~ 0.55 之间,水泥应选用 325 号以上的普通硅酸盐水泥,砂子最好使用中砂。

防水剂有氧化物金属盐类防水剂,如氯化钙、氯化铝等。还有金属皂类防水剂,它是由硬脂酸、氨水、氢氧化钾和水按一定比例混合加热皂化而成。在水泥砂浆中掺加防水剂可以起填充和堵塞毛细孔的作用,促使其结构密实,从而提高砂浆的抗渗防水性能。

使用防水砂浆对施工操作技术要求很高,必须搅拌均匀,分层铺设砂浆,每层要压实周密,抹完后要加强养护。总之,刚性防水层必须保证砂浆的密实性,否则难以获得理想的防水效果。

4. 其他特种砂浆

1) 绝热砂浆

采用水泥、石灰、石膏等胶凝材料与膨胀珍珠岩砂、膨胀蛭石或陶粒砂等轻质多孔骨料,按一定比例配制的砂浆称为绝热砂浆。绝热砂浆具有质轻和良好的绝热性能,其导热系数约为 0.07 ~ 0.10 W/(m·K),可用于屋面绝热层、绝热墙壁以及供热管道绝热层等处。

2）吸声砂浆

一般绝热砂浆是由轻质多孔骨料制成的，都具有吸声性能。还可以配制用水泥、石膏、砂、锯末（其体积比约为1∶3∶5）拌成的吸声砂浆，或在石灰、石膏砂浆中掺入玻璃纤维、矿物棉等松软纤维材料。吸声砂浆用于室内墙壁和平顶的吸声。

3）耐酸砂浆

用水玻璃（硅酸钠）与氟硅酸钠拌制成耐酸砂浆，有时可掺入些石英岩、花岗岩、铸石等粉状细骨料。水玻璃硬化后具有很好的耐酸性能。耐酸砂浆多用作衬砌材料、耐酸地面和耐酸容器的内壁防护层。

4）防射线砂浆

在水泥浆中掺入重晶石粉、砂可配制有防X射线能力的砂浆。其配合比约为水泥∶重晶石粉∶重晶石砂＝1∶0.25∶4～5。如在水泥浆中掺加硼砂、硼酸等可配制有抗中子辐射能力的砂浆。此类防射线砂浆应用于射线防护工程。

5）膨胀砂浆

在水泥砂浆中掺入膨胀剂，或使用膨胀水泥可配制膨胀砂浆。膨胀砂浆可在修补工程中及大板装配工程中填充缝隙，达到黏结密封作用。

6）自流平砂浆

在现代施工技术条件下，地坪常采用自流平砂浆，从而使施工迅捷方便、质量优良。

自流平砂浆中的关键性技术是掺用合适的化学外加剂，严格控制砂的级配、含泥量、颗粒形态，同时选择合适的水泥品种。良好的自流平砂浆可使地坪平整光洁，强度高，无开裂，技术经济效果良好。

5.2 普通混凝土

5.2.1 概述

混凝土是由胶凝材料、粗细骨料与水按一定比例，经过搅拌、捣实、养护、硬化而成的一种人造石材。现代的混级土还掺入第五种成分，即化学外加剂，以改善混凝土的性能。建筑工程中使用最广泛的是用水泥做胶凝材料的混凝土。由水泥和普通砂、石配制而成的混凝土称为普通混凝土。

混凝土材料具有原料广泛、制作简单、造型方便、性能良好、耐久性强、造价低等优点，因此应用非常广泛。但也存在抗拉强度低，质量大等缺点，钢筋混凝土和预应力钢筋混凝土，较好地弥补了抗拉强度低的问题。

现代的混凝土正向着轻质、高强、多功能方向发展。采用轻骨料配制混凝土，容重仅为800～1 400 kg/m^3，其强度可达30 MPa，这种混凝土既能减轻自重，又能改善热工性能。采用高强度混凝土，可以达到减小结构构件的截面、节约混凝土和降低建筑物自重的目的。如果在混凝土中掺入适当的外加剂，可以改善混凝土的许多性能，如达到减水、早强、调凝、抗冻、膨胀、防锈等要求。

混凝土按其容重大小可分为：特重混凝土（容重大于2 500 kg/m^3）、重混凝土又称普通混凝土（容重为1 900～2 500 kg/m^3）、轻混凝土（容重为600～1 900 kg/m^3）、特轻混凝土（容重小于 600 kg/m^3）。

5.2.2　组成材料

1. 混凝土中各组成材料的作用

在混凝土中，砂、石起骨架作用，称为骨料；水泥与水形成水泥浆，水泥浆包裹在骨料表面并填充其空隙。在硬化前，水泥浆起润滑作用，赋予拌合物一定和易性，便于施工。水泥浆硬化后，则将骨料胶结成一个坚实的整体。混凝土的织构如图 5－1 所示。

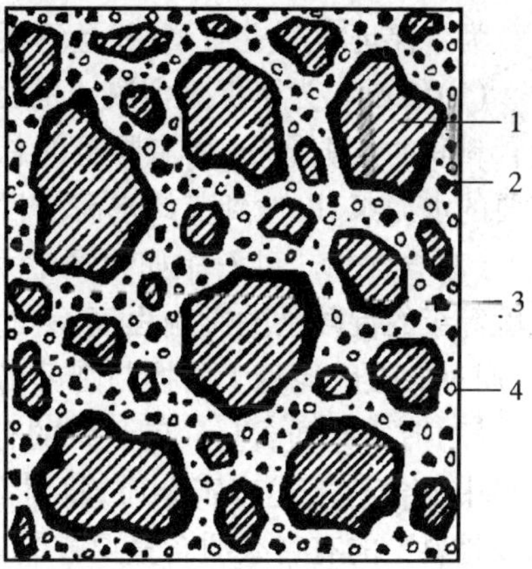

图 5－1　混凝土的织构图

1—石子　2—砂　3—水泥浆　4—气孔

2. 混凝土组成材料的技术要求

混凝土的技术性质在很大程度上是由原材料的性质及其相对含量决定的。同时也与施工工艺（搅拌、成型、养护）有关。因此，我们必须了解其原材料的性质、作用及其质量要求，合理选择原材料，这样才能保证混凝土的质量。

1）水泥

（1）水泥品种选择　配制混凝土一般可采用硅酸盐水泥、普通硅酸盐水泥、矿渣硅酸盐水泥、火山灰质硅酸盐水泥和粉煤灰硅酸盐水泥。必要时也可采用快硬硅酸盐水泥或其他水泥。采用何种水泥，应根据混凝土工程特点和所处的环境条件，参照第 4 章表 4－7 选用。

（2）水泥标号选择　水泥标号的选择应与混凝土的设计强度等级相适应。原则上是配制高强度等级的混凝土，选用高标号水泥；配制低强度等级的混凝土，选用低标号水泥。如必须用高标号水泥配制低强度等级混凝土时，会使水泥用量偏少，影响和易性及密实度，所以应掺入一定数量的混合材料。如必须用低标号水泥配制高强度等级混凝土时，会使水泥用量过多，不经济，而且要影响混凝土其他技术性质。

2）细骨料

粒径在 0.16～5 mm 之间的骨料为细骨料（砂）。一般采用天然砂，它是岩石风化后所形成的大小不等、由不同矿物散粒组成的混合物，一般有河砂、海砂及山砂。普通混凝土用砂多为河砂，是由岩石风化后经河水冲刷而成。河沙的特征是颗粒光滑、无棱角。山区所产的砂粒为山砂，是由岩石风化而成，特征是多棱角。沿海地区的砂称为海砂，海砂中含有氯盐，对钢筋有锈蚀作用。

砂子的粗细颗粒要搭配合理，不同颗粒等级的搭配称为级配。因此，要求混凝土用砂要符合理想的级配。砂子的粗细程度还可以用细度模数来表示。一般细度模数为 3.1～3.7 的称为粗砂，2.3～3.0 的为中砂，1.6～2.2 的为细砂，0.7～1.5 则为特细砂。

配制混凝土的细骨料要求清洁不含杂质，以保证混凝土的质量。

3）粗骨料

粒径大于 5 mm 的骨料称为粗骨料，通常为石子。石子又有碎石和卵石。天然岩石经人工破碎筛分而成的称为碎石，经河水冲刷而成的为卵石。碎石的特征是多棱角，表面粗糙，与水泥黏结较好；而卵石则表面圆滑，无棱角，与水泥黏结不太好。在水泥和水用量相同的情况下，用碎石拌制的混凝土强度较高，但流动性差；而卵石拌制的混凝土流动性好，但强度较低。

石子中各种粗径分布的范围称为粒级。粒级又分为连续粒级和单粒级两种。建筑上常用的有5~10、6~15、5~20、5~30、6~40 mm五种连续粒级。单粒级石子主要用于按比例组合成组配良好的骨料。要根据结构的薄厚及钢筋疏密的程度来确定粗骨料的粒级。

为了保证混凝土质量,并且不耗用过多的水泥,对粗细骨料要有一定的质量要求。

(1)级配 为了保证混凝土的密实性,并尽量节约水泥,要求骨料的粗细颗粒比例适当,使骨料间的空隙最小,所有颗粒的总表面积并不太大。这就可以减少填充空隙和包裹颗粒所需要的水泥浆,以达到节约水泥的目的。

(2)含泥量 砂石中如含泥土太多,将严重影响混凝土的强度和耐久性。含泥量对不同强度等级的混凝土的影响程度不同,对高强度混凝土的影响大,骨料的含泥量应控制得更严些,而对低强度混凝土的控制则可稍许放宽些。

(3)有害杂质含量 骨料中的有害杂质包括有机质、硫化物、硫酸盐、氯盐及云母等物质。骨料中如含有上述有害杂质,将对混凝土的凝结、硬化、耐久性以及对钢筋等都有不良影响。所以骨料中的有害杂质含量要控制。

(4)粗骨料中针片状颗粒含量 理想粗骨料(石子)的长、宽、厚三个方向的尺寸应该比较相近,以保证混凝土的各项性能良好。粗骨料中针片状颗粒本身容易折断,可使混凝土拌合物的工作性能变坏,如果含量过多,则将影响混凝土的强度及水泥用量。

骨料中含泥量、有害杂质及针片状颗粒含量等的限量在有关标准中都有规定。

(5)粗骨料的强度 为了保证混凝土的强度,要求石子的强度高于混凝土强度至少1.5倍。石子强度可以用原始石材切割成立方体试件进行抗压试验。以上方法比较麻烦,一般情况多用压碎指标来检验石子的强度。压碎指标是指石子在刚性的标准圆筒内,在规定压力下被压碎颗粒的百分率。被压碎颗粒越多表示石子强度越低。

4)水

混凝土拌合用水要求洁净,不含有害杂质。凡是能饮用的自来水或清洁的天然水都能拌制混凝土。酸性水、含硫酸盐或氯化物以及遭受污染的水和海水都不宜拌合混凝土。

5.2.3 混凝土的技术性质

混凝土的性质一般分为新拌混凝土(又称混凝土拌合物)的性质、硬化后混凝土(一般指28天)的性质和混凝土的长期性质(属于耐久性)。设计和配制混凝土,必须按照工程的要求,满足所需的性质。现将混凝土最土要的性质作些介绍。

1. 和易性

和易性是指混凝土拌合物易于施工操作(拌合、运输、浇注、捣实),并能获得质量均匀、成型密实的性能。和易性包括流动性、黏聚性和保水性。其中流动性为主要方面。

流动性是指混凝土拌合物是否容易流动的性质。流动性可用坍落度表示。坍落度测定方法是将混凝土拌合物装入标准坍落筒内,提起坍落筒,拌合物由于自重即会坍落,坍落尺寸(mm)就称坍落度。坍落度越大,表示流动性越大。对于干硬性拌合物,需测其维勃稠度。维勃稠度用维勃稠度仪测定。该仪器利用振动原理,测定时将拌合物按规定方法装人仪器。拌合物振动密实所需的秒数称为维勃稠度。振实所需秒数越多,表示拌合物的稠度越大。测定坍落度和维勃稠度的实验装置如图5-2所示。

混凝土拌合物流动性的选择,要根据结构截面大小、钢筋疏密等情况来确定。在容易浇灌密实的结构部位,可选择流动性低的拌合物。浇灌比较困难的部位,选用流动性大的拌合物。

如果拌合物需用泵送,需要更大的流动性。

关于混凝土拌合物的黏聚性和保水性,主要是要求拌合物组成材料之间有一定黏聚力,不致产生离析、分层和泌水现象。

影响混凝土和易性的主要因素有:水泥浆的比率、水灰比、砂率、水泥的品种、骨料的性质、外加剂、温度和时间等。为了改善和易性,可采取降低砂率、改善骨料级配、尽量采用较粗的砂石、适当增加水泥用量、使用外加剂等措施。

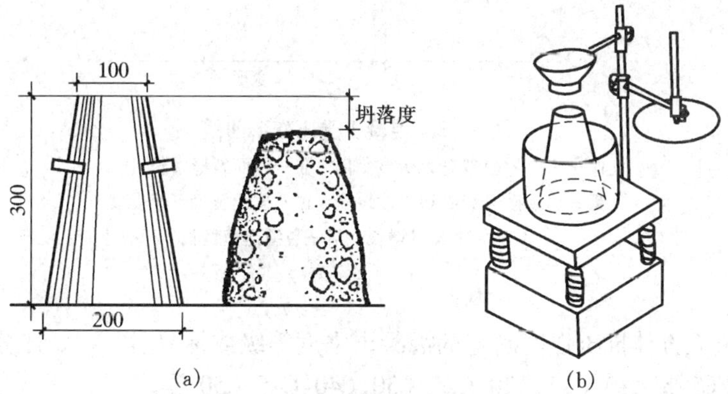

图5-2 坍落度及维勃稠度试验

(a)坍落度试验 (b)维勃稠度试验

2. 抗压强度

1)混凝土受压变形曲线

以混凝土单轴受压为例,绘出的静力受压时的荷载—变形曲线的典型形式如图5-3所示。混凝土的受压变形和裂缝发展可分为四个阶段。第一阶段,荷载到达"比例极限"(约为极限荷载的30%)以前,界面裂缝无明显变化(图5-3 Ⅰ),荷载与变形比较接近直线关系(图5-3曲线*OA*段)。荷载超过"比例极限"以后,界面裂缝的数量、长度和宽度都不断增大,但尚无明显的砂浆裂缝(图5-3Ⅱ),此时变形增大的速度超过荷载增大的速度,荷载与变形之间不再接近直线关系(图5-3曲线*AB*段)。荷载超过"临界荷载"(为极限荷载的70%~90%)以后,在界面裂缝继续发展的同时,开始出现砂浆裂缝,并将邻近的界面裂缝连接起来成为连续裂缝(图5-3 Ⅲ),此时变形增大的速度进一步加快,荷载—变形曲线明显地弯向变形轴方向(图5-3曲线的*BC*段)。超过极限荷载以后,连续裂缝急速地发展(图5-3Ⅳ),此时混凝土的承载能力下降,荷载减小而变形迅速增大,以至完全破坏,荷载—变形曲线逐渐下降而最后结束(图5-3曲线的*CD*段)。

2)混凝土立方体抗压强度

混凝土的立方体抗压强度是制作边长为150 mm的立方体试件,在标准条件(温度20±3℃,相对湿度90%以上)下,养护到28天龄期,测得的抗压强度值为混凝土立方体试件抗压强度(简称立方抗压强度),以f_{cu}表示。若选用边长为100 mm的立方体试件,需要乘以换算系数0.95;选用边长为200 mm的立方体试件,换算系数为1.05。

混凝土的抗压强度是重要的特征值。研究表明,混凝土抗压强度与其他强度之间有较好的相关性,因而,可以由混凝土抗压强度的大小来估计其他强度,并用作混凝土结构设计的基

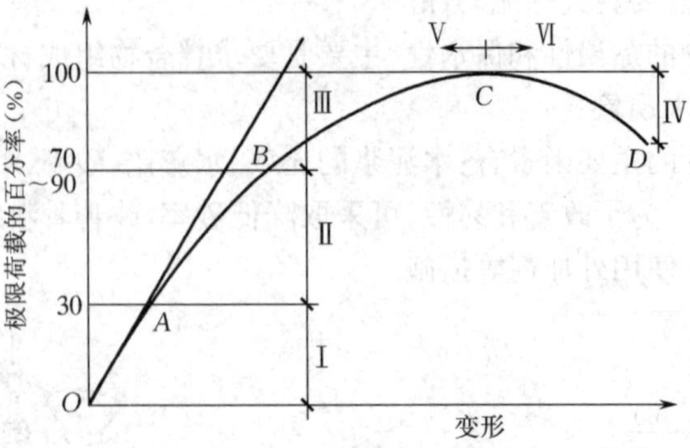

图5-3 混凝土受压变形曲线

Ⅰ—界面裂缝无明显变化 Ⅱ—界面裂缝增长

Ⅲ—出现砂浆裂缝和连续裂缝 Ⅳ—连续裂缝迅速发展

Ⅴ—裂缝缓慢增长 Ⅵ—裂缝迅速增长

本数据。

根据混凝土立方体抗压强度确定的混凝土强度等级或标号,以 MPa 计分为若干等级,称为强度等级,如 C7.5、C10、C15、C20、C25、C30、C40、C45、C50 等。

根据建筑结构的不同需要,可选用不同强度等级(或标号)的混凝土。如果需要了解实际工程中混凝土的强度,应把试块放在与该工程相同环境下养护,按所需的龄期(如拆除模板、起吊构件等)进行试压,作为施工控制质量的依据。

3. 耐久性

混凝土除应具有所需的强度,能承受设计荷载之外,还应满足在自然环境中,经久耐用的要求。混凝土在长期使用中,经久耐用的性能称为耐久性。

混凝土在自然环境中,要经常受到各种物理的、化学的作用,在长时间作用下,混凝土的各项性能将有所降低。因而要求混凝土具有抵抗各种不利因素影响的能力。例如:承受压力水作用的混凝土。需要具有一定的抗渗性能;遭受反复冻融作用的混凝土,需要有一定的抗冻性能;遭受环境水或地下水侵蚀的混凝土,要具有抗侵蚀性能;处于高温环境中的混凝土,则要求具有耐热性等等。这许多性能综合起来,统称为混凝土的耐久性。

5.2.4 混凝土配合比设计

混凝土配合比是指混凝土中各组成材料之间数量上的比例关系。常用的表示方法有两种:一种是用每 1 m^3 混凝土中各种材料的质量表示,如水泥 300 kg、水 180 kg、砂 720 kg、碎石 1 200 kg,其每立方米混凝土总质量为 2 400 kg;另一种表示方法是以各种材料相互间的质量比来表示(一般以水泥质量为 1),如水泥: 砂: 石 =1: 2.4: 4,水灰比 = 0.60。

1. 设计的基本要求

混凝土配合比设计的任务是为了得到满足工程需要的混凝土,选择和确定原材料及其用量。配合比设计应满足如下要求。

(1)强度要求 配制混凝土首先要满足结构设计所要求的混凝土的强度等级。

(2)和易性要求 配制混凝土同时还要满足施工所要求的混凝土拌合物的和易性、保证浇灌密实要求的流动性。

(3)其他性能要求　若工程还要求混凝土具有其他性能,如抗冻性、抗渗性、耐侵蚀性等,设计混凝土配合比时也必须满足。

(4)经济性要求　设计混凝土配合比时,在满足上述要求的前提下,应尽量节约水泥,降低混凝土成本。

2. 设计步骤

设计混凝土配合比的步骤大致如下。

1)配制强度的确定

当设计要求的混凝土强度等级已知时,混凝土的配制强度可按下式确定:

$$f_{cu,0}=f_{cu,k}+1.645\sigma$$

式中:$f_{cu,0}$——混凝土的配制强度,MPa;

$f_{cu,k}$——设计的混凝土抗压强度标准值,MPa;

σ——混凝土强度标准差,MPa。

σ 采用无偏估计确定。当混凝土强度等级为 C20、C25 时,如计算 σ 值小于 2.5 MPa 时,σ 取 2.5 MPa;当混凝土强度等级等于或大于 C30 时,如计算 σ 值小于 3.0 MPa 时,σ 取 3.0 MPa。

2)初步计算水灰比

$$\frac{W}{C}=\frac{A\cdot f_{ce}}{f_{cu,0}+A\cdot B\cdot f_{ce}}$$

式中:$\frac{W}{C}$——水灰比;

f_{ce}——水泥的实际强度,MPa;

A,B——回归系数,根据实验统计资料确定,无统计资料时,碎石混凝土 A 可取 0.48,B 可取 0.52;卵石混凝土 A 可取 0.50,B 可取 0.61。

3)确定用水量和水泥用量

根据粗骨料种类(碎石或卵石)及坍落度要求,由有关手册或规程可以查出所需的用水量。用水量确定后,再由已选定的水灰比计算水泥用量。此水泥用量不得低于规定的最小水泥用量。

4)确定砂和石子的用量

根据经验,每 1 m^3混凝土拌合物质量约为 2 400 kg,减去已确定的水泥用量和用水量即得出砂和石子的总质量。然后选定合理的砂率(砂重占砂石总重的百分数),砂率可以查手册或经试拌选定。由砂石总质量和砂率即可得出每 1 m^3混凝土的砂和石子的用量。

5)试拌调整

此时所得的各项材料用量为初步配合比,还需要经过试拌,测定其流动度、强度以及其他所要求的性质,根据试验情况进行必要的调整,最后确定的配合比才能用于施工现场。如果原材料供应有变动,则需根据新的情况重新进行配合比设计。

5.2.5　混凝土外加剂

混凝土外加剂能起到很好的改性作用,因此外加剂得到广泛应用。外加剂也被称为混凝土的第五种组成材料。有的国家几乎没有不掺外加剂的混凝土,我国在研制与推广应用外加剂方面发展也很快。常用外加剂有减水剂、高效减水剂(超塑化剂)、早强剂、引气剂、加气剂

(发泡剂)、速凝剂、缓凝剂、膨胀剂、阻锈剂等等。

1. 普通减水剂及高效减水剂

减水剂是一种水溶性有机的或有机与无机的复合材料。减水剂对水泥颗粒有很好的分散作用,掺入混凝土中明显地改善其和易性。如果保持坍落度不变,可减少用水量和提高混凝土强度,若保持强度不变,则可节省水泥。

普遍减水剂主要成分为木质素磷酸盐。常用的木质素磷酸钙减水剂是以亚硫酸盐蒸煮木材所得的废液为原料,经发酵提取酒精后而制成的干粉,简称木钙。其掺量为水泥质量的0.2%~0.3%。在水泥用量与坍落度基本一致的情况下,可减少用水量10%左右,提高混凝土强度10%~25%。如保持坍落度和强度不变,一般可节省水泥5%~10%。

高效减水剂又称超塑化剂,其主要成分为萘磺酸盐甲醛缩合物、三聚氰胺甲醛缩合物、木质素磺酸盐等。其掺量为水泥质量的0.5%~1.5%,减水率可达15%~20%,可提高强度20%~40%,或节约水泥10%~15%,一般适用于配制早强、高强混凝土或流态混凝土。

2. 早强剂及早强减水剂

早强剂的作用是提高混凝土早期强度。在有早强要求或在低温施工的混凝土工程中可使用早强剂,以便提早脱模、缩短养护周期、加快施工进度。早强剂有如下品种。

1)氯盐

氯盐早强剂主要是氯化钠和氯化钙,对凝结时间、放热速度、水化物的生成及早期强度都有较大作用,但对后期强度有所降低。最大缺点是对钢筋有锈蚀作用。我国规范规定,氯盐掺量不得超过水泥质量的2%,在无筋混凝土中氯盐掺量不得超过水泥质量的3%。在预应力钢筋混凝土中一般不允许掺加氯盐。

2)硫酸钠

混凝土中掺入硫酸钠可提高早期强度100%~200%,其掺量为水泥质量的1%~2%。硫酸钠中有时会含有氯化物,应防止对钢筋的锈蚀作用。

3)三乙醇胺

三乙醇胺很少作为早强剂单独使用,一般都与其他早强剂复合使用,效果良好。掺有三乙醇胺的混凝土容易产生干缩和在荷载作用下的收缩(徐变)。

早强减水剂是早强剂与减水剂的复合,它既能有早强作用,又能弥补早强剂降低后期强度的缺点。常用的早强剂是硫酸钠,常用的减水剂有木钙、萘磺酸盐等。

3. 引气剂

引气剂可在混凝土中形成大量微细而互不连通均匀分布的气泡,因此,可提高混凝土的和易性和抗冻性,同时也能减少泌水和离析现象,并能提高抗硫酸盐侵蚀作用。

引气剂的主要成分为表面活性剂,常用的引气剂为松香热聚物。近年来,又研制了烷基苯磷酸钠、脂肪酸硫酸钠等。引气剂掺量为0.01%~0.1%。混凝土掺入引气剂能很好地改善和易性和耐久性,但由于含气量增加,使其强度有所降低,因此混凝土的含气量以3%~6%为最适宜。

4. 速凝剂

速凝剂是使混凝土迅速凝结的外加剂。速凝剂可促使水泥中铝四三钙迅速水化,并在溶液中析出水化物使水泥浆迅速凝固。

速凝剂的主要成分为碳酸钠、铝酸钠等。常用的速凝剂如红星一型速凝剂是将矾土、纯碱和石灰石煅烧成铝氧熟料，再与生石灰、纯碱按比例配料，经磨细而成。711 型速凝剂是由铝氧熟料与适量无水石膏混磨而成。

速凝剂掺量一般为 2.5% ~4%，1 h 强度可达 0.6 MPa，8 h 强度可达 4 MPa。掺速凝剂的混凝土早期强度较高，但 28 天强度有所降低。速凝剂常用于紧急工程的快速施工或喷射混凝土。

5. 缓凝剂

缓凝剂能延缓混凝土的凝结时间，早期强度发展较慢，但不会降低后期强度。

缓凝剂主要成分为多羟基化合物、羟基羟酸盐、高糖木质素磺酸盐，掺量为 0.1% ~ 0.6%，使用较多的是糖钙。用量较小时可用硼酸或柠檬酸等。缓凝剂适用于高温天气连续浇灌的混凝土，可避免接缝，滑模施工控制混凝土的凝结时间，以及远距离运输商品混凝土等。

6. 加气剂

加气剂又称发泡剂，它在拌合混凝土时发生反应而放出氢、氧等气体，混凝土凝固后形成大量气孔，从而减轻混凝土质量。常用的加气剂有过氧化氢、铝粉等。掺量要根据制品的孔隙率和生产工艺条件而定。铝粉是生产加气混凝土最常用的加气剂。

5.2.6　混凝土应用注意事项

混凝土可以按照工程设计的要求，浇制成任意形状的构件。但必须保证浇灌后混凝土具有相当的密实性和均匀性，才能保证工程的质量。如果浇灌后的混凝土出现麻面、孔洞、露筋现象，将会严重影响构件的承载能力和耐久性。因此，必须从原材料及施工工艺各方面进行严格控制，才能保证混凝土的质量。其注意事项如下。

①选用的原材料要符合有关标准规定的技术要求。要严格控制配合比和水灰比。要充分搅拌，使混凝土拌合物均匀，并且有适宜的流动性。对于预制构件可采取强烈振动，拌合物可干硬些。对现浇混凝土，则要求流动性大些，随着施工条件不同，对流动性要求也有差异。

②使混凝土拌合物在运输和浇灌过程中不产生离析或分层，否则会形成蜂窝麻面。要注意浇灌顺序，尽量连续浇灌，减少施工缝。必要的施工缝要经过处理后才可继续浇灌混凝土。

③浇灌后，混凝土要振捣密实，尤其在边角及钢筋密集的部位要加强振捣，以保证其密实性。同时，要求模板严密，防止发生漏浆。

④要注意混凝土的养护。混凝土强度的增长，需要在潮湿环境下才能进行。一般在混凝土终凝后就应按时浇水或覆盖以潮湿覆盖物进行养护。早期的养护尤为重要，如果混凝土早期失水，会造成不能弥补的强度下降。

⑤在气温高（夏季）、气温低（冬季）和雨季等特殊情况下施工，要采取相应的技术措施。气温高时，要防止混凝土凝结过快，造成施工困难，可在混凝土中掺加缓凝剂延缓凝结时间。冬季施工时，可采用热拌、加热、蓄热、保温等冬季施工方法，或在混凝土中掺加防冻剂，以保证其强度的增长。

⑥为了保证工程中混凝土的质量，必须同时进行混凝土的质量控制与核验工作。要有相应的试验数据来证明工程中混凝土是否已达到设计要求。如果发现问题，必须采取有效的补救措施，以至拆除重做。

5.3 其他品种混凝土

5.3.1 轻混凝土

凡表观密度小于1 900 kg/m^{3}的混凝土均称为轻混凝土。轻混凝土按其组成不同可分为轻骨料混凝土、多孔混凝土和无砂大孔混凝土。

1. 轻骨料混凝土

用多孔轻质骨料和水泥配制而成的混凝土称作轻骨料混凝土。按所采用的细骨料不同又分为:砂轻混凝土(用普通砂作细骨料的轻骨料混凝土)和全轻混凝土(用轻砂作细骨料的轻骨料混凝土)。

1)轻骨料

凡粒径在5 mm以上,其堆积密度小于1 000 kg/ m^{3}的轻质骨料称为轻粗骨料。粒径小于5 mm,堆积密度小于1 100 kg/ m^{3}者称为轻细骨料。轻骨料按来源分为以下几种。

(1)天然轻骨料　天然的多孔岩石,经破碎、筛选而成的轻骨料,如浮石、火山渣、多孔凝灰岩等及其轻砂。

(2)人造轻骨料　以页岩、黏土、珍珠岩等为原料,经焙烧加工而成的轻骨料,如页岩陶粒、黏土陶粒、膨胀珍珠岩等及其轻砂。

(3)工业废料轻骨料　以工业废料为主要原料,经过焙烧或不经焙烧加工而成的轻骨料,如粉煤灰陶粒、膨胀矿渣珠、自燃煤矸石等及其轻砂。

2)轻骨料混凝土的应用

根据不同用途轻骨料混凝土分为结构用轻骨料混凝土、结构保温用轻骨料混凝土和保温用轻骨料混凝土。

(1)结构用轻骨料混凝土　一般都采用砂轻混凝土。此类混凝土的衡量指标主要是干表观密度和抗压强度。当采用强度高的轻骨料时,混凝土表观密度为1 800～1 900 kg/m^3,其抗压强度可达30～50 MPa。结构用轻骨料混凝土一般用作承重结构,主要用以制作楼板、屋面用的多孔板或实心板、墙板和预应力混凝土构件。此外,也可用于桥梁、高层建筑与工业建筑中的一些混凝土构件。

(2)结构保温用和保温用轻骨料混凝土　多用于非承重的或自承重的围护结构。由于其表观密度小、保温性能好,主要应用于制作墙板和砌块等墙体构件。结构保温用轻骨料混凝土的表观密度为1 400 kg/m^3,抗压强度为15 MPa以内。保温用轻骨料混凝土的表观密度为800 kg/ m^3,其抗压强度在5 MPa以内。要求保温性能的轻骨料混凝土可用全轻混凝土制作。

2. 多孔混凝土

1)加气混凝土

加气混凝土是用胶凝材料(水泥、石灰)、硅质材料(石英砂、粉煤灰、粒状高炉矿渣等)、发气剂(铝粉、双氧水)经过搅拌、浇注成型发气过程后,切割、压蒸养护(8个大气压、养护6～8 h)等生产工序而成。

表观密度越大的加气混凝土,孔隙率越小,强度越高,而其保温性能越差,加气混凝土的表观密度为 500 ~ 700 kg/m^3，抗压强度为 2.5 ~ 5.5 MPa，其导热系数约为 0.15 ~ 0.23 W/(m · K)。由于具有良好的保温性能，主要用于墙体和屋面等围护结构。用作墙体的加气混凝土制品主要有砌块、条板、与其它轻质材料制成的复合墙板等。用作屋面的制品有配筋加气混凝土屋面板，不需作保温层和找平层，可直接作防水层，施工方便。

2) 泡沫混凝土

泡沫混凝土是在硅酸盐类砂浆或灰浆中掺入预先制好的泡沫，经搅拌、浇注成型、蒸汽养护或压蒸养护而成的轻混凝土。

泡沫混凝土用普通硅酸盐水泥或磨细生石灰作胶凝材料。为了防止泡沫的破灭，应采用 325 或 425 号普通硅酸盐水泥、不低于二级的生石灰，骨料可采用天然砂、磨细砂、粉煤灰、矿渣等。泡沫剂常采用松香皂泡沫剂和水解动物血泡沫剂，泡沫剂要以能产生均匀而稳定的泡沫为佳。

泡沫混凝土的特性与加气混凝土相似，主要用作隔热保温材料和非承重的墙体材料。

3. 无砂大孔混凝土

无砂大孔混凝土是用粒径相近的粗骨料，数量有限的水泥浆配制而成的。其表观密度一般小于 1 900 kg/ m^3，属于轻混凝土。

无砂大孔混凝土所用的粗骨料可以是碎石或卵石，也可选用碎砖、浮石、陶粒等轻骨料。水泥浆不起填充作用，只起对粗骨料的胶结作用。它具有容量小、节约水泥、浇注方便和透水性大等特点。

无砂大孔混凝土的强度，主要取决于骨料颗粒间的接触面积和黏结强度。其抗压强度一般为 3 ~ 5 MPa，如适当增加水泥用量，其强度可达 7.5 ~ 10 MPa。

无砂大孔混凝土多用作非承重的墙体材料，强度较高的也可用于承重的墙体。由于孔隙率大，具有透水性和透风性，因此，用作墙体时，要做内外饰面层。此外，无砂大孔混凝土还可以作排水工程或水工建筑中排水暗管或井管。

5.3.2　硅酸盐混凝土

硅酸盐混凝土是以石灰与硅质材料（如砂、粉煤灰、火山灰、煤矸石、尾矿粉等）为主要原料，加水拌合，用一定的成型工艺，采用水热合成（蒸汽养护或压蒸养护）方法所制得的人造石材。由于其内部主要形成的是水化硅酸盐类矿物，因此称为硅酸盐混凝土。

硅酸盐混凝土常以所用的硅质材料命名，如粉煤灰硅酸盐混凝土、煤矸石硅酸盐混凝土，以砂为硅质材料的则简称硅酸盐混凝土。按制品内部结构情况又可分为密实硅酸盐混凝土、轻骨料硅酸盐混凝土和多孔硅酸盐混凝土等。

硅酸盐混凝土可以制作硅酸盐砖、硅酸盐砌块、硅酸盐墙板等墙体材料。

5.3.3　防水混凝土

具有良好抗渗性能并达到防水要求的混凝土称为防水混凝土。

对混凝土抗渗标号的要求是根据其最大作用水头（自由水面以下的深度）与建筑物最小壁厚的比值来确定的，见表 5－2。

表 5－2 混凝土抗渗标号选用表

最大作用水头与建筑物最小壁厚之比	<5	5～10	10～15	15～20	>20
混凝土抗渗标号	S_4	S_6	S_8	S_{10}	S_{12}

目前常用的防水混凝土，其配制方法有四种。

1. 普通防水混凝土

普通防水混凝土主要是靠提高砂浆密实性充分填满粗骨料，减少孔隙率，使混凝土具有足够的防水性能。此种防水混凝土一般采用较小的水灰比（不大于 0.6）和较高的水泥用量（不低于 320 kg/m^3）及砂率不低于 0.35，即可有效增强混凝土的抗渗能力。此法施工简便，不增加造价，性能可靠，适用于一般地上和地下防水工程。

2. 骨料级配防水混凝土

严格控制砂、石级配及其混合比例，使混凝土获得最大的密实度，以提高抗渗性能，达到防水效果的混凝土称为骨料级配防水混凝土。

此种防水混凝土需要三种或三种以上不同级配的砂、石进行混合配制。砂率要略高些（35%～45%），还需要加入一定的细粉料，以堵塞空隙。必须严格控制施工质量才能达到防水效果。

3. 外加剂防水混凝土

在混凝土中掺入外加剂来改善其内部结构，提高抗渗性的称为外加剂防水混凝土。常用的外加剂有以下几种。

（1）引气剂　常用松香热聚物，可在混凝土内产生大量微小气泡，改变其孔隙结构并将毛细管隔断，以提高混凝土的抗渗性能。

（2）密实剂　一般采用氢氧化铁或氢氧化铝溶液，这些溶液为黏性胶状物质，能堵塞毛细孔隙，提高混凝土的密实性和抗渗性。

（3）三乙醇胺及其复合外加剂　掺加此种外加剂可使水泥浆中胶体粒子体积膨胀，破坏毛细管通路，增加混凝土的密实性，提高抗渗性。

4. 特种水泥防水混凝土

采用无收缩水泥或膨胀水泥配制混凝土，利用水泥的膨胀性使混凝土达到密实，从而提高混凝土的抗渗性。

5.3.4 纤维混凝土

纤维混凝土是由均匀分散的纤维与混凝土组成的复合材料。常用的有钢纤维混凝土和聚丙烯纤维混凝土。纤维混凝土与普通混凝土相比，提高了韧性，但其抗拉强度、抗折强度的提高并不大。它具有较高的抗裂性、抗冲击性、抗爆能力，多用于管道、飞机跑道、船体以及有特殊要求的墙板、屋面板等。

5.3.5 耐热混凝土

耐热混凝土是在 200～900 ℃高温长期作用下，能保持其物理、力学性能的混凝土。

耐热混凝土所用水泥标号不得低于 325 号。按所用胶凝材料可分为硅酸盐水泥耐热混凝土、铝酸盐水泥耐热混凝土、水玻璃耐热混凝土等。耐热混凝土粗细骨料可采用红砖、耐火砖碎块、矿渣、铝矾土熟料、烧结镁砂、安山岩、玄武岩等。

耐热混凝土多用于建造高炉基础、焦炉基础、热工设备基础及其外部围护结构、烟囱等。

混凝土的特殊性能是在普通混凝土的基础之上经过改性变化而来的，因此，品种日益增多。除以上几种常用的特殊品种的混凝土之外，还有耐酸混凝土、聚合物混凝土、高强混凝土、特细砂混凝土、防辐射（屏蔽）混凝土。根据施工方法不同，尚有泵送混凝土、灌浆混凝土、喷射混凝土等。

5.4　钢筋混凝土结构

5.4.1　概述

钢筋混凝土是由钢筋和混凝土两种物理-力学性能完全不同的材料所组成。混凝土的抗压能力较强而抗拉能力却很弱，其抗拉强度仅为抗压强度的1/17～1/8。钢材的抗拉和抗压能力都很强。为了充分利用材料的性能把混凝土和钢筋这两种材料结合在一起共同工作，使混凝土主要承受压力，钢筋主要承受拉力以满足工程结构的使用要求。

图5－4(a)、(b)中绘有两根截面尺寸、跨度、混凝土强度完全相同的简支梁，一根为素混凝土的，另一根则在梁的受拉区配有适量钢筋。由试验可知：素混凝土梁由于混凝土的抗拉能力很小，在荷载作用下，受拉区边缘混凝土一旦开裂，梁瞬即脆断而破坏（图5－4(a)），所以梁的承载能力很低。对于在受拉区配置适量钢筋的梁，当受拉区混凝土开裂后，梁中和轴以下受拉区的拉力主要由钢筋来承受，中和轴以上受压区的压应力仍由混凝土承受。与素混凝土梁不同，此时荷载仍可以继续增加，直到受拉钢筋应力达到屈服强度。随后荷载仍可略有增加致使受压区混凝土被压碎，梁始告破坏。试验说明，配置在受拉区的钢筋明显地加强了受拉区的抗拉能力，从而使钢筋混凝土梁的承载能力比素混凝土梁的承载能力要提高很多。这样，钢筋与混凝土两种材料的强度均得到了较充分的利用。又如图5－5所示，在受压的混凝土柱中配置了抗压强度较高的钢筋，以协助混凝土承受压力，从而可以缩小柱截面尺寸，或在同样截面尺寸情况下提高柱的承载力。

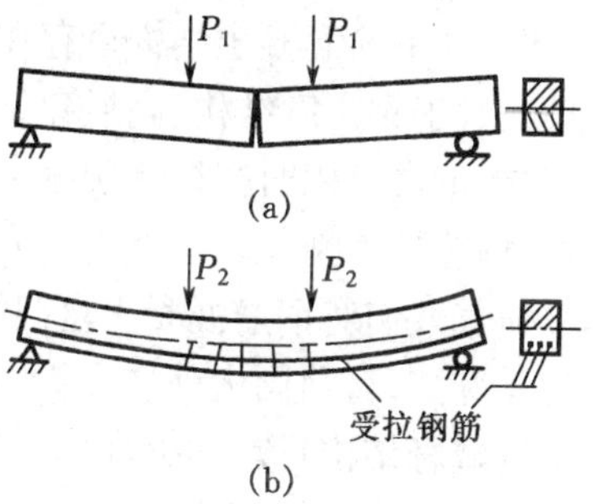

图5－4　素混凝土与钢筋混凝土简支梁的比较

(a)素混凝土梁　(b)钢筋混凝土梁

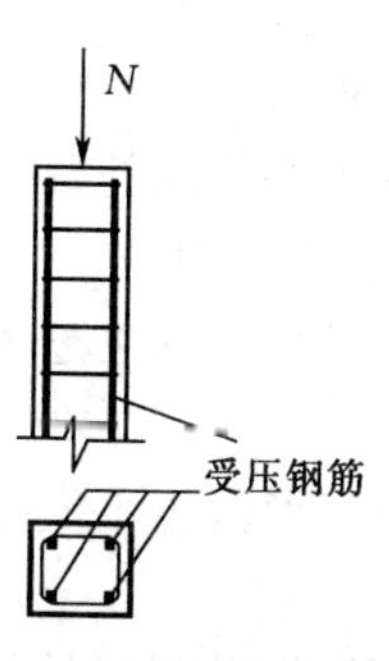

图5－5　配置钢筋的受压混凝土柱

钢筋和混凝土这两种性质不同的材料之所以能有效地结合在一起而共同工作，主要是由于混凝土硬化后钢筋与混凝土之间产生了良好的黏结力，使两者可靠地结合在一起，从而保证在外荷载的作用下，钢筋与相邻混凝土能够共同变形。其次，钢筋与混凝土两种材料的温度线膨胀系数的数值颇为接近（钢为1.2×10^{-5}，混凝土为1.0×10^{-5}～1.5×10^{-5}），当温度变化时，不致产生较大的温度应力而破坏两者之间的黏结。

钢筋混凝土除了能合理利用钢筋和混凝土两种材料的性能外，尚有下列优点。

(1)耐久性　在钢筋混凝土结构中,混凝土的强度随时间的增加而增长,且钢筋受混凝土的保护而不易锈蚀,所以钢筋混凝土的耐久性是很好的,不像钢结构那样需要经常的保养和维修。处于侵蚀性气体或受海水浸泡的钢筋混凝土结构,经过合理的设计及采取特殊的措施,一般也可满足工程需要。

(2)耐火性　混凝土包裹在钢筋之外,起着保护作用。若有足够的保护层,就不致因火灾使钢材很快达到软化的危险温度而造成结构整体破坏,与钢木结构相比,钢筋混凝土结构的耐火性很好。

(3)整体性　钢筋混凝土结构特别是现浇的钢筋混凝土结构,由于整体性好,对于抵抗地震作用(或强烈爆炸时冲击波的作用)具有较好的性能。

(4)可模性　钢筋混凝土可以根据需要浇制成各种形状和尺寸的结构。

(5)就地取材　钢筋混凝土所用的原材料砂和石,一般均较易于就地取材。在工业废料(例如矿渣、粉煤灰等)比较多的地方,还可将工业废料制成人造骨料用于钢筋混凝土结构中。

(6)节约钢材　钢筋混凝土结构合理地发挥了材料的性能,在某些情况下可以代替钢结构,从而节约钢材并降低造价。

由于钢筋混凝土具有上述一系列优点,在国内外的工程建设中均得到广泛的应用。

但是,钢筋混凝土结构也存在一些缺点:普通钢筋混凝土结构本身自重比钢结构要大。自重过大对于大跨度结构、高层建筑以及结构的抗震都是不利的;另外钢筋混凝土结构的抗裂性较差,在正常使用时往往带裂缝工作;而且建造较费工,施工受到气候条件的限制,补强修复较困难;隔热隔声性能较差等等。这些缺点在一定条件下限制了钢筋混凝土结构的应用范围。不过随着人们对钢筋混凝土这门学科研究的不断提高,对上述这些缺点已经或正在逐步加以改善。例如,目前国内外均在大力研究轻质、高强混凝土以减轻混凝土的自重;采用预应力混凝土以减轻结构自重和提高构件的抗裂性;采用预制装配构件以加快施工速度;采用工业化的现浇施工方法以简化施工等等。

近年来,在钢筋混凝土基本理论与设计方法、可靠度与荷载分析、单层与多层厂房结构、大板与升板结构、大跨度特种结构、工业化建筑体系、结构抗震,以及有限元方法、计算机辅助设计(CAD)技术和现代化测试技术等方面的研究工作都取得了很多新的成果,基本理论和设计工作的水平有了很大提高。

5.4.2　钢筋混凝土结构基本计算原则

1. 钢筋混凝土结构的功能要求

从工程结构的观点来考虑,钢筋混凝土结构应满足的功能要求可归纳如下。

(1)安全性的要求　即结构应能承受在施工和使用均属正常的情况下可能出现的各种荷载和变形,在偶然事件发生及发生后,结构仍能保持必需的整体稳定,不致发生倒塌。

(2)适用性的要求　即结构在正常使用期间具有良好的工作性能。例如,不发生过大的变形或振幅,以免影响使用;也不发生足以使用户不安的过宽的裂缝。

(3) 耐久性的要求　即结构在正常维护下具有足够的耐久性能。例如,混凝土不发生严重的风化、脱落;钢筋不发生严重锈蚀,以免影响结构的使用寿命。

任何结构,随着使用时间的增加,总会渐渐损坏,或逐渐变得不适用。因此,这里所谓的满足预定的结构功能的要求,是指在一定的时期内而言的。我国目前规定的是50年,称为设计基准期。这里应注意:设计基准期并不等同于建筑结构的寿命,超过了设计基准期,建筑物并非一定损坏而不能使用，只是其完成预定功能的能力越来越差了。

良好的结构设计，应能满足用户所提出的各项要求：结构应安全可靠，有完成预定功能的能力，成本和维修费用低，施工迅速，投资回收快，经济效益高。结构的安全适用，和造价低廉，二者之间常是有矛盾的。如何设计出既经济又实用的结构是设计工作者的职责。

2. 极限状态和结构承载力

要进行结构设计，应先明确结构丧失其完成预定功能的能力的标志是什么，并以此标志作为结构设计的一个准则。为此，先阐明极限状态的概念。

结构从开始承受荷载直至破坏要经历不同的阶段，即处于不同的状态。结构所处的阶段或状态，从不同的角度出发，可以有不同的划分方法。若从安全可靠的角度出发，可以区分为有效状态和失效状态两类。所谓有效，是指结构能有效地、安全可靠地工作，得以完成预定的各项功能；反之，结构失去完成预定功能的能力，不能有效地工作，便处于失效状态。这里所谓的失效，不仅包括因强度不足而丧失承受荷载的能力，或是结构发生倾覆、滑移，丧失稳定等情况，而且包括了结构的变形过大、裂缝过宽而不适于继续使用。这些情况均属于失效状态。

有效状态和失效状态的分界，称为极限状态。极限状态实质上是一种界限，是从有效状态转变为失效状态的分界。超过这一状态，结构就不能再有效地工作。极限状态是结构开始失效的标志，结构的设计工作就是以这一状态为准则进行的，使结构在工作时不致超过这一状态。

根据结构的功能要求的不同，极限状态可分为二类。

(1)承载能力极限状态　超过这一极限状态后，结构或构件就不能满足预定的安全性的要求。例如，由于材料强度不足导致结构或构件丧失承载能力，或结构因发生疲劳而破坏，或因产生过度的塑性变形而不能再继续承受荷载。每一结构或构件均需按承载能力极限状态进行设计和计算，必要时还应作倾覆和滑移验算。

(2)正常使用极限状态　超过这一极限状态，结构或构件就不能完成对其所提出的适用性或耐久性的要求，包括变形过大、裂缝过宽、影响正常使用和外观，或局部产生损坏而影响耐久性，或产生影响正常使用的振动，等等。构件在按承载能力极限状态进行设计后，还需按正常使用极限状态进行验算，以确定构件在满足承载能力要求的同时，是否也能满足正常使用时的一些限值规定。

5.4.3　钢筋混凝土梁(板)的强度计算

梁(板)是典型的受弯构件。在外力作用下，受弯构件将承受弯矩(M)和剪力(V)的作用。设计受弯构件时，需进行正截面(M作用)和斜截面(M、V共同作用)两种强度计算。

1. 梁(板)的正截面强度计算简介

由于混凝土的抗拉强度比抗压强度差很多，所以在计算钢筋混凝土受弯构件的正截面强度时，假定混凝土只承担压应力的作用，而不承担拉应力的作用，正截面上的拉应力由钢筋承担。图5-6为仅在受拉区配置钢筋的矩形截面梁的计算简图。

由$\sum X=0$得
$$\alpha_1 f_c bx = A_s f_y$$

$\sum M=0$得
$$M \leqslant M_u = \alpha_1 f_c bx\left(h_0 - \frac{x}{2}\right) = f_y A_s\left(h_0 - \frac{x}{2}\right)$$

式中：M ——弯矩设计值；

M_u——正截面受弯承载力设计值；

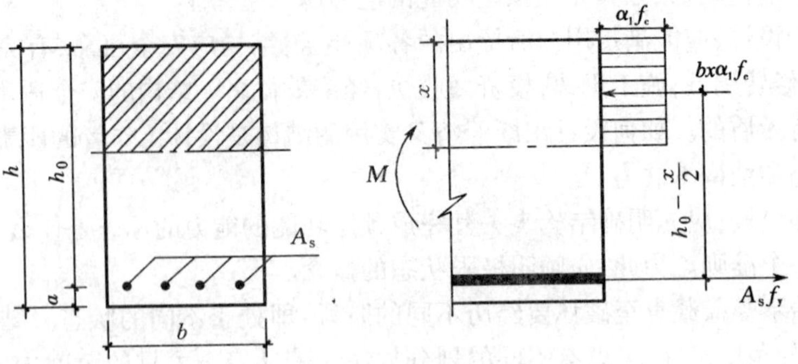

图 5-6 单筋矩形截面梁计算简图

α_1——受压区混凝土矩形应力图的应力值与混凝土轴心抗压强度设计值的比值；
f_c——混凝土轴心抗压强度设计值；
f_y——钢筋抗拉强度设计值；
A_s——纵向受拉钢筋的截面面积；
b——截面宽度；
x——等效矩形应力图形的换算受压区高度；
h_0——截面有效高度（$h_0=h-a_s$）；
h——截面高度；
a——受拉钢筋合力点到截面近边的距离。

为防止梁发生超筋脆性破坏（即受压区混凝土先被压碎，而受拉钢筋尚未屈服），应使受压区相对高度 $\xi=\frac{x}{h_0}\leqslant\xi_b$，$\xi_b$为界限受压区相对高度，对Ⅰ级钢 $\xi_b=0.614$；对Ⅱ级钢 $\xi_b=0.550$。

另外，为防止梁发生配筋过少的脆性破坏，当采用一般混凝土强度等级时，应使配筋率

$$\rho=\frac{A_s}{bh_0}\geqslant 0.15\%$$

从经济角度考虑，设计时取板的ρ值在 0.4% ~0.8%，梁的ρ值在 0.6% ~1.5% 范围内为宜。

2. 梁的斜截面强度计算

由于梁还要承受剪力 V 的作用，故除配置纵向受拉钢筋外，还需要配置箍筋（有时还要配置斜钢筋），见图 5-7。

工程中常用的是箍筋梁。当承受均布荷载时，其斜截面强度计算公式为

$$V\leqslant V_{cs}=0.7f_t bh_0+1.25f_{yv}\frac{A_{SV}}{S}h_0$$

式中：V——构件斜截面上的最大剪力设计值；
V_{cs}——构件斜截面上混凝土和箍筋的受剪承载力设计值；
b——矩形截面的宽度，T 形截面或 I 形截面的腹板宽度；
h_0——截面的有效高度；
f_t——混凝土轴心抗拉强度设计值；

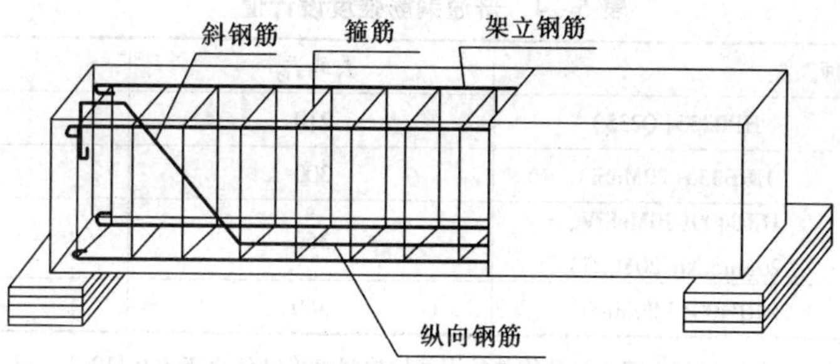

图 5－7　简支梁配筋图

A_{SV}——配置在同一截面内箍筋各肢的全部截面面积；

S——沿构件长度箍筋的间距；

f_{yv}——箍筋的抗拉强度设计值。

当承受以集中荷载为主时，其斜截面强度计算公式应取为

$$V \leqslant V_{cs} = \frac{1.75}{\lambda + 1} f_t b h_0 + f_{yv} \frac{A_{SV}}{S} h_0$$

式中：λ 为计算截面的剪跨比，可取 $\lambda = \frac{a}{h_0}$，a 为集中荷载作用点至支座截面或节点边缘的距离，当 $\lambda < 1.5$ 时，取 $\lambda = 1.5$；当 $\lambda > 3.0$ 时，取 $\lambda = 3.0$。

此外，为了避免箍筋放置过稀过少，一旦出现斜裂缝后有可能发生斜拉破坏，还规定配箍率 $\rho_{SV} = \frac{A_{SV}}{bS}$ 应大于最小配箍率 ρ_{SVmin}，而且规定：

$$\rho_{SVmin} = 0.24 \frac{f_t}{f_{yv}}$$

矩形、T 形和 I 形截面的受弯构件，当配置箍筋和弯起钢筋时，其斜截面的受剪承载力应符合下列规定：

$$V \leqslant V_{cs} + 0.8 f_y A_{sb} \sin \alpha_s$$

式中：A_{sb}——配置在同一弯起平面内的弯起钢筋的截面面积；

α_s——弯起钢筋与梁纵轴的夹角，一般取 45°，当梁截面较高时，可取 60°；

f_y——弯起钢筋的抗拉强度设计值。

混凝土的轴心抗压强度和抗拉强度设计值可参考表 5－3 中的数值，普通钢筋强度设计值可参考表 5－4 中的数值。

表 5－3　混凝土强度设计值　MPa

项次	强度种类	符号	混凝土强度等级													
			C15	C20	C25	C30	C35	C40	C45	C50	C55	C60	C65	C70	C75	C80
1	轴心抗压	f_c	7.2	9.6	11.9	14.3	16.7	19.1	21.1	23.1	25.3	27.5	29.7	31.8	33.8	35.9
2	轴心抗拉	f_t	0.91	1.10	1.27	1.43	1.57	1.71	1.80	1.89	1.96	2.04	2.09	2.14	2.18	2.22

注：1. 计算现浇钢筋混凝土轴心受压及偏心受压构件时，如截面的长边或直径小于 300 mm，则表中混凝土的强度设计值应乘以系数 0.8；当构件质量（如混凝土成型、截面和轴线尺寸等）确有保证时，可不受此限。

2. 离心混凝土的强度设计值应按有关专门规定取用。

表 5-4 普通钢筋强度设计值 MPa

种类		f_y或f_{py}	f'_y或f'_{py}
热轧钢筋	HPB235(Q235)	210	210
	HRB335(20MnSi)	300	300
	HRB400(20MnSiV、20MnSiNb、20MnTi)	360	360
	RRB400(K20MnSi)	360	360

注:在钢筋混凝土结构中,轴心受拉和小偏心受拉构件的钢筋抗拉强度设计值大于 300 MPa 时,仍应按 300 MPa 取用。

5.5 预应力混凝土结构

5.5.1 概述

普通钢筋混凝土结构抗拉能力很弱,在荷载不大时,即出现裂缝(图 5-8(a))。随着荷载加大,裂缝不断开展,梁的挠度亦不断增加。为了控制裂缝和挠度,往往要加大截面尺寸或增加钢筋用量。更主要的是,为了控制裂缝宽度,必须限制钢筋拉应力。例如,当裂缝宽度限制在 0.2~0.3 mm 时,钢筋的应力只能到 150~250 MPa。因此只能应用强度较低的钢筋,不宜使用高强度钢筋。这样,大跨度结构以及有抗渗要求的特殊结构,就不宜采用钢筋混凝土修

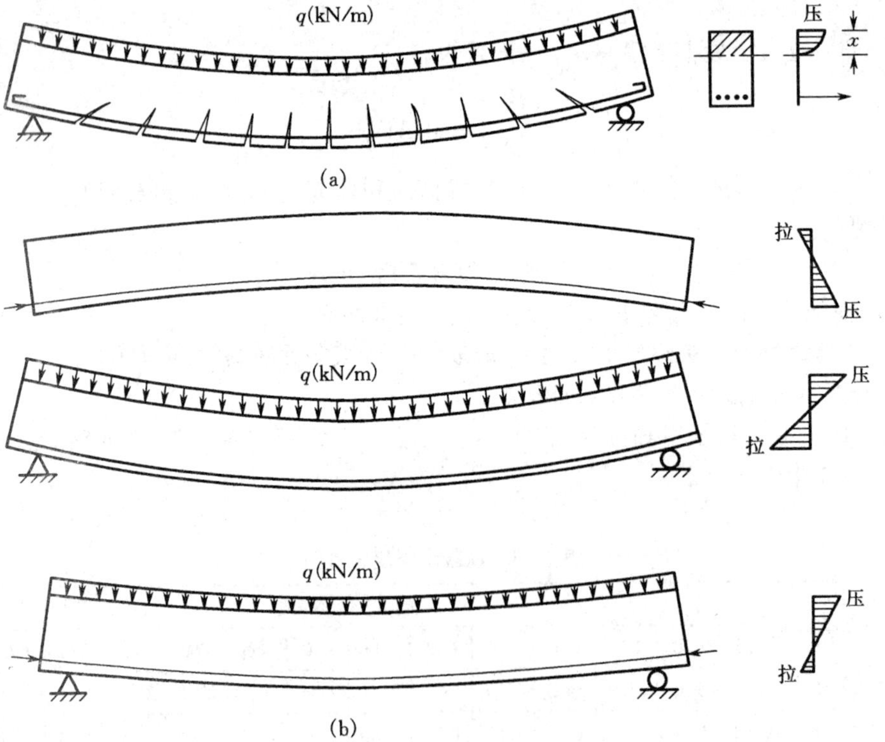

图 5-8 预应力混凝土梁与普通混凝土梁受力性能对比
(a) 普通钢筋混凝土梁 (b)预应力混凝土梁

建。

要克服上述钢筋混凝土结构的缺点，简单有效的方法是对受拉区混凝土施加预(压)应力。例如，一个盛水用的木桶，是由一块块木片用铁箍箍成的。盛水后水桶所以不漏水，是因为用力把它箍紧时，木片与木片之间产生了预(压)应力。待木桶盛水后，水压对木桶所产生的环向拉力，抵消木片之间的一部分预压应力，使木片与木片之间始终保持受压的状态，这就是预应力的原理。

在制作钢筋混凝土梁时，采用某种方法使配置在梁下部的钢筋领先受拉，并使钢筋的这个预拉力又同时反作用在混凝土截面上，则梁下部混凝土便产生了预压应力。显然，钢筋的预拉应力愈大，混凝土受到的预压应力亦愈大，预应力的大小可以根据需要通过计算确定。这种梁便是预应力混凝土梁，如图 5－8(b)所示。从混凝土应力图可知，在同样外荷载 q 作用下，梁下缘所产生的拉应力，对预应力梁仅仅使梁下缘的预压应力减小，只有在抵消了梁下缘的预压应力后，才开始使梁下缘受拉。这就大大提高了受拉区混凝土抵抗拉力的能力。

预应力混凝土结构的优点如下。

①抗裂度高，耐久性好。

②由于预应力使构件“起拱”，故挠度减小。

③在预应力混凝土梁中，由于是边区钢筋已经预先受到很大的拉应力，它可以而且必须采用高强度钢筋，从而相应减少钢筋截面面积，节约大量钢材。钢筋的强度越高，其经济效果亦越好。预应力钢筋强度的标准值和设计值见表 5－5。

表 5－5　预应力钢筋强度设计值　　MPa

种类		符号	f_{ptk}	f_{py}	f'_{py}
钢绞线	1×3	φ^{s}	1 860	1 320	390
			1 720	1 220	
			1 570	1 110	
	1×7		1 860	1 320	390
			1 720	1 220	
消除应力钢丝	光面螺旋肋	φ^{P} φ^{H}	1 770	1 250	410
			1 670	1 180	
			1 570	1 110	
	刻痕	φ^{I}	1 570	1 110	410
热处理钢筋	40Si2Mn	φ^{HT}	1 470	1 040	400
	48Si2Mn				
	45Si2Cr				

5.5.2　预加应力的方法

1. 先张法

先张法是在浇灌混凝土前张拉钢筋，如图 5－9 所示。其施工工序为：在构件制作场地的两端设置牢固的张拉台座(为永久性，可重复使用)。把拟配置在构件中的预应力钢筋在台座上张拉,当张拉到一定的应力值后,用夹具将钢筋临时锚固在台座上;然后在两个台座之间铺设模板,浇捣混凝土并进行养护;当混凝土硬结到一定强度后,便可截断钢筋(放张)。钢筋放张的回弹力作用在混凝土构件上,使混凝土产生弹性压缩获得预压应力。先张法中预应力是靠钢筋与混凝土之间的黏结力来传递的。当构件产生弹性压缩时,由于钢筋和混凝土已牢固黏结在一起,钢筋便随着混凝土一起回缩,于是钢筋中的拉应力将低于放张时的拉应力值。

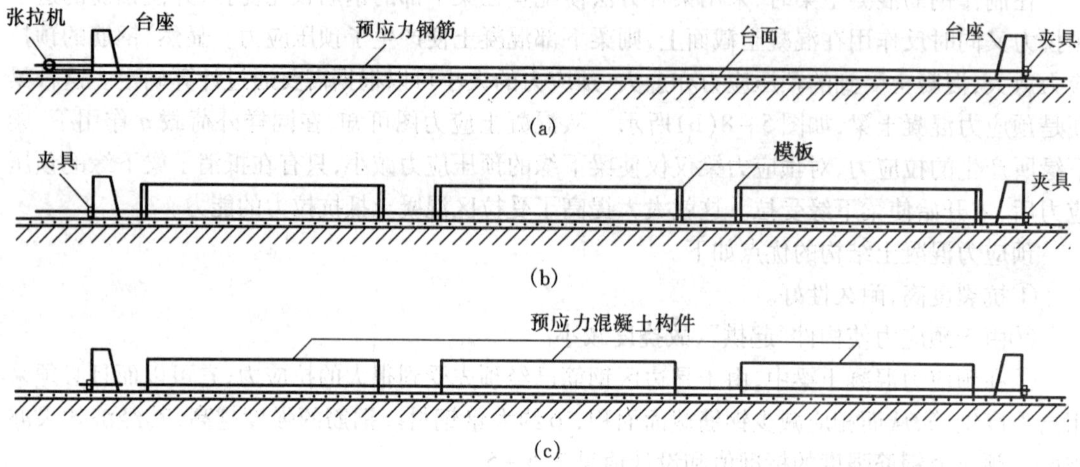

图 5-9 先张法主要工序示意图

(a)张拉预应力钢筋 (b)浇捣混凝土并进行养护 (c)剪断预应力钢筋(放张)

2. 后张法

后张法是混凝土结硬后在构件上张拉钢筋(图 5-10)。它是先浇捣混凝土构件,在构件中拟布置预应力钢筋的部位预留孔洞,待混凝土达到一定强度后,将钢筋穿入预留孔内,并把钢筋的一端用锚具锚固在构件端部,另一端用张拉设备顶在构件端部,夹住钢筋进行张拉。当张拉到预定的张拉应力后,用锚具将钢筋锚固在构件端部使其不能回缩,最后卸下张拉设备并在孔道内压力灌浆(水泥浆)。后张法是靠锚具来保持预应力的。后张法的锚具很重要,它永远依附在混凝土构件上,故称工作锚具。

后张法与先张法主要区别在于:在先张法中,预应力钢筋是靠构件端部区段的混凝土黏结锚固住的,钢筋的预应力由端部混凝土的黏结力传递,由小到大,直到建立起钢筋的有效预应力值,这个预应力的传递区,叫作自锚区。后张法的张拉设备是直接顶在构件端部张拉预应力筋的,显然,在钢筋张拉时,混凝土构件也同时受到压缩,即在钢筋张拉完成时,混凝土构件已产生弹性压缩,混凝土的预压力等于钢筋的张拉力。由于钢筋的预应力是通过锚具作用在构件端部,致使构件端部产生很大的局部承压力。

5.5.3 张拉控制应力

张拉控制应力是指张拉钢筋时,张拉设备所指示的总张拉力除以预应力钢筋面积后的应力值,以 σ_{con} 表示。张拉控制应力取值的大小,直接影响预应力混凝土构件优越性的发挥。σ_{con} 值定得高一些,可以充分利用预应力筋对混凝土建立较高的预压应力,以达到节约材料的

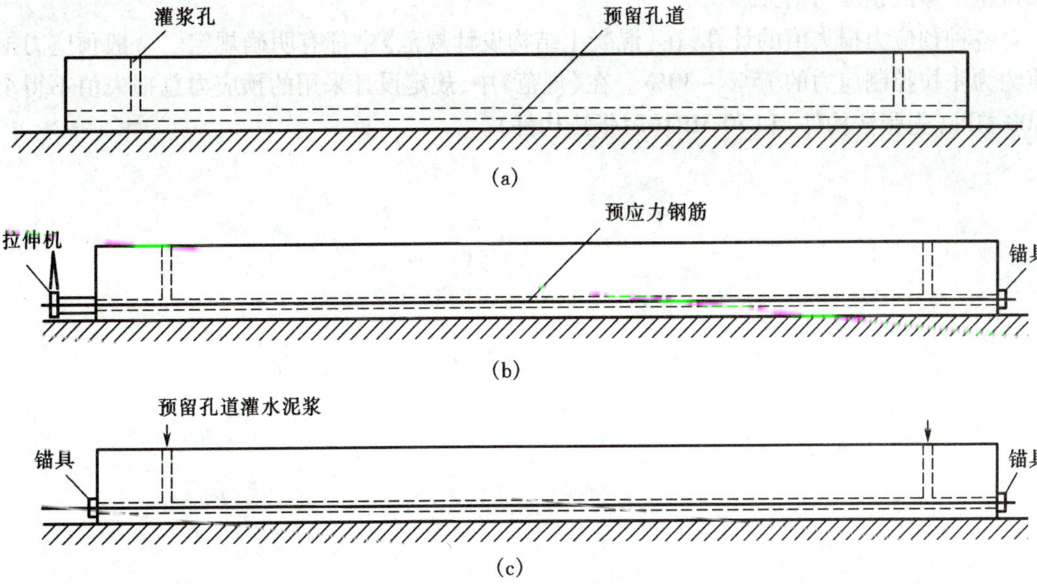

图5-10 后张法主要工序示意图

(a)制作混凝土构件 (b)穿预应力钢筋并进行张拉 (c)锚固钢筋并在孔道内灌浆

效益。但如果 σ_{con} 值过高，则不仅构件延性差，有时钢筋会产生永久变形或脆断。一般情况下，张拉控制应力 σ_{con} 不宜超过表5-6给出的张拉控制应力允许值 $[\sigma_{con}]$。表中的 f_{ptk} 为预应力钢筋达到极限应力时的标准强度，f_{pyk} 为预应力钢筋达到屈服时的标准强度。

表5-6 张拉控制应力限值 $[\sigma_{con}]$

钢筋种类	张拉方法	
	先张法	后张法
消除应力钢丝、钢绞线	$0.75f_{ptk}$	$0.75f_{ptk}$
热处理钢筋	$0.70f_{ptk}$	$0.65f_{ptk}$
冷拉钢筋	$0.90f_{pyk}$	$0.85p_{pyk}$

5.5.4 预应力损失

预应力钢筋从张拉锚固，到混凝土浇捣养护，一直至构件使用的整个过程中，由于种种原因，钢筋中的预应力值在逐渐降低，降低的应力值叫做预应力损失值。它包括：

①张拉端锚（夹）具变形和钢筋内缩引起的预应力损失；

②后张法构件中，预应力钢筋与孔道壁之间摩擦引起的预应力损失；

③先张法构件中，混凝土加热养护时，受张拉的钢筋与承受拉力的设备（台座）之间温差产生的预应力损失；

④预应力钢筋的应力松弛损失；

⑤混凝土的收缩和徐变引起的预应力损失；

⑥用螺旋式预应力钢筋作配筋的环形构件，当环形构件的直径 $d\leqslant 3$ m时，由于混凝土的

局部挤压产生的预应力损失。

对各种预应力损失值的计算，在《混凝土结构设计规范》中都有明确规定。一般预应力损失值约为张拉控制应力的15% ~30%。在《规范》中，规定设计采用的预应力总损失值不得小于100 MPa（先张法构件）和80 MPa（后张法构件）。

第 6 章　防水材料和保温材料

6.1　防水材料

建筑物常常因为雨水或地下水的侵入而影响正常使用。因此,防水、防潮的工程对保证建筑物安全使用及延长其寿命有着重要意义。防水材料的质量又是保证防水工程是否有效的关键。

防水材料的种类可分为沥青类、塑料类、橡胶类、金属以及砂浆、混凝土和有机复合材料等。目前最常用的是沥青类防水材料。

6.1.1　沥青

沥青是黑色或黑褐色的有机胶结材料。在常温下可呈固体、半固体或液体状态。它能溶于汽油、苯、二硫化碳、四氯化碳等有机溶剂中。沥青具有良好的不透水性和防腐蚀作用,又能与其他材料黏结牢固,因此广泛应用于建筑、水利、道路、桥梁等工程。

沥青分为地沥青(包括天然沥青,石油沥青)、煤焦沥青(包括煤沥青、煤焦油)和页岩沥青。

1. 石油沥青

石油沥青是建筑工程中最常用的沥青品种。石油原油经提炼汽油、煤油、柴油、润滑油等油类之后的残留物,经再加工而成沥青。

1)石油沥青的技术性质

石油沥青除具有良好的不透水性和耐化学侵蚀外,其他主要性质如下。

(1)黏性　黏性是指石油沥青在外力作用下,抵抗变形的能力,它表现为沥青的稠度和黏结性。

(2)塑性　塑性是指沥青在外力作用下,变形能力的大小。变形能力越大,表示塑性越好。因建筑物要承受振动、冲击和抵抗开裂,所以在工程上使用时,要求沥青具有良好的塑性。

(3)温度稳定性　它是指石油沥青的黏性和塑性随温度升降而变化的性能。温度升高时,沥青由固体逐渐变软,最后变为液体。温度降低时,沥青可由液体凝固为固体,最后变硬变脆。温度稳定性要满足工程与气候条件的要求。

(4)大气稳定性　大气稳定性是指石油沥青在大气作用下抵抗老化的性能。沥青的老化是指在热、光、氧气等大气因素作用下,使沥青的黏性增大、流动性变小,以致变硬变脆的现象。

石油沥青的黏性、塑性和温度稳定性是其主要性质,也是划分牌号的主要依据。

2)石油沥青的应用

石油沥青可分为如下三个品种。

(1) 建筑石油沥青　建筑石油沥青的黏性较高,主要用于房屋建筑的屋面与地下的防水工程。

(2)道路石油沥青　其黏性较小,主要用于配制沥青砂浆或沥青混凝土、铺设道路路面及地面工程。其中黏性较高的也可用于建筑防水工程。

(3)普通石油沥青　由于含石蜡较多,也称多蜡沥青。直接使用时,性能较差。一般需经处理或与建筑石油沥青掺配使用,可改善一些性能。

2. 煤沥青

煤沥青是炼焦炭或制煤气时的副产品。由煤焦油中提取轻质油分后的残留物,按其黏度不同,可有软煤沥青和硬煤沥青。

煤沥青的技术性质与石油沥青相类似,但其质量及耐久性都低于石油沥青,如塑性较低,温度稳定性和大气稳定性较差。此外,煤沥青具有毒性和臭味,因而有较高的抗微生物腐蚀作用,常用作防腐蚀材料。

煤沥青一般不与石油沥青混合使用,以防变质。

3. 页岩沥青

页岩沥青是由油田页岩,经干馏所得的页岩原油再经蒸馏的残留物。其性质介于石油沥青与煤沥青之间。

6.1.2　沥青胶及冷底子油

1. 沥青胶

沥青胶又称沥青玛碲脂,是由沥青掺入适量的滑石粉、石棉粉或白云石粉等矿物填充料拌制而成的混合物。

沥青胶具有良好的耐热性、黏结性、柔韧性和大气稳定性。沥青胶中掺入填充料不仅可以提高技术性质,还可节省沥青用量。但掺量不能过多,否则将会影响其流动性及柔韧性。一般掺量以沥青质量的5% ~15% 为宜。

沥青胶主要应用于粘贴沥青类防水卷材、嵌缝补漏及作防水或防腐蚀涂层等用途。

2. 冷底子油

冷底子油是用沥青与汽油、煤油、柴油等有机溶剂制成的较稀的沥青涂料。冷底子油的渗透性较强,涂刷在砂浆或混凝土等基面上,可以增强基层与沥青类防水材料的黏结力,从而延长防水工程的使用寿命。

6.1.3　防水卷材

最常用的防水卷材品种有纸胎沥青油毡和油纸。此外,还有沥青玻璃布油毡、再生胶沥青油毡、沥青石棉纸油毡等品种卷材。现将主要品种卷材介绍如下。

1. 油毡及油纸

油纸系由软沥青浸渍原纸而成。油毡则是用硬沥青浸涂油纸的二面,撒布滑石粉或云母粉作隔离层而成,是应用最广的防水卷材。

按沥青材料种类可分为石油沥青油毡、石油沥青油纸和煤沥青油毡。油毡多用于建筑防水工程,而油纸多用于包装防潮。

石油沥青油毡或油纸需用石油沥青胶粘贴,煤沥青油毡要用煤沥青胶粘贴。油毡和油纸的存放成竖直堆放,最多堆放两层,以免压折或压坏,并应避免日晒或雨淋。

2. 沥青玻璃布油毡

沥青玻璃布油毡是由玻璃布胎基两面用硬沥青浸涂,然后撒上滑石粉或云母粉而成。沥青玻璃布油毡的抗拉强度、柔性、耐腐蚀性、耐久性都优于纸胎油毡,适用于要求较高的防水工程。

3. 再生胶沥青油毡

再生胶沥青油毡是一种无胎基的卷材。是用石油沥青和废橡胶粉经混炼及脱硫后,掺入填充料(碳酸钙或石棉粉)再经混炼及压延而成。它的弹性、抗腐蚀性、低温柔韧性等技术性质都很好,适用于水工、桥梁、地下建筑以及建筑物的变形缝的防水。

此外,还有用石棉纸、石棉布、麻布为胎基制成的油毡,但这些油毡目前很少生产,不常采用。

6.1.4 防水涂料

在屋面上采用涂刷防水涂料作防水层,可以达到防止渗漏的效果。由于涂刷防水涂料施工简便,尤其在不便铺设卷材的屋面更有优越性。

现介绍几种效果较好的防水涂料。

1. 乳化沥青

乳化沥青是沥青和乳化剂及水,经过强力搅拌,将沥青分散成微小颗粒,均匀分散于水中的水乳液。当乳化沥青涂刷在屋面基层上,水分蒸发后,沥青颗粒相互靠近凝聚成膜,与基层黏结形成防水层。

乳化沥青的优点是可在潮湿基层上施工,而且黏结性较好。它是一种冷用防水涂料,施工方便,缺点是稳定性较差。

2. 氯丁橡胶沥青涂料

此种涂料是由氯丁橡胶溶液与沥青溶液配制成的一种溶剂性防水涂料。氯丁橡胶具有弹性大和耐气候性强的优点,克服了沥青在这方面的缺点。氯丁橡胶沥青涂料最大优点是适应变形能力强、抗拉强度高、耐老化性能好,缺点是制作工艺复杂,成本高。

3. 再生橡胶沥青涂料

再生橡胶沥青涂料是以石油沥青和再生橡胶为主要原料,以汽油和煤油为混合溶剂,加入适量填料配制而成。此种涂料具有良好的防水性、抗裂性、抗老化性。它是柔性最好的防水涂料。

6.1.5 防水嵌缝材料

为了防止屋面和墙板等构件接缝处渗水漏水,需要采用防水嵌缝油膏进行处理。

嵌缝油膏是一种冷用或热灌的嵌缝防水材料。嵌缝油膏的品种很多,如上海嵌缝油膏、马牌油膏、沥青防水油膏、聚氯乙烯胶泥等。对嵌缝油膏的要求是具有良好的防水性能、柔韧性能、抗老化性能等,并要求与各种建筑材料有良好的黏结力。使用时,先清洁板缝,刷冷底子油,干燥后嵌入油膏,油膏外面可加石油沥青或砂浆覆盖层。

6.1.6 防水堵漏材料

能起速凝作用,使漏水孔洞或缝隙及时堵塞的材料称为防水堵漏材料。

以水玻璃(硅酸钠)为主要原料的防水剂,掺入水泥中可使水泥浆迅速凝结,是一种常用的防水堵漏材料。

此外,氰凝是一种化学灌浆堵漏材料。它是由聚胺酯、异氰酸酯等制成,为低黏度液体,当注入混凝土裂缝中,遇水后经催化剂反应,黏度增加而生成体积膨胀又不溶于水的凝结体,达到堵漏的目的,效果很好。氰凝还可用于建筑构件的补强加固。缺点是价格较高。

其他防水材料如防水砂浆和防水混凝土可参阅前面有关章节。

6.2 保温材料

建筑物的室内外存在温差时，会通过墙体、门窗、屋顶等外围结构产生传热。在热工设备周围也有散热现象，造成热耗。

为了防止房屋、热工设备和管道的热量损失，就需选用保温性能好的围护材料。通常把导热系数低于 0.29 W/(m·K)和容重小于 1 000 kg/m^3的建筑材料称为保温材料或隔热材料。

除了用于墙体、屋顶、热工设备及热力管道的保温之外，也可用于冬季施工的保温，以及冷藏室和冷藏设备防止热量的传入。合理选用保温材料，对减薄围护结构的厚度、减轻建筑物重量和节省燃料消耗都有很大经济意义。由于保温材料为多孔结构，具有轻质、吸音等性能，故也可用作吸音材料。

6.2.1 无机保温材料

无机保温材料的原料来源广泛、生产方便、价格便宜，因此采用较多。按构造不同可有纤维材料、粒状材料和多孔材料之分。

1. 纤维材料

纤维保温材料分为天然纤维材料(石棉)和人造纤维材料(矿渣棉、岩石棉、玻璃棉)。

1)石棉及其制品

石棉是一种火成岩中的非金属矿物，通常所用的是指温石棉。此种石棉纤维柔软，具有保温、耐热、耐火、防腐、隔音、绝缘等性质。建筑上常用石棉粉、石棉纸板及石棉毡等。

(1)石棉粉　石棉粉是由石棉和胶结材料混合而成的粉状材料。常用的有碳酸镁石棉粉和硅藻土石棉粉等。

石棉粉的导热系数一般都小于 0.12 W/(m·K)，耐热度很高，一般大于 450 ℃。硅藻土石棉粉(俗称鸡毛灰)的耐热度可达 900 ℃以上。石棉粉主要用于包裹蒸汽管道、锅炉及可能散热的热工设备表面，以防热量损失。

(2)石棉纸、板　由石棉纤维与胶结材料混合后加水打浆，经抄取、加压、干燥而成。石棉纸厚度为 0.3 ~1 mm，石棉板厚度为 1 ~25 mm。最高使用温度为 600 ℃，主要用于热表面的隔热及保温、防火覆盖层等。

2)矿渣棉及其制品

矿渣棉是以工业废料矿渣为原料，将熔融矿渣或自高炉流出的熔融物，用蒸汽喷射或离心法制成的絮状保温材料。矿渣棉质轻、导热系数小、耐腐蚀、化学稳定性好，一般用作填充保温材料。为了施工方便，可用沥青或酚醛树脂为胶结材料，制成各种规格的板、毡和管壳等制品。

3)岩棉及其制品

岩棉是以火山玄武岩为主要原料，加入石灰石(助熔剂)，经高温熔化、蒸汽或压缩空气喷吹而成的短纤维状的保温材料。

岩棉的性质与矿渣棉相近，可直接用作填充保温材料，也可用沥青或水玻璃作胶结材料，制成岩棉板材、毡和管壳等。

4)玻璃棉及其制品

玻璃棉是将玻璃熔化，用离心法或气体喷射法制成的絮状保温材料。玻璃棉的表观密度小，为 100～150 kg/m^3，导热系数低，为 0.035～0.058 W/(m·K)，此外，不燃、不腐，有较高的化学稳定性，是一种高级隔热材料和吸音材料。

玻璃棉隔热材料，常有絮状或制成毡状和带状制品。制品可用石棉线、玻璃线或软铁丝缝制，也可用黏结物质将玻璃棉粘制成所需的形状。

玻璃棉可用作 450 ℃以下的重要工业设备和管道的表面隔热，也可用于运输工具、建筑中的隔热材料或吸音材料。

2. 粒状材料

粒状保温材料有膨胀珍珠岩和膨胀蛭石。

1）膨胀珍珠岩及其制品

膨胀珍珠岩是以珍珠岩、黑曜岩或松脂岩为原料，经破碎、焙烧使内部结合水及挥发性成分急剧膨胀并速冷而成的白色松散颗粒。具有质轻、绝热、吸音等特性，是一种超轻高效能保温材料。

膨胀珍珠岩可直接做保温材料，也可用胶结材料胶结制成各种形状的制品。制品的种类主要有水泥膨胀珍珠岩制品、水玻璃膨胀珍珠岩制品、沥青膨胀珍珠岩制品等。膨胀珍珠岩粉可与水泥配制成水泥珍珠岩灰浆。涂在墙面上作保温、隔热层。膨胀珍珠岩还可配制轻骨料混凝土。

2）膨胀蛭石及其制品

膨胀蛭石是以天然蛭石为原料，经破碎、焙烧，体积急剧膨胀（约 20 倍）为薄片、层状的松散颗粒。其表观密度为 80～120 kg/m^3，导热系数为 0.047～0.07 W/(m·K)，是一种很好的保温材料。

膨胀蛭石可直接铺设保温隔热层，也可以用水泥、水玻璃等胶结材料配制成各种形状的保温制品。还可制成膨胀蛭石粉刷灰浆，涂刷墙面作保温层。

3. 多孔材料

材料内部具有大量微孔，有良好的保温性能。常用的多孔保温材料有加气混凝土、泡沫混凝土、微孔硅酸钙、泡沫玻璃等。关于加气混凝土和泡沫混凝土前面有关章节已经介绍，现将后两种介绍如下。

1）微孔硅酸钙制品

微孔硅酸钙制品是用 65% 的硅藻土、35% 的石灰，加入 5.5～6.5 倍质量的水，再加入 5% 的石棉和水玻璃，经拌合、成型、蒸压处理而制成的。

微孔硅酸钙制品的容重小于 250 kg/m^3，导热系数为 0.041 W/(m·K)，最高使用温度为 650 ℃。一般用于围护结构及管道保温，其保温性能优于膨胀珍珠岩和膨胀蛭石制品。

2）泡沫玻璃

泡沫玻璃是用碎玻璃加入发泡剂（石灰石或焦炭）经焙烧至熔融、膨胀而制成一种高级保温材料。泡沫玻璃为多孔结构，气孔率可达 80%～90%，导热系数为 0.042～0.049 W/(m·K)，表观密度为 150～220 kg/m^3，抗压强度高，抗冻性、耐久性良好。一般用于冷藏库的隔热材料、高层建筑框架的填充材料及加热设备的表面隔热材料等。

6.2.2　有机保温材料

1. 软木及软木板

软木的原料为栓皮栎或黄菠萝树皮，胶料为皮胶、沥青、合成树脂等。不加胶料的要经模压、烘焙(400 ℃)而成。加胶料的需在模压前加胶料。软木含有大量微小封闭气孔,故有良好的保温性能。其导热系数为0.058 W/(m·K),表观密度分别小于180 kg/m^3(不加胶料的)和小于260 kg/m^3(加胶料的)。最高使用温度为120 ℃,软木只能阻燃,不起火焰。散粒软木可作填充材料,软木板可用于冷藏库隔热。

2. 水泥木丝板及水泥刨花板

将刨木丝,用5%氯化钙溶液处理后,再与325号水泥按比例拌合(每公斤木丝加1.3~1.5 kg水泥),经模压、养护即成木丝板。根据压实的程度可分为保温用与构造用木丝板两种。保温用木丝板的表观密度为350~400 kg/m^3,导热系数为0.11~0.13 W/(m·K),主要用于墙体和屋顶隔热。水泥刨花板的生产工艺及用途与木丝板相同,只是用木刨花代替木丝即可。

3. 泡沫塑料

泡沫塑料是以树脂为基料,加入一定量的发泡剂、催化剂、稳定剂等,经加热发泡膨胀而制成的轻质保温材料。当前生产的有聚苯乙烯泡沫塑料、聚氯乙烯泡沫塑料、聚氨脂泡沫塑料、脲醛泡沫塑料等。其导热系数一般都小于0.047 W/(m·K),最高使用温度不高于80 ℃。

4. 轻质钙塑板

轻质钙塑板是由轻质碳酸钙和高压聚乙烯与适量的发泡剂、交联剂、激发剂等,经混炼、热压而成的板材。其容重为100~150 kg/m^3,导热系数为0.047 W/(m·K),最高使用温度为80 ℃。

5. 软质纤维板

软质纤维板是用木材加工废料,经破碎、蒸解或用碱液浸泡、打浆、装模、压缩脱水、干燥而成。其表观密度为300~350 kg/m^3,导热系数为0.041~0.052 W/(m·K)。这种材料一般用于墙体和屋顶隔热。

第7章　装饰材料

装饰材料也称装修材料，是指内外墙面、地面和顶棚的饰面材料。装饰材料既有突出的装饰效果，又有保护主体结构的作用。对装饰材料除要求有一定的强度、耐水性、耐蚀性、抗火性和耐久性外，还要求具有装饰效果的特性，如颜色、光泽、透明度、表面特征以及造型等。

7.1　玻璃及其制品

玻璃是用石英砂、纯碱、长石和石灰石等为原料，于1 550～1 600 ℃高温下烧至熔融，再经急冷而得的一种无定形硅酸盐物质，它是各向同性的匀质材料。其化学成分为 SiO_2、Na_2O、CaO 及 MgO，有时还有 K_2O。

1. 平板玻璃

平板玻璃的生产，传统上采用“引上法”。该法使熔融的玻璃液被垂直向上提拉，经快冷后，切割而成。由这种工艺生产的产品其质量未能尽如人意，尤其当内部有玻筋、表面有波纹时，人物形象会透过玻璃被歪曲变形。故用其生产的平板玻璃制镜前，必须仔细加以磨平。用“引上法”生产的平板玻璃按外观质量分为特选品、一等品和二等品三个等级，厚度分2、3、4、5、6 mm五类，广泛用作窗片玻璃，需要量最大。

自20世纪60年代以来，“浮法”平板玻璃生产工艺开始在世界范围内发展起来，它是将熔融的玻璃液流入锡槽，在干净的锡液表面上自由摊平成型，逐渐降温退火，即可获得表面十分平整光洁，且无玻筋、波纹，光学性能优良的平板玻璃，可代替磨光玻璃使用。

2. 钢化玻璃

钢化玻璃是用将平板玻璃加热到一定温度后迅速冷却（即淬火）的方法或化学方法（即离子交换法）而制成。其特点是机械强度比平板玻璃高4～6倍，其平均抗弯强度不低于200 MPa。

钢化玻璃耐冲击，耐急冷急热。由于钢化时产生了均匀的内应力，从而使玻璃表面产生预加压应力的效果，破碎时碎片小且无锐角，不易伤人，故又名安全玻璃。主要用于高层建筑门窗、隔墙等处。

3. 压花玻璃

压花玻璃是将熔融的玻璃液在快冷中通过带图案花纹的辊轮滚压而成的制品，又称花纹玻璃或滚花玻璃。

压花玻璃具有透光不透视的特点。这是由于其表面凹凸不平，当光线通过时即产生漫射，从玻璃的一面看另一面的物体时，物象就显得模糊不清。另外，压花玻璃因其表面有各种图案花纹，所以又具有一定的艺术装饰效果。这种玻璃多用于办公室、会议室、浴室、卫生间以及公共场所分离的门窗和隔断处。

使用时应注意的是：如果花纹面安装在外侧，不仅很容易积灰弄脏，而且一沾上水弄湿，就能透视。因此安装时应将花纹朝室内。

4. 磨砂玻璃

磨砂玻璃又称毛玻璃，它是将平板玻璃的表面经机械喷砂、手工研磨或氢氟酸溶蚀等方法处理成均匀毛面。其特点是透光不透视，且光线不刺眼，用于须透光而不透视的卫生间、浴室等处。安装磨砂玻璃时，应注意将毛面向室内。磨砂玻璃还可作黑板。

5. 有色玻璃

有色玻璃是在原料中加入各种金属氧化物作为着色剂而制得带有红、绿、黄、蓝、灰等颜色的透明玻璃。将有色玻璃按设计的图案划分后，用铅条或黄铜条拼装成瑰丽的花窗，装饰效果很好；有时在玻璃原料中加入乳浊剂（萤石等），可制得乳浊有色玻璃，白色的则称为乳白玻璃。这类玻璃透光而不透视，具有独特的装饰效果。有色玻璃适用于对光有特殊要求的采光部位和装饰外墙面用。

6. 玻璃空心砖

玻璃空心砖一般是由两块压铸成的凹形玻璃，经熔接或胶接成整块的空心砖。砖面可为平光，也可在内、外压铸各种花纹。砖内腔可为空气，也可填充玻璃棉等。砖形有方形、长方形、圆形等。玻璃砖具有一系列优良的性能，绝热、隔声，光线柔和优美。砌筑方法基本上与普通砖相同。

7. 夹层玻璃

夹层玻璃是在两片或多片玻璃之间嵌夹透明塑料薄片，经热压黏合而成的平面或曲面的复合玻璃制品。

夹层玻璃原片可采用磨光玻璃、浮法玻璃、钢化玻璃、彩色玻璃、吸热与热反射玻璃等，塑料薄片常用聚乙烯醇缩丁醛。复合后玻璃制品的抗冲击和抗穿透性能大为提高，适用于安全性要求较高的建筑、机车车辆及船舶的门窗。

8. 中空玻璃

中空玻璃是将两片或多片平板玻璃的周边用间隔框分开，并用密封胶密封使玻璃层间形成有干燥气体空间的玻璃制品。中空玻璃可采用平板玻璃、夹层玻璃、钢化玻璃、吸热玻璃、热反射玻璃和压花玻璃等。

由于中空玻璃的玻璃与玻璃之间留有一定的空腔，使其具有良好的保温、隔热、隔声等性能。主要用于需要采暖、空调、防止噪声或结露以及需要无直射阳光的建筑物上。

9. 玻璃马赛克

玻璃马赛克也叫玻璃锦砖，它与陶瓷锦砖在外形和使用方法上有相似之处，但它是半透明的玻璃质材料，呈乳浊或半乳浊状，内含少量气泡和未熔颗粒。单块玻璃赛克的尺寸一般为 20 mm ×20 mm× 4 mm 或 25 mm× 25 mm ×4.2 mm。

玻璃马赛克具色调柔和、朴实、典雅、美观大方、化学性能稳定、冷热稳定性好等优点，此外还具有不变色、不积灰、历久常新、重量轻、与水泥黏结性能好等特点，常用于外墙装饰。

7.2 建筑装饰涂料

建筑装饰涂料简称涂料，与油漆是同一概念，是涂敷于物体表面能与基体材料很好黏结并形成完整而坚韧保护膜的物料。它一般由三种基本成分所组成，即：成膜基料、分散介质、颜料和填料。

此外，还根据需要加入各种辅助材料如催干剂、流平剂、防结皮剂、固化剂、增塑剂等。一般说来，这些物质本身不能成膜，但在成膜基料形成涂膜过程中起着相当重要的作用。

涂料的种类繁多，按主要成膜物质的性质可分为有机涂料、无机涂料和有机无机复合涂料三大类；按使用部位分有外墙涂料、内墙涂料和地面涂料等；按分散介质种类分有溶剂型和水溶型两类。

(1)过氯乙烯内墙涂料　为溶剂型内墙涂料，是以过氯乙烯树脂为基料，掺入增塑剂、稳定剂、颜料和填充剂等经混炼、切片后溶于有机溶剂中制成的一种内墙涂料。其色彩丰富、表面平滑、装饰效果好，并具有较好的耐老化性和防水性等特点。

(2)氯化橡胶外墙涂料　在合成橡胶或天然橡胶制成的白色粉末树脂中，加入溶剂、颜料和助剂等配制成的一种溶剂型外墙饰面涂料。它具有涂层干燥快、耐水、耐碱、耐候、耐污染、耐洗刷等特点。

(3)聚醋酸乙烯乳胶涂料　以聚醋酸乙烯乳液为主要胶粘剂，配以多种填料、颜料及助剂而制成的水性涂料。它具有无毒、无味、不燃烧，装饰效果明快，施工方便等优点。产品还具有耐碱、耐水、耐洗刷等特性，适用于一般民用建筑、学校、工厂等内墙装饰。

(4)苯丙乳液外墙涂料　它是以苯丙乳液为基料，加入颜料、填料和助剂配制而成。具有安全无毒，施工方便，干燥迅速，颜色鲜艳等优点。它具有透气性、耐水、耐碱、耐老化且保色性能好，附着力强的特点。既适用于建筑物外墙装饰，也可用于木质或钢质门窗的涂布保护装饰。

(5)硅酸钾无机外墙涂料　它是以硅酸钾为主要成膜物质，加入适量的固化剂、颜料、填料和分散剂经搅拌混合而成。它具有良好的耐老化、耐碱、耐水性和成膜温度低等特点。以水为分散介质，施工方便，环境污染小。另外，其原料丰富，生产工艺也比较简单，成本较低。

(6)丙烯酸系复层涂料　它是以丙烯酸酯共聚乳液为基料的一种水溶型复合层涂料，一般由底涂层、主涂层和面涂层组成。其中底涂层用于封闭基层和增强主涂料的附着能力；主涂层用于形成凹凸式平状装饰面；面涂层用于装饰面着色，提高耐候性、耐污染性和防水性等。涂层具有优良的耐候性、耐水性、耐碱性、耐冷热循环性、耐沾污性、黏结强度高等特性。此外，涂层质感强、装饰效果好、施工方便、不污染环境。它适用于中高层建筑、公共设施、小型别墅、宾馆、饭店等的外墙装饰。

7.3　建筑陶瓷饰面砖

建筑陶瓷包括釉面砖、墙地砖、锦砖、建筑琉璃制品等。它广泛用作建筑物内外墙、地面和屋面的装饰和保护，已成为房屋装修的一类极为重要的装饰材料。其产品总的发展趋势是：提高质量、增大尺寸、品种多样、色彩丰富、图案新颖。

1. 釉面砖

釉面砖又称内墙砖，属于精陶类制品。它是以黏土、石英、长石、助熔剂、颜料，以及其他矿物原料，经破碎、研磨、筛分、配料等工序加工成含一定水分的生料，再经模具压制成型(坯体)、烘干、素烧、施釉和釉烧而成；或坯体施釉一次烧成。这里所谓的釉，是指附着于陶瓷坯体表面的连续玻璃质层，具有与玻璃相类似的某些物理化学性质。

釉面砖具有色泽柔和典雅、美观耐用、朴实大方、防火耐酸、易清洁等特点。主要用作建筑物内部墙面,如厨房、卫生间、浴室、墙裙等的装饰与保护。

釉面砖的主要物理性能为:①吸水率≯21%;②经耐急冷急热性试验,釉面无裂纹;③平均弯曲强度≮ 16 MPa。

近年来,我国釉面砖有了很大的发展。颜色从单一色调发展成彩色图案,还有专门烧制成供巨幅壁画拼装用的彩釉砖;在质感方面,已在表面光平的基础上增加了有凹凸花纹和图案的产品,给人以立体感;釉面砖的使用范围也已从室内装饰推广到建筑物的外墙装饰。

2. 墙地砖

生产工艺类似于釉面砖,或不施釉一次烧成无釉墙地砖。产品包括内墙砖(参见釉面砖)、外墙砖和地砖三类。

墙地砖具有强度高、耐磨、化学性能稳定、不燃、吸水率低、易清洁、经久不裂等特点。墙地砖的物理化学性质应满足表7-1的要求。对于铺地砖还有耐磨性要求,并根据耐化学腐蚀性分为AA、A、B、C、D五个等级。

表7-1 墙地砖理化性能

项目	技术要求
吸水率(%)	≯10
耐急冷急热性	经三次忽冷急热循环不出现炸裂或裂纹
抗冻性能	经20次冻融不出现破裂、剥落或裂纹
弯曲强度(MPa)	平均值<24.5

3. 陶瓷锦砖

俗称马赛克(Masaic),是以优质瓷土为主要原料,经压制烧成的片状小瓷砖,表面一般不上釉。通常将不同颜色和形状的小块瓷片铺贴在牛皮纸上形成色彩丰富、图案繁多的装饰砖成联使用。

陶瓷锦砖具有耐磨、耐火、吸水率小、抗压强度高、易清洗以及色泽稳定等特点。它广泛适用于建筑物门厅、走廊、卫生间、厨房、化验室等内墙和地面,并可作建筑物的外墙饰面与保护。施工时,可以将不同花纹、色彩和形状的小瓷片拼成多种美丽的图案。

成联陶瓷锦砖的主要物理化学性能为:①锦砖与铺贴纸结合牢固,不脱落;②吸水率≯0.2%;③耐急冷忽热性试验不开裂。

4. 建筑琉璃制品

建筑琉璃制品是我国陶瓷宝库中的古老珍品之一。是用难熔黏土制坯,经干燥、上釉后焙烧而成。颜色有绿、黄、蓝、青等。品种可分为三类:瓦类(板瓦、滴水瓦、筒瓦、沟头)、脊类和饰件类(吻、博古、兽)。

琉璃制品色彩绚丽、造型古朴、质坚耐久,用它装饰的建筑物富有我国传统的民族特色。主要用于具有民族色彩的宫殿式房屋和园林中的亭、台、楼阁等。

5. 陶瓷劈离砖

陶瓷劈离砖又称劈裂砖、劈开砖和双层砖,是以黏土为主要原料,经配料、真空挤压成型、烘干、焙烧、劈离(将一块双联砖分为二块砖)等工序制成。产品具有均匀的粗糙表面、古朴高雅的风格,耐久性好,广泛用于地面和外墙装饰。

6. 卫生陶瓷

卫生陶瓷为用于浴室、盥洗室、厕所等处的卫生洁具，如洗面器、坐便器、水槽等。

卫生陶瓷多用耐火黏土或难熔黏土经配制料浆、灌浆成型、上釉焙烧而成。卫生陶瓷结构型式多样，颜色分为白色和彩色，表面光洁，不透水，易于清洗，并耐化学腐蚀。

7.4　饰面板

饰面板装饰材料包括木材类装饰板、石膏类装饰板、塑料类装饰板、金属类装饰板等。

1. 木材制品装饰板

木材类装饰板主要制品有天然木板、大芯板、胶合板、纤维板、木丝板、木质装饰吸音板等。其材料质感细腻，具有美丽的天然花纹，古朴典雅、美观大方，装饰效果好，给人以亲切感，对改善室内音质效果，有一定作用，唯防潮、防火、防霉、防蛀性能欠佳。一般用于室内的墙面、墙裙、护墙板、门窗包口、地板和顶棚的高级装修。

2. 石膏装饰板

石膏类装饰板主要有纸面石膏板、装饰石膏板等。纸面石膏板是以建筑石膏为主要原料，掺入纤维、外加剂（发泡剂、缓凝剂等）和适量轻质填料等，加水搅拌成带微孔的料浆，注入两层纸之间，经辊压、切割、烘干而成。具有质轻、不燃、易切割、可钉、可粘贴等性能。板面可进行喷浆、油漆、粘贴壁纸等饰面处理。纸面石膏板主要用于室内吊顶、隔墙、墙面装饰等。

石膏装饰板是用建筑石膏掺玻璃纤维加水拌合，浇模成型，脱模后干燥而成。多制成浅浮雕立体图案，花纹清晰，具有独特的装饰效果。石膏装饰板主要用于室内吊顶、墙面的艺术装饰、浮雕等。

3. 塑料装饰板

1）塑料地板

塑料地板可以粘贴在如混凝土或木材等基层上，构成饰面层。塑料地板的色彩及图案不受限制，能满足各种用途的需要，也可以仿制天然材料，十分逼真。地板施工铺设方便，耐磨性好，使用寿命长，便于清扫，脚感舒适且有多种功能，如隔声、隔热和隔潮等。

塑料地板品种较多，有聚氯乙烯塑料地板、氯乙烯—醋酸乙烯塑料地板、聚乙烯塑料地板、聚丙烯塑料地板等。其中聚氯乙烯塑料地板产量最大。塑料地板按材质不同，有硬质、半硬质和弹性地板；按外形有块状地板和卷材地板。

2）塑料装饰板

塑料装饰板是以印有各种色彩、图案的纸为基，浸渍三聚氰胺树脂和酚醛树脂，再经热压制成的可覆于各种基材上的一种装饰贴面材料。有镜面型和柔光型两种。产品具有图案、色调丰富多彩，耐湿，耐磨，耐烫，耐燃烧，耐一般酸、碱、油脂及酒精等溶剂的侵蚀，表面平整，极易清洗的特点。塑料装饰板主要用作护墙板、屋面板、吊顶板和各种室内及家具的装饰装修。其质量轻，能降低建筑物的自重。

3）钙（铝）塑板

以高压聚乙烯为基料，轻质碳酸钙、氢氧化铝为填料，加入发泡剂等，混炼、压成底层片及表层片，再经热压、发泡真空成型而成。钙塑板的表观密度小，掺入阻燃剂后可得阻燃效果，提高耐火性能。用于要求吸声的室内吊顶时，可在板面上穿孔，板上放置吸音材料。还可根据设计要求做出丰富的立体造型,可得到很好的装饰效果。

此外,还有聚氯乙烯塑料装饰板、硬质聚氯乙烯透明板、覆塑装饰板、玻璃钢装饰板等等。

4. 金属装饰板

1)铝合金装饰板

铝合金是以铝为主体另掺入铜、镁、锰、锌、铬等元素所组成的一种合金材料,它的特点是强度可接近常用碳素结构钢,质量仅为钢材的1/3,而且大气条件下的耐蚀性能好。

铝合金可制成平板或波形板,也可压延成各种断面的型材,在现代建筑上已得到广泛应用。

铝合金花纹板是将防锈铝合金坯料用花纹轧辊轧制而成。花纹美观大方,不易磨损,防滑性好,防腐蚀性能强,便于冲洗,常用于现代建筑的墙面装饰和楼梯踏板等处。

镁铝曲面装饰板简称镁铝曲板,是以酚醛纤维板、镁铝合金箔板、底层纸为原料,经砂光、黏结和电热烘干、刻沟、涂沟等工艺而制成。具有耐磨、防水、不积污垢、外形美观等特点,适用于天花板、门框、镜框、包边的装饰。

2)不锈钢

不锈钢具有优良的抗腐蚀性能,可以较长时间地保持初始装饰效果。可加工成板材、管材、型材及各种连接件等制品;表面可为本色、不抛光,亦可抛光至高度发亮,或通过化学浸渍进行着色处理,制得褐、蓝、黄、红、绿等各种颜色,进一步提高装饰效果。不锈钢不仅适用于室内,也可用于室外装饰。

3)彩色压型钢板

以镀锌钢板为基材,经成型机轧制,并敷以各种防腐耐蚀涂层与彩色烤漆而制成。为了使建筑立面获得线型,常把板压出有折角的大、小波型。具有质量轻、抗震性好、色彩鲜艳、加工简易、施工方便等特点,广泛用于工业厂房和公共建筑的屋面与墙面。

4)金属搪瓷板

金属搪瓷板常以薄钢板或铝板为基材,在表面搪上含硒的熔化温度低的玻璃,为了获得不透明性可加钛锆化合物,为了使瓷面牢固地黏结在金属板的表面上,还须加入钴元素。金属搪瓷板坚硬、耐久、可洗,并可制成各种色彩,无论室内、室外均可采用。

7.5 水泥、石渣类装饰材料

用水泥、砂、碎石和石渣作为装饰材料的做法有两类,一类是现场湿作饰面,也称为抹灰类装饰,如混合砂浆、水泥砂浆、水刷石、干粘石、剁斧石、水磨石等;另一类是预制加工成制成品,也称人造石制品,如人造大理石、人造花岗石、人造玛瑙石、水磨石板等。

1. 水泥砂浆和细石混凝土饰面

以普通水泥砂浆和细石混凝土为主做饰面材料,是传统的装修方式。其主要特点是材料品种单一,来源广泛,施工简便,造价低廉;缺点是饰面耐久性较差、易开裂、颜色灰暗、不耐污染,手工操作多、工效较低。

近年来成功地采用了聚合物水泥饰面材料,在普通水泥或砂浆中掺加适量的有机聚合物(常用聚乙烯醇缩甲醛胶,即107胶),可提高与基层的黏结力,防止开裂、脱落。采用喷涂、滚涂、弹涂等施工工艺,可获得多种装饰效果的墙体饰面。如掺加疏水剂(甲基硅酸钠),使其吸水率降低，提高水泥饰面的耐污染性能。

装饰混凝土是一种混凝土饰面的新技术。利用白色或彩色水泥和骨料的颜色、质感、线型等特征制成装饰混凝土饰面，可以获得富有人性化的视觉效果。

应用彩色混凝土制作的路面砖、连锁砖，可美化城市路面，还可作为永久性的交通标志。

2. 水泥胶结的石渣饰面

以各种水泥为胶粘剂，砂和大理石或花岗石碎粒等为集料。用于外墙装饰的有水刷石、剁斧石、干粘石饰面等；用作内墙或地面饰面的有水磨石、人造大理石、人造花岗石等，其质感和装饰效果接近磨光天然大理石和花岗石。预制水磨石和人造石可铺设地面、镶贴墙面、柱面、窗台板、楼梯踏步、阳台栏板等。

这种饰面的装饰效果比水泥抹灰类饰面好，但造价稍高，耐腐蚀性能也较差，表面也容易出现微小龟裂和泛霜。如在砂浆中掺入 107 胶可使干粘石的石碴黏结牢固，提高了装饰质量和耐久性。

3. 树脂胶结的石渣饰面

它是以不饱和树脂为胶粘剂，石英砂、大理石碎粒或粉等无机材料为集料，经搅拌混合、浇注成型、固化、脱膜、烘干、抛光等工序制成的装饰材料。不饱和树脂的黏度低，易于成型，且可在常温下快速固化。产品光泽好，基色浅，可调制成各种鲜明的颜色，其色彩和花纹均可根据要求设计制作。

这种饰面具有天然石材的质感，但质量轻、强度高、耐腐、耐污染，可锯切、钻孔，施工方便，还可以制作成弧形、曲面等天然石材难以加工的复杂形状。适用于墙面、门套或柱面装饰，也可用作工厂、学校等的工作台面及各种卫生洁具，还可加工成浮雕、工艺品等。

7.6　裱糊类装饰材料

裱糊类装饰材料包括各种装饰性的墙纸、墙布等卷材类的装饰材料，主要用于装饰内墙表面。

1. 墙纸

墙纸又称壁纸，系利用各种彩色花纸装修墙面，在我国已有悠久历史，且具有一定艺术效果。但花纸不仅怕潮、怕火、不耐久，而且脏了不能洗刷，故应用受到限制。当今，国内外生产的各种新型复合墙纸，种类不下千余种，依其构成材料和生产方式不同，墙纸可有以下几类。

1）PVC 塑料墙纸

塑料墙纸是当今流行的室内墙面装饰材料之一。它除具有色彩艳丽、图案雅致、美观大方等艺术特征外，在使用上还具有不怕水、抗油污、耐擦洗、易清洁等优点，是理想的室内装修材料。

塑料墙纸由面层和衬底层在高温下复合而成。面层以聚氯乙烯塑料或发泡塑料为原料，经配色、喷花或压花等工序与衬底进行复合。发泡工艺又有低发泡和高发泡之分，形成浮雕型、凹凸图案型，其表面丰满厚实，花纹起伏，立体感强，且富有弹性，装饰效果显得高雅豪华。而普通塑料面层亦显图案清新，花纹美观，色彩丰富，装饰感强，效果亦佳。

墙纸的衬底大体分纸底与布底两类。纸底成型简单，价格低廉，但抗拉性能较差；布底有密织纱布和稀织网纹之分。它具有较好的抗拉能力，较适宜于可能出现微小裂隙的基层上，撞击时不易破损，经久耐用。多用于高级宾馆客房及走廊等公共场所。

2)纺织物面墙纸

纺织物面墙纸系采用各种动、植物纤维(如羊毛、兔毛、棉、麻、丝等纺织物)以及人造纤维等纺织物作面料复合于纸质衬底而制成的墙纸。由于各种纺织面料质感细腻、古朴典雅,清新秀丽,故多用作高级房间装修之用。

3)金属面墙纸

金属面墙纸也由面层和底层组成。面层系以铝箔、金粉、金银线等为原料,制成各种花纹、图案,并同用以衬托金属效果的漆面(或油墨)相间配制而成,然后将面层与纸质衬底复合压制而成墙纸。其生产工艺要求较高。墙纸表面呈金色、银色和古铜色等多种颜色,构成多种图案。在光线照射下,色泽鲜艳,墙面显得金壁辉煌,古色古香,别有风味,同时它可防酸、防油污。因此多用于高级宾馆、餐厅、酒吧以及住宅建筑的厅堂之中。

4)天然木纹面墙纸

这类墙纸系采用名贵木材剥出极薄的木皮,贴于布质衬底上面制成的墙纸。它类似胶合板,色调沉着,雅致,富有人性味、亲切感,具有特殊的装饰效果。

为了合理使用墙纸,必须根据不同墙纸的使用要求、使用特点进行选择。国际上通常将每种墙纸的型号、规格、使用性能用符号标注在产品的背面,供选购时参考。常见使用符号如表7-2所示。

表7-2 墙纸使用符号标志

	水平对花		底面可分离
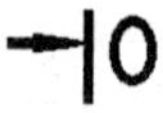	不需对花		可抹
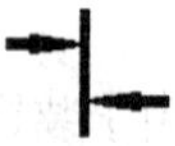	高低对花		可洗
	头尾对调		可擦
			不退色

2. 墙布

墙布系指以纤维织物直接作为墙面装饰材的总称。它包括玻璃纤维墙面装饰布和织锦等材料。

1)玻璃纤维装饰墙布

玻璃纤维布是以玻璃纤维织物为基材,表面涂布合成树脂,经印花而成的一种装饰材料,布宽840~870 mm,一卷长40 m。由于纤维织物的布纹感强,经套包后的花纹装饰效果好,且具有耐水、防火、抗拉力强,可以擦洗以及价格低廉等特点,故应用较广。其缺点是易泛色,当基层颜色较深时,容易显露出来。同时,由于本身系碱性材料,使用日久即呈黄色。

2)织锦墙布

织锦墙布装饰材料是采用织锦缎裱糊于墙面的一种装饰材料。织锦缎系丝绸织物,它的颜色艳丽,色调柔和,古朴雅致,且对室内吸声有利。由于织锦缎柔软易变形,可以先裱糊在人造板上再进行装配,但施工较烦,且价格昂贵,一般仅用作高级装修。

第3篇　建筑构造

第8章　基础与地下室

8.1　概述

8.1.1　地基与基础的概念

基础是建筑物的组成部分(图8－1),它承受建筑物上部结构传递下来的全部荷载,并把这些荷载连同本身的重量一起传到地基上。地基是基础下面的土层,承受由基础传下的荷载。地基不是建筑物的组成部分。地基在稳定情况下,单位面积所能承受的最大垂直压力称地基的容许承载力,也称为地耐力。

地基与基础密切相关。地基、基础出现问题,往往难以补救。从工程造价上看,一般四、五层民用建筑,其基础工程的造价约占总造价的10%～20%。

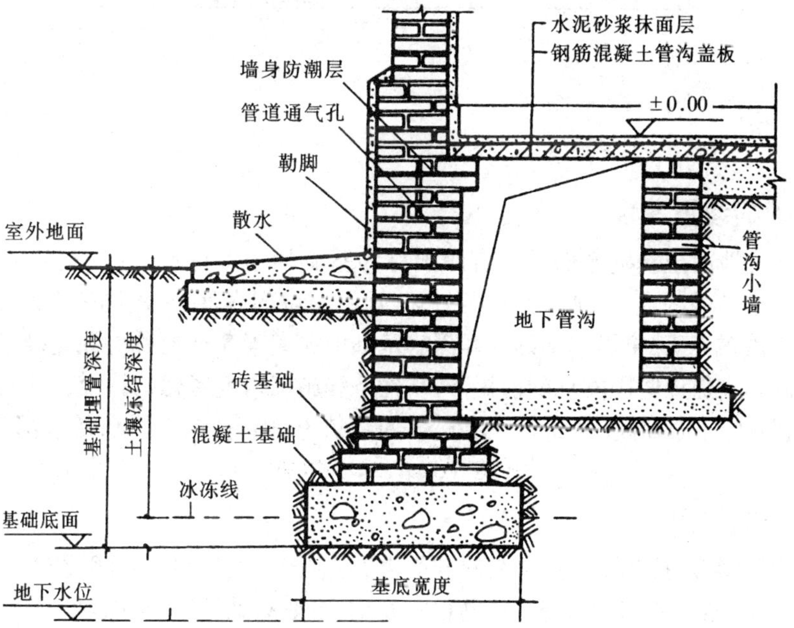

图8－1　外墙基础剖面

8.1.2　地基的类型

1. 天然地基

凡天然土层具有足够的承载力,不需经过人工加固,可直接作为建筑物地基的称为天然地基。《建筑地基基础设计规范》(GB50007—2002)中规定,作为建筑地基的土层分为岩石、碎石土、砂土、粉土、黏性土和人工填土等不同的类型。

采用天然地基可以加速施工进度,降低工程造价,因此,可以采用天然地基时,应尽量采用。

2. 人工地基

当土层的承载力较差或虽然土层质地较好，但上部荷载过大时，为使地基具有足够的承载力，应对土层加固。这种经过人工处理的土层叫人工地基。

人工地基加固的处理方法见表 8－1。

表 8－1　地基处理方法

分类	方法	处理步骤
碾压法、夯实法	机械碾压法、重锤夯实法、平板震动法	把浅层地基土压实、夯实或振实
换土法、垫层法	砂石垫层法、碎石垫层法、灰土垫层法、干渣垫层法、粉煤灰垫层法	挖除浅层软弱土或不良土，回填砂石、灰土、干渣、粉煤灰等强度较高的材料
深层密实法	碎石桩、砂桩、砂石桩、石灰桩、土桩、灰土桩、强夯置换法	采用一定技术方法，在振动和挤密过程中，回填砂、碎石、灰土、素土等形成相应的砂桩、碎石桩、灰土桩、土桩等与地基土形成复合地基
排水固结法	堆载预压、降水预压、电渗预压	在地基中设置竖向排水通道并对地基施以预压荷载，加速地基土的排水固结，增加强度
胶结法	注浆、深层搅拌、高压旋喷	采用专门技术，在地基土中注入水泥浆液或化学浆液，使土粒胶结

8.2　基础

8.2.1　基础的埋置深度

从室外设计地面至基础底面的垂直距离称为基础的埋置深度，简称基础的埋深（图 8－1）。建筑物上部荷载的大小、地基土质的好坏、地下水位的高低、土的冰冻深度以及新旧建筑物的相邻交接关系等，都将影响基础的埋深。基础埋深大于 5 m 的称为深基础，埋深小于 5 m 的称为浅基础。在保证坚固安全的前提下，从经济和施工角度考虑，对一般民用建筑基础应尽量设计为浅基础。但如地层表面有一层松散的腐植土，则不宜做地基，故埋深一般不得小于 0.5 m。

8.2.2　基础的类型

基础的类型很多，按基础使用的材料与受力特点分类，有刚性基础和柔性基础；按基础的构造形式分类，有条形基础、独立基础、井格式基础、筏形基础、箱形基础等。

1. 按基础使用的材料与受力特点分类

1）刚性基础

刚性基础所用的材料有灰土、砖、混凝土、三合土、毛石等。这些材料的共同特点是抗压强度高，而抗拉、抗剪强度低。根据结构受力和传力特点，建筑上部荷载传至基础的压力是沿一定角度分布的，这个传力角度（指宽高比形成的夹角）称压力分布角，也称刚性角，以 α 表示（图 8－2）。

刚性基础的基础底面宽度应根据材料的刚性角决定。基础底面宽度超过一定控制范围，造成刚性角扩大时，会使基础因受拉而遭到破坏。通常砖、石砌体基础的刚性角应控制在 26°

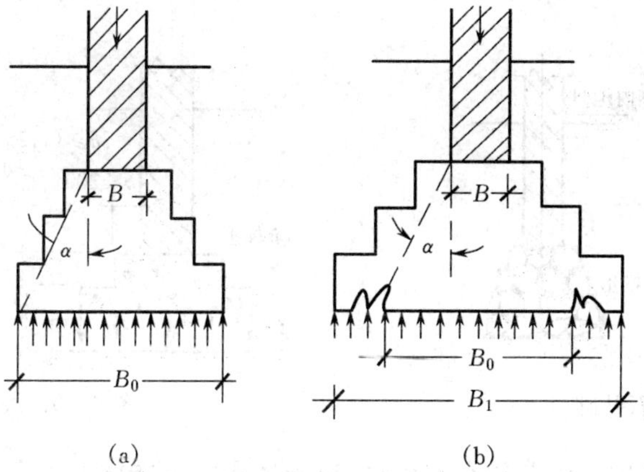

图 8－2　刚性基础

(a)基础受力在刚性角范围以内　(b)基础宽度超过刚性角范围而破坏

~33°之间，混凝土基础刚性角应控制在 45°以内。

刚性基础的优点是施工技术简单，材料可就地取材，造价低廉。刚性基础常用于地基承载力较好、压缩性较小的中小型民用建筑。一般砖混结构的房屋基础常采用刚性基础。

(1)灰土基础　灰土是经过消解后的生石灰和黏性土按一定比例拌和而成。其配合比常用石灰∶黏性土 =3∶7，俗称"三七"灰土。灰土基础适用于干燥地区的简易建筑。其优点是施工简便，造价较低，就地取材，可节省水泥和砖石等材料。

(2)砖基础　砖基础的下部要做成阶梯形，以使上部的荷载能均匀地传到地基上。砖基础的逐步放阶形式称为大放脚(图 8－3)。为节省大放脚的材料，可在砖基础的下部做灰土垫层，形成灰土砖基础(图 8－4)。砖基础施工简便，适用于荷载较小的建筑或非承重墙基础。

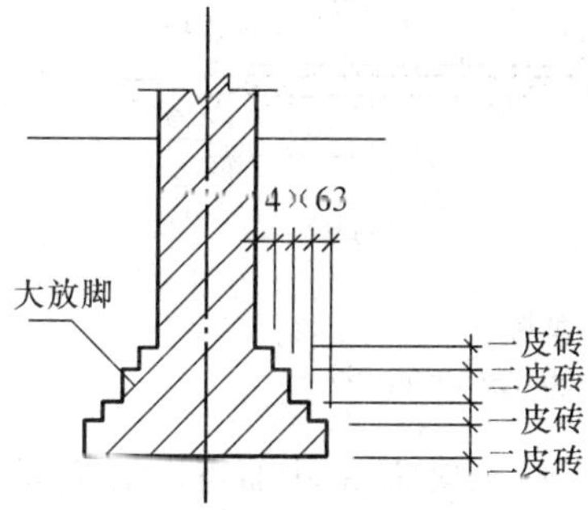

图 8－3　砖基础

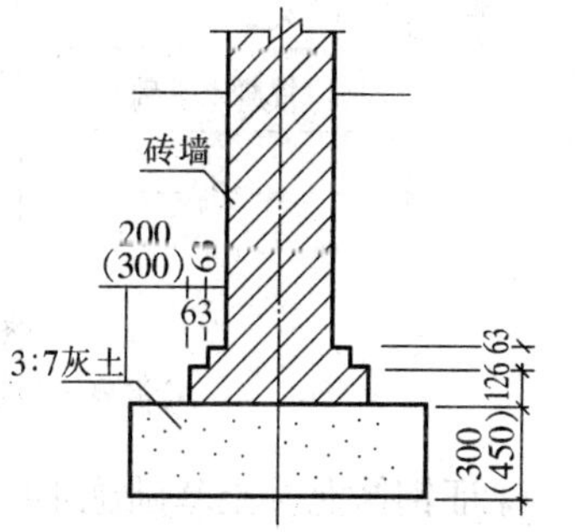

图 8－4　灰土砖基础

(3)三合土基础　这种基础是用石灰、砂、碎砖等三种材料，按 1∶2∶4 ~1∶3∶6的体积比进行配合，在基槽内分层铺垫、夯实。这种基础在我国南方应用很广。它的特点是造价低廉，施工简便，但强度较低，所以只能用于四层以下的一般民用建筑及单层轻型厂房的承重墙基础。

(4)毛石基础　毛石基础是用开采后未经加工成形的石块，采用不小于 M5 的砂浆砌筑而成(图 8－5)。毛石形状不规则，其质量与码石块的技术和砌筑方法关系很大，一般应搭板满槽砌筑。毛石基础的优点是可以就地取材，但整体性欠佳，故有震动的建筑很少采用。

(5)混凝土基础　混凝土基础的优点是强度高，整体性好(图 8－6)，适用于潮湿的地基或有水的基槽中。

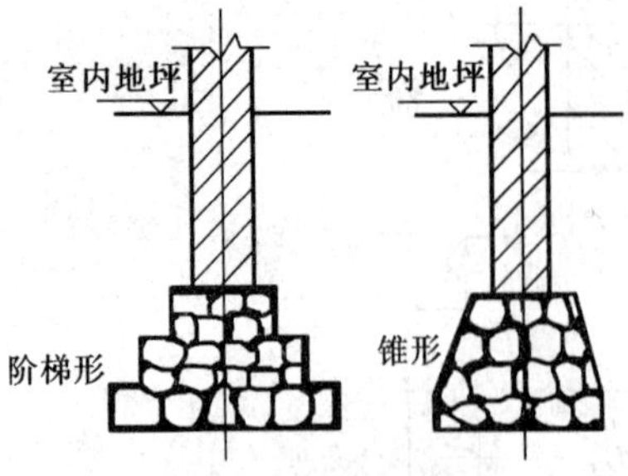

图 8-5 毛石基础

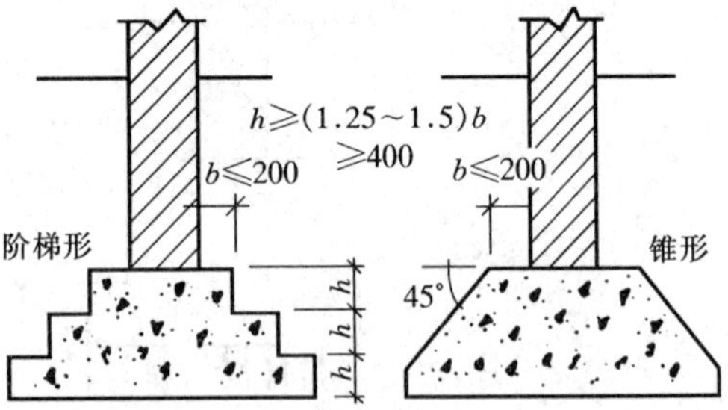

图 8-6 混凝土基础

(6)毛石混凝土基础 为节约水泥用量,对于体积较大的混凝土基础,可在浇注混凝土时加入20% ~30%的毛石,这种基础叫毛石混凝土基础。

2)柔性基础

当建筑物荷载较大或地基承载力较差,如果按刚性角逐步放宽基础,则需要很大的埋置深度,不仅增加土方工程量,而且使材料用量增加,这对工期和造价都不利。此时,可在混凝土基础的底部配置钢筋,利用钢筋承受拉力,使基础底部能够承受较大弯矩。这种钢筋混凝土基础底部宽度的加大不受刚性角的限制,故也称为柔性基础(图 8-7)。柔性基础具有较大的抗拉、抗弯能力,普遍用于单层、多层民用与工业建筑中。在同等条件下,柔性基础可节省大量材料和挖土工作量。

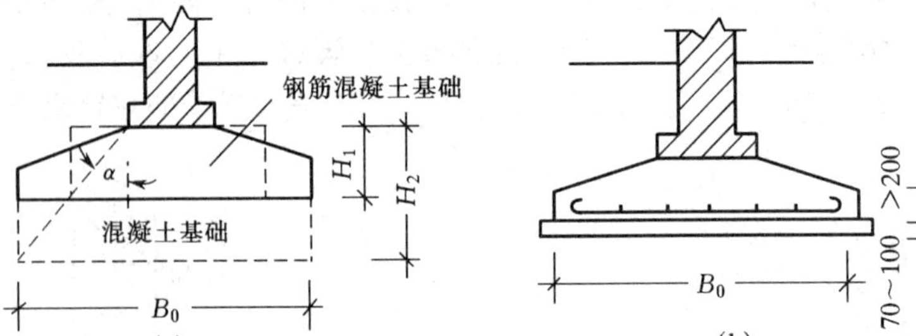

(a) (b)

图 8-7 钢筋混凝土基础

(a)混凝土与钢筋混凝土基础比较 (b)基础配筋情况

为了保证钢筋混凝土基础施工时钢筋不致陷入泥土中,常需在基础与地基之间设置混凝土垫层。垫层一般采用 C10 素混凝土,厚度 70 ~100 mm,垫层两边应伸出底板各 100 mm。

2. 按基础的构造形式分类

1)条形基础

当建筑物上部结构采用砖墙或石墙承重时,基础的形式多为沿墙身设置的长条形基础,这种基础称为条形基础或带形基础(图 8-8)。墙承式的建筑多采用条形基础。

2)独立基础

当建筑物上部结构采用框架结构或单层排架及门架结构承重时,其基础常采用方形或矩形的钢筋混凝土独立基础。独立基础是柱下基础的基本形式,也称柱式基础。当采用现浇柱时,柱与基础整体浇注,如图 8-9(a)所示。当柱采用预制构件时,基础做成杯口形,然后将柱

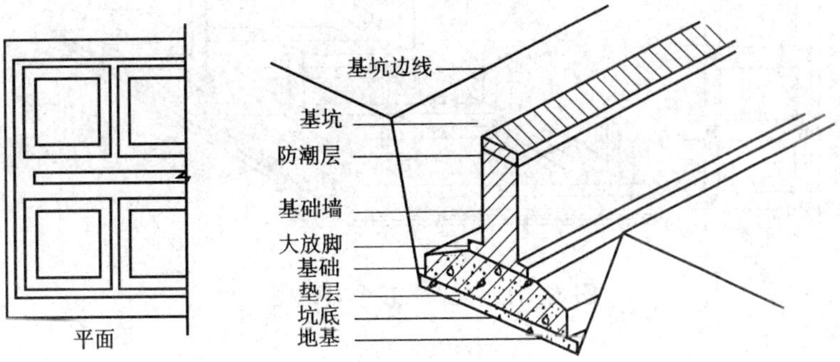

图 8-8 墙下钢筋混凝土条形基础

子插入并嵌固在杯口内，故称杯口基础，如图 8-9(b)所示。

3）井格式基础

当框架结构处于地基条件较差的情况下，为提高建筑物的整体性，以免各柱子之间产生不均匀沉降，常将柱下基础沿纵、横方向连接起来，做成十字交叉的井格基础，故又称十字带形基础，如图 8-10 所示。

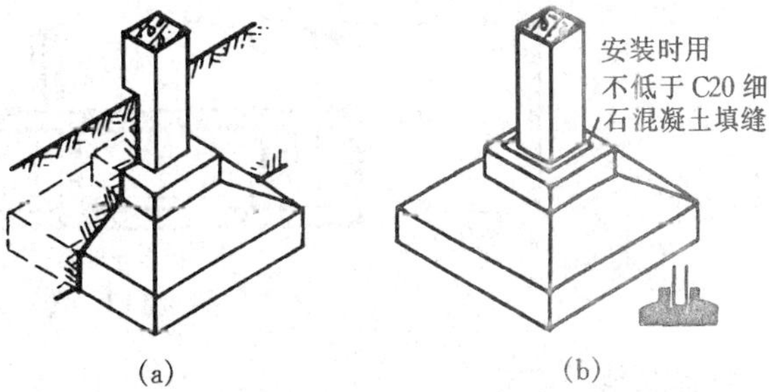

图 8-9 独立柱式基础

(a)现浇基础与柱 (b)杯形基础

4）筏形基础

当建筑物上部荷载较大，而所在地

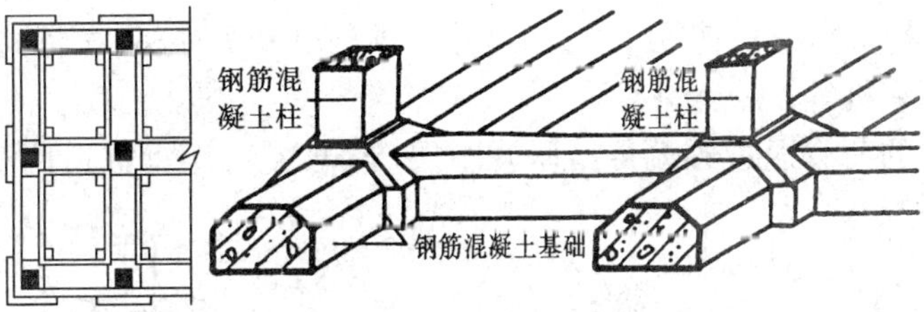

图 8-10 井格式基础

的地基承载力又较弱，这时采用简单的条形基础或井格式基础已不能适应地基变形的需要，常将墙或柱下基础连成一片，使整个建筑物的荷载承受在一块整板上，这种满堂式的板式基础称筏式基础。筏式基础分为平板式和梁板式两种，图 8-11 为梁板式基础。

5）箱形基础

箱形基础是由钢筋混凝土的底板、顶板和若干纵横墙组成，形成空心箱体的整体结构，共同承受上部结构荷载(图 8-12)。箱形基础的中空部分往往用作地下室或地下停车库。箱形基础的整体空间刚度大，对抵抗地基的不均匀沉降有利，一般适合于高层建筑或在软弱地基上建造的重型建筑物。

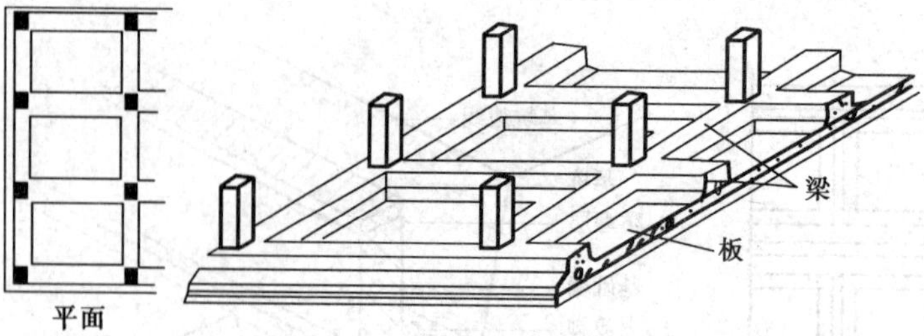

图 8－11　梁板式筏形基础图

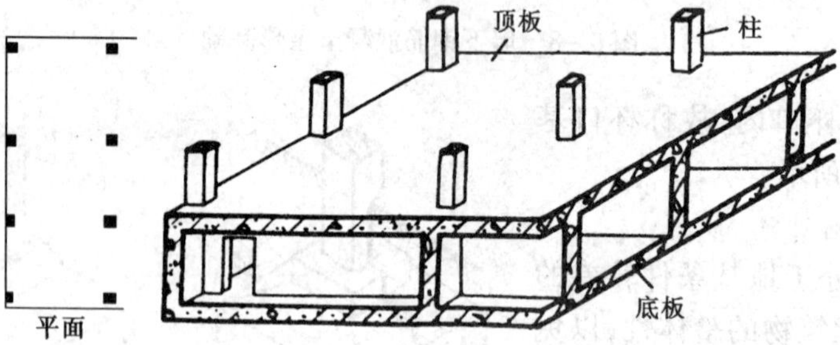

图 8－12　箱形基础

6）桩基础

当建筑物荷载很大，地基土软弱，地基承载力不能满足要求时，常常采用桩基（图 8－13）。桩基通常被称为桩基础，其实它是地基加固的一种方式。采用桩基础可以节省材料，减少土方开挖工程量，近年来已经广泛采用。

桩的种类很多。按材料可以分为木桩、混凝土桩、钢筋混凝土桩、钢桩等；按受力性质不同，可以分为端承桩和摩擦桩；按施工方式，可分为预制桩和灌注桩；按桩的入土方法，可分为打入桩、震入桩、压入桩等。

端承桩建筑物的荷载通过桩端传给坚硬土层（或岩层），端承桩适用于表层软土层不太

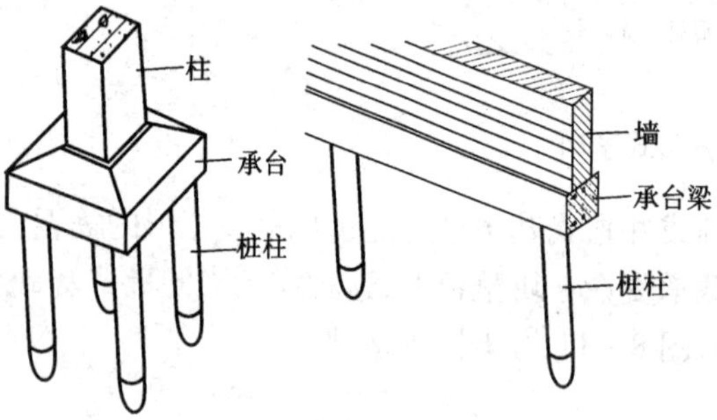

图 8－13　桩基础的组成

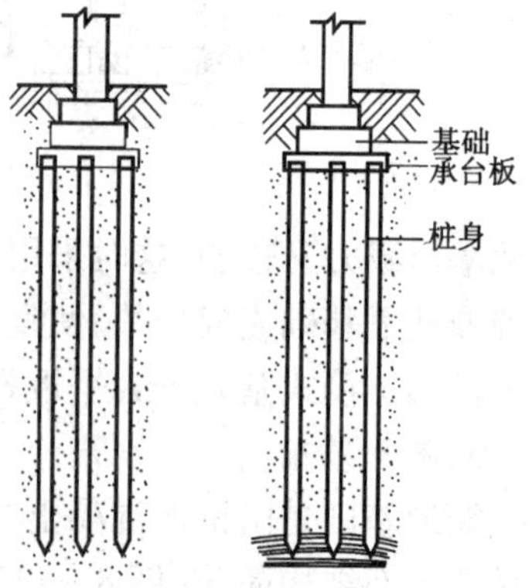

图 8－14　端承桩和摩擦桩示意
（a）摩擦桩　（b）端承桩

厚,而下部为坚硬土层(或岩层)的情况。桩上的荷载主要由桩端阻力承受。摩擦桩通过桩侧表面与周围土的摩擦力传给地基。摩擦桩适用于软土层较厚,而坚硬土层距地表很深的地基情况。桩上的荷载由桩侧摩擦力和桩端阻力共同承受。端承桩和摩擦桩示意见图 8-14。

当前采用最广泛的是钢筋混凝土桩。钢筋混凝土预制桩制作简单且易保证质量,但桩的造价较高。预制桩采用打入法施工时,有较大的震动和噪声,对环境不利,在城市市区已很少采用。预制桩常采用静压法施工,以减少作业时产生的震动和噪声。钻孔灌注桩是高层建筑中常见的桩基形式。这种施工方式是采用钻孔机械在桩位上钻孔,然后在孔内灌注混凝土。如果设计需要布置钢筋的,则在成孔后放入钢筋笼,然后再浇注混凝土。钻孔灌注桩的优点是震动和噪声较小,施工方便,造价较低,特别适用于周围有危险房屋或深挖基础不经济的情形。由于这种施工方式产生的噪声与其他方式比较相对较小,对环境保护有利,因此,在城市市区建房中被广泛采用。

8.3　地下室

一些多层与高层建筑往往设置地下室。设置地下室不仅可增加一些使用面积,也可满足人防和地下设备层的使用需要。地下室要求有坚固的墙板与楼地板,并解决好防潮、防水、采光、照明与通风等问题。

8.3.1　地下室的类型

1. 按使用性质分类

按使用性质分类,地下室可分为普通地下室与人防地下室。

1) 普通地下室

普通地下室一般用作高层建筑的地下停车库、设备用房。根据用途与结构需要可做成一层或二、三层地下室(图 8-15)。

2) 人防地下室

人防地下室是结合人防要求设置的地下空间。人防地下室应妥善解决紧急状态下的人员隐蔽与疏散,应有保证人身安全的技术措施。

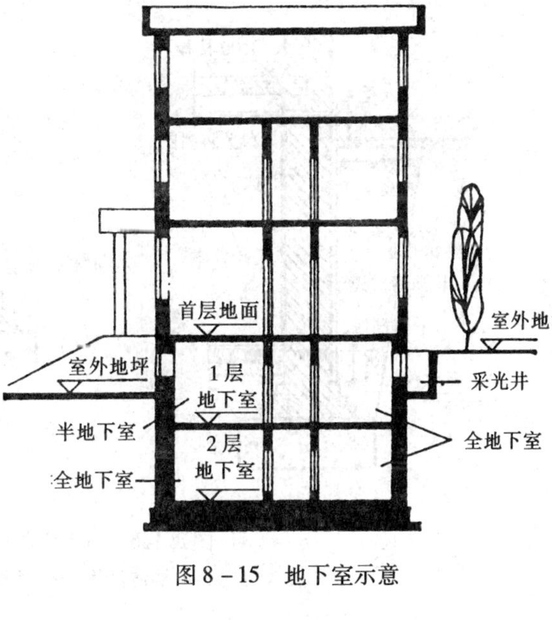

图 8-15　地下室示意

2. 按埋入地下深度分类

按埋入地下深度分类,地下室可分为全地下室与半地下室。

1) 全地下室

全地下室是指地下室地坪面低于室外地坪面高度超过该房间净高 1/2 者。

2) 半地下室

半地下室是指地下室地坪面低于室外地坪面高度超过该房间净高 1/3,且不超过 1/2 者。半地下室可利用高出室外地面的侧墙开设窗口,解决室内的采光与通风问题。

8.3.2 地下室的防潮、防水构造

防水、防潮是地下室设计中要解决的重要问题。忽视防水、防潮工作，会造成地潮或地下水侵蚀地下室，严重时致使地下室不能使用，甚至影响到建筑物的耐久性。确定防水、防潮方案，要以地下室的标准、结构形式、水文地质条件为依据。

1. 地下室的防潮

当地下水的常年水位和最高水位都在地下室地坪标高以下时，地下水不能直接侵入室内，墙和地坪将受到土层中地潮的影响。地下室为砖砌体结构时，应做防潮处理，防止土层中的毛细管水和地面水下渗而造成的无压水对地下室造成侵蚀。

地下室的防潮构造的要求是：墙体必须采用水泥砂浆砌筑且灰缝饱满；设置防潮层，防潮层包括垂直防潮层和水平防潮层。

垂直防潮层设置在外墙外侧，一般先抹一层 20 mm 厚水泥砂浆找平，然后刷一道冷底子油和两道热沥青至室外地坪散水坡处，再在防潮层外侧回填 500 mm 左右宽的低渗透性土壤（黏土、灰土等），并逐层夯实，以防地表水的影响，如图 8－16(a) 所示。

水平防潮层必须设两道。一道设在地下室地坪附近，一般设在地坪的结构层之间，另一道设在室外地面散水坡以上 150～200 mm 的位置，以防地潮沿地下墙身或勒脚处墙身侵入室内，如图 8－16(b)所示。

当地下室为混凝土构造时，混凝土可起到防潮的作用，不必再做防潮处理。

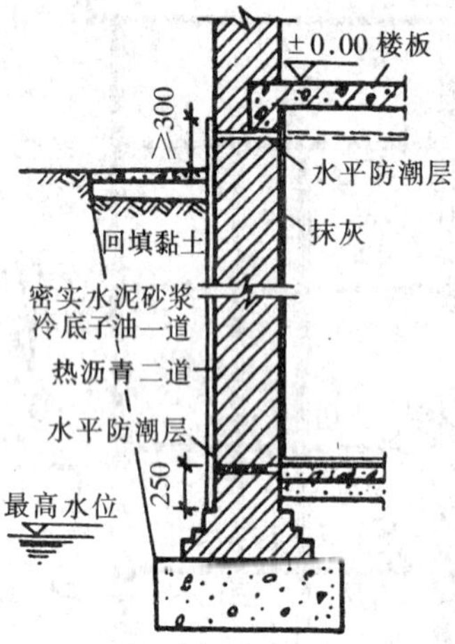

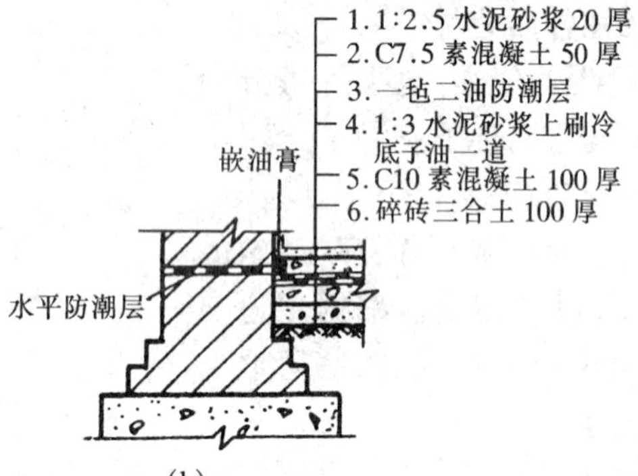

图 8－16　地下室的防潮处理

(a)墙体防潮　(b)地坪处防潮

2. 地下室的防水

当设计最高地下水位高于地下室地坪，地下室外墙受到地下水侧压力的影响，地坪受到地下水浮力的影响（图 8－17），此时必须考虑对地下室外墙做垂直防水和对地坪做水平防水处理。

地下室防水一般采用隔水法。它是利用材料本身的不透水性，以隔绝地下水的渗透。根据所用材料划分，防水可分为刚性防水和柔性防水两大类。

1) 刚性防水

刚性防水材料是以水泥、砂石为原料或掺入少量外加剂配制而成的具有一定抗渗能力的水泥砂浆或混凝土防水材料。

防水混凝土的防水效果可通过两个途径获得:集料级配;掺入外加剂。集料级配主要是采用不同粒径的骨料进行级配,同时提高混凝土中水泥砂浆的含量,以提高混凝土的密实性。掺入外加剂是在混凝土中掺入加气剂或密实剂以提高抗渗性能。防水混凝土外墙和底板不宜太薄,一般厚度应在 250 mm 以上,迎水面保护层厚度不应小于 50 mm,否则会影响抗渗效果。防水混凝土结构底板的混凝土垫层,强度等级不应小于 C15,厚度不应小于 100 mm,在软弱土层中不应小于 150 mm。

为防止地下水对混凝土的侵蚀,在墙外侧应抹水泥砂浆找平,然后外涂防水涂料或刷冷底子油一道、热沥青两道(图 8－18)。

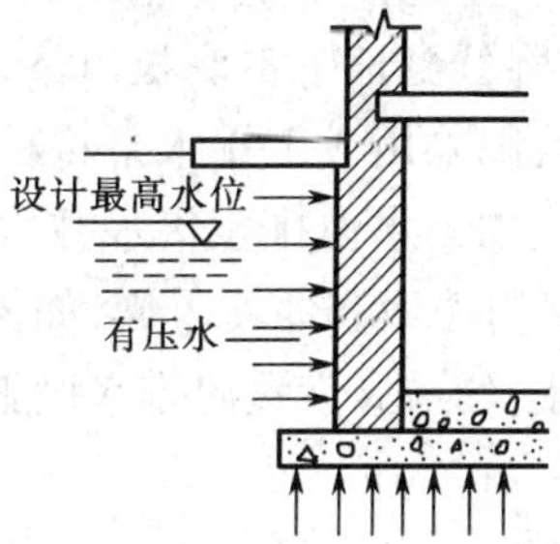

图 8－17　地下水侵袭示意图

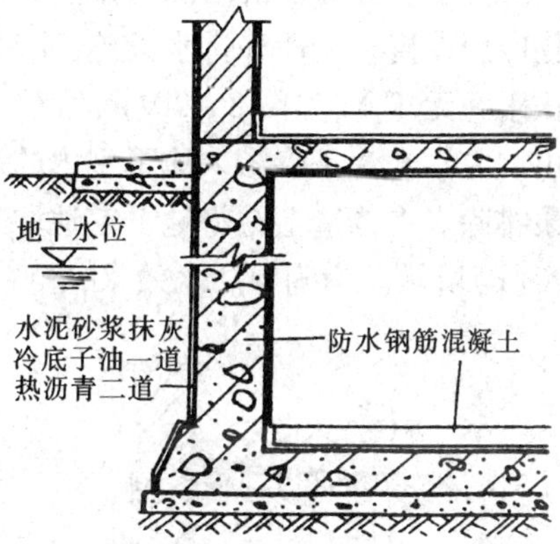

图 8－18　防水混凝土做地下室的处理

2) 柔性防水

柔性防水材料是具有一定弹性及柔软性,能适应一定程度变形的材料,如沥青系防水卷材、高聚物改性沥青防水卷材、合成高分子防水卷材,以及涂膜防水材料,如焦油聚氨酯涂料、硅橡胶等。

卷材防水(图 8－19)适用于受侵蚀性介质作用或振动作用的地下室。铺贴卷材时应使底板的防水层与墙面的防水层相互搭接形成封闭,并做好转角处卷材的保护工作。铺贴卷材前,应在基面上涂刷基层处理剂,当基面较潮湿时,应涂刷湿固化型胶粘剂或潮湿界面隔离剂,基层处理剂应与卷材及胶粘剂的材性相容。铺贴高聚物改性沥青卷材应采用热熔法施工,铺贴合成高分子卷材用冷贴法施工。根据防水层位置,卷材防水分外防水和内防水。外防水是将防水层贴在地下室外墙的外表面,这对防水有利,但维修困难;内防水是将防水层贴在地下室的外墙的内表面,这样施工方便,容易维修,但对防水不利,故常用于修缮工程。

以目前地下室的结构类型看,广泛采用了钢筋混凝土结构,因此,一般利用钢筋混凝土本体防水,而卷材、涂膜防水用作辅助防水。随着新型防水材料的不断涌现,地下室防水处理也在不断更新。

除上述防水措施外,还可采用人工降排水(图 8－20)的方法,消除地下水对地下室的影响。

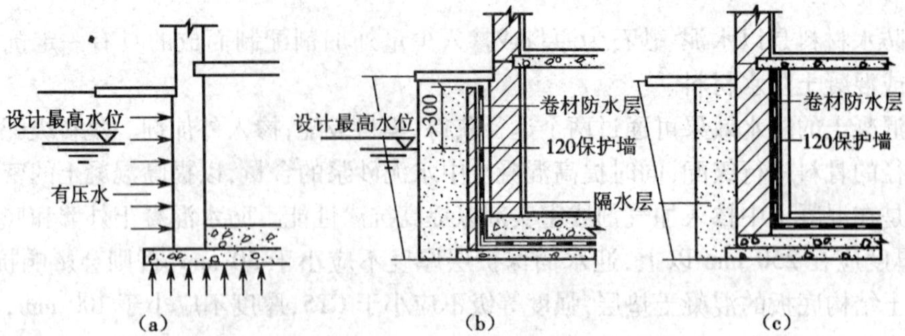

图 8－19 卷材防水做法
(a)有压地下水 (b)外防水 (c)内防水

降排水法分为外排法和内排法。外排法指当地下水位高出地下室地面以上时，采取在建筑物四周设置永久性降排水设施，通常采用盲沟排水，使地下水位降低到地下室底板以下，变有压水为无压水，如图 8－20(a)所示。城市总排水管高于盲沟时，则采用人工排水泵将积水排出。内排水法是将渗入地下室内的水，通过永久性自流排水系统如集水沟排至集水井再用水泵排除。在构造上常将地下室地坪架空或设隔水间层，以保持室内墙面和地坪干燥，如图 8－20(b)所示。为确保防水效果，有些重要的地下室，既做外部防水设施，又设置内排水设施。

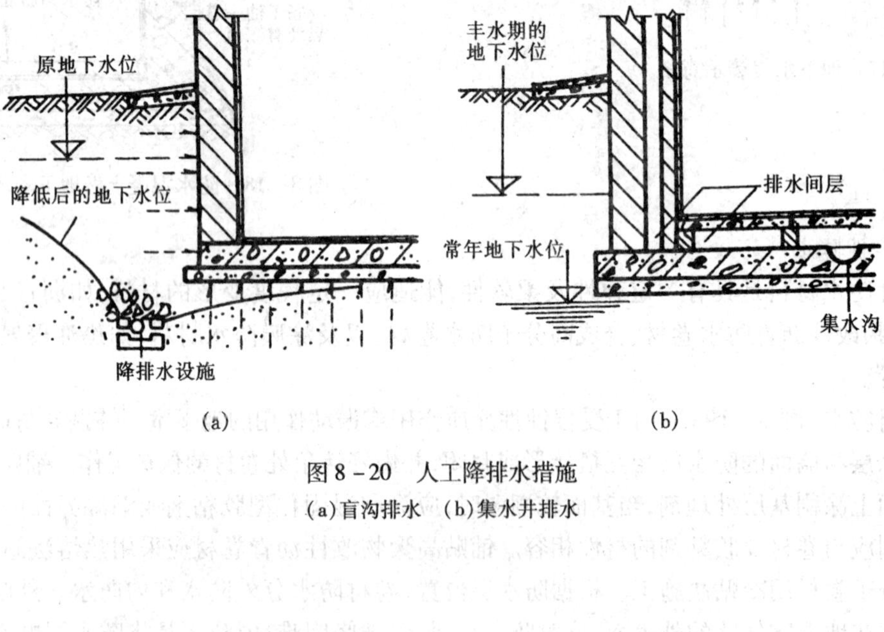

图 8－20 人工降排水措施
(a)盲沟排水 (b)集水井排水

第9章 墙的构造

9.1 墙体的类型及设计要求

9.1.1 墙体的分类

墙是建筑物的重要组成部分,起着承重、围护和分隔空间的作用。

从图9-1可知,墙体依其在房屋所处位置的不同,有内墙和外墙之分。外墙是房屋的外围护结构,起着挡风、阻雨、保温、隔热等围护室内房间不受侵袭的作用;内墙主要是分隔房间。凡沿建筑物短轴方向布置的墙称横墙,横向外墙一般称山墙;而沿建筑物长轴方向布置的墙称纵墙,纵墙有内纵墙与外纵墙之分。在一面墙上,窗与窗或门与窗之间的墙称窗间墙;窗洞下部的墙称窗下墙。

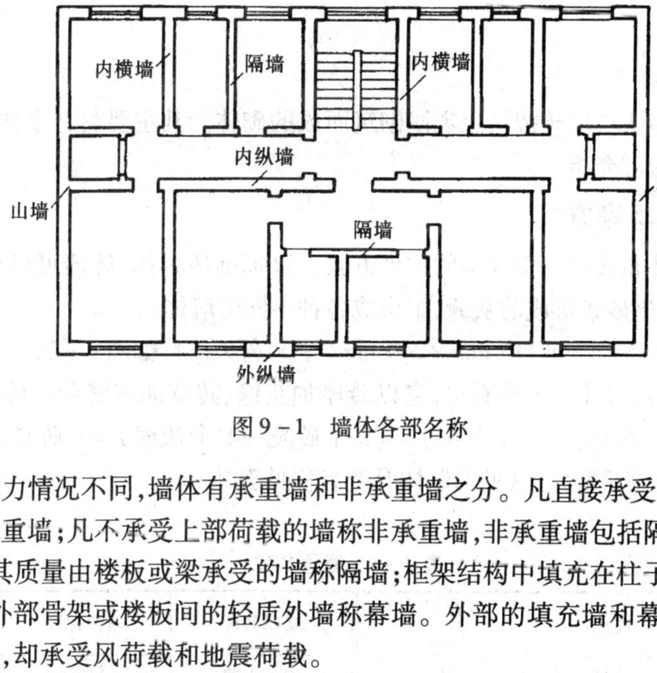

图9-1 墙体各部名称

根据结构受力情况不同,墙体有承重墙和非承重墙之分。凡直接承受上部屋顶、楼板所传来荷载的墙称承重墙;凡不承受上部荷载的墙称非承重墙,非承重墙包括隔墙、填充墙和幕墙。分隔内部空间,其质量由楼板或梁承受的墙称隔墙;框架结构中填充在柱子之间的墙称框架填充墙;而悬挂于外部骨架或楼板间的轻质外墙称幕墙。外部的填充墙和幕墙不承受上部楼板层和屋顶的荷载,却承受风荷载和地震荷载。

按所用材料不同,墙体可分为砖墙、石墙、土墙及混凝土墙等。砖是我国传统的墙体材料,但它越来越受到材源的限制,我国有些大城市已提出限制使用黏土砖的规定;在产石地区利用石块砌墙,具有很好的经济价值;土墙便于就地取材,是造价低廉的地方性墙体;混凝土墙可现浇、预制,在多、高层建筑中应用较多。当今多种材料结合的组合墙和利用工业废料发展墙体材料是墙体改革的新课题,应予深入研究并推广应用。

9.1.2 墙体的设计要求

根据墙体所处位置和功能的不同,设计时应满足以下要求。

1. **具有足够的强度和稳定性**

墙体的强度与所用材料和墙体厚度有关。同时墙体的稳定性与墙的长度、高度、厚度以及纵、横向墙体间的距离有关。当墙身高度、长度确定后，通常可通过增加墙体厚度、增设墙垛、壁柱、圈梁等办法增加墙体稳定性。

2. **具有必要的保温、隔热等方面的性能**

作为围护结构的外墙，对热工的要求十分重要。北方寒冷地区要求围护结构具有较好的保温能力，以减少室内热损失，同时还应防止在围护结构内表面和保温材料内部出现凝聚水现象。对南方地区为防止夏季室内温度过热，除布置上考虑朝向、通风外，作为外围护结构须具有一定隔热性能。

3. **应满足防火要求**

对于墙体材料及墙身厚度，都应符合防火规范中相应燃烧性能和耐火极限所规定的要求。如划分防火区域、防止火灾蔓延，须设置防火墙等。

4. **应满足隔声要求**

作为房间围护构件的墙体，必须具有足够隔声能力，以符合有关隔声标准的要求。

此外，作为墙体还应考虑防潮、防水以及经济等方面的要求。

9.2 砖墙

砖墙是用砂浆将一块块砖按一定规律砌筑而成的砌体。其主要材料是砖与砂浆，砖与砂浆的特性在第2篇中已介绍。

9.2.1 实体墙的组砌方式

砖墙的砌式主要指砖块在砌体中的排列方式。以标准砖为例，砖墙可根据砖块尺寸和数量采用不同的排列，借砂浆形成的灰缝，组合成各种不同的墙体。

标准砖的规格为53 mm×115 mm×240 mm(厚×宽×长)，如图9－2(a)所示。以灰缝为10 mm进行组合时，从尺寸上不难看出，它以砖厚加灰缝、砖宽加灰缝后与砖长之间成1∶2∶4为其基本特征，即(4个砖厚＋3个灰缝)＝(2个砖宽＋1个灰缝)＝1砖长，如图9－2(b)、(c)所示。用标准砖砌筑墙体，常见的墙体厚度名称见表9－1。

表9－1 墙厚名称

墙厚名称	习惯称呼	实际尺寸(mm)	墙厚名称	习惯称呼	实际尺寸(mm)
半砖墙	12墙	115	一砖半墙	37墙	365
3/4砖墙	18墙	178	二砖墙	49墙	490
一砖墙	24墙	240	二砖半墙	62墙	615

墙体在砌筑时，即以这些尺寸为基础，并以115＋10＝125 mm为其组合的模数。而这一模数在使用过程中往往与我国现行的《建筑统一模数制》中的扩大模数3 M不协调。因此在使用中须注意标准砖的这一特征。

实体墙常见的砌式有全顺式(又称走砖式)、一顶一顺式、一顶多顺式、每皮顶顺相间式及

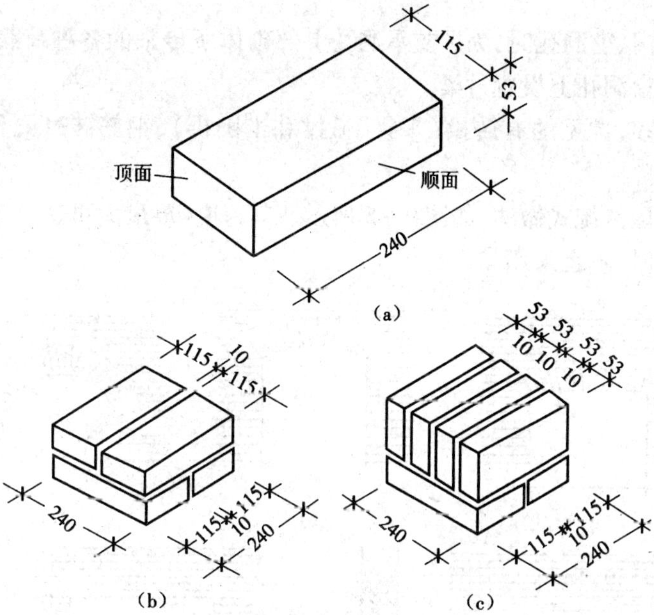

图9－2　标准砖的尺寸关系

(a)标准砖　(b)砖的组合　(c)砖的组合

两平一侧式(18墙)等,如图9－3所示。

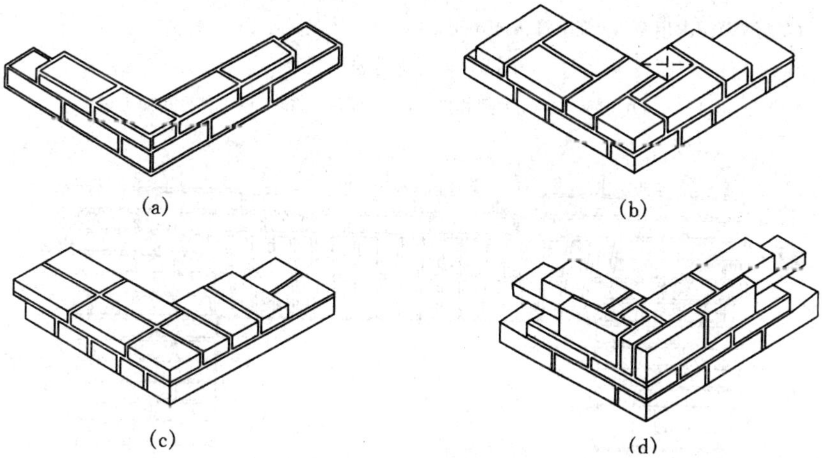

图9－3　砖墙的砌式

(a)全顺式　(b)每皮顶顺相间式　(c)上下皮一顶一顺式　(d)两平一侧式

为了保证墙体的强度,作为砖砌体,砖缝必须横平、竖直、错缝搭接,避免上下通缝;同时,砖缝砂浆必须保满,厚薄均匀。

9.2.2　墙体细部构造

墙体既是承重构件,又是围护构件。它不仅与其他构件密切相关,而且还受到自然界各种因素的影响。因此处理好各有关部分的构造十分重要。

1.门窗过梁

当墙体上开设门、窗洞孔时,为了支承洞孔上部砌体所传来的各种荷载,并将这些荷载传给窗间墙,常在门、窗洞孔上设置过梁。

过梁的形式较多,常见的有砖拱(平拱、弧拱和半圆拱)、钢筋砖过梁和钢筋混凝土过梁等,如图9-4所示。

砖砌平拱是我国传统式做法,如图9-5所示。其跨度(l)最大可达1.2 m,当过梁上有集中荷载或振动荷载时,不宜采用。

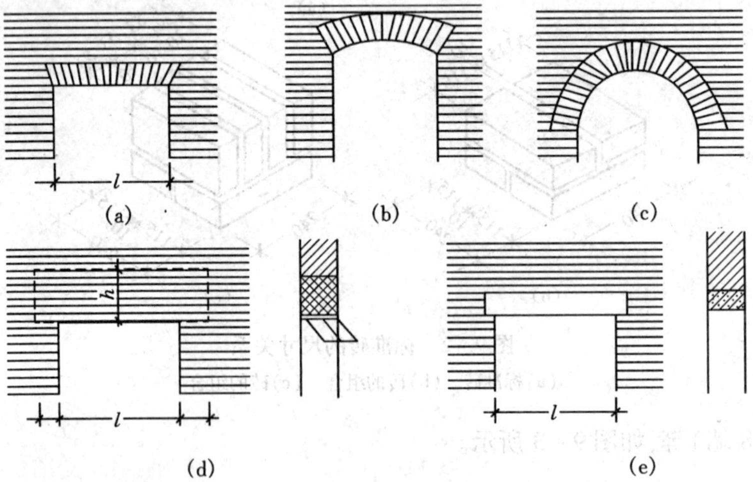

(h 高度范围内用M5砂浆砌筑,h 不小于 $l/4$)

图9-4 过梁的形式

(a)平拱 (b)弧拱 (c)半圆砖拱 (d)钢筋砖过梁 (e)钢筋混凝土过梁

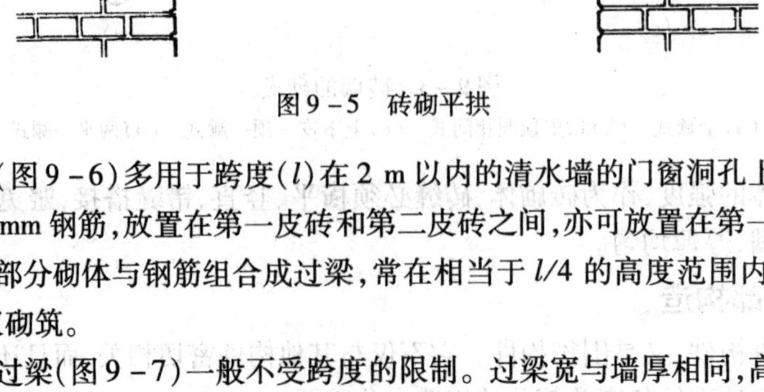

图9-5 砖砌平拱

钢筋砖过梁(图9-6)多用于跨度(l)在2 m以内的清水墙的门窗洞孔上。它按每一砖厚墙配2~3根ϕ6 mm钢筋,放置在第一皮砖和第二皮砖之间,亦可放置在第一皮砖下的砂浆层内。为使洞孔上部分砌体与钢筋组合成过梁,常在相当于 $l/4$ 的高度范围内(一般为5~7皮砖)用M5级砂浆砌筑。

钢筋混凝土过梁(图9-7)一般不受跨度的限制。过梁宽与墙厚相同,高度应与砖的皮数相适应。常用的为60、120、180、240 mm。在跨度不大的情况下,常以60 mm厚的板式过梁代替钢筋砖过梁。

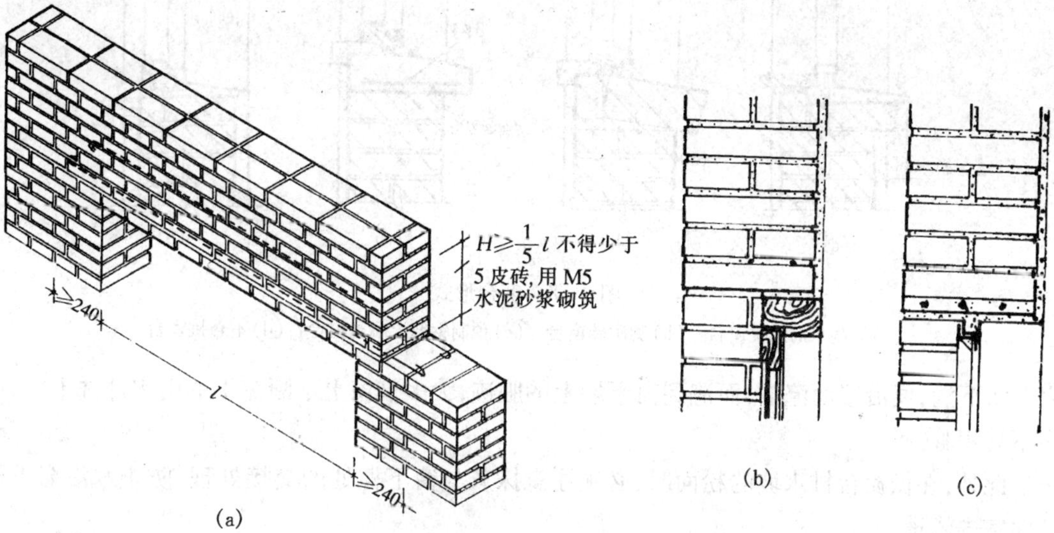

图9-6　钢筋砖过梁

(a)钢筋砖过梁立体示意图　(b)钢筋在第一、第二皮砖之间　(c)钢筋在第一皮砖下砂浆内

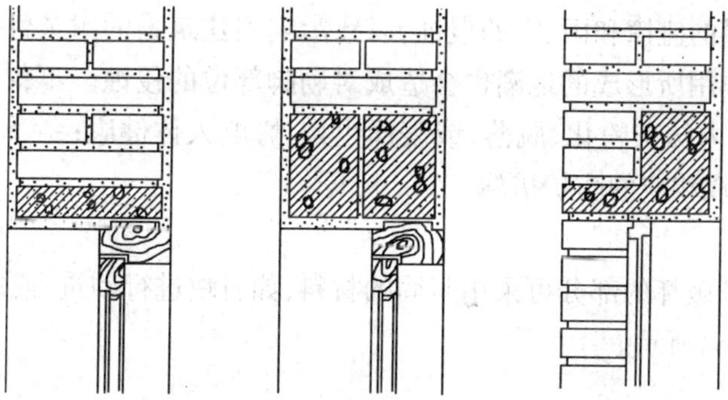

图9-7　钢筋混凝土过梁

2. 窗台

当室外雨水沿窗扇下淌时,容易聚积窗下并侵入墙身,还会沿窗下槛向室内渗透。常于窗下靠室外一侧设置泻水构件——窗台。窗台须向外形成一定坡度,以利排水。窗台有悬挑窗台和不悬挑窗台两种。

悬挑窗台常采用顶砌一皮砖,悬挑 60 mm,外部用水泥砂浆抹灰,并于外沿下部做出滴水。设滴水目的在于引导上部雨水沿着所设置的槽口聚集而下落,以防雨水影响窗下墙体,如图 9-8(a)所示。挑窗台是用一砖侧砌(图 9-8(b)),亦悬挑 60 mm,水泥砂浆勾缝,称清水窗台。此外还有预制钢筋混凝土悬挑窗台,如图 9-8(c)所示。

从实践中发现,悬挑窗台不论是否作了滴水处理,对不少采用抹灰的墙面,往往绝大多数窗台下部墙面都出现脏水流淌的痕迹,影响立面美观。为此,不少的建筑取消了悬挑窗台,代之以不悬挑的仅在上表面抹水泥砂浆斜面的窗台,如图 9-8(d)所示。由于窗台不悬挑,一旦

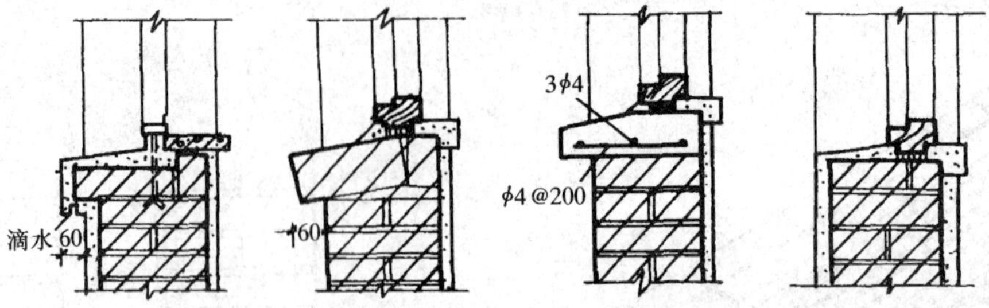

图9-8 窗台形式

(a)设滴水的悬挑窗台 (b)侧砌砖窗台 (c)预制钢筋混凝土窗台 (d)不悬挑窗台

窗上水下淌，便沿墙面流下，而流到窗下墙上的脏迹，大多借窗上不断流下的雨水冲洗干净，反而不易积脏。

此外，在做窗台排水坡的粉面时，必须注意抹灰与窗下槛处的交接处理，防止水沿窗下槛处向室内渗透。

3. 勒脚

勒脚是墙身接近室外地面的部分。一般情况下，其高度为室内地坪与室外地面的高差部分，也有的将勒脚高度提高到底层窗台。它起着保护墙身和增加建筑物立面美观的作用。但由于它容易受到外界的碰撞和雨、雪的侵蚀，以致影响到建筑物的耐久性和美观。同时，地表水和地下水的毛细作用所形成的地潮也会造成对勒脚部位的侵蚀。不仅如此，地潮还会沿墙身不断上升，致使室内抹灰粉化、脱落，或表面生霉，影响人体健康；冬季也易形成冻融破坏。所以，在构造上须采取相应的防护措施。

1）石砌勒脚

对勒脚容易遭到破坏的部分可采用坚固的材料，如石块进行砌筑，或以石板做贴面进行保护，如图9-9(a)、(b)所示。

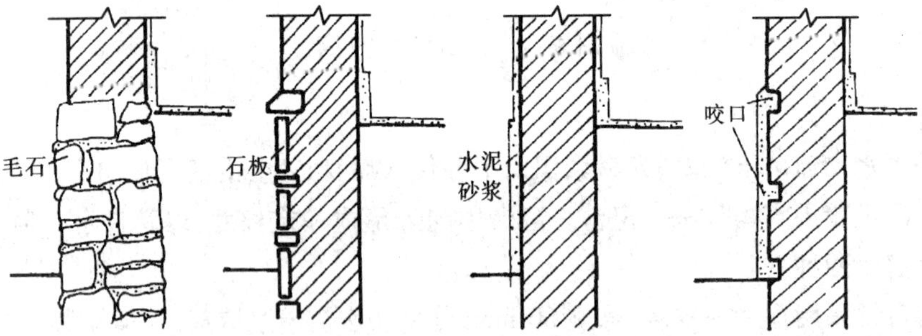

图9-9 勒脚

(a)毛石勒脚 (b)石板贴面勒脚 (c)抹灰勒脚 (d)带咬口抹灰勒脚

2）抹灰勒脚

为防止室外雨水对勒脚部位的侵蚀，常对勒脚的外表面作水泥砂浆抹面（图9-9(c)）或其他有效的抹面处理。这种做法造价低，施工简单，应用也较广。为防止抹灰起壳脱落，除严格施工操作外，常用增加抹灰的“咬口”进行加强（图9－9(d)）。

3）勒脚防潮层

勒脚受潮会影响墙身。地下潮气对墙身的影响如图9－10所示。解决的办法是在勒脚处设防潮层。其目的在于隔绝室外雨水及地下潮气等对墙身的影响。勒脚防潮层包括水平防潮层和垂直防潮层两种。

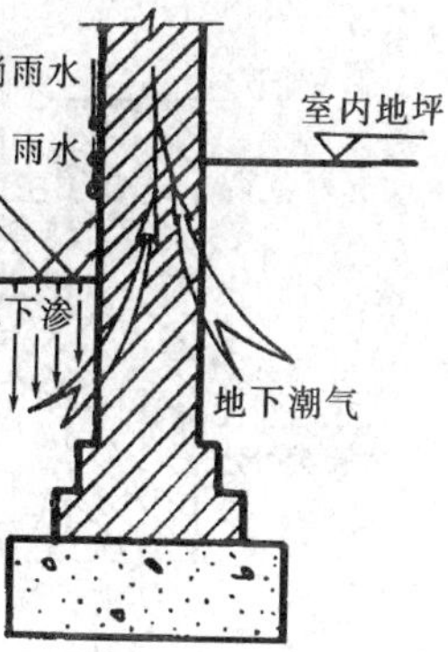

图9－10　地下潮气对墙身的影响

（1）水平防潮层　水平防潮层是对建筑物内外墙体沿勒脚处设水平方向的防潮层，以隔绝地下潮气等对墙身的影响。水平防潮层根据材料的不同，一般有油毡防潮层、防水砂浆防潮层和配筋细石混凝土防潮层等，如图9－11所示。

①油毡防潮层具有一定的韧性、延伸性和良好的防潮性能，见图9－11(a)。由于油毡层降低了上下砖砌体之间的黏结力，且降低了砖砌体的整体性，对抗震不利，故油毡防潮层不宜用于下端按固定端考虑的砖砌体和有抗震要求的建筑中。同时油毡的使用寿命一般也只有20年左右，因此长期使用将失去防潮作用，目前已少用。

②砂浆防潮层是在需要设置防潮层的位置铺设防水砂浆层或用防水砂浆砌筑1～2皮砖。防水砂浆是在水泥砂浆中，加入水泥量的3%～5%的防水剂配制而成。防潮层厚20～25 mm（图9－11(b)）。防水砂浆能克服油毡防潮层的缺点，故较适用于抗震地区和一般的砖砌体中。但由于砂浆系脆性材料，易开裂，故不适于地基会产生微小变形的建筑中。

③配筋细石混凝土防潮层是为了提高抗裂性能，而采用的60 mm厚加配筋的细石混凝土防潮带（图9－11(c)）。由于它抗裂性能好，且能与砌体结合为一体，故适用于整体刚度要求较高的建筑中。

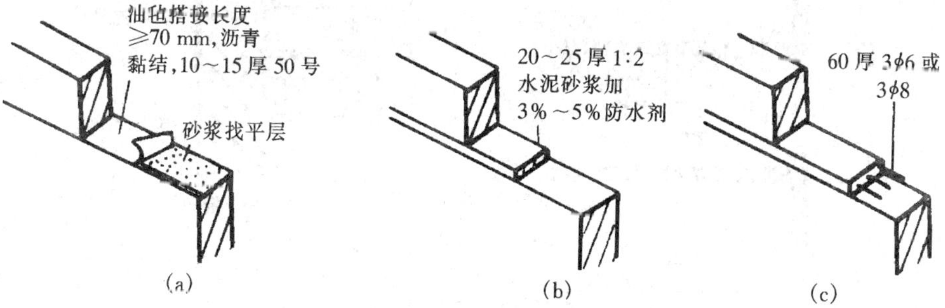

图9－11　勒脚水平防潮层

(a)油毡防潮层　(b)防水砂浆防潮层　(c)配筋细石混凝土防潮层

水平防潮层应设置在距室外地面150 mm以上的勒脚砌体中，以防止地表水反渗的影响。同时，考虑到室内实铺地坪层下填土或垫层的毛细作用，故一般将水平防潮层设置在地坪的结构层（如混凝土层）厚度之间的砖缝处，在设计中常以标高－0.06 m表示，使其更有效地起到防潮作用，如图9－12所示。

（2）垂直防潮　当室内地坪出现高差或室内地坪低于室外地面时，不仅要求按地坪高差

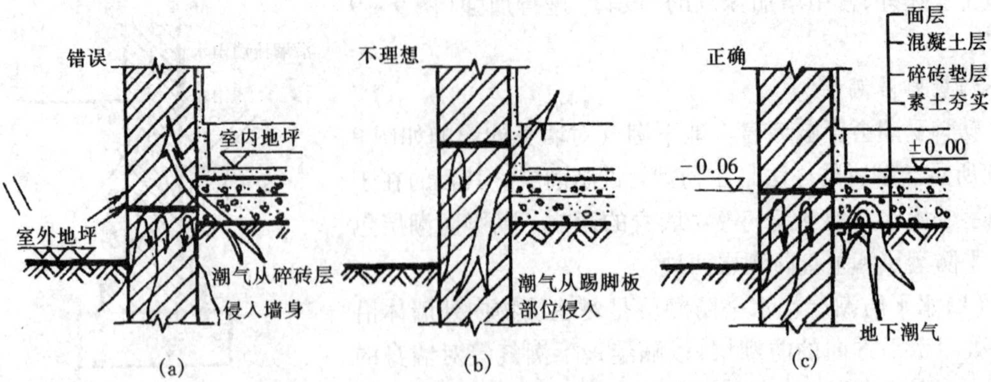

图 9-12　水平防潮层的设置位置

(a)防潮层太低　(b)防潮层太高　(c)防潮层地位正确

的不同在墙身设两道水平防潮层，而且还为了避免高地坪房间（或室外地面）填土中的潮气侵入墙身，而对有高差部分的垂直墙面采取垂直防潮措施。其具体做法是在高室内地坪填土前，在两道水平防潮层之间的垂直墙面上，先用水泥砂浆抹灰，再涂冷底子油一道、热沥青两道（或采用防水砂浆抹灰防潮处理）；而在低地坪一边的墙面上，则以采用水泥砂浆打底的墙面抹灰为佳，如图 9-13 所示。

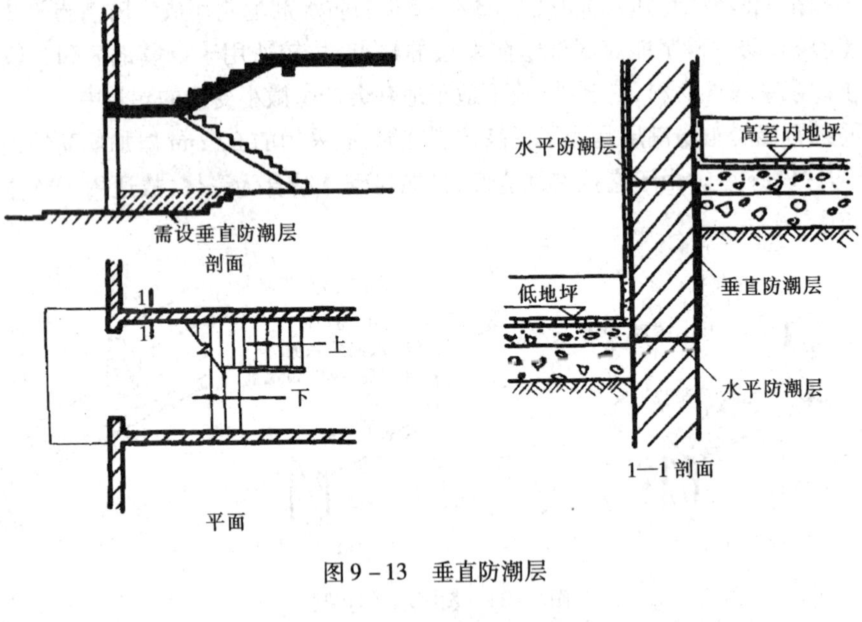

图 9-13　垂直防潮层

4. 明沟

明沟又称阳沟，位于外墙四周。将通过水落管流下的屋面雨水等有组织地导向地下排水集井（又称集水口），流入下水道，起到保护墙基的作用。明沟材料一般用混凝土现浇，外抹水泥砂浆，或用砖砌，水泥砂浆抹面，如图 9-14 所示。

5. 散水

为保护墙基不受雨水的侵蚀，常在外墙四周将地面做成向外倾斜的坡面，以便将屋面雨水

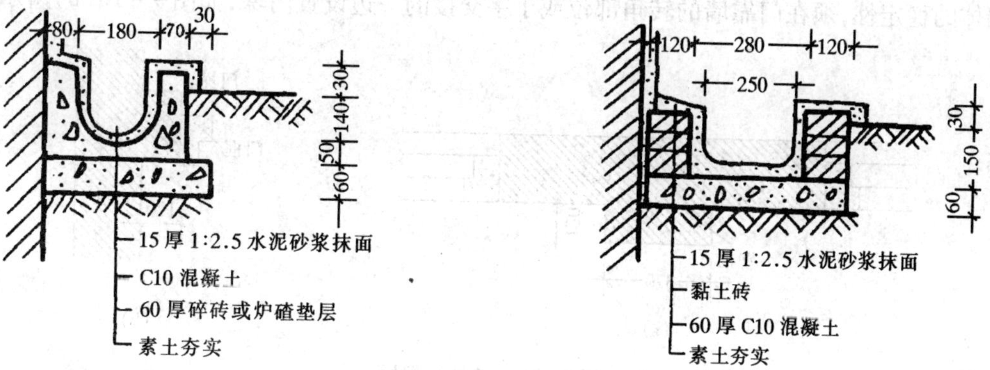

(a) (b)

图 9-14 明沟

(a)混凝土明沟 (b)砖砌明沟

排至远处,这一坡面称散水或护坡。散水所用材料与明沟相同,如图 9-15 所示。散水坡度约 5%,宽一般为 600 ~ 1 000 mm。当屋面排水方式为自由落水时,要求其宽度比屋顶出檐多 200 mm。

房屋四周的明沟或散水任做一种,一般雨水较多地区多做明沟,干燥地区多做散水。

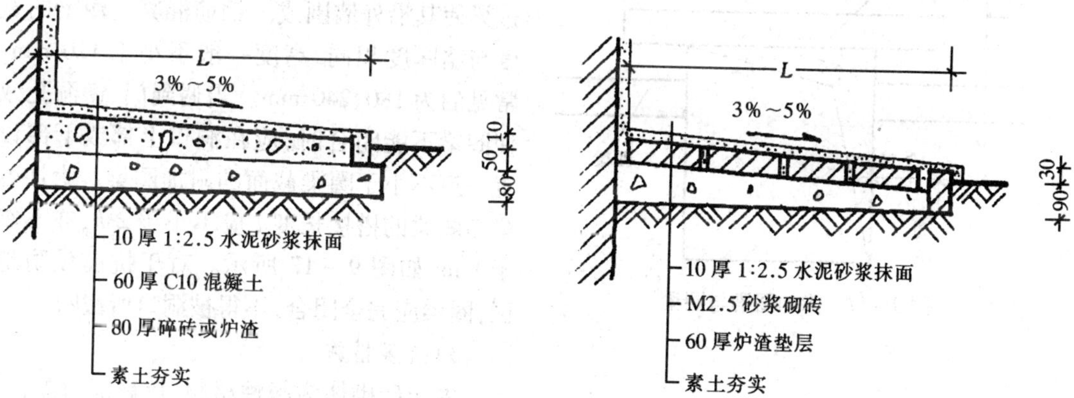

(a) (b)

图 9-15 散水构造

(a)混凝土散水 (b)砖铺散水

6. 墙身的加固

当墙身由于承受集中荷载、开洞以及考虑地震要求等,须对墙身采取加固措施。

1)增设壁柱和门垛

当墙体的窗间墙上出现集中荷载,而墙厚又不足以承受,或当墙体的长度和高度超过一定限度并影响墙体稳定性时,常在墙身局部适当位置增设凸出墙面的壁柱以提高墙体刚度。壁柱突出墙面的尺寸一般为 120 mm × 370 mm、240 mm × 370 mm、240 mm × 490 mm 等,如图 9-16(a)所示。

凡在墙上开设门洞且门洞开在两墙转角处或丁字墙交接处时,为了便于门框的安置和保证墙体的稳定性，须在门靠墙的转角部位或丁字交接的一边设置门垛，如图 9－16(b)所示。

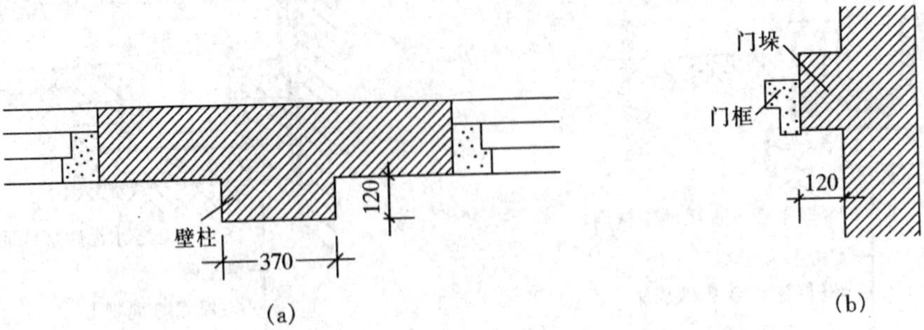

图 9－16 壁柱与门垛

(a)壁柱 (b)门垛

2)设置圈梁

圈梁又称腰箍，是沿外墙四周及部分内横墙设置的连续闭合的梁。圈梁配合楼板可提高建筑物的空间刚度及整体性，增强墙体的稳定性，减少由于地基不均匀沉降而引起的墙身开裂。对抗震设防地区，利用圈梁加固墙身更显得必要。

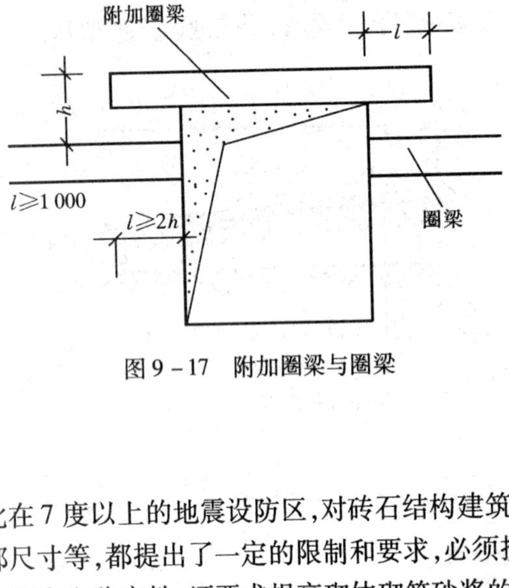

图 9－17 附加圈梁与圈梁

有钢筋砖圈梁和钢筋混凝土圈梁两种。钢筋砖圈梁多用于非抗震地区，结合钢筋砖过梁使其沿外墙围成。钢筋混凝土圈梁的宽度与墙厚度相同，高度一般不小于 120 mm。常见的为 180、240 mm。当遇到门、窗洞孔致使圈梁不能闭合时，应在洞口上部或下部设置一道不小于圈梁截面的附加圈梁。附加圈梁与圈梁的搭接长度 l 应不小于 2 h，亦不小于 1 m，如图 9－17 所示。对于抗震设防地区，圈梁应完全闭合，不得被洞口所截断。

3)抗震措施

由于砖砌体为脆性材料，抗震能力差，因此在 7 度以上的地震设防区，对砖石结构建筑的总高度、横墙间距、圈梁的设置以及墙体的局部尺寸等，都提出了一定的限制和要求，必须按抗震设计规范考虑。此外，为增强建筑物的整体刚度和稳定性，还要求提高砌体砌筑砂浆的强度以及必要时采用钢筋混凝土构造柱。

钢筋混凝土构造柱是从构造角度考虑设置的，一般设在建筑物的四角、内外墙交接处、楼梯间、电梯间以及某些较长的墙体中部。构造柱必须与圈梁及墙体紧密连接，对整个建筑物形成空间骨架，从而增强了建筑物的刚度，提高墙体的应变能力，使墙体由脆性变为延性较好的结构，做到裂而不倒。构造柱下端应锚固于钢筋混凝土基础或基础梁内。柱截面应不小于 180 mm×240 mm。主筋一般采用 4ϕ12 mm，钢箍间距不大于 250 mm，墙与柱之间应沿墙高每 500 mm 设 2ϕ6 mm 钢筋连接，每边伸入墙内不少于 1 m，如图 9－18 所示。施工时必须先砌墙，随着墙体的上升而逐段现浇钢筋混凝土柱身。

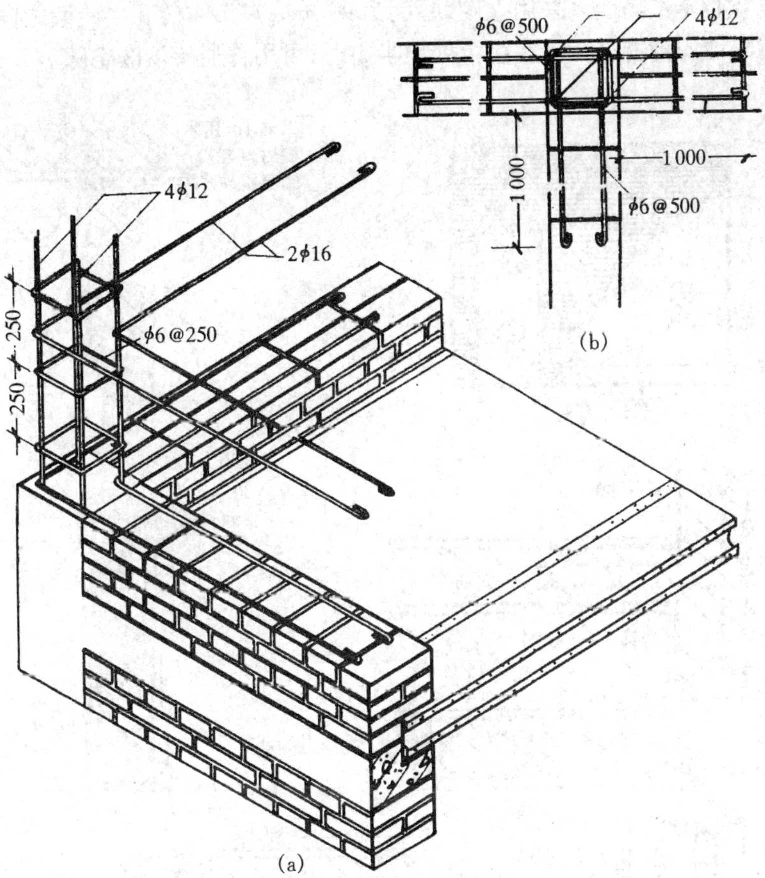

图9－18　砖砌体中的构造柱

(a)外墙转角处　(b)内外墙交接处

9.3　隔墙与隔断

非承重的内墙通常称为隔墙，起着分隔房间的作用。作为隔墙，根据使用的不同需要应分别具有自重轻、隔声、防火、防潮、防水等不同的性能。

常见的隔墙可分为砌筑隔墙、立筋隔墙和条板隔墙等。

9.3.1　砌筑隔墙

砌筑隔墙系指利用普通砖、多孔砖、空心砌块以及各种轻质砌块等砌筑的墙体。

1. 砌砖隔墙

普通砖隔墙有半砖隔墙和1/4砖隔墙之分，其构造如图9－19所示。对半砖墙，当采用M2.5级砂浆砌筑时，其高度不宜超过3.6 m，长度不宜超过5 m；当采用M5级砂浆砌筑时，高度不宜超过4 m，长度不宜超过6 m。否则在构造上除砌筑时应与承重墙或柱固结外，还应在墙身每隔1.2 m高度处，加2ϕ6 mm拉结钢筋予以加固。1/4砖隔墙系利用标准砖侧砌，其高度一般不应超过2.8 m，长度不超过3.0 m。须用M5级砂浆砌筑，多用于住宅厨房与卫生间之间的分隔。

多孔砖或空心砖作隔墙多采用立砌,厚度为 90 mm,在 1/4 砖和半砖墙之间。其加固措施可以参照半砖隔墙的构造进行。在接合处设半砖时,可用普通砖填嵌空隙。

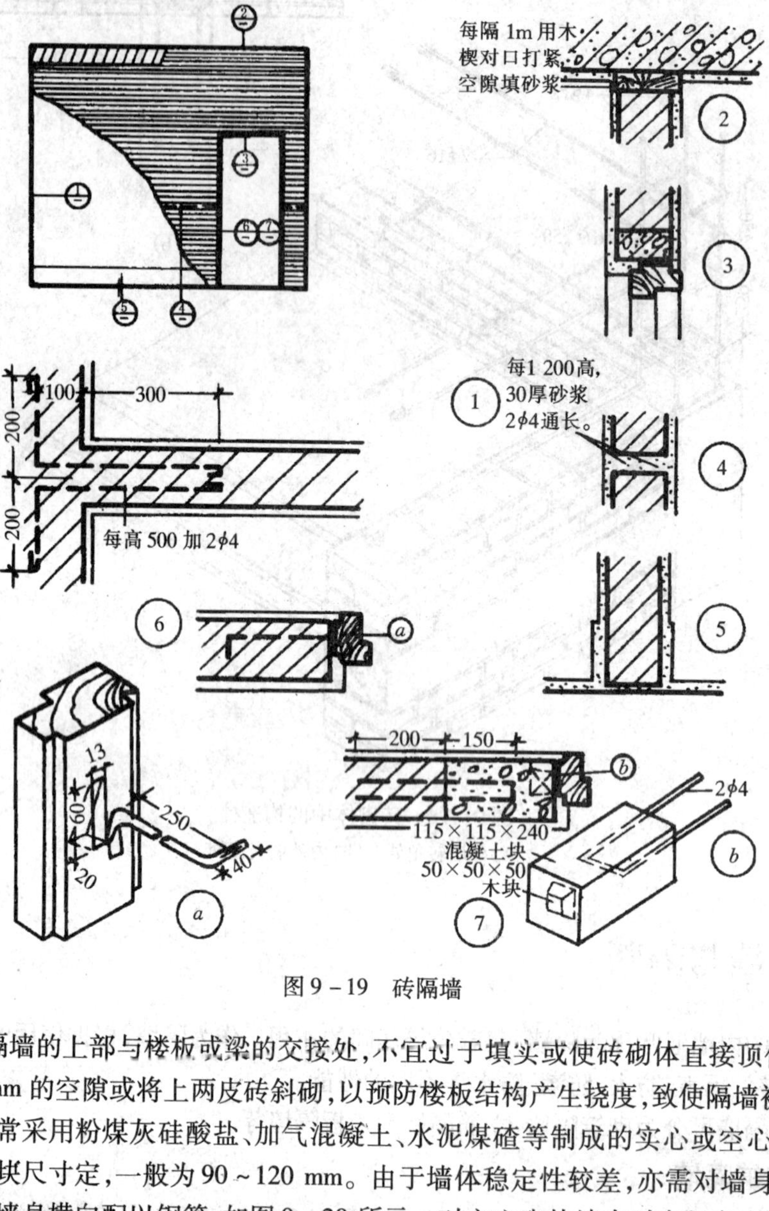

图 9－19　砖隔墙

此外,砖隔墙的上部与楼板或梁的交接处,不宜过于填实或使砖砌体直接顶住楼板或梁。应留有约 30 mm 的空隙或将上两皮砖斜砌,以预防楼板结构产生挠度,致使隔墙被压坏。

砌块隔墙常采用粉煤灰硅酸盐、加气混凝土、水泥煤碴等制成的实心或空心砌块砌筑而成。墙厚由砌块尺寸定,一般为 90～120 mm。由于墙体稳定性较差,亦需对墙身进行加固处理。通常系沿墙身横向配以钢筋,如图 9－20 所示。对空心砌块墙有时在竖向也可配筋。

2. 立筋隔墙

立筋隔墙有木筋骨架隔墙和轻钢骨架隔墙之分。

1) 木筋骨架隔墙

木筋骨架隔墙根据饰面材料的不同有灰板条隔墙、装饰板隔墙和镶板隔墙等多种。由于它们自重轻、构造简单故应用较广。

(1) 木骨架　木骨架由上槛、下槛、墙筋、斜撑及横撑等构成,如图 9－21 所示。墙筋靠上、下槛固定。上、下槛及墙筋断面通常为 50 mm×70 mm 或 50 mm×100 mm。墙筋之间沿高

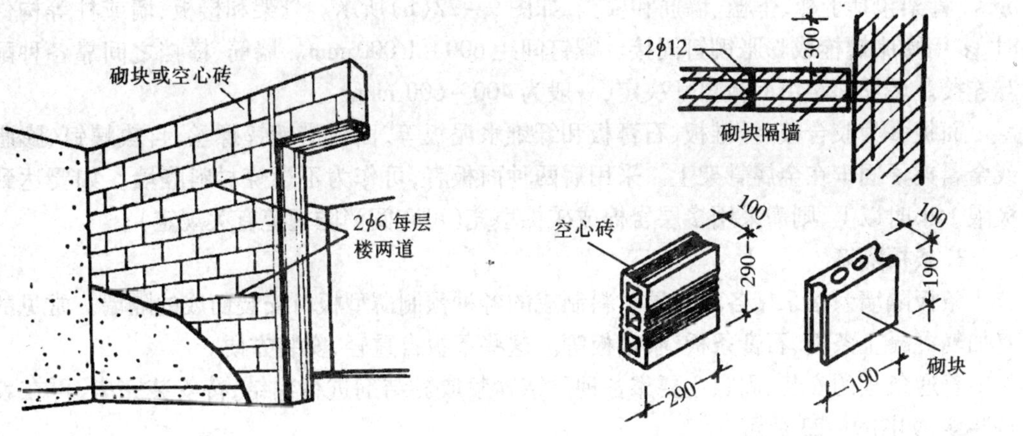

图9-20 砌块隔墙

度方向每隔1.5 m左右设斜撑一道。当表面系铺钉面板时，则斜撑改为水平的横撑。斜撑或横撑的断面与墙筋相同或略小于墙筋。墙筋与横撑的间距由饰面材料规格而定。通常取400、450、500及600 mm。一般灰板条抹灰饰面取400 mm，饰面板取500 mm，胶合板、纤维板取600 mm或450 mm。

(2)隔墙饰面 隔墙饰面系在木骨架上铺饰各种饰面材料，包括灰板条抹灰、装饰吸声板、钙塑板、纸面石膏板、水泥刨花板、水泥石膏板以及各种胶合板、纤维板等。

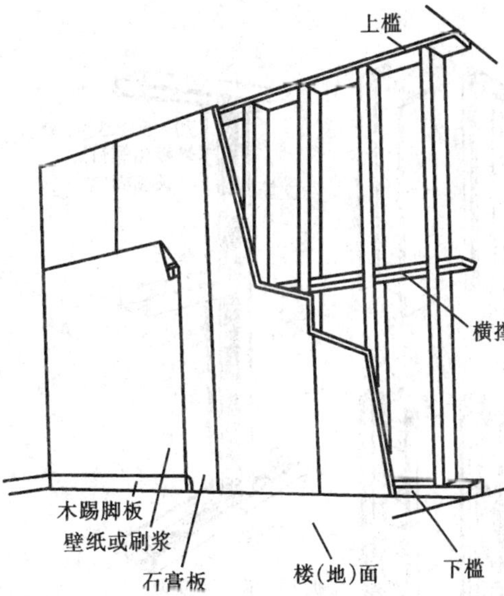

图9-21 木筋骨架

灰板条抹灰隔墙系在墙筋上钉灰板条，然后抹灰。灰板条一般为6 mm×30 mm×1 200 mm，钉在墙筋上，其间隙为10 mm左右，以便让底灰挤入板条间隙的背面，“咬”住灰板条。钉板条时，一根板条搭接三个墙筋间距。为避免因板条错接接缝在一根墙筋上过长，导致外部抹灰开裂、脱落，当板条搭接接缝长达600 mm时，必须使接缝位置错开。

为加强抹灰与板条更好的联系，防止抹灰面层开裂，或需在板条外作水泥砂浆抹灰时，常将灰板条间距增大，在板条外铺钢板网或钢丝网后再进行抹灰。

此外，还有些是以打孔的纤维板或木丝板代替灰板条，然后在外抹灰。

2)金属骨架隔墙

金属骨架隔墙是在金属骨架外铺钉面板而制成的隔墙。它具有节约木材、质量轻、强度高、刚度大、结构整体性强及拆装方便等特点。骨架由各种形式的薄壁型钢加工而成，如图9-22(a)所示。

钢板厚0.6~1.5 mm，经冷轧成型为槽型截面，其尺寸为100 mm×50 mm或75 mm×45

mm。骨架包括上槛、下槛、墙筋和横挡，如图9－22(b)所示。骨架和楼板、墙或柱等构件相接时，多用膨胀螺栓或膨胀铆钉固接。螺钉间距600～1 000 mm。墙筋、横挡之间靠各种配件相互连接。墙筋间距由面板尺寸决定，一般为400～600 mm。

面板多为胶合板、纤维板、石膏板和纤维水泥板等，面板借镀锌螺丝、自攻螺钉、膨胀铆钉或金属夹子固牢在金属骨架上。采用后两种面板者，可作为不燃烧材料隔墙。如要达到耐火极限1小时以上，则需采用多层岩棉或矿棉填充(可查阅消防规范有关规定)。

3. 条板隔墙

条板隔墙系指采用各种轻质材料制成的各种预制薄型板材安装而成的隔墙。常见的板材有加气混凝土条板、石膏条板、泰柏板等。这些条板自重轻、安装方便。

普通条板的安装、固定主要靠各种黏结砂浆或黏结剂进行黏结，待安装完毕，再在表面进行装修，如图9－23所示。

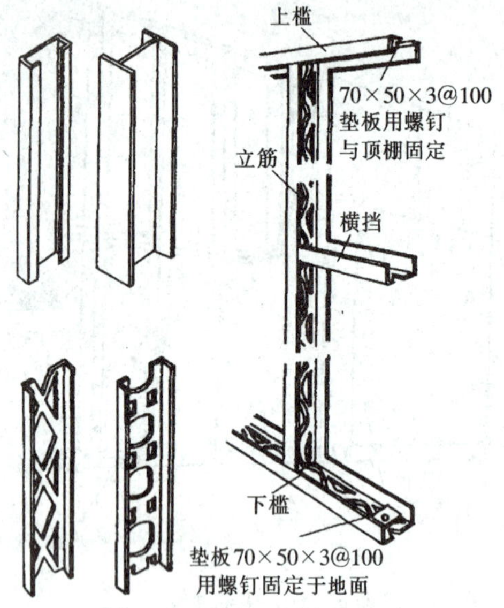

图9－22 金属骨架隔墙

(a)薄壁金属墙筋形式 (b)骨架组合

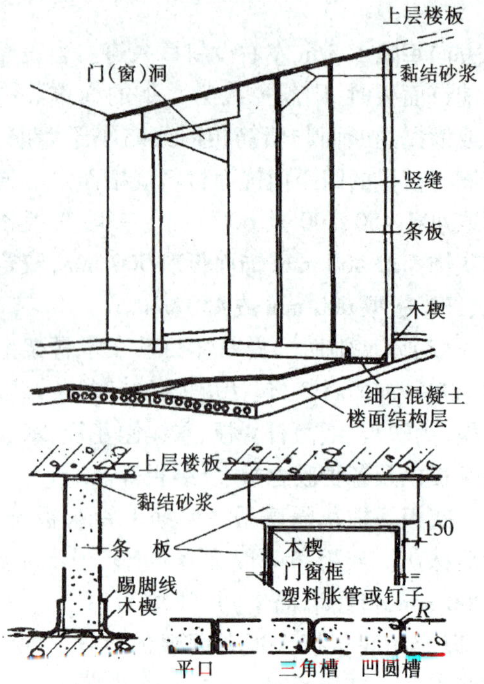

图9－23 条板隔墙

泰柏板(又名三维板)是由ϕ2 mm低碳冷拔镀锌钢丝焊接成三维空间网笼，中间填充50 mm厚的阻燃聚苯乙烯泡沫塑料构成的轻质板材，然后在现场安装并双面抹灰或喷涂水泥砂浆而组成的复合墙体，如图9－24所示。

泰柏板厚75～76 mm、宽1 200～1 400 mm、长2 400～4 000 mm。它自重轻(3.9 kg/m^2，双面抹灰后为84 kg/m^2)、强度高(轴向抗压允许载荷>73 kN/m^2、横向抗折允许荷载>2.0 kN/m^2)、保温及隔热性能好(传热系数<1.5 W/(m^2·K))，具有一定隔声能力(隔声指数为40 dB)和防火性能(耐火极限为1.22 h)，故广泛用作工业与民用建筑的内、外墙，轻型屋面以及小开间建筑的楼板等。同时在高层建筑及旧房的加层改造中，亦是可用的墙体材料。

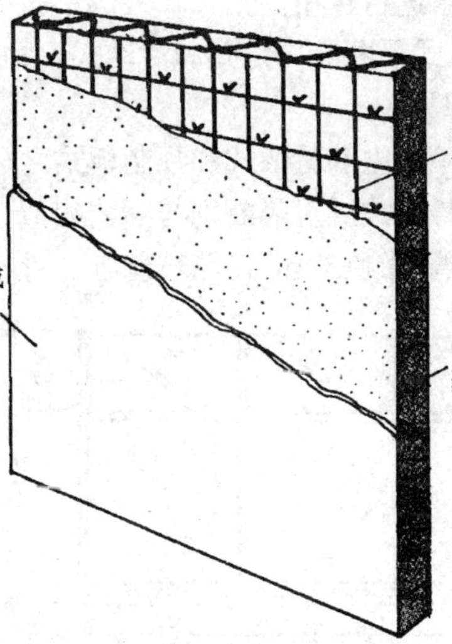

图 9－24　泰柏板隔墙

由于板材的填芯材料系苯乙烯原料，在高温下能挥发出有害气体，对消防不利，故泰柏板在用作内走廊两侧内墙时，应须十分慎重。

9.3.2　隔断

隔断系指分隔室内空间的装修构件。它与隔墙有相似之处，但也有根本区别。隔断的作用在于变化空间或遮挡视线。利用隔断分隔的空间，在空间的变化上，可以产生丰富的意境效果，增加空间的层次和深度，使空间既分又合，且互相连通。隔断能创造一种似隔非隔、似断非断、虚虚实实的景象，是当今居住和公共建筑（如住宅、办公室、旅馆、展览馆、餐厅、门诊部等）设计中常用的一种处理手法，如图 9－25 所示。

隔断的形式很多，常见的有屏风式隔断、镂空式隔断、玻璃墙式隔断、移动式隔断以及家具式隔断等。

图 9－25　办公室灵活隔断示意

1. 屏风式隔断

屏风式隔断通常是不隔到顶，即隔断与顶棚保持一段距离，起到分隔空间和遮挡视线作用，形成大空间中的小空间。这种隔断常用于办公室、餐厅、展览馆以及门诊部的诊室等公共建筑中。厕所、淋浴间等也多采用这种形式。隔断高一般为 1 050、1 350、1 500、1 800 mm 等。

可根据不同使用要求进行选用。

从构造上,屏风式隔断有固定式和活动式两种。

1)固定式屏风隔断

固定式构造又可有立筋骨架式和预制板式之分。预制板式隔断借预埋铁件与周围墙体、地面固定。而立筋骨架式屏风隔断则与隔墙相似,它可在骨架两侧铺钉面板,亦可镶嵌玻璃。玻璃可以是磨砂玻璃、彩色玻璃、棱花玻璃等。骨架与地面的固定方式如图9－26所示。

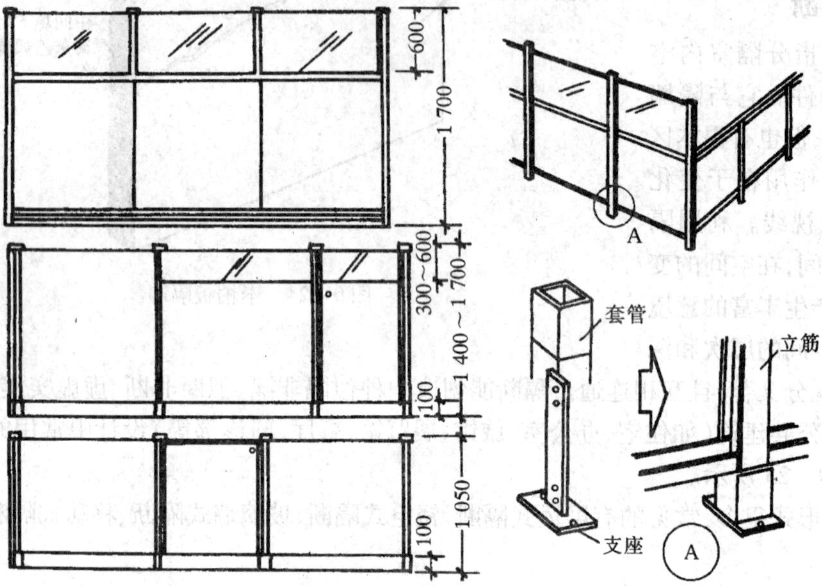

图9－26 固定式屏风隔断

2)活动式屏风隔断

活动式屏风隔断可以移动放置。最简单的支承方式是在屏风扇下安装一金属支承架。支架可以直接放在地面上,也可在支架下安装橡胶滚动轮或滑动轮,这样移动起来更加方便,如图9－27所示。

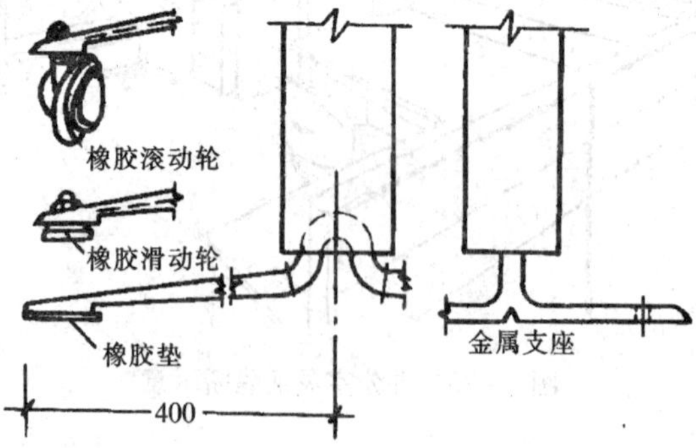

图9－27 活动式屏风隔断

2. 镂空式隔断

镂空花格式隔断是公共建筑门厅、客厅等处分隔空间常用的一种形式。有竹、木制的,也有混凝土预制构件的，形式多样，如图9－28所示。

隔断与地面、顶棚的固定也根据材料不同而变化，可以钉、焊等方式连接。

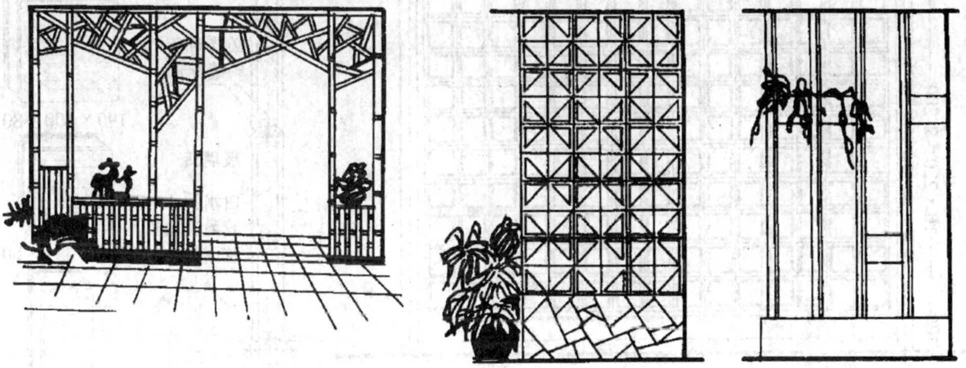

图9－28　镂空式隔断

3. 玻璃隔断

玻璃隔断有玻璃砖隔断和空透式隔断两种。

1）玻璃砖隔断

玻璃砖隔断系采用玻璃砖砌筑而成，既分隔空间又透光。常用于公共建筑的接待室、会议室等处，如图9－29(a)所示。

2）透空式隔断

透空玻璃隔断系采用普通平板玻璃、磨砂玻璃、刻花玻璃、压花玻璃、彩色玻璃以及各种颜色的有机玻璃等嵌入木框或金属框的骨架中，具有透光性。当采用普通玻璃时，还具可视性，它主要用于幼儿园、医院病房、精密车间走廊以及仪器仪表控制室等处。若采用彩色玻璃、压花玻璃或彩色有机玻璃，除可遮挡视线外，还具有丰富的装饰性，适用于餐厅、会客室、会议室等，如图9－29(b)所示。

4. 其他隔断

其他尚有多种隔断，如移动式隔断是可以随意闭合、开启，使相邻的空间随之变化成独立的或合一的空间的一种隔断形式。它具有使用灵活多变的特点。它可分为拼装式、滑动式、折叠式、悬吊式、卷帘式和起落式等多种形式。多用于餐馆、宾馆活动室以及会堂之中。

家具式隔断系利用各种适用的室内家具来分隔空间的一种设计处理方式。它把空间分隔与功能使用以及家具配套巧妙地结合起来，既节约费用，又节省面积；既提高了空间组合的灵活性，又使家具布置与空间相协调。这种形式多用于住宅的室内设计以及办公室的分隔。

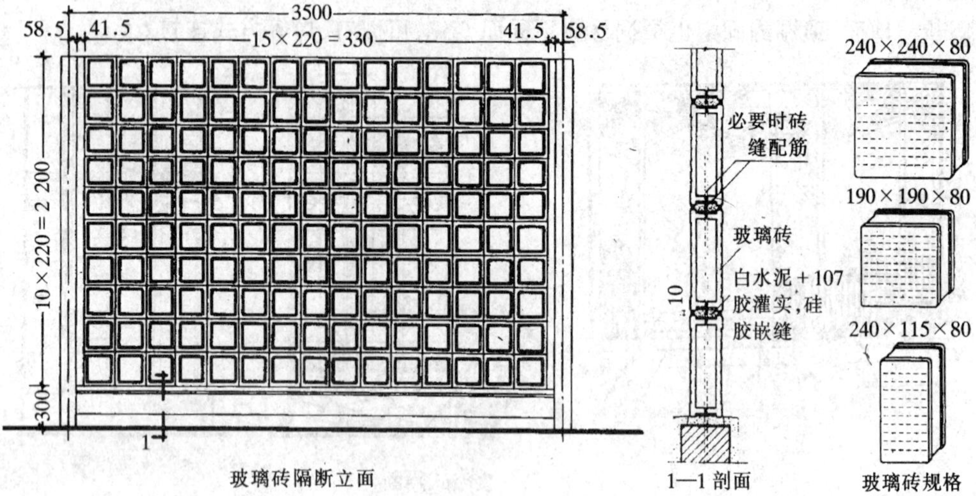

(a)

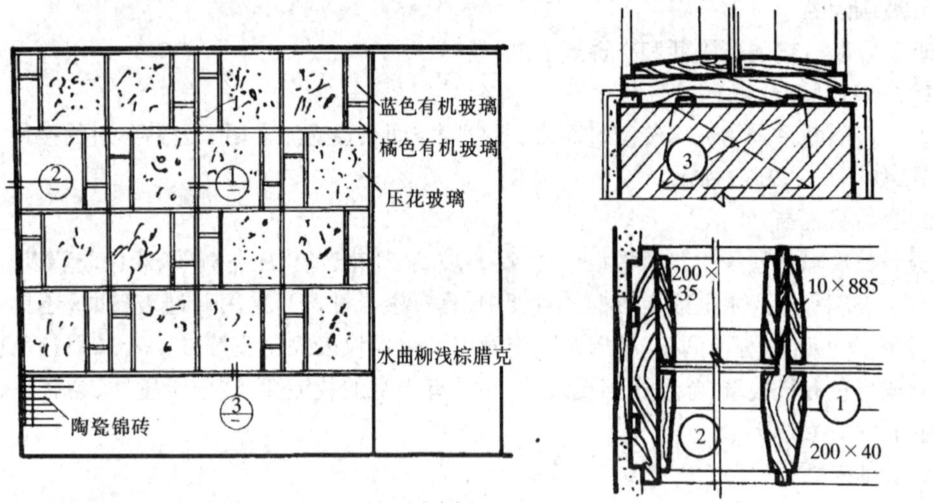

(b)

图9-29 透空玻璃隔断

(a)玻璃砖隔断 (b)透空玻璃隔断

9.4 墙面装修

9.4.1 墙面装修的作用

墙面装修设计是建筑设计中十分重要的内容之一。它对提高建筑物的功能质量、艺术效果、美化建筑环境起着重要作用。它给人们创造一个优美、舒适的工作、学习和休息的环境。

对墙面进行装修处理,还可防止墙体结构免遭风、雨的直接侵袭,提高墙体防潮、抗风化的能力,从而增强了墙体的坚固性和耐久性。

此外,对墙面进行装修处理,还可改善墙体热工性能;对室内可增加光线的反射,提高室内照度;对有吸声要求的房间的墙面进行吸声处理后,还可改善室内音质效果。

因此，在当今建筑设计中，必须重视建筑构件的外观设计以及细部处理。

9.4.2　墙面装修的分类

由于材料和施工方式的不同，常见的墙面装修可分为抹灰类、贴面类、涂料类、裱糊类和铺钉类等五类，见表9－2。

本教材由于篇幅所限，只介绍抹灰类装修的构造，其他类装修请参看有关书籍，或参看本书第7章装饰材料。

表9－2　墙面装修分类

类　别	室外装修	室内装修
抹灰类	水泥砂浆、混合砂浆、聚合物水泥砂浆、拉毛、水刷石、干粘石、斩假石、拉假石、假石砖、喷涂、滚涂等	纸筋灰、麻刀灰粉面、石膏粉面、膨胀珍珠岩灰浆、混合砂浆、拉毛、拉条等
贴面类	外墙面砖、马赛克、玻璃马赛克、人造水磨石板、天然石板等	釉面砖、人造石板、天然石板等
涂料类	石灰浆、水泥浆、溶剂型涂料、乳液涂料、彩色胶砂涂料、彩色弹涂等	大白浆、石灰浆、油漆、乳胶漆、水溶性涂料、弹涂等
裱糊类		塑料墙纸、金属面墙纸、木纹壁纸、花纹玻璃纤维布、纺织面墙纸及锦缎等
铺钉类	各种金属饰面板、石棉水泥板、玻璃	各种木夹板、木纤维板、石膏板及各种装饰面板等

9.4.3　抹灰类墙面装修构造

抹灰又称粉刷，是由水泥、石灰膏为胶结料加入砂或石渣，与水拌和成砂浆或石渣浆，然后抹到墙面上的一种操作工艺。这种作业属湿作业范畴。它是一种传统的墙面装修方式，主要特点是材源广，施工简便，造价低廉；缺点是墙面的耐久性低、易开裂、易变色，因多系手工操作，且湿作业施工，故工效较低。

墙面抹灰有一定厚度，外墙一般为20～25 mm，内墙为15～20 mm。为避免抹灰出现裂缝、保证抹灰与基层黏结牢固，墙面抹灰层不宜太厚，而且需分层构造（图9－30）。普通标准的装修，抹灰由底层和面层组成。对标准较高的抹灰装修，在面层和底层之间，还设有一层或多层中间层。

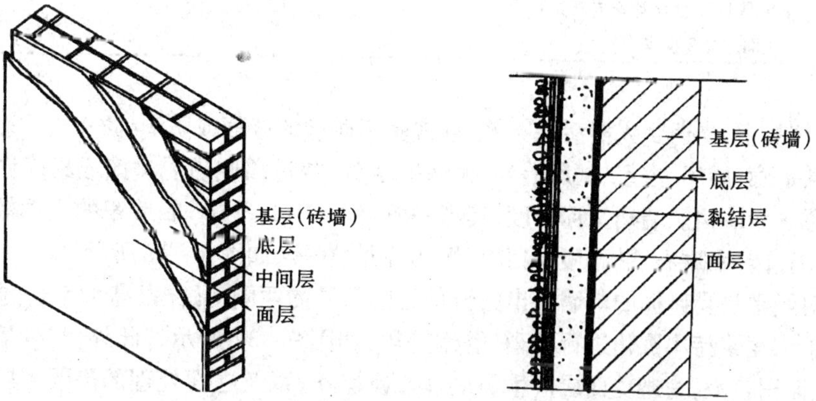

图3－30　墙面抹灰的分层构造

底层抹灰具有使装修层与基层墙体黏牢和初步找平的作用，故又称为平层或打底层，施工上称刮糙。对普通砖墙常用石灰砂浆或混合砂浆打底即可，而对混凝土墙体或有防潮、防水要求的墙体则需用混合砂浆或水泥砂浆打底。

面层抹灰又称罩面。它对墙体的使用质量和美观起重要作用。作为面层，要求表面平整、无裂痕、颜色均匀。面层抹灰依所处部位和装修质量要求不同有纸筋灰罩面、麻刀灰罩面、砂浆罩面或石碴浆罩面等。

中间层主要用作进一步找平，减少底层砂浆干缩导致面层开裂的可能，同时亦可作为底层与面层之间的黏结层。中间层所用材料视装修要求而定。

根据面层材料的不同，常见的抹灰装修构造，包括分层厚度、用料比例以及适用范围见表9－3。由于各地做法不尽相同，故此表仅供参考。

表9－3 常用抹灰做法举例

抹灰名称	构造及材料配合比	适用范围
纸筋(麻刀)灰	12～17厚1:2～1:2.5石灰砂浆(加草筋)打底 2～3厚纸筋(麻刀)灰粉面	普通内墙抹灰
混合砂浆	12～15厚1:1:6水泥、石灰膏、砂混合砂浆打底 5～10厚1:1:6水泥、石灰膏、砂混合砂浆粉面	外墙、内墙均可
水泥砂浆	15厚1:3水泥砂浆打底 10厚1:2～1:2.5水泥砂浆粉面	多用于外墙或内墙受潮湿部位
水刷石	15厚1:3水泥砂浆打底 10厚1:1.2～1.4水泥石渣抹面后水刷	用于外墙
干粘石	10～12厚1:3水泥砂浆打底 7～8厚1:1.05:2外加5%107胶的混合砂浆黏结层 3～5厚彩色石渣面层(用喷或甩方式进行)	用于外墙
斩假石	15厚1:3水泥砂浆打底 刷素水泥浆一道 8～10厚水泥石渣粉面 用剁斧斩去表面层水泥浆或石尖部分使其显出凿纹	用于外墙或局部内墙
水磨石	15厚1:3水泥砂浆打底 10厚1:1.5水泥石渣粉面，磨光、打蜡	多用于室内潮湿部位
膨胀珍珠岩	12厚1:3水泥砂浆打底 9厚1:16膨胀珍珠岩灰浆粉面 (面层分2次操作)	多用于室内有保湿或吸声要求的房间

在内墙抹灰中，当遇到人群活动频繁，且常受到碰撞的墙面或防潮、防水要求较高的墙体，如门厅、公共走廊、厨房、浴室、厕所等处，为保护墙身，常对那些易受碰撞或易受潮的墙面，作保护处理，称之为墙裙。墙裙又称台度，其高一般为1.0～1.8 m。做墙裙的方法较多，如水泥砂浆抹灰、贴瓷砖、水磨石、贴石板、钉胶合板、喷刷涂料等，如图9－31所示。

同时，对经常易受碰撞的内墙凸出的转角处或门洞的两侧，常抹以高1.5 m的1:2水泥砂浆打底，以素水泥浆持小圆角进行处理，俗称护角，如图9－32所示。此外，在外墙抹灰中，由于墙面抹灰面积较大，为避免面层产生裂纹且方便操作，以及立面处理的需要，常对抹灰面层作分格处理，俗称引条线。为防止雨水通过引条线渗透至室内，必须作好防水处理，通常利用防水砂浆或其他防水材料作勾缝处理，其构造如图9－33所示。

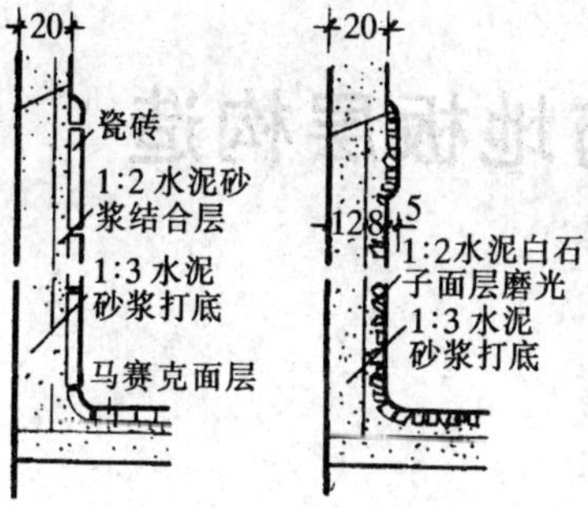

图 9－31　墙裙构造举例

(a)贴瓷砖　(b)水磨石　(c)水泥砂浆抹灰

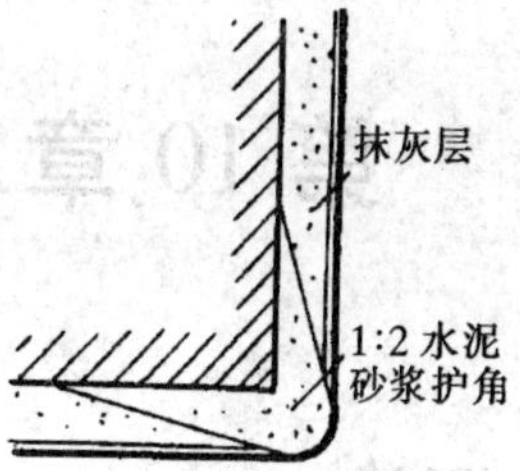

图 9－32　护角处理

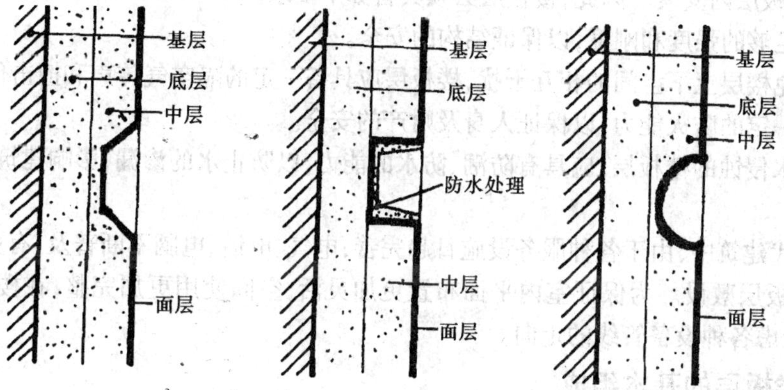

图 9－33　引条线的做法

第10章 楼板层与地板层构造

10.1 概述

10.1.1 楼板层的作用及其设计要求

楼板层是多层建筑中沿水平方向分隔上下空间的结构构件。它除了能承受并传递垂直荷载和水平荷载外,还应具有一定的隔声、防火、防水等能力。同时,建筑物中的各种水平设备管线,也将在楼板层内安装。因此,楼板层必须具备如下要求。

①具有足够的强度和刚度,以保证结构的安全。

②为避免楼层上下空间的相互干扰,楼板层应具备一定的隔空气传声和撞击传声的能力。

③具有一定的防火能力,以保证人身及财产的安全。

④对有水侵蚀的楼板层,应具有防潮、防水的能力,以防止水的渗漏,影响建筑物的正常使用。

⑤在现代建筑中,由于各种服务设施日趋完善,电气、电话、电脑不断普及,有更多的管道、线路将借楼板层敷设。为保证室内平面布置更加灵活,空间使用更加完整,在楼板层的设计中,应仔细考虑各种设备管线的走向。

10.1.2 楼板层的基本组成

为了满足楼板层的使用功能要求,一幢现代化多层建筑的楼板层通常由以下几部分构成(图10-1)。

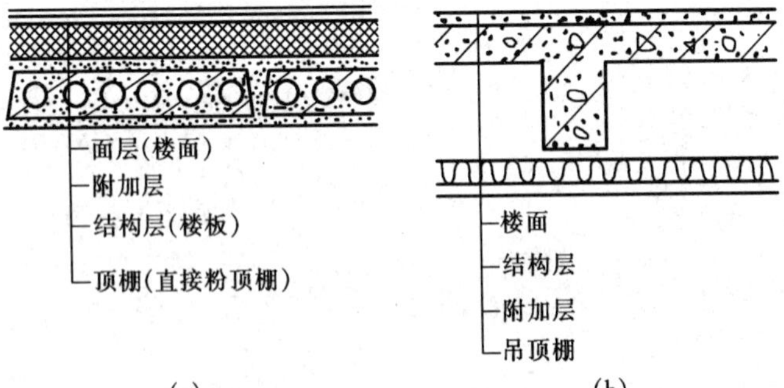

图10-1 楼板层的基本组成

(a)直接抹面粉刷顶棚 (b)吊顶顶棚

(1)楼板面层 楼板面层又称楼面或地面。它起着保护楼板层、分布荷载和各种绝缘的作用。同时也对室内装修起重要作用。

(2)楼板结构层 楼板结构层是楼板层的承重部分,包括板和梁。其主要功能在于承受楼板层上的全部静、活荷载,并将这些荷载传递给墙或柱;同时还对墙身起水平支撑作用,帮助墙身抵抗和传递由风或地震等所产生的水平力，以增强建筑物的整体刚度。

(3)附加层　附加层又可称功能层，主要用于设置满足隔声、防水、隔热、保温等作用的部分，它是现代楼板结构中不可缺少的部分。

(4)楼板顶棚层　楼板顶棚层是楼板层的下面部分，主要用于保护楼板、安装灯具、遮掩各种水平管线设备以及装修室内。在构造上可分为直接抹灰顶棚、粘贴类顶棚和吊顶棚等多种形式。

10.1.3　楼板的类型

根据所采用材料的不同，楼板可分为木楼板、砖拱楼板、钢筋混凝土楼板以及钢衬板楼板等多种形式，如图10－2所示。

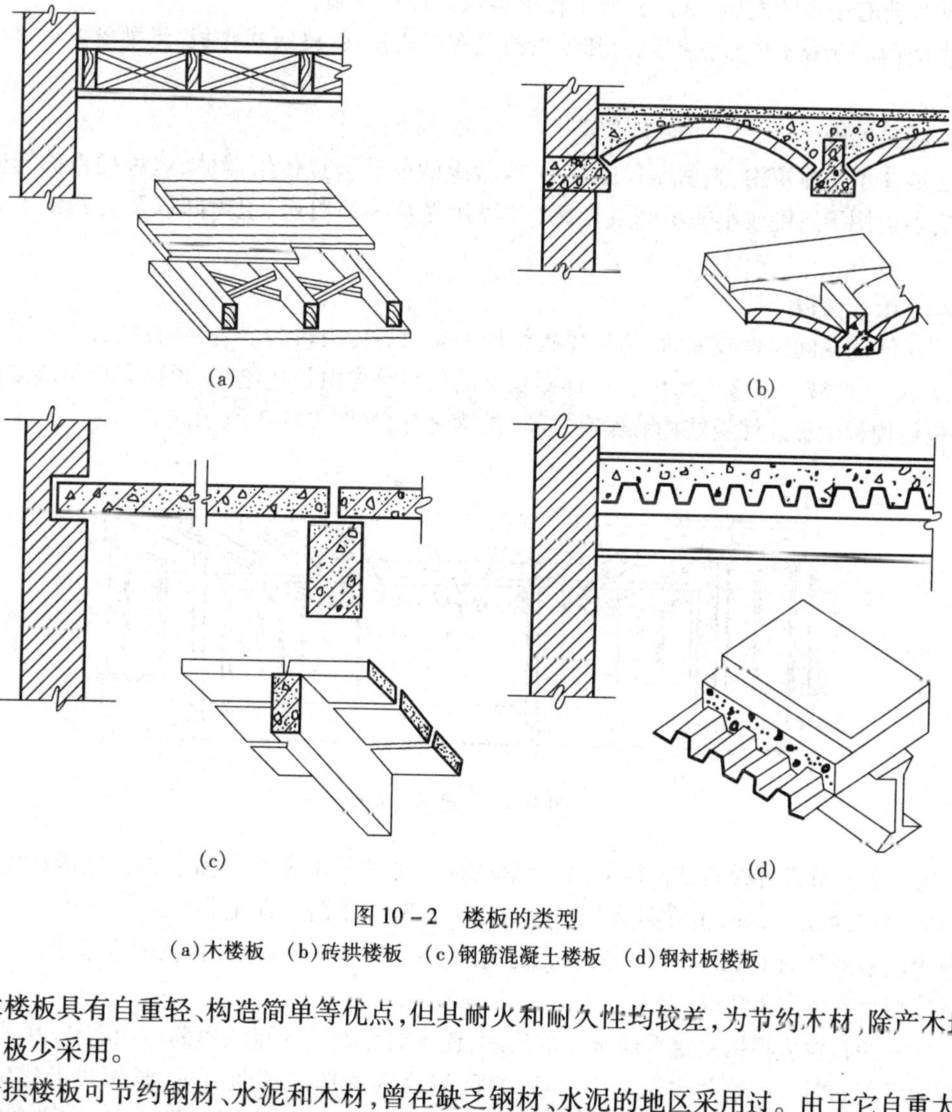

图10－2　楼板的类型

(a)木楼板　(b)砖拱楼板　(c)钢筋混凝土楼板　(d)钢衬板楼板

木楼板具有自重轻、构造简单等优点，但具耐火和耐久性均较差，为节约木材，除产木地区外现已极少采用。

砖拱楼板可节约钢材、水泥和木材，曾在缺乏钢材、水泥的地区采用过。由于它自重大、承载能力差，且对抗震不利，加上施工较繁，现已趋于不用。

钢筋混凝土楼板具有强度高、刚度好，既耐久又防火，还具有良好的可塑性，且有便于工业化生产和机械化施工等特点，是目前我国工业与民用建筑中楼板的主要形式。近年来，由于压型钢板在建筑上的应用，于是又出现了以压型钢板为底模的钢衬板楼板。

10.2 钢筋混凝土楼板层构造

10.2.1 现浇整体式钢筋混凝土楼板

现浇钢筋混凝土楼板是在现场整体浇筑成型，结构的整体性能良好，因而特别适合于整体性要求较高的建筑物、有管道穿过楼板的房间以及形状不规则或房间尺度不符合模数要求的房间中。但以往现浇钢筋混凝土楼板由于现场浇注、湿作业，导致工序繁多，需要养护，且施工工期较长。近年来随着工具式模板的发展，以及现场浇注机械化的加强，现场浇注钢筋混凝土楼板的工艺有了新的发展，从而克服了传统浇筑方式的弊端。

现浇钢筋混凝土楼板根据受力和传力情况有板式楼板、梁板式楼板、无梁楼板和钢衬板楼板之分。

1. 板式楼板

在墙体承重建筑中，当房间尺度较小，楼板上的荷载直接传给墙体，这种楼板称为板式楼板。它多适用于跨度较小的房间或走廊（如民用建筑中的厨房、卫生间以及公共建筑的走廊等）。

2. 梁板式楼板

当房间的空间尺度较大时，为使楼板结构的受力与传力较为合理，常在楼板下设梁以增加板的支点，从而减小了板的跨度。这样楼板上的荷载是先由板传给梁，再由梁传给墙或柱。这种楼板结构称梁板式楼板结构。梁有主梁、次梁之分，如图 10－3 所示。

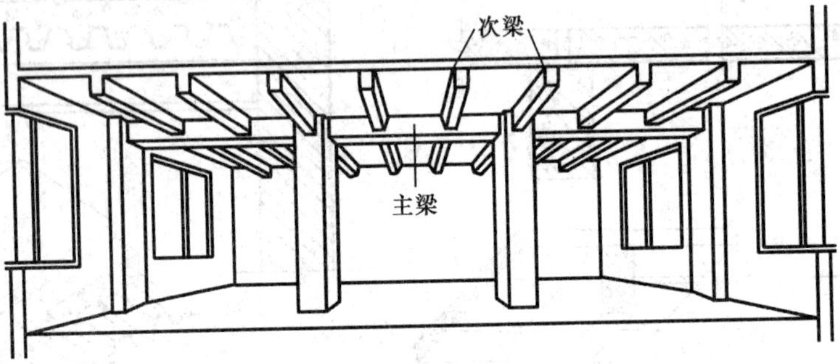

图 10－3 梁板式楼板

为了更充分发挥楼板结构的效力，合理选择构件的尺度是至关重要的。主梁跨度一般为 5～9 m，最大可达 12 m；主梁高为跨度的 1/14～1/8；次梁跨度即主梁间距，一般为 4～6 m，次梁高为次梁跨度的 1/18～1/12。梁的宽与高之比一般为 1/3～1/2，其宽度常采用 250 mm，跨度及荷载大者可用 300 mm 或以上。

构件的布置应根据建筑平面设计的尺度，使主梁尽量沿支点的短跨方向布置；次梁则与主梁方向垂直。对一些公共建筑的门厅或大厅，当房间的形状近似方形，长短边的比例小于 2 时，且跨度在 10 m 或 10 m 以上时，常沿两个方向等尺寸地布置构件，即主梁、次梁方向不分，梁的截面也同高，形成井格形梁板结构。这种结构又称井式楼板，如图 10－4 所示。

在建筑与结构的配合中，应从使用功能、结构安全和经济等角度出发考虑问题，密切配合，

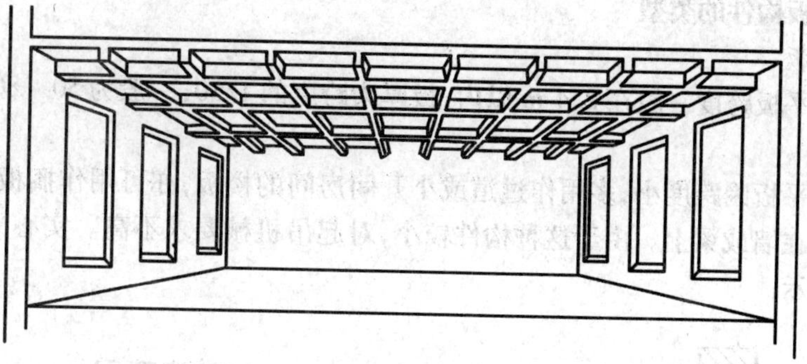

图 10-4　井式楼板

从而创造出适用、安全、经济合理的结构方案。

3. 无梁楼板

无梁楼板是框架结构中将板直接支承在柱子上且不设梁的结构，如图 10-5 所示。这种结构的楼板四周可支承在墙上亦可支承在边柱的圈梁上，或是悬臂伸出边柱以外。为了增大柱子的支承面积和减小板的跨度，则在柱的顶部设柱帽和托板。无梁楼板的柱应尽量按方形网格布置，楼面活荷载≥5 kPa，其跨度在 6 m 左右时较梁板式楼板经济。由于板跨较大，一般板厚应在 120 mm 以上。这种楼板多用于荷载较大的商店、展览馆及仓库等建筑中。

无梁楼板与梁板式楼板比较，顶棚平整，室内净空大，采光、通风好，施工较简单。

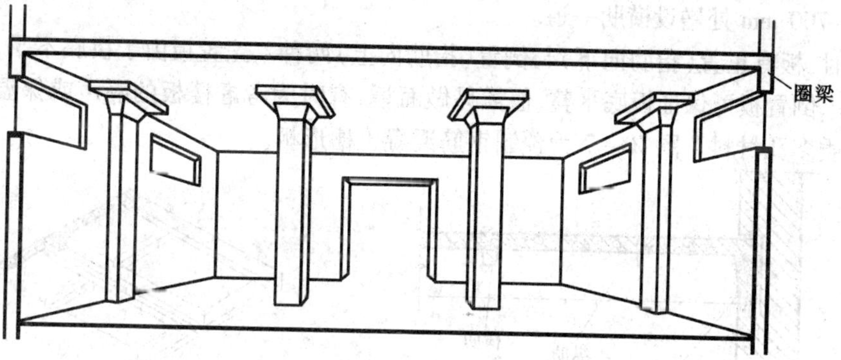

图 10-5　无梁楼板

10.2.2　预制装配式钢筋混凝土楼板

1. 预制钢筋混凝土楼板的特点

预制钢筋混凝土楼板系指在构件预制加工厂或施工现场外预先制作，然后运到工地现场进行安装的楼板。这种楼板的特点是不在施工现场直接浇注混凝土，从而大大提高了现场机械化施工水平，并使工期大为缩短。它对建筑工业化水平的提高是一大促进，应大力推广。因此，凡建筑设计中平面形状规则、尺度符合模数要求的建筑物，都应尽量采用预制楼板。同时，设计部门亦应有效配合，保证构件的尺度、规格有利于预制，以提高预制构件生产的效率。

预制构件可分为预应力和非预应力两种。预应力与非预应力构件比较，可节省钢材约 30% ~50%，节省混凝土 10% ~30%，从而使自重减轻，造价降低。

2. 预制楼板构件的类型

1) 实心平板

预制实心平板跨度一般在 2.4 m 以内;板厚为跨度的 1/30,一般为 50 ~ 80 mm;板宽约为 600 ~ 900 mm。

预制实心平板因跨度小,多用作过道或小开间房间的楼板,亦可用作搁板或管道盖板等。板的两端支承在墙或梁上。由于这种构件较小,对起吊机械要求不高。实心平板的安装形式如图 10 - 6 所示。

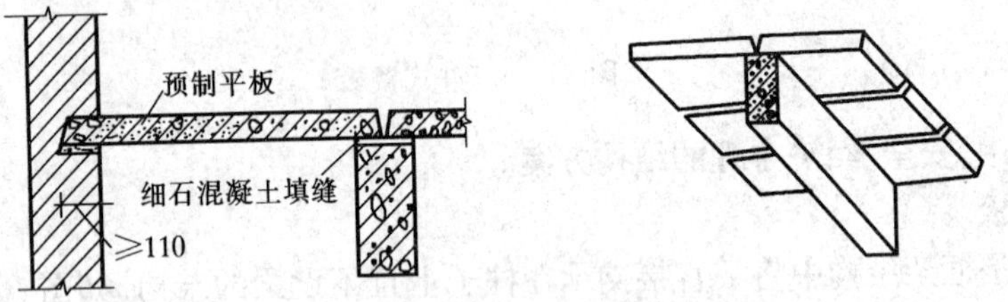

图 10 - 6 预制钢筋混凝土平板

2) 槽形板

槽形板是一种梁板结合的构件,即在实心板的两侧设有纵肋,构成 ┌┐ 形截面。板跨为 3 ~ 7.2 m;板宽为 600 ~ 1 200 mm;板厚为 25 ~ 30 mm;肋高为 120 ~ 300 mm。

为提高板的刚度和便于搁置,常将板的两端以端肋封闭。当板跨达 6 m 时,应在板的中部每隔 500 ~ 700 mm 处增设横肋一道。

搁置时,板有正置(指肋向下)与倒置(指肋向上)两种。正置板由于板底不平,有碍观瞻,多作吊顶。倒置板可保证板底平整,但需另做面板,有时为考虑楼板的隔声或保温,亦可在槽内填充轻质多孔材料。图 10 - 7 为预制钢筋混凝土槽形板。

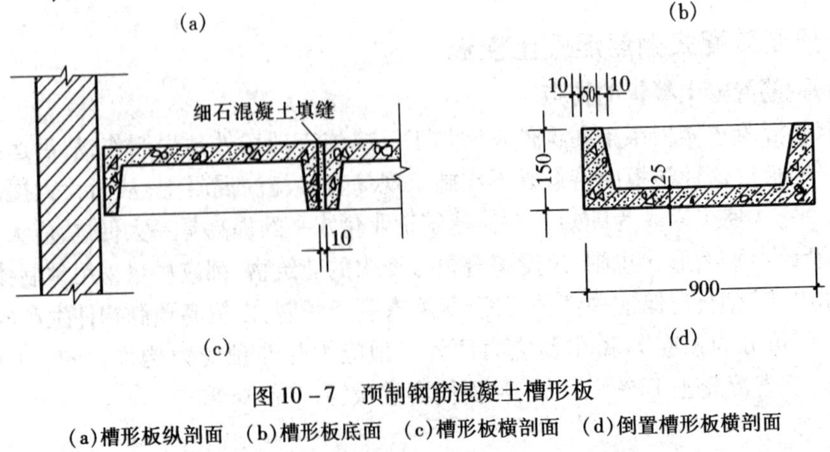

图 10 - 7 预制钢筋混凝土槽形板

(a)槽形板纵剖面 (b)槽形板底面 (c)槽形板横剖面 (d)倒置槽形板横剖面

3）空心板

根据板内抽孔方式的不同，空心板有方孔板、椭圆孔板和圆孔板之分。方孔能节约一定量的混凝土，但脱模困难且易出现板面开裂，现已不用。椭圆孔和圆孔增大了板肋的截面面积，使板的刚度增强，对受力有利。但相比之下，圆孔抽芯脱模更省事，故目前基本采用圆孔板（图 10－8）。

空心板有中型板和大型板之分，中型板板跨多为 4 500 mm 以下，板宽 500～1 500 mm，常见的是 600～1 200 mm，板厚 90～120 mm，圆孔直径 50～75 mm，上表面板厚 20～30 mm，下表面板厚 15～20 mm。大型空心板板跨为 4 000～7 200 mm，板宽为 1 200～1 500 mm，也有为半间房间或整间房间的深度，板厚 180～240 mm。空心板支承端的两端孔常以专制填块、砖块或砂浆块填塞，避免灌缝时混凝土进入孔内以及保证在支座处不被压坏。

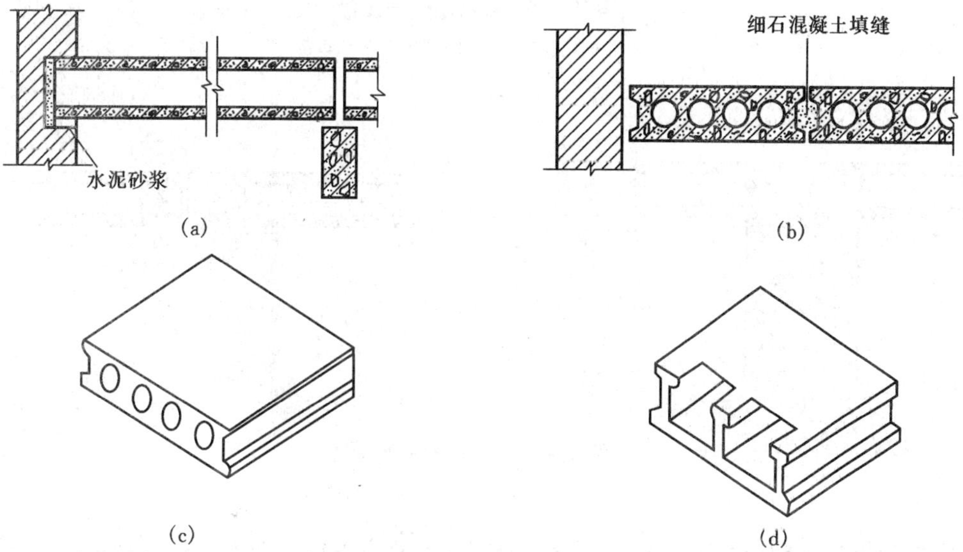

图 10－8　预制空心板

（a）纵剖面　（b）横剖面　（c）圆形孔板　（d）矩形孔板

3. 预制板的结构布置与细部处理

1）板的布置

进行板的结构布置，首先应根据房间开间、进深尺寸确定板的支承方式，然后依据现有板的规格（或设计某种板型）进行合理布置。板的支承方式有板式和梁板式两种。当预制板直接搁置在墙上的称板式结构布置；若楼板系先搁在梁上，然后经梁将荷载传给墙的称梁板式结构布置。前者多用于横墙间距较密的宿舍、住宅及病房等建筑中，而后者则多用于教学楼等开间、进深尺寸都较大的建筑中（图 10－9）。

当采用梁板式结构布置时，板在梁上的搁置方式一般有两种。一是板直接搁在梁顶上，如图 10－10（a）所示；另一种是板搁在花篮梁两侧的挑耳上，这时板的上皮与梁的顶面平齐，如图 10－10（b）所示。在梁高不变的情况下，由于图 10－10（b）比图 10－10（a）中的板减少了所占去的空间高度，从而相应地提高了室内净空高度。但必须注意板的跨长不同，图 10－10（b）的板跨应比图 10－10（a）的板跨减少梁顶宽度。

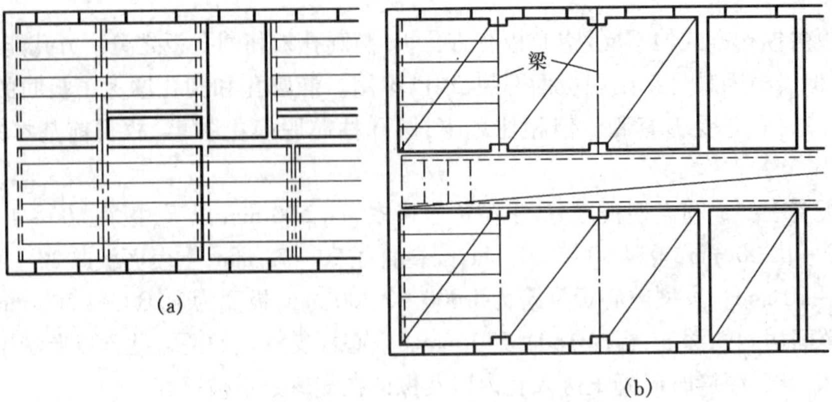

图 10－9 预制板结构布置

(a)板式结构布置 (b)梁板式结构布置

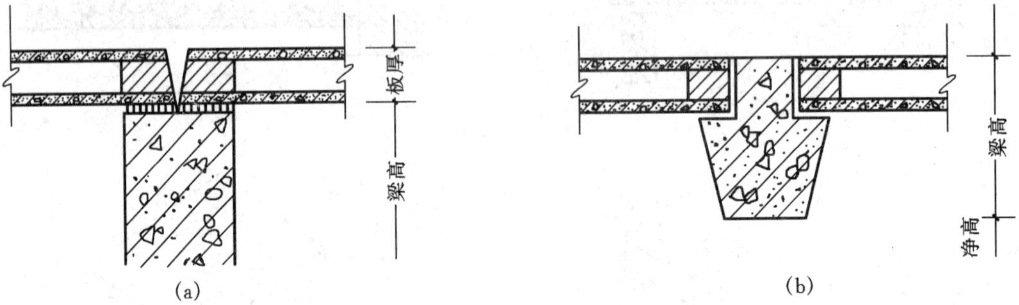

图 10－10 板在梁上的搁置

(a)板搁在矩形梁上 (b)板搁在花篮梁上

在进行板的结构布置时，一般要求板的规格、类型愈少愈好。因为板的规格多，不仅给板的制作增加麻烦，而且施工也较复杂，有时甚至出现差错。在实践中，宜优先采用宽度较大的板型，同时板的布置应避免出现三面支承情况，即板的纵长边不得伸入砖墙内，否则在荷载作用下，板会发生纵向裂缝，而且这样支承的板，还会使压在边肋上的墙体因受局部荷载影响而削弱墙体的承载能力。

在排板过程中，当板的横向尺寸(板宽方向)与房间平面尺寸出现差额(这个差额称为板缝差)时，可采用以下办法解决。当缝差在 60 mm 以内时，调整板缝宽度；当缝差在 60～120 mm 时，可沿墙边挑两皮砖解决，如图 10－11(a)所示；当缝差超过 120 mm 且在 200 mm 之内时，或因竖向管道沿墙边通过时，则用局部现浇板带的方法解决，如图 10－11(b)、(c)所示；当缝差超过 200 mm 时，则需重新选择板的规格。

2)板的搁置及板缝处理

为保证楼板安放平整，且使板与墙或梁有很好的连接，首先应使板有足够的搁置宽度，一般板在墙上的搁置宽度应不小于 80 mm，在梁上的搁置宽度应不小于 60 mm；其次，必须在梁或墙上铺以水泥砂浆(俗称坐浆)，砂浆厚 20 mm 左右以便找平；此外，为增强房屋的整体刚度，对楼板与墙体之间及楼板与楼板之间常用锚固钢筋予以固定。锚固筋又称拉结钢筋。图 10－12 为锚固钢筋的四种配置形式。

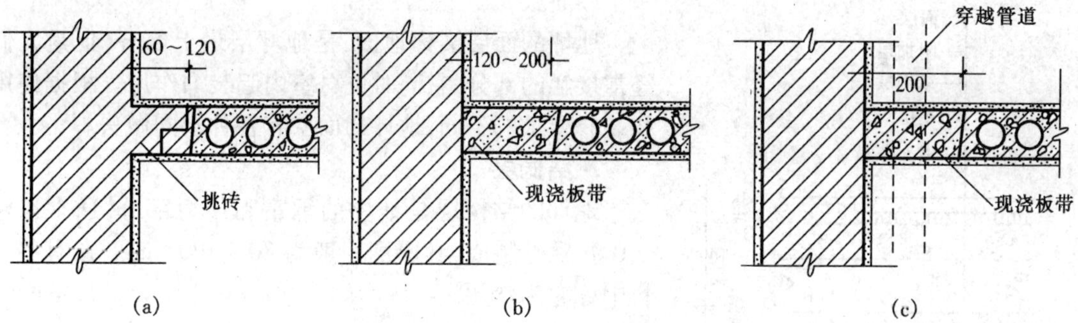

图 10－11　板缝差的处理
(a)墙边挑砖　(b)现浇板带　(c)竖管穿过板带

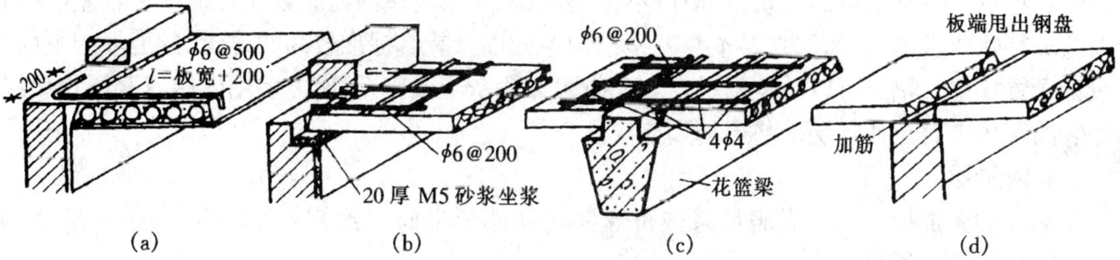

图 10－12　锚固筋的配置
(a)板侧锚固　(b)板端锚固　(c)花篮梁上锚固　(d)甩出筋锚固

板的接缝有端缝和侧缝两种。板端缝一般需将板缝内灌以砂浆或细石混凝土,使其相互连接。为了增强建筑物抗水平力的能力,可将板端露出的钢筋交错搭接在一起,或加钢筋网片,然后用细石混凝土灌缝,以增强板的整体性和抗震能力。

侧缝一般有三种形式:V 形缝、U 形缝和凹槽缝,如图 10－13 所示。其中以凹槽缝对楼板的受力最好。

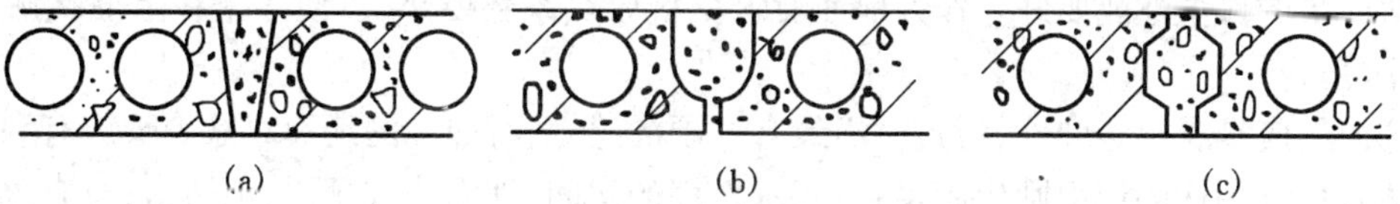

图 10－13　侧缝接缝形式
(a)V 形缝　(b)U 形缝　(c)凹槽缝

10.3　地坪与地面构造

10.3.1　地坪构造

地坪系指建筑物底层与土壤相接触的结构构件。和楼板层一样,它承受着地坪上的荷载,并均匀传给地基。

地坪由面层和基层两部分构成。基层主要是结构层,在地基较差时为加固地基增设垫层。对有特殊要求的地坪,常在面层与结构层之间增设附加层,如图 10－14 所示。

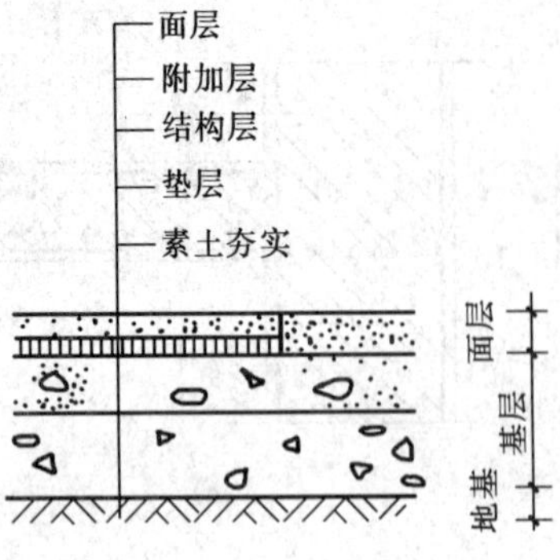

图 10－14 地坪的构造

1. 面层

地坪的面层又称地面，是地坪层最上部分，也是人们经常接触的部分，它同时也对室内起装饰作用。根据使用和装修要求的不同，地坪的面层有各种不同做法。

2. 结构层

地坪的结构层是地坪的承重和传力部分，通常采用 C10 混凝土制成，其厚度一般为 80～100 mm。在有些资料中称它为垫层。

3. 垫层

地坪的垫层为结构层与地基之间的找平层或填充层，主要起加强地基、帮助结构层传递荷载的作用。对地基条件较好且室内荷载不大的建筑，一般可不设垫层；而对某些室内荷载较大且地基又较差同时有保温等特殊要求的，或面层材料本身就是结构层的以及装修标准较高的建筑，其地坪的下面一般都设置垫层。垫层可以就地取材。如北方可以用灰土或碎石；南方多用碎砖或碎石作垫层，也有的采用三合土作垫层。垫层均须夯实。

4. 附加层

地坪的附加层主要是为满足某些特殊使用功能要求而设置的某些层次，如结合层、保温层、防水层，埋管线层等。

10.3.2 地面构造

楼板层的面层和地坪的面层在构造和要求上是一致的，均属室内装修范畴，统称地面。

1. 对地面的要求

地面是人们在日常生活、工作、生产、学习时，必须接触的部分，也是建筑中直接承受荷载、经常受到摩擦、清扫和冲洗的部分，因此，对它应有以下要求。

①具有足够的坚固性。要求地面在外力作用下不易被磨损、破坏，且表面平整、光洁，易清洁和不起灰。

②面层的保温性能要好。作为地面要求材料导热系数要小，以便冬季在上面接触时不致感到寒冷。

③面层应具有一定弹性，行走时不致有过硬的感觉，有弹性的地面对减少噪声有利。

④有特殊用途的地面则应满足：对有水作用的房间，地面能抗潮湿、不透水；对有火源的房间，地面可防火、耐燃；对有酸、碱腐蚀的房间，则要求地面具有防腐蚀的能力。

总之，在设计地面时应根据房间使用功能的要求，选择有针对性的材料，提出适宜的构造措施。

2. 地面的类型

地面的名称是依据面层所用材料或施工方式而命名的。常见地面可分为以下几类：

①整体类地面，包括水泥砂浆、细石混凝土、水磨石及菱苦土地面等；

②镶铺类地面，包括黏土砖、大阶砖、水泥花砖、缸砖、陶瓷锦砖、地砖、人造石板、天然石板及木地板等地面；

③粘贴类地面，包括油地毡、橡胶地毡、塑料地毡及无纺织地毯等地面；

④涂料类地面，包括各种高分子合成涂料所形成的地面。

3. 地面构造

1)整体类地面

(1)水泥砂浆地面　简称水泥地面。它构造简单、坚固耐磨、防潮防水、造价低廉,是目前使用最普遍的一种低档地面,如图 10－15 所示。但水泥砂浆地面导热系数大,对不采暖的建筑,在严寒的冬季使人感到寒冷;它的吸水性差,每当空气中湿度大的黄霉天,容易返潮;此外它还具有易起灰,不易清洁等问题。水泥砂浆地面有双层和单层构造之分,双层做法分为面层和底层,构造上常以 15 ~20 mm 厚 1∶3水泥砂浆打底、找平,再以 5 ~10 mm 厚 1∶1. 5 或 1∶2. 0 的水泥砂浆抹面。分层构造虽增加了施工程序,却容易保证质量。单层构造是在结构层上抹一道水泥浆结合层后,直接抹 15 ~20 mm 厚 1∶2或 1∶2. 5 的水泥砂浆一道,抹平后待其终凝前,再用铁板压光。

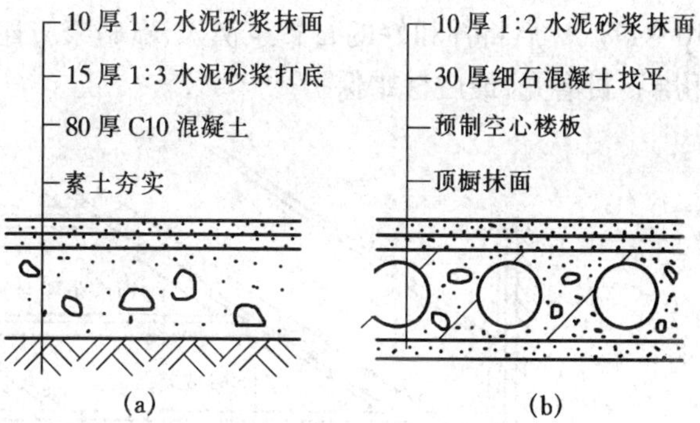

图 10－15　水泥砂浆地面

(a)底层地面　(b)楼层地面

(2)细石混凝土地面　这种地面是为了增强楼板层的整体性和防止楼面产生裂缝及起砂。现有不少地区在作楼板面层时,采用 30 ~40 mm 厚细石混凝土层,在初凝时用铁滚滚压出浆水抹平后,待其终凝前再用铁板压光,作为地面。

(3)水磨石地面　又称磨石子地面,其特点是表面光洁、美观,不易起灰,如图 10－16 所示。其造价较水泥地面高,霉雨季节也易返潮。常用作公共建筑的大厅、走廊、楼梯以及卫生间的地面。水磨石地面系分层构造。在结构层上常用 10 ~15 mm 厚 1∶3水泥砂浆打底,10 mm 厚 1∶1. 5 ~1∶2水泥、石碴粉面。石碴要求用颜色美观的石子,中等硬度,易磨光,故多用白云石或彩色大理石石碴。其粒径为 3 ~20 mm。水磨石有水泥本色和彩色两种。后者系采用彩色水泥或白水泥加入颜料以构成美丽的图案。颜料以水泥重的 4% ~5% 为好,不宜太多,否则将影响地面强度。面层一般是先在底层上按图案嵌固玻璃条(也可嵌铜条或铝条)进行分格。分格的作用,一是为了分大面为小块,以防面层开裂(万一局部损坏,维修也比较方便,不影响整体);二是可按设计图案分区,排出不同颜色,以增添美观。分格形状有正方形、矩形及

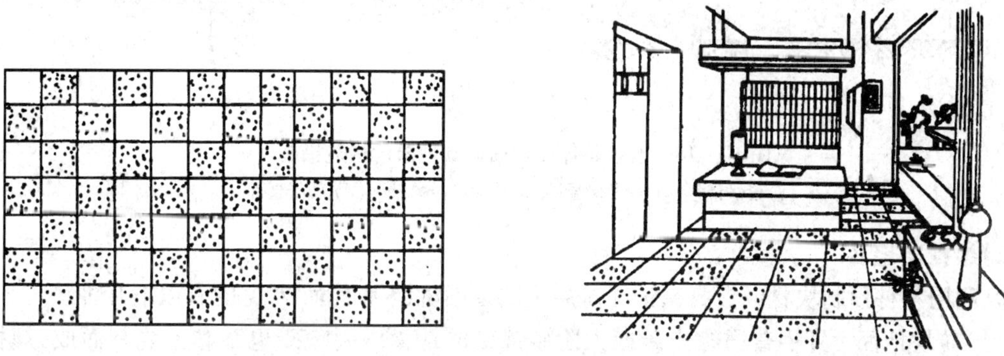

图 10－16　水磨石地面

多边形不等。尺寸为400～1 000 mm，视需要而定。分格条高10 mm，用1∶1水泥砂浆嵌固，见图10－17。然后将拌和好的石碴浆浇入，石碴浆应比分格条高出2 mm。再浇水养护6～7天后用磨石机磨光，最后打蜡保护。

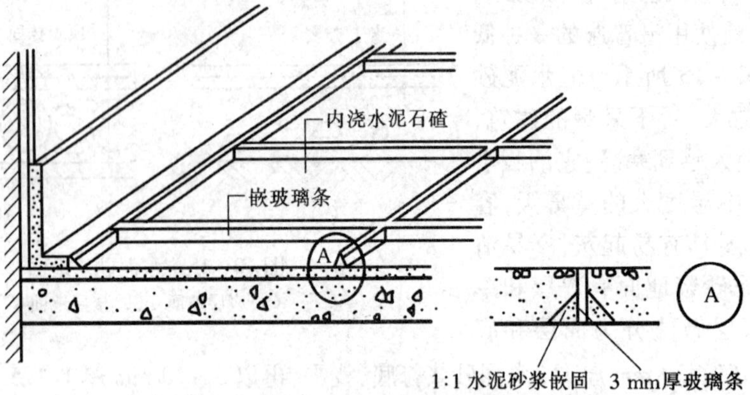

图10－17　水磨石地面构造

如上所述，整体类地面由于地面主要采用的材料是密实的水泥砂浆或混凝土，地面的导热系数大、热惰性大、表面吸水性较差，因此当空气中湿度大时，很容易出现表面结露的返潮现象。为了解决这一问题，可采取以下几个构造措施：

①在面层与结构层之间加一层保温层（图10－18（a）、（b））；

②架空地面（图10－18（d））；

③改换面层材料（图10－18（c））。

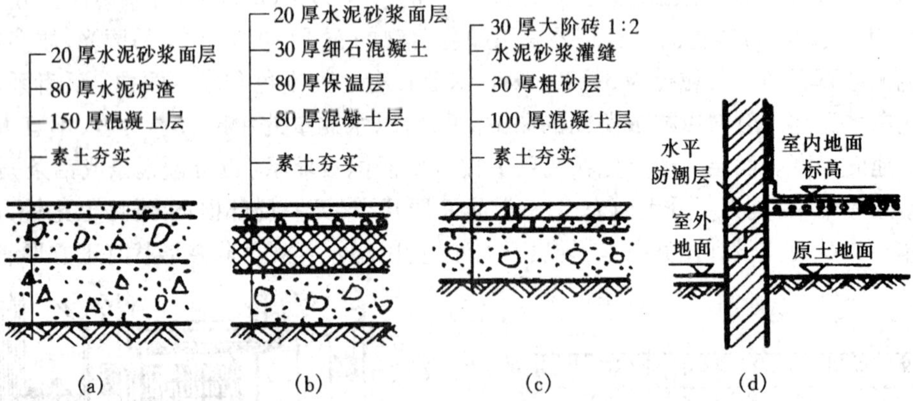

图10－18　改善整体类地面返潮现象的构造措施

（a）设炉渣层　（b）设保温层　（c）大阶砖填砂　（d）架空地面

2）镶铺类地面

凡利用各种预制块材或板材镶铺在基层上的地面称镶铺地面，常见的有以下几种。

（1）砖块地面　即由普通黏土砖或大阶砖铺砌的地面。大阶砖也系黏土烧制而成，规格为30 mm×350 mm×350 mm。由于砖的尺寸较大，可直接铺在素土夯实的地基上，但为了铺砌方便和易于找平，常用砂作结合层。普通黏土砖可以平铺，也可以侧铺，砖缝之间则以水泥砂浆或石灰砂浆嵌缝，如图10－19所示。砖材造价低廉，能吸潮，对多雨返潮地区十分有利，但砖块地面不耐磨，故多用于一般民用建筑。

(2)陶瓷砖地面　陶瓷地砖包括缸砖和马赛克。缸砖系陶土烧制而成，颜色红棕色。有方形、六角形、八角形等，可拼成多种图案。砖背面有凹槽，便于与基层结合。方形尺寸一般为100 mm×100 mm、150 mm×150 mm，厚10～15 mm。缸砖质地坚硬、耐磨、防水、耐腐蚀、易于清洁，适用于卫生间、实验室及有腐蚀的地面。铺贴方式为在结构层找平的基础上，用5～8 mm厚1∶1水泥砂浆粘贴。砖块间有3 mm左右的灰缝，如图10－20(a)所示。马赛克质地坚硬、经久耐用、色泽多样，具有耐磨、防水、耐腐蚀、易清洁等特点，适用于作卫生间、厨房、化验室及精密工作间地面。其构造做法与缸砖地面相同，如图10－20(b)所示。

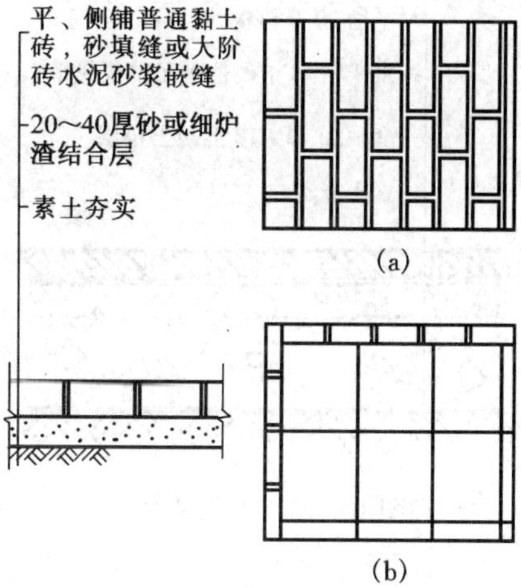

图10－19　黏土砖铺地

(a)侧铺　(b)平铺

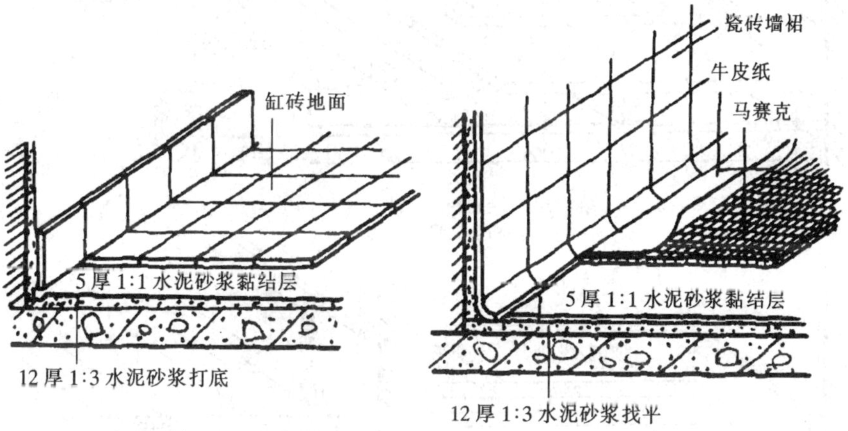

图10－20　缸砖、马赛克铺地

(a)缸砖地面　(b)马赛克地面

此外，尚有釉面砖、无釉瓷面砖和称为“西方时髦”型无釉砖，可作为高档地面的装修材料。尺寸有边长200、300、400 mm和500 mm的正方形，厚8～15 mm。其铺贴构造与缸砖地面相同。

(3)人造石板和天然石板地面　人造石板有水泥花砖、水磨石板和人造大理石板等，规格有200 mm×200 mm、300 mm×300 mm、500 mm×500 mm，厚20～50 mm。天然石板包括大理石板和花岗岩板。由于其质地坚硬、色泽艳丽、美观，属高档地面装修材料。常用的规格为600 mm×600 mm，厚20 mm，特种需要可另行加工。天然石板一般多用作高级宾馆、公共建筑的大厅，影剧院、体育馆的入口处等地面。它们的构造如图10－21所示。

(4)木地面　木材具有弹性好、导热系数小、不起尘、易清洁等特点，是理想的地面材料。

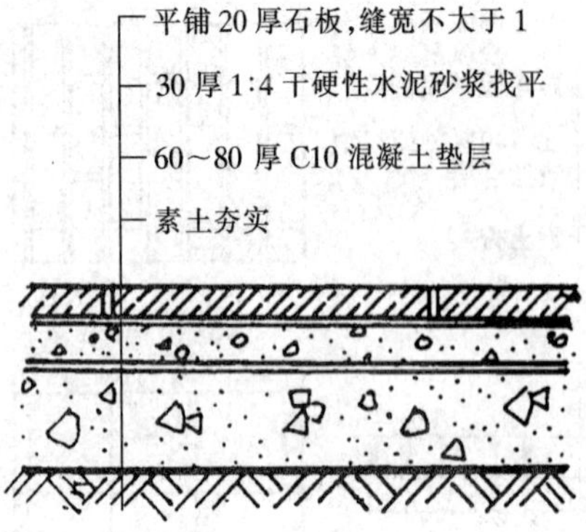

图10－21　石板地面

但我国木材资源少、造价高,作为地面仅用于有特殊要求的建筑中。

木地面一般铺设的是长条企口地板,20 mm厚、50～150 mm宽,左右板缝具有凹凸企口,用暗钉钉于基层木搁栅上(图10－22(b))。要求较高的房间如舞厅、会客室等可采用拼花地板,它是由长度只有200、250、300 mm窄条硬木地板纵横穿插镶铺而成,故又名芦席纹地板,简称席纹地板。考究的席纹地板采用双层铺法,第一层为毛板,直接斜铺在搁栅上,上面再铺席纹地板(图10－22(a))。

木地面的基层是木搁栅,有空铺和实铺两种。空铺多用作楼板层,耗木料较多,又不防火,除产木地区现已少用。以下主要介绍实铺木地面。

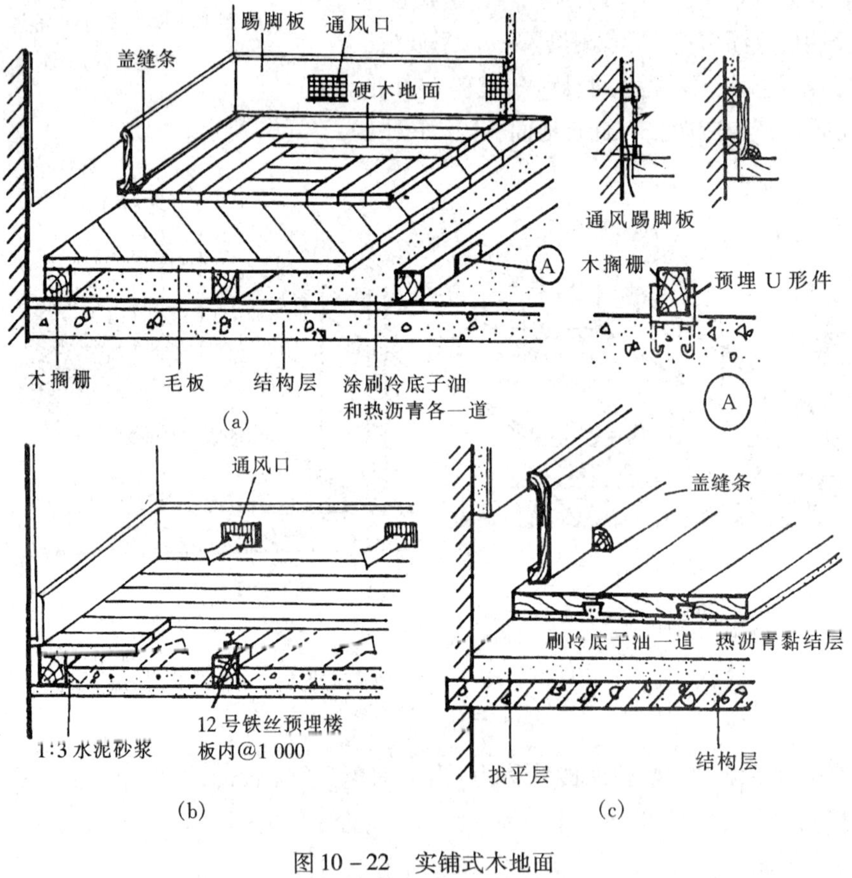

图10－22　实铺式木地面

(a)双层木地板　(b)单层木地板　(c)粘贴式木地板

实铺式木地面是直接在实体基层上铺设的地面。将木搁栅直接放在结构层上,搁栅截面一般为50 mm×50 mm,中距400 mm。搁栅借预埋在结构层内的U形铁件嵌固或镀锌铁丝扎牢。底层地面为了防潮,须在结构层上涂刷冷底子油和热沥青各一道(图10－22(a)、(b))。

为保证搁栅层通风干燥，常采取在踢脚板处开设通风口的办法解决。

实铺地面也可采用粘贴式做法，条形、席纹地板均可，如图10－22(c)所示。将木地板直接粘贴在结构层的找平层上，如用沥青粘贴，则找平层宜采用沥青砂浆找平，黏结材料一般有沥青胶、环氧树脂、乳胶等。粘贴地面具有防潮性能好、施工简便及经济等优点，故应用较多。

在地面与墙面交接处，通常按地面做法进行处理，即作为地面的延伸部分。这部分称踢脚线，也有的称踢脚板。踢脚线的主要功能是保护墙面，以防止墙面因受外界的碰撞而损坏，或在清洗地面时，弄脏墙面。

踢脚线的高度一般为100～150 mm，其材料基本与地面一致。构造亦分层制作。通常比墙面突出4～6 mm。踢脚线构造如图10－23所示。

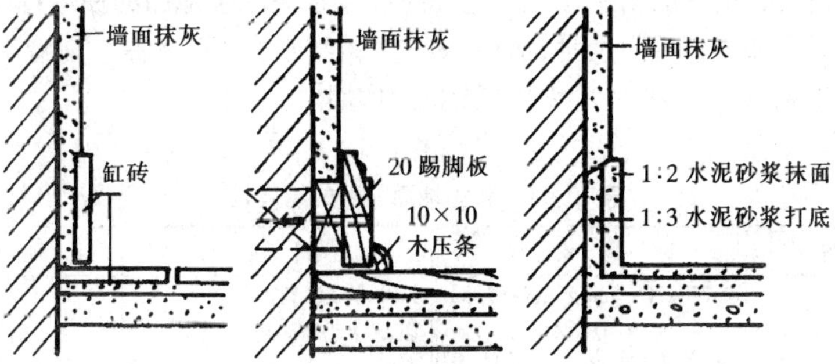

(a)　(b)　(c)

图10－23　踢脚线

(a)缸砖踢脚线　(b)木踢脚线　(c)水泥踢脚线

3)粘贴类地面

粘贴地面以粘贴卷材为主，常见的有塑料地毡、橡胶地毡以及多种地毯等。这些材料表面美观、干净、装饰效果好，具有良好的保温、消声性能，适用于公共建筑和居住建筑。

塑料地毡系以聚乙烯树脂为基料，加入增塑剂、稳定剂、石棉绒等，经塑化热压而成。塑料地毡有卷材也有片材，可在现场拼花。卷材可干铺，也可同片材一样，用黏结剂粘贴到水泥砂浆找平层上(图10－24)。它具有步感舒适、富有弹性、美观大方、防滑、防水、耐磨、绝缘、防腐、消声、阻燃、易清洁等特点，颜色有灰、绿、橙、黑、米色等，并具有仿木、石及各种花纹图案等式样，且价格低廉，是经济的地面铺材。

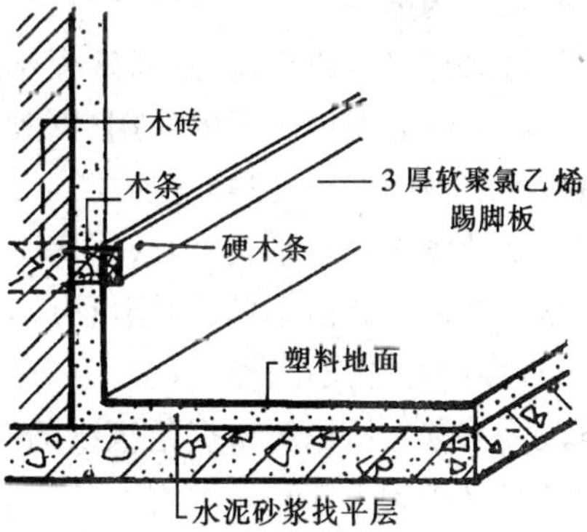

图10－24　塑料毡地面

橡胶地毡是以橡胶粉为基料，掺入软化剂，在高温、高压下解聚后，再加入着色补强剂，经混炼、塑化压延成卷的地面装修材料。它有耐磨、柔软、防滑、消声以及富有弹性等特点。其价格低廉，铺贴简便，可以干铺亦可用黏结剂粘贴在水泥砂浆面层上。

无纺织地毯类型较多，常见的有化纤无纺织针刺地毯、黄洋麻纤维针刺地毯和纯羊毛无纺织地毯等。这类地毯加工精细、平整丰满、图案典雅、色调宜人，具有柔软舒适、清洁吸声、美观适用等特点，是美化装饰房间的最佳材料之一。这种材料有局部铺、满铺和干铺、固定等不同铺法。固定式一般用黏结剂粘贴或在四周用倒刺条挂住。

4)涂料类地面

涂料地面是水泥砂浆或混凝土地面的表面处理形式。它对解决水泥地面易起灰和欠美观的问题起了重要作用。常见的涂料包括水乳型、水溶型和溶剂型。水乳型地面涂料有氯—偏共聚乳液涂料、聚醋酸乙烯厚质涂料及SJ82—1地面涂料等；水溶型地面涂料有聚乙烯酸缩甲醛胶水泥地面涂层、109彩色水泥涂层以及804彩色水泥地面涂层等；溶剂型地面涂料有聚乙烯酸缩丁醛涂料、H80环氧涂料、环氧树脂厚质地面涂层以及聚氨醇厚质地面涂层等。

这些涂料与水泥表面的黏结力强，具有良好的耐磨、抗冲击、耐酸、耐碱等性能，水乳型涂料与溶剂型涂料还具有良好的防水性能。它们对改善水泥砂浆地面的使用特性效果显著。例如环氧树脂厚质涂层和聚氨酯厚质地面涂层素有“树脂水磨石”之称。现将不同地面材料的耐磨性能比较示于表10－1，从中可以看出涂料的作用。

表10－1 各种地面材料的耐磨性

材料名称	耐磨系数	材料名称	耐磨系数
1∶2水泥砂浆	0.227 3(5 min后试件破坏)	H80环氧涂料	0.013 2
水磨石	0.042 4	聚氨酯地面涂料	0.001 82
北京产半硬质塑料板	0.024 5		

此外，JA－l—1型聚酯合成橡胶也是当今一种新型高分子合成材料，它具有耐老化、耐水、耐磨、抗压强度大、绝缘性能好、无静电效应以及与其他材料黏结性强等特点，其综合性能亦优于其他涂料，特别适用于高级电子计算机房、配电房等，是理想的地面材料。

多种涂料地面，要求水泥地面坚实、平整，涂料与面层黏结牢固，不得有掉粉、脱皮、开裂等现象，同时，涂层的色彩要均匀，表面要光滑、洁净，给人以舒适、明净、美观的感觉。

4.顶棚构造

顶棚又称平顶或天花，系指楼板层的下面部分，也是室内装修部分。作为顶棚要求表面光洁、美观，且能起反射光照的作用，以改善室内的亮度。对某些有特殊要求的房间，还要求顶棚具有隔声、防水、保温、隔热等功能。

一般顶棚多为水平式，但根据房间用途的不同，顶棚可做成弧形、凹凸形、高低形、折线型等。依其构造方式的不同，顶棚可分为直接式顶棚和悬吊式顶棚。当今对建筑物重视室内使用舒适，因而各种设备管线较多，为方便管线的敷设，则多将水平管线埋设至顶棚内，而采用吊顶棚较为有利。所以应根据建筑物的使用功能、经济条件以及室内设备、器具的隐蔽性和隔声需要选择顶棚的形式。

1)直接式顶棚

直接式顶棚系指直接在钢筋混凝土楼板下喷、刷、粘贴装修材料的一种构造方式，多用于普通工业与民用建筑中。直接式顶棚装修常见的有以下几种方式。

(1)直接喷、刷涂料　当楼板底面平整时，可用腻子嵌平板缝，直接在楼板底面喷或刷大白浆涂料或106装饰涂料，以增加顶棚的光反射作用。

(2)抹灰装修　当楼板底面不够平整或室内装修要求较高时，可在板底抹灰装修。抹灰分为水泥砂浆抹灰和纸筋灰抹灰两种。水泥砂浆抹灰系将板底清洗干净，打毛或刷素水泥浆一道后，抹 5 mm 厚 1∶3 水泥砂浆打底，用 5 mm 厚 1∶2.5 水泥砂浆粉面，再喷刷涂料，如图 10－25(a)所示。纸筋灰抹灰系先以 6 mm 厚混合砂浆打底，再以 3 mm 厚纸筋灰粉面，然后喷刷涂料。

(3)贴面式装修　对某些装修要求较高或有保温、隔热、吸声要求的建筑物，如商店门面、公共建筑的大厅等等，可于楼板底面直接粘贴适用于顶棚装饰的墙纸、装饰吸声板以及泡沫塑胶板等。这些装修材料均借助于黏结剂粘贴，如图 10－25(b)所示。

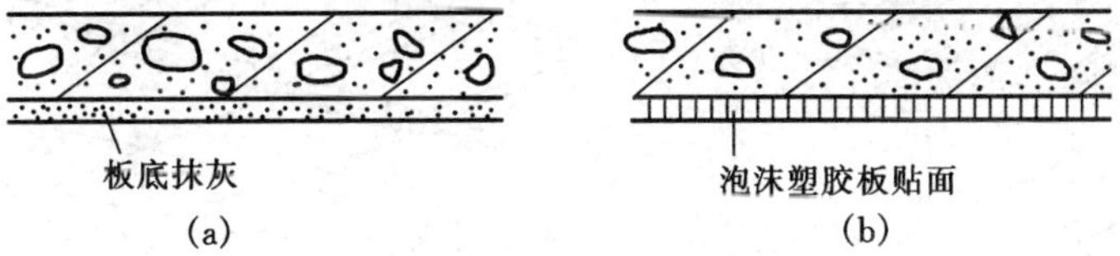

图 10－25　直接式顶棚
(a)抹灰装修　(b)粘贴装修

2)吊式顶棚

吊式顶棚又称吊天花，简称吊顶。前已述及，在现代建筑中，为提高建筑物的使用功能，除照明、给排水管道、煤气管需安装在楼板层中外，空调管、灭火喷淋、感知器、广播设备等管线及其装置，均需安装在顶棚上。为处理好这些设施，往往必须借助于吊顶棚来解决。

吊顶依所采用材料、装修标准以及防火要求的不同有木质骨架和金属骨架之分，如图 10－26 所示。

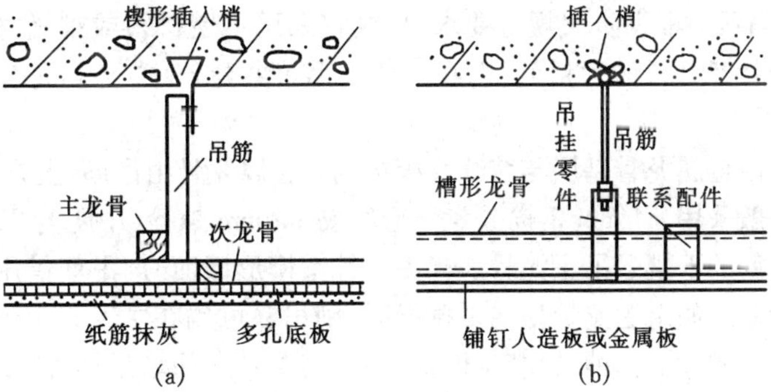

图 10－26　吊顶棚
(a)木质基层　(b)金属基层

(1)木龙骨吊顶　木龙骨吊顶主要是借预埋于楼板内的金属用件或锚栓将吊筋(又称吊头)固定在楼板下部，吊筋间距一般为 900～1 000 mm，吊筋下固定主龙骨(又称吊档)，其截面均为 45 mm×45 mm 或 50 mm×50 mm。主龙骨下钉次龙骨(又称平顶筋或吊顶搁栅)。次龙骨截面为 40 mm×40 mm，间距为 400、450、500、600 mm。间距的选用视下面装饰铺材的规格而定。

当采用木板条抹灰时，其间距用 400 mm，以利钉灰板条；当采用胶合板装修时，其间距采用 450 mm；当采用各种装饰吸声板、石膏板、钙塑板等板材时，为适应板材规格，其间距采用 500 mm；当采用纤维板面层时，间距采用 600 mm。其具体构造参考图 10－27 所示。

木龙骨吊顶因其基层材料具可燃性,加之安装方式多系铁钉固定,使顶棚表面很难做到水平。因此在一些重要的工程或防火要求较高的建筑中,已极少采用。

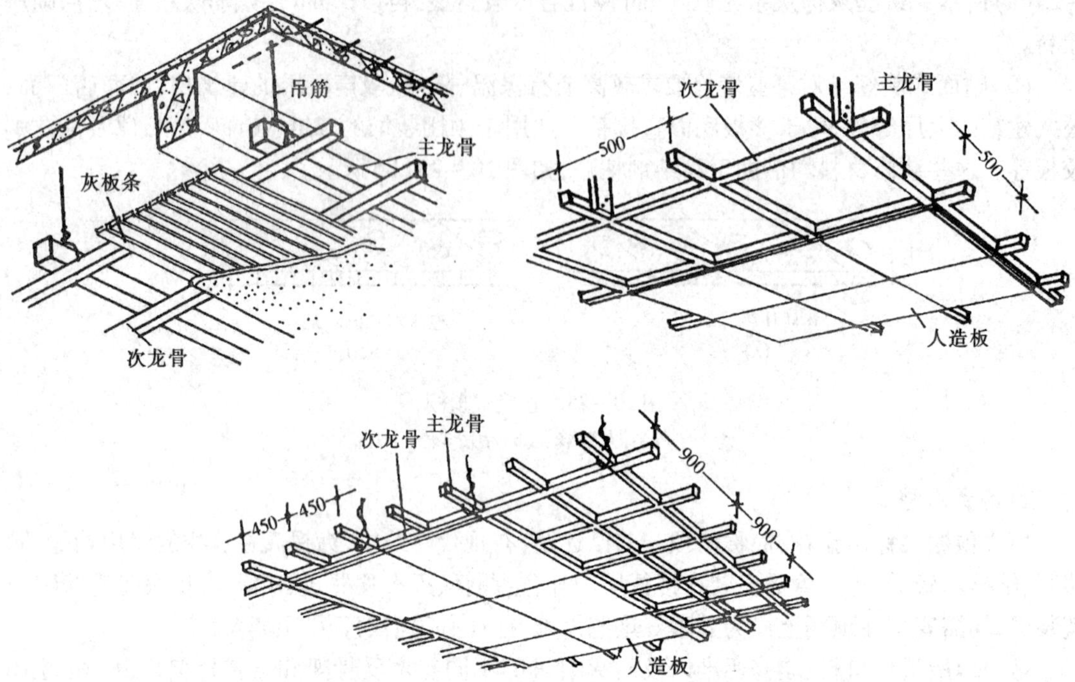

图 10-27 木质吊顶

(2)金属龙骨吊顶 根据防火规范要求,顶棚宜采用不燃材料或难燃材料。随着近年来各种金属吊顶定型骨架材料的大量问世,在一般大型公共建筑中,金属龙骨吊顶已被广泛采用。

金属吊顶主要由金属龙骨基层与装饰面板构成。金属龙骨由吊筋、主龙骨、次龙骨和横撑龙骨组成。吊筋一般采用 $\phi4$ mm 钢筋或 8 号铅丝或 $\phi6$ mm 螺栓,中距为 900 ~ 1 200 mm,固定在楼板下。在吊筋的下端悬吊主龙骨。当主龙骨系槽形截面时,吊筋借用挂配件悬吊主龙骨,如图 10-28 所示。如果主龙骨为 T 形截面时,则吊筋可钩在主龙骨上(图 10-29),再于主龙骨下悬吊吊顶次龙骨。为铺、钉装饰面板,还应在龙骨之间增设横撑,横撑间距视面板规格而定。横撑截面可为凹口形,亦可为 T 形。最后在吊顶次龙骨和横撑上铺、钉装饰面板,如图 10-28 所示。

装饰面板有人造板和金属板之分。人造板包括纸面石膏板、矿棉吸声板、各种穿孔板和纤维水泥板等。装饰面板可借沉头自攻螺钉固定在龙骨和横撑上,亦可放置在 T 形龙骨的翼缘上,如图 10-29 所示。

金属面板包括铝板、铝合金型板、彩色涂层薄钢板和不锈钢薄板等。面板形式有条形、方形、长方形、折棱形不等,见图 10-30。条板宽 60 ~ 300 mm,块板规格为 500、600 mm 见方,表面呈古铜色、青铜色、金黄色、银白色等颜色。金属面板靠螺钉、自攻螺钉或膨胀铆钉或专用卡具固定于吊顶的金属龙骨上。

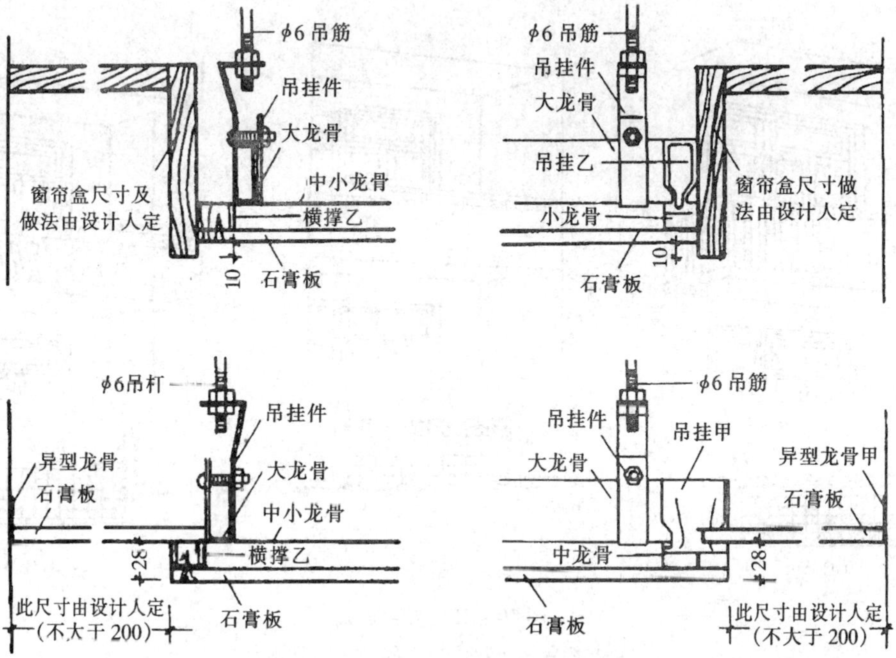

图 10－28　金属吊顶构造

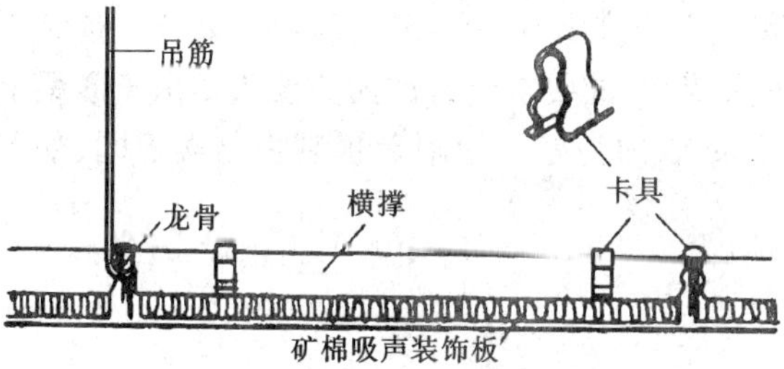

图 10－29　T 形龙骨吊顶

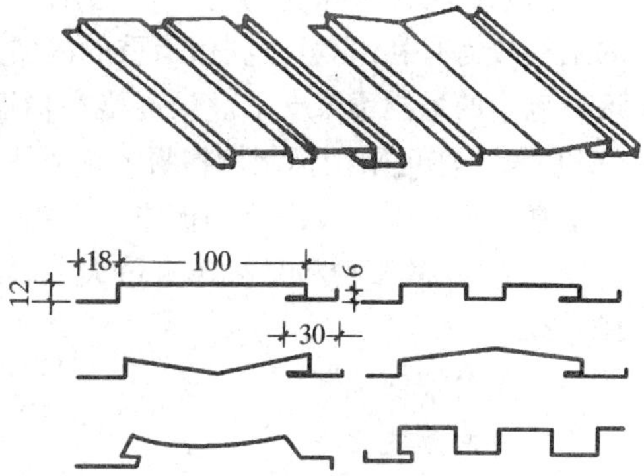

图 10－30　金属面板形式

10.4　阳台与雨篷

10.4.1　阳台

阳台是楼房建筑中，房间与室外接触的平台。人们可以在阳台上休息、眺望或从事家务活动。按照与外墙相对位置和结构处理不同，阳台可分为挑阳台、凹阳台和半挑半凹阳台等几种形式，如图 10－31 所示。

1. 阳台结构布置

阳台结构形式及其布置应与建筑物的楼板结构布置统一考虑。阳台有现浇与预制之分。

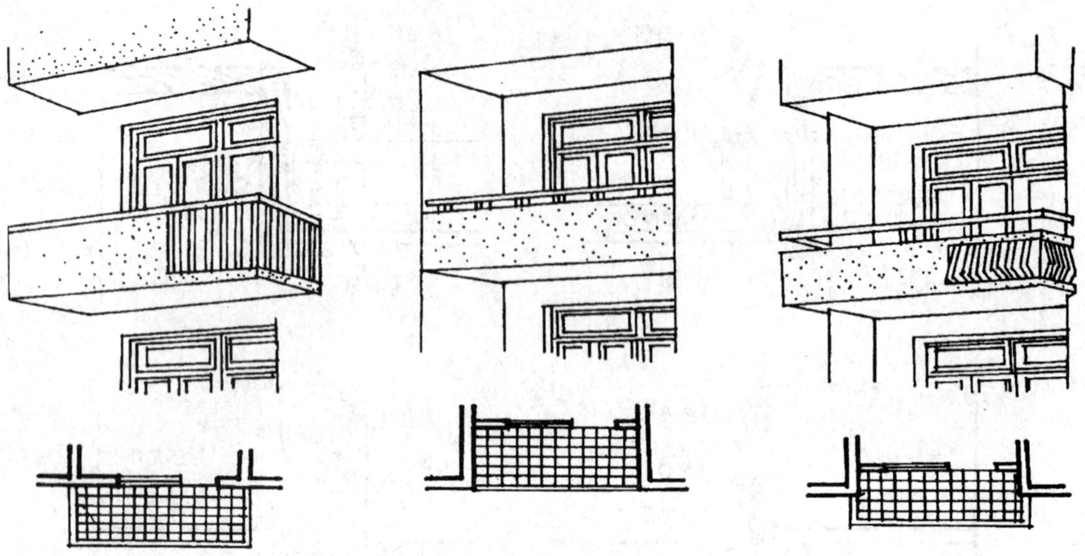

图 10－31 阳台形式

(a)挑阳台 (b)凹阳台 (c)半挑半凹阳台

当楼板系现浇时,阳台亦现浇,如图 10－32(a)所示;当楼板系预制构件时,阳台亦多用预制阳台。当采用与楼板相同的构件铺置阳台时,阳台板尺寸应以房间开间尺寸进行布置,这对阳台的结构较为有利,它可以利用承重的内墙解决阳台板的倾覆问题。阳台板的荷载借助于从承重内墙中的悬挑梁来支承。悬挑梁在横墙中的长度一般为悬臂长的 1～1.5 倍,如图 10－32(b)所示。亦可采用预制倒槽板或内外平衡的预制板悬挑阳台(图 10－32(c)、(d))。预制阳台常常与现浇圈梁及部分楼板连在一起,这时圈梁受扭,故要求上部的压重要大。由于圈梁上的压重有限,故阳台板悬挑不宜过大,一般在 1.2 m 以内为好。凹阳台预制板与楼板同,如图 10－32(e)所示。

2. 阳台细部构造

1)栏杆形式

阳台栏杆是在阳台外围设置的垂直构件,其作用有二:一是承担人们倚扶的侧向推力,以保障人身安全;二是对建筑物起装饰作用。因此,作为栏杆既要考虑安全(如多层住宅其竖向净高不小于 1 m),又要注意美观。从外形上看,栏杆有实体和镂空之分。实体栏杆又称栏板,镂空栏杆其垂直杆件之间的净距离不大于 130 mm。从材料上看,栏杆有砖砌栏板、钢筋混凝土栏杆和金属栏杆之分,如图 10－33 所示。

2)细部构造

阳台细部构造主要包括栏杆与扶手、栏杆与面梁、栏杆与阳台板、栏杆与花盆台的连接,以及栏杆、栏板的处理。

镂空栏杆中有金属栏杆和混凝土栏杆之分。金属栏杆采用钢筋、方钢、扁钢或钢管等,钢栏杆与面梁上的预埋钢板焊接,如图 10－32(c)所示。

钢栏杆与扶手或栏板连接方法相同,见图 10－32(b)、(d)。金属栏杆需作防锈处理。预制混凝土栏杆要求钢模制作,使构件表面光洁、棱角方正,安装后不做抹面。栏杆做好后应根

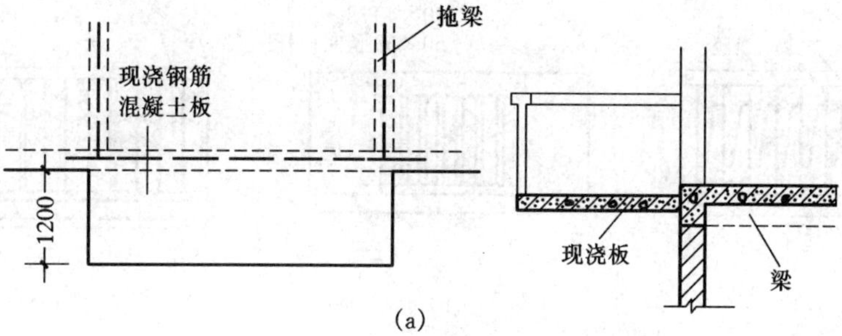

(a)

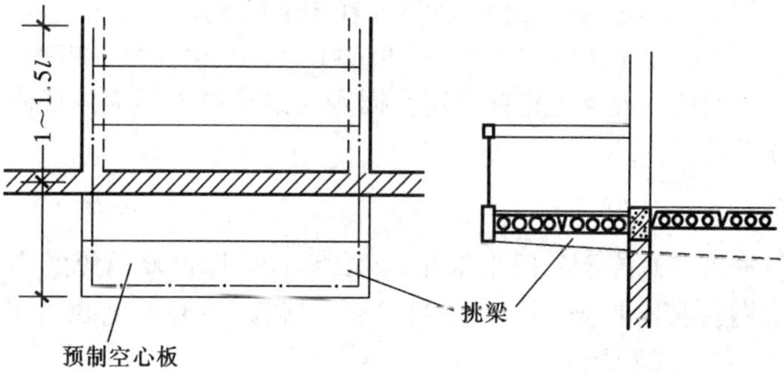

(b)

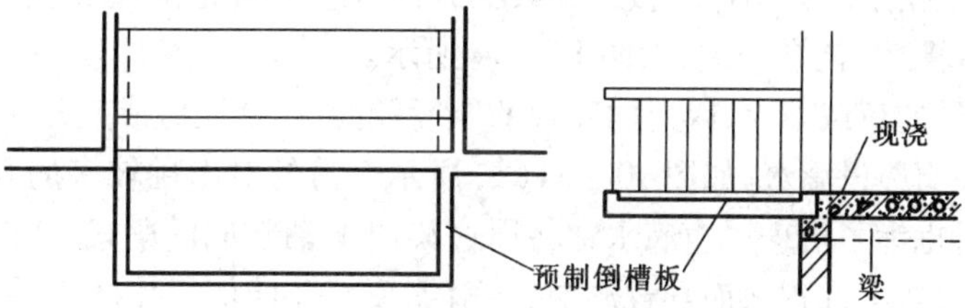

(c)

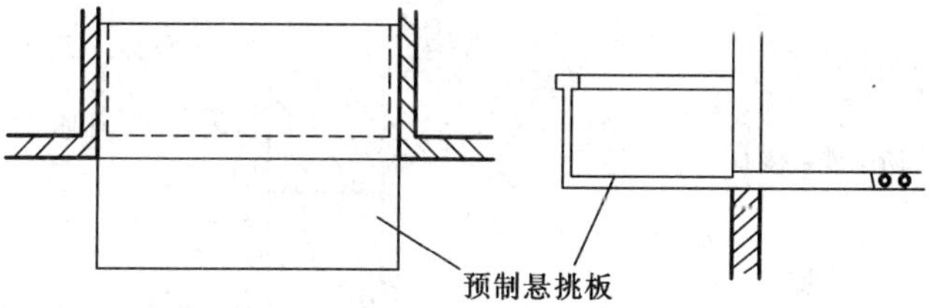

(d)

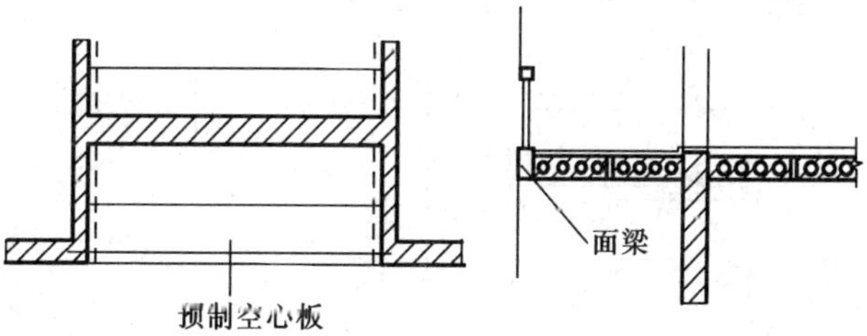

(e)

图 10－32　阳台结构形式

(a)现浇板悬挑阳台　(b)预制板悬挑阳台　(c)预制倒槽板阳台

(d)预制悬挑阳台板　(e)凹阳台

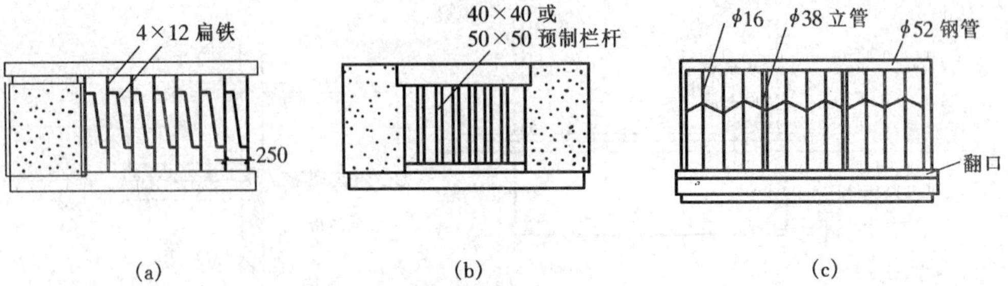

图 10-33　栏杆、栏板的形式

(a)钢筋混凝土栏板、铁栏杆　(b)预制钢筋混凝土栏杆　(c)钢铁栏杆

据设计加刷涂料或油漆。混凝土栏杆可用在插入面梁或扶手模板内现浇混凝土的方法固接，如图 10-32(e)所示。

10.4.2　雨篷

雨篷是建筑物入口处位于外门上部用以遮挡雨水、保护外门免受雨水侵害的水平构件。雨篷多采用现浇钢筋混凝土悬臂板，其悬臂长度一般为 1~1.5 m，也可采用其他结构形式，如扭壳等，其伸出尺度可以更大。

常见的钢筋混凝土悬臂雨篷有板式和梁板式两种。为防止雨篷发生倾覆，常将雨篷与入口处门上过梁(或圈梁)浇在一起，如图 10-34 所示。

由于雨篷承受的荷载不大，因此雨篷板的厚度较薄，通常还做成变截面形式。采用无组织排水方式，在板底周边设滴水，如图 10-34(a)所示。另外对出挑较多的雨篷，多作梁板式雨篷，为了美观同时也为了防止周边滴水常将周边梁向上翻起成反梁式，如图 10-34(b)所示。为防止水舌阻塞造成上部积水而导致渗漏，在雨篷顶部及四侧需作防水砂浆粉面，形成泛水，如图 10-34(b)所示。

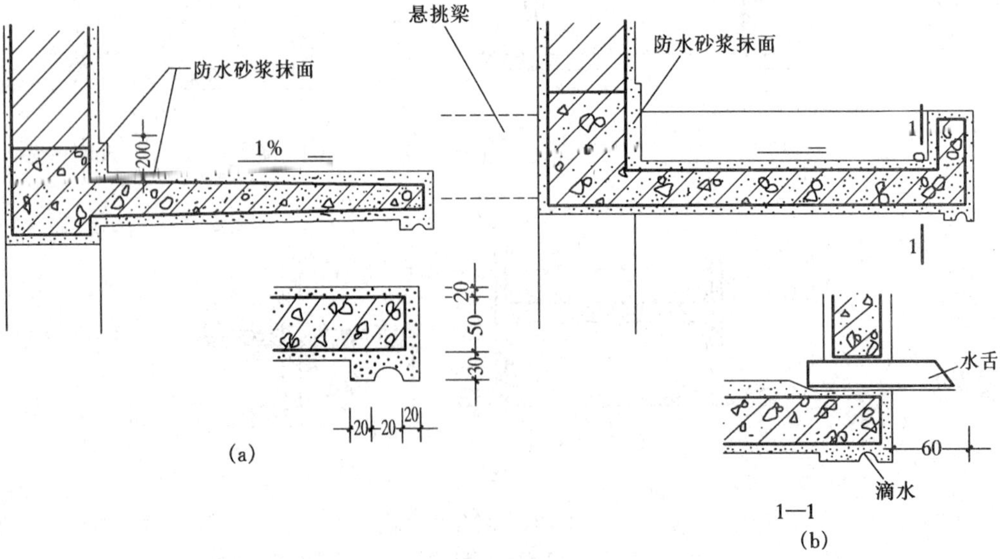

图 10-34　雨篷构造

(a)板式雨篷　(b)梁板式雨篷

第 11 章　楼梯与台阶

楼层之间的垂直交通设施有楼梯、电梯、自动扶梯、爬梯等。电梯常用于层数较多或有特种需要的建筑物中，自动扶梯多用于人流较大的大型公共建筑，如火车站、地铁站、商场等。楼梯是使用最普遍的垂直交通设施，除作日常交通联系使用外，还是紧急情况下的疏散通道，所以在设有电梯和自动扶梯的建筑中仍然要设置楼梯。

楼梯有多种类型，按所用材料可分为钢筋混凝土楼梯、木楼梯、砖楼梯和金属楼梯；按使用性质可分为主要楼梯、辅助楼梯、安全疏散楼梯及室外消防楼梯；按所在位置可分为室内楼梯和室外楼梯。

楼梯的位置和数量，取决于建筑物的使用性质、规模大小、人流量的多少以及平面布置形式等。其位置应设置在明显易找和联系方便的地方，以便在紧急情况下，人们能够迅速安全地疏散到室外。楼梯间应有直接采光。

在设计中要求楼梯行走舒适、坚固耐久、安全防火，楼梯四周至少有一面防火墙体；上下通行顺畅，有足够通行宽度和疏散能力，便于搬运家具物品；造型要美观，与室内环境协调；还应考虑便于施工、造价适宜、合理利用楼梯空间等问题。

11.1　楼梯的组成与形式

11.1.1　楼梯的组成

一般楼梯主要由楼梯段、平台和栏杆扶手组成（图 11－1）。

1. 楼梯段

楼梯段是联系两个不同标高的倾斜构件，设有踏步供层间上下行走。每个楼梯段的踏步级数不得超过 18 级，最少不得少于 3 级。级数过多，连续登攀易疲劳；级数过少则易被人忽略，出现闪失。楼梯的坡度由踏步形成。踏步又分为踏面（行走时踏脚的水平部分）和踢面（形成踏步高差的垂直部分）。

2. 平台

平台是连接两个梯段之间的水平部分，供行走时调节疲劳和转换方向用。与楼层标高一致的平台称为正平台或楼层平台，介于两个楼层之间的平台称为半平台或中间平台。

3. 栏杆扶手

在楼梯段临空的边缘应设置栏杆扶手，以保证安全并有利于上下楼依扶。供儿童、老人、残疾人专用及人员密集的建筑和宽度在 1.5 m 以上的其他建筑的楼梯，靠墙一侧也应设置扶手。当楼梯宽度很大时，楼梯中间也需加设中间扶手。

11.1.2　楼梯的形式

楼梯的形式按楼层间梯段的数量和形式有以下几种。

1. 单跑楼梯

单跑楼梯一般多用于层高较低的建筑，中间不设休息平台，具有构造简单、占地少的优点。

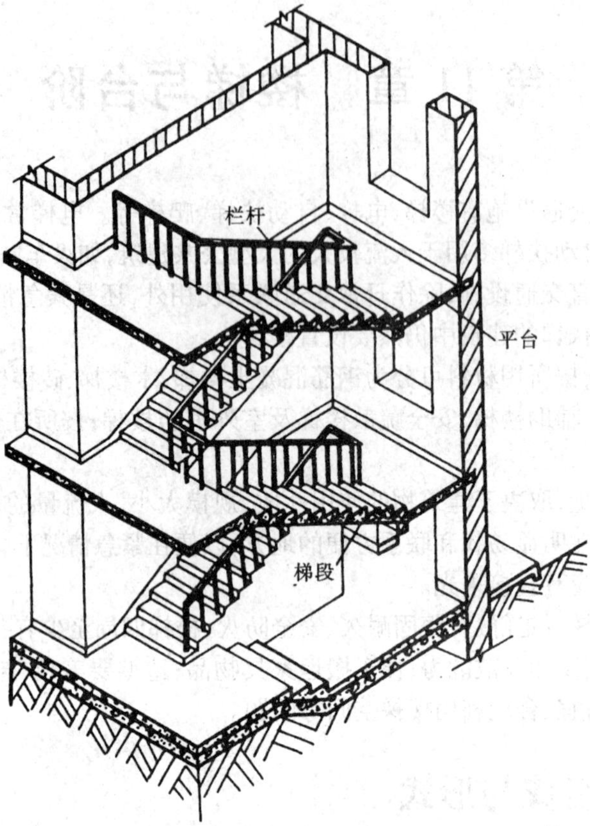

图 11－1 楼梯的组成

2. 双跑楼梯

双跑楼梯包括双跑直跑梯、双跑折梯、双跑平行梯、双分式平行梯、双合式平行梯、剪刀梯等。由于双跑平行梯行走方便、结构简单，平面形状与尺寸和房间相似，便于平面组合，在一般建筑中得到广泛应用。双跑直跑梯、双分平行梯、双合平行梯多用于公共建筑的主要楼梯。剪刀式楼梯多用在人流密集的公共建筑中。

3. 三跑楼梯

当层高较大、楼梯间平面接近正方形时，适用三跑楼梯。梯段间的空间（楼梯井）较大时，还可用来布置电梯。

4. 螺旋楼梯

楼梯踏步围绕中央立柱布置，这种楼梯占地少形式活泼，但每个踏步均为扇步，内窄外宽，行走不便，一般用在人流稀少地方。由于螺旋楼梯造型较优美，故常用于公共场所。为便于行走，可将旋转半径加大，使楼梯内侧的踏步宽度与一般楼梯的踏步宽度一致。

5. 弧形楼梯

楼梯段为圆弧形，造型优美，可以丰富室内空间艺术效果，但结构复杂，施工繁琐，一般用于美观要求较高的公共建筑中。

楼梯形式见图 11－2。

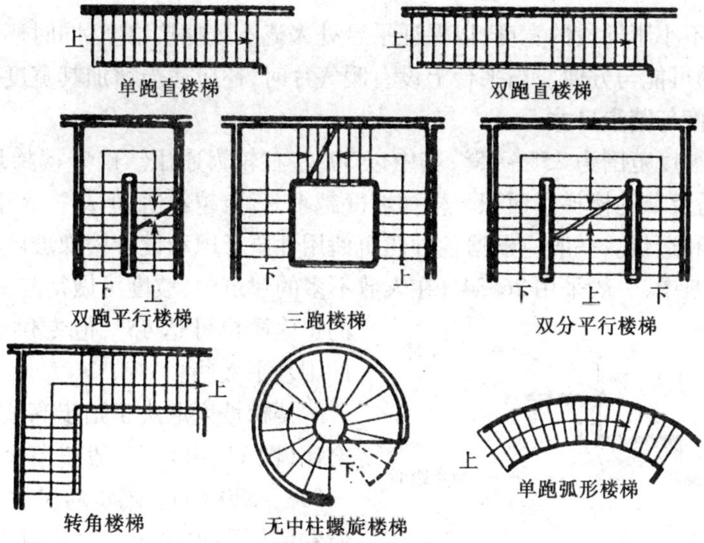

图 11 - 2　楼梯平面形式

11.2　楼梯的尺度

楼梯间设计应符合现行国家标准《建筑设计防火规范》(GB 50016—2006)和《高层民用建筑设计防火规范》(GB50045)的有关规定。楼梯各部位名称见图 11 - 3。

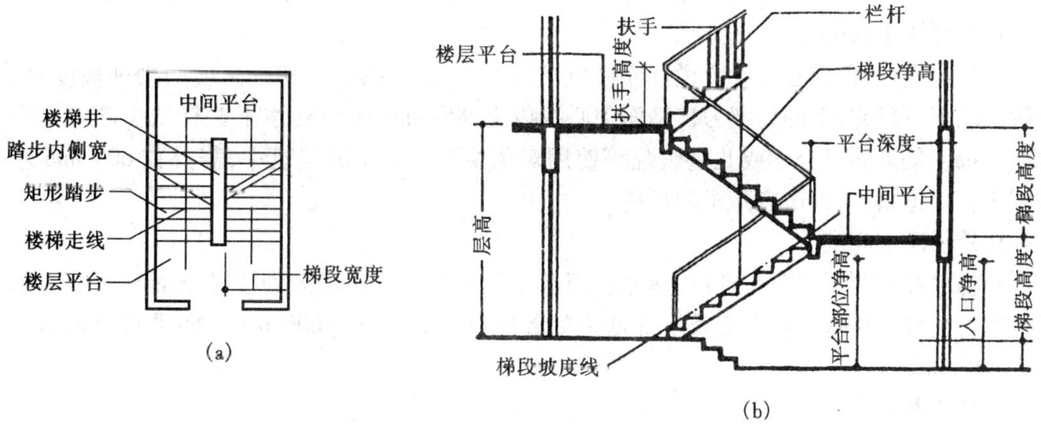

图 11 - 3　楼梯各部位名称

(a)楼梯平面　(b)楼梯剖面

1. 梯段宽度

梯段的宽度取决于通行人数和消防要求。供单人通行的楼梯净宽度不应小于 900 mm,双人通行为 1 100 ~ 1 400 mm,三人通行为 1 650 ~ 2 100 mm。楼梯的净宽度是指扶手中心至墙面或靠墙扶手中心线之间的水平距离。此外,楼梯净宽度还应考虑建筑物的使用性质,住宅的梯段净宽不应小于 1 100 mm,公共建筑的梯段净宽不应小于 1 300 mm。

2. 平台宽度

平台宽度应不小于梯段的宽度,以保证平台处人流不致拥挤堵塞,同时还应考虑到搬运家具、物品时转弯的可能与方便。当平台上设有暖气片时,还应适当增加其宽度。

3. 楼梯的坡度与踏步尺寸

常见的楼梯坡度范围为25°~45°,其中以30°左右较为通用。确定楼梯坡度时需考虑两个因素:行走舒适及节约楼梯间面积。楼梯坡度越小,行走越舒适,但却扩大了楼梯间的进深,增加了建筑面积和造价。一般应根据各种建筑使用性质考虑和设计楼梯坡度。如在人流活动较集中的公共建筑中,一般采用26°34′,在人数不多的建筑中,坡度可做得陡一些,如居住建筑的户内楼梯可达45°,但专供老人或幼儿使用的则须平缓些。

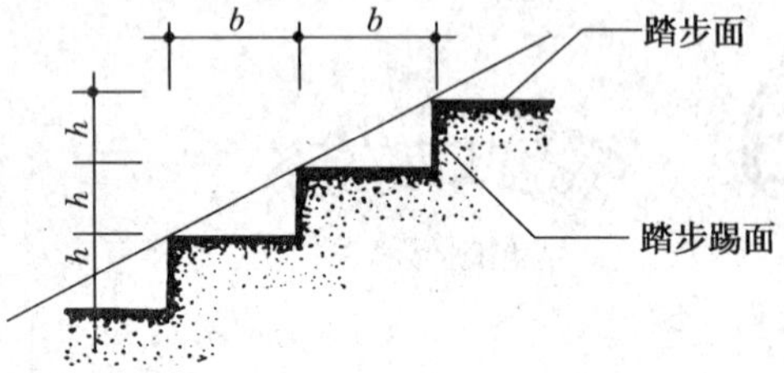

图11-4　楼梯踏步的截面形式

楼梯坡度取决于踏步高度 h 与踏步宽度 b 之比(图11-4)。一般按经验公式计算:$2h+b=600\sim620$ mm。踏步的尺寸应根据建筑的性质和使用要求确定。民用建筑中楼梯踏步尺寸参考表11-1所示尺寸。

表11-1　常用适宜踏步尺寸

建筑类型	住宅	学校、办公楼	剧院、会堂	医院(病人用)	幼儿园
踏步高(mm)	156~175	140~160	120~150	150	120~150
踏步宽(mm)	260~300	280~340	300~350	300	260~300

4. 栏杆扶手高度

为行走安全,楼梯必须设置栏杆或栏板,栏杆上部设有扶手。扶手高度与楼梯坡度有关。一般情况下,楼梯扶手的高度为自踏面中心线以上900 mm,平台处水平栏杆扶手高度不小于1 000 mm。幼儿园及小学或儿童医院等使用对象主要为儿童的建筑中,需要在600 mm左右高度设置一道扶手,以适应儿童的身高。

5. 楼梯净空高度

楼梯净高控制不仅关系到行走安全,而且在很多情况下还牵涉到楼梯下面空间的利用及通行的可能性。楼梯平台上部及下部通道处的净高不应小于2 000 mm。梯段间净高不应小于2 200 mm。

6. 楼梯井

上下两个梯段之间留出的空隙称为楼梯井。楼梯井的宽度以60~200 mm为宜。公共建筑中的楼梯井宽度不应小于150 mm(水平净距)。住宅、中小学等楼梯井的宽度不宜大于200 mm,否则应采取安全措施。

11.3　钢筋混凝土楼梯

构成楼梯的材料可以是木材、钢筋混凝土、型钢或多种材料混合使用。由于钢筋混凝土具有坚固、耐久、防火性能好的特点,钢筋混凝土楼梯在建筑中应用最广泛。按施工方式的不同,钢筋混凝土楼梯分为现浇式和预制装配式两类。

11.3.1　现浇式钢筋混凝土楼梯

现浇式钢筋混凝土楼梯的结构形式主要依据楼梯梯段的形式，分为板式楼梯和梁式楼梯两种(图 11－5)。

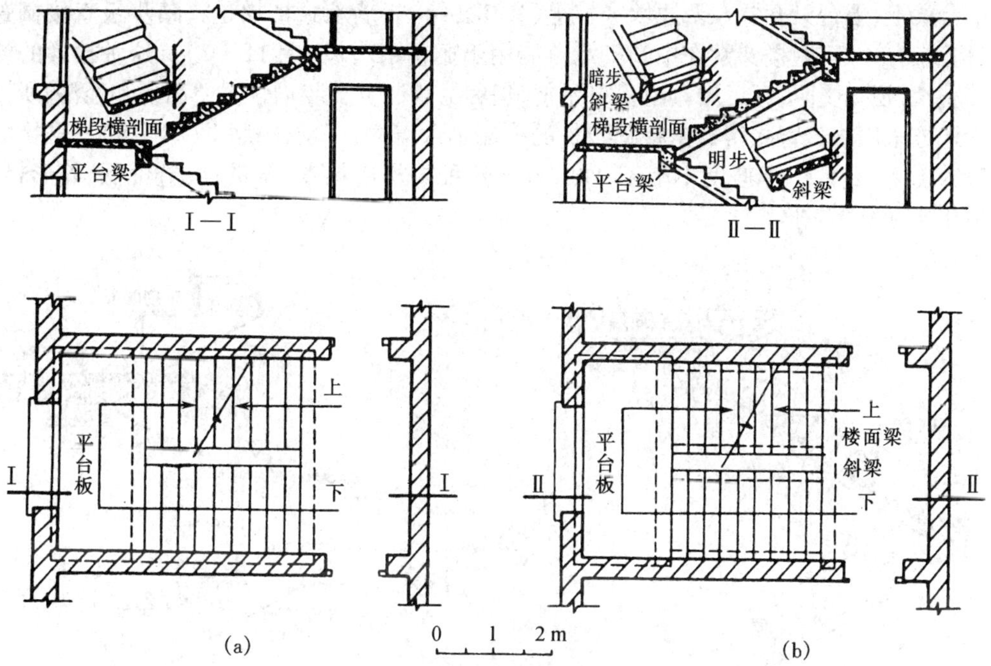

图 11－5　现浇钢筋混凝土楼梯构造

(a)板式楼梯　(b)梁式楼梯

1. 板式楼梯

板式楼梯是由梯段板承受该楼梯段的全部荷载。为减少板的跨度，通常在平台口处设置平台梁，以承受上下楼梯段板和平台板(图 11－5(a))。

这种楼梯底面平整、外形简洁、模板简单，但梯段上踏步的三角形截面不能起结构作用，梯段板厚度大，不经济。

2. 梁式楼梯

梁式楼梯是由踏步板支承在斜梁上，斜梁又支承在平台梁上(图 11－5 (b))。为节约用料及模板，通常在梯段靠墙一边不设斜梁，则板一边搁置在墙上，一边搁置在斜梁上。梁式楼梯较之板式楼梯可以缩小板跨，减薄板厚。

梁式楼梯在实践中有两种形式，一种为斜梁在踏步板下面，上面踏步露明，通称明步，较为明快，但板下露出的梁的阴角容易积灰；另一种为斜梁向上翻，下面平整，踏步包在梁内，通称暗步。暗步楼梯在进行清洁时，灰尘和污水不致下落，且板底平整，便于粉刷。

11.3.2　装配式钢筋混凝土楼梯

装配式钢筋混凝土楼梯根据生产、运输、吊装和建筑体系的不同，有许多不同的构造形式。由于构件尺度的不同，大致可分为小型构件装配式和中、大型构件装配式两大类。

1. 小型构件装配式楼梯

小型构件装配式楼梯的主要特点是构件小而轻,易制作,但施工繁而慢,适用于施工条件较差的地区。一般这种类型楼梯的预制踏步和它们的支承结构是分开的。

预制踏步的构件形式一般有一字形、L形和三角形。预制踏步的结构支承形式可分为梁承式、墙承式和悬臂式等几种。梁承式楼梯是将预制楼梯搁置在斜梁上形成梯段,梯段斜梁搁置在平台梁上,平台梁搁置在两边墙或柱上(图 11-6)。墙承式楼梯是将踏步板直接搁置在墙上,构造简单。双跑楼梯常在中间砌承重墙用于搁置踏步板(图 11-7)。这种楼梯的楼梯间空间狭窄,视线受阻,搬运家具也多有不便,但因为预制及安装均较方便简易和经济,所以还有不少地方采用。悬臂式楼梯是将踏步板的一端砌入墙内,一端悬挑(图 11-8)。悬挑的长度一般为 1.2~1.5 m,墙厚度不小于 240 mm。这种楼梯用料省、自重轻、造价低、外形轻巧,但不适用于地震多发区。

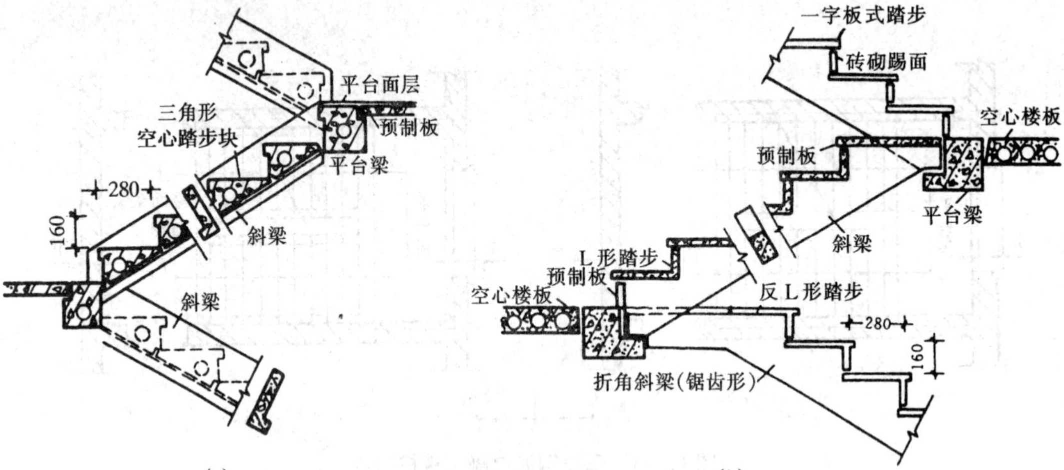

(a) (b)

图 11-6 预制梁承式楼梯构造

(a)三角形空心踏步块与L形斜梁组成

(b)正反L形踏步和一字形踏步与锯齿形斜梁组成

图 11-7 墙承式预制踏步楼梯

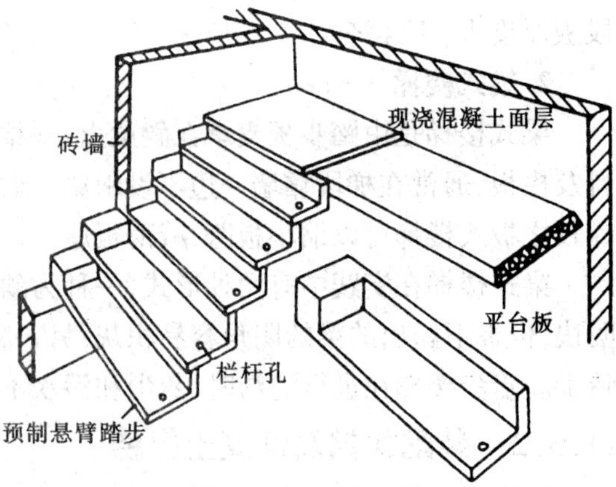

图 11-8 悬臂踏步楼梯

2. 中型、大型构件装配式楼梯

从小型构件改变为中型或大型构件装配式，可减少预制件的品种和数量，借助吊装工具进行安装，有利于简化施工过程、加快速度、减轻劳动强度。

1）预制中型装配式楼梯

预制中型装配式楼梯一般是由楼梯梯段和楼梯平台两部分构件装配而成。

预制、吊装能力有限的地方，楼梯平台采用平台梁和平台板分开做法，平台板可用一般楼板（图 11－9（a）），平台宽度的变化也比较灵活，但是这种安装方式增加了构件的类型和安装的吊次。预制生产和吊装能力较强的地方，可将平台梁和平台板结合成一个构件（图 11－9（b））。平台板一般采用槽形板，为了底面平整，也可做成空心平台板，但厚度较大（图 11－9（c）），现较少采用。

楼梯段有板式、梁式两种。板式梯段有实心板（图 11－9（b））和空心板（图 11－9（a）、（c））两种。梁式梯段两侧有梁，一般在梁中间作三角形踏步形成槽形板梯段（图 11－10）。这种结构形式比板式梯段节约材料。但其中三角形踏步的用料还是较多，故常将梯段底板提高去角，或将踏步做成空心或折板式以节约材料。

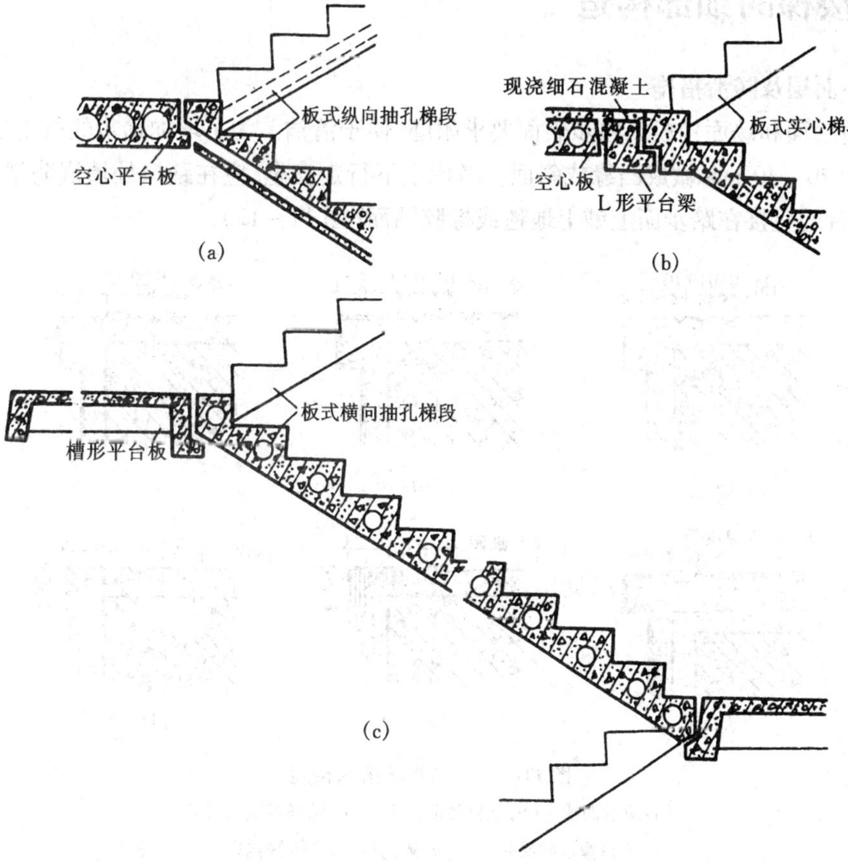

图 11－9　板式梯段与平台结构形式

（a）板式竖孔梯段、空心平台板　（b）板式梯段、平台梁、空心板平台

（c）板式横孔梯段、槽形平台板

2)预制大型装配式楼梯

预制大型装配式楼梯往往以整个楼梯间或梯段连平台的形式进行预制加工,梯段可连一面平台,也可连两面平台,断面形式可作成板式、双梁式或单梁式(图11－11)。这种形式构件较重、尺度较大,对运输、吊装均有一定要求,主要用于工业化程度高的大型装配式建筑中。

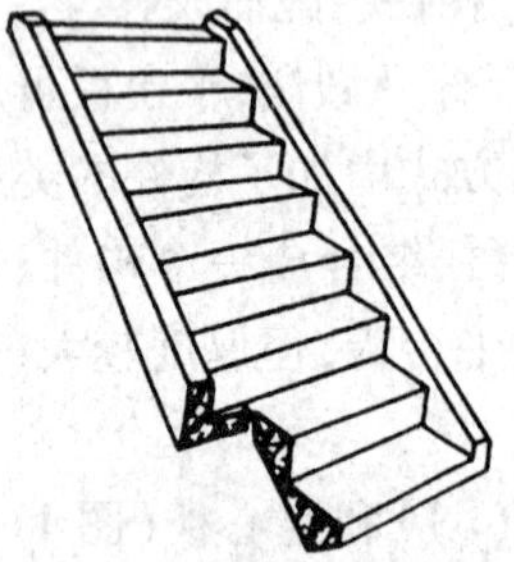

图11－10 槽板式梯段

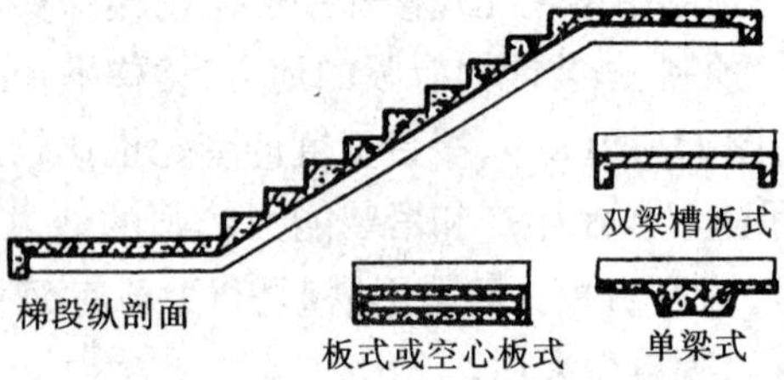

图11－11 梯段连平台预制构件楼梯

11.4 楼梯的细部构造

1. 踏步面层及防滑措施

踏步由踏面和踢面构成。踏步表面要求耐磨、便于清洁。为了增加踏步的行走舒适感,可将踏步突出20～40 mm做成凸缘或斜面。考虑上下行走安全,应在踏口处填嵌防滑条或防滑包口材料,有的直接在踏步面上铺上地毯或橡胶贴面(图11－12)。

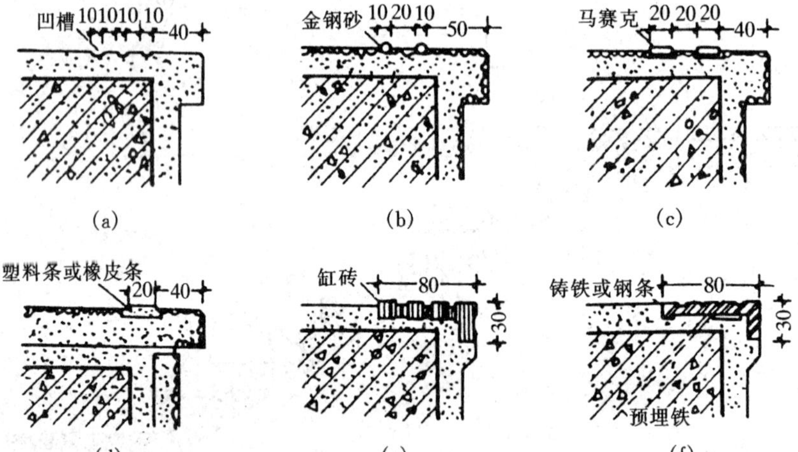

图11－12 踏步防滑条构造

(a)防滑凹槽 (b)金钢砂防滑条 (c)贴马赛克防滑条

(d)橡皮防滑条 (e)缸砖包口 (f)铸铁包口

2. 栏杆和栏板

栏杆和栏板作为上下楼梯的安全围护设施,也是建筑中装饰性较强的构件。图11－13是最常见的楼梯栏杆或栏板的形式。除实心栏板外,栏杆一般由立杆和横杆组成。

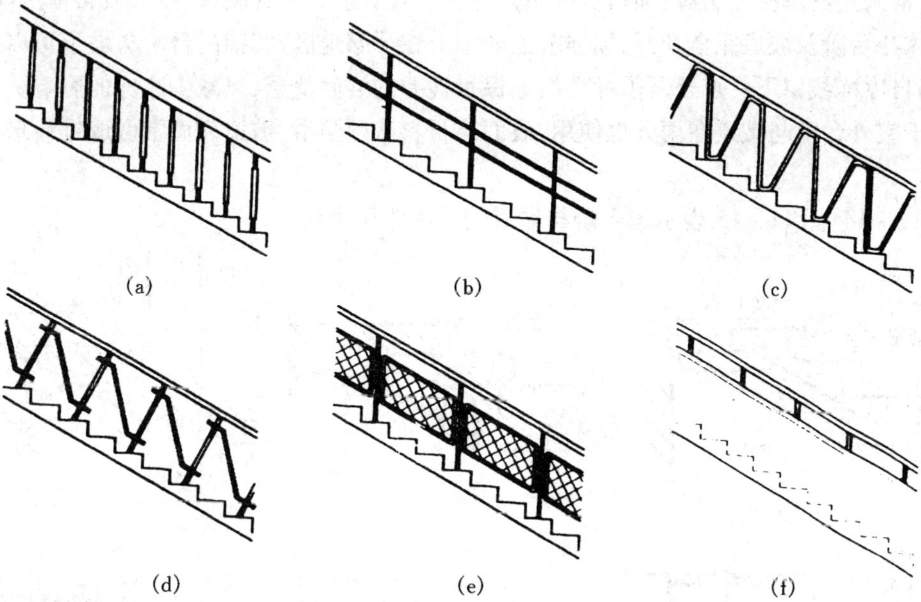

图 11－13　常用楼梯扶手栏杆及栏板形式
(a)～(d)栏杆　(e)、(f)栏板

栏板的材料主要是混凝土、砌体或钢丝网、玻璃等。暗步的梁式混凝土楼梯梯段的梁加高后即为实心栏板,加高方式可以是加高梁断面,也可以在梁面上加砌砌体。板式梯段上也能砌出栏板。

3. 扶手

栏杆的上沿为扶手,作行走时依扶之用。扶手的材料一般为硬木、塑料、圆钢管等。扶手的断面设计应充分考虑人的手掌尺寸、手感及造型美观。扶手与栏杆的连接构造应充分考虑安全、牢固。硬木扶手与金属栏杆的连接一般通过木螺丝拧在栏杆上部的通长扁铁上;塑料扶手通过预留的卡口直接卡在扁铁上;圆钢管扶手则直接焊接在金属栏杆的顶面上。靠墙需作扶手时,常通过铁脚使扶手与墙得以相互连接。

11.5　台阶与坡道

台阶主要用于建筑物室内外高差之间和室内局部高差之间的联系。坡道则用于建筑物中有无障碍交通要求的高差之间的联系,也用于多层车库中通行汽车和医疗建筑中通行担架车等。在人员和车辆同时出入的地方,也可同时设置台阶与坡道,使人员与车辆各行其道。

台阶与坡道由踏步或坡段与平台两部分组成。平台的表面比底层室内地面的标高略低,泛水方向应背离进口,以防雨水流入室内。台阶与坡道的坡度一般较为平缓。台阶踏步高度常取 100～150 mm,踏面宽度常取 300～400 mm。坡道坡度常取 1/12～1/6。

台阶与坡道一般不需要特别的基础。实铺台阶与坡道是将土回填至相应标高,用道渣或三合土夯实后再做。架空的台阶与坡道多将预制板搁置在梁上,坡度由梁形成。台阶与坡道的构造要点是对变形进行处理。为防止房屋主体沉降、热胀冷缩、冰冻等因素造成台阶与坡道的变形，常采用的解决方法有：加强房屋主体与台阶及坡道之间的联系，以形成整体沉降；或将房屋主体与台阶及坡道完全断开，加强节点处理。在严寒地区，实铺的台阶与坡道可以采用换土法，即自冰冻线以下一点至所需标高换上保水性差的混砂垫层，以减少冰冻的影响。

由于室外台阶与坡道在雨天也使用，故面层材料必须防滑，坡道表面常做成锯齿形或带防滑条。

图 11－14、图 11－15 表示了台阶与坡道的一些常用做法。

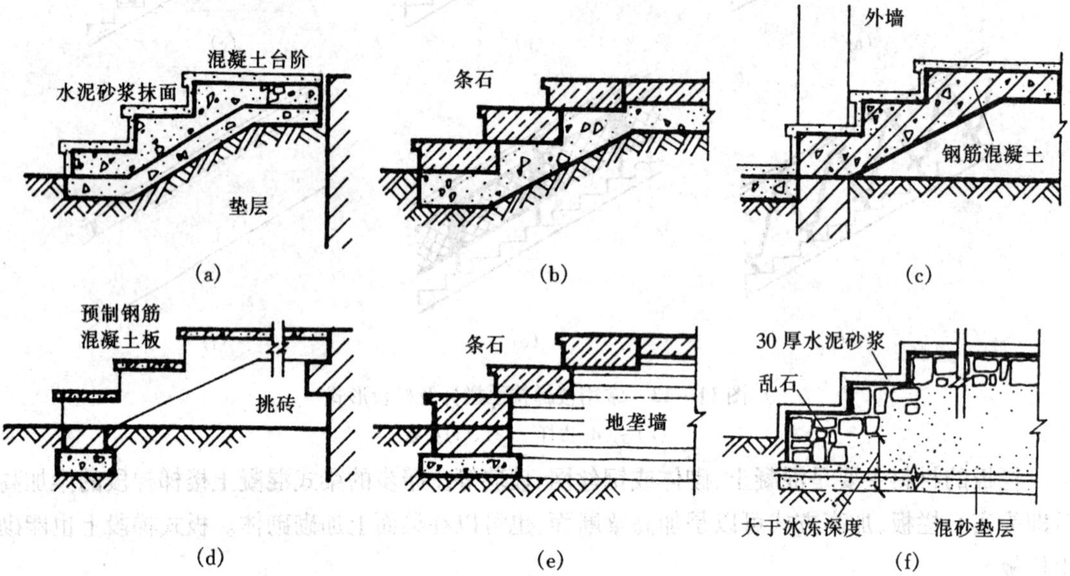

图 11－14　台阶构造类型

(a)混凝土台阶　(b)天然石台阶　(c)与建筑结合的内台阶

(d)预制钢筋混凝土台阶　(e)条石支在地垄墙上的台阶　(f)换土地基台阶

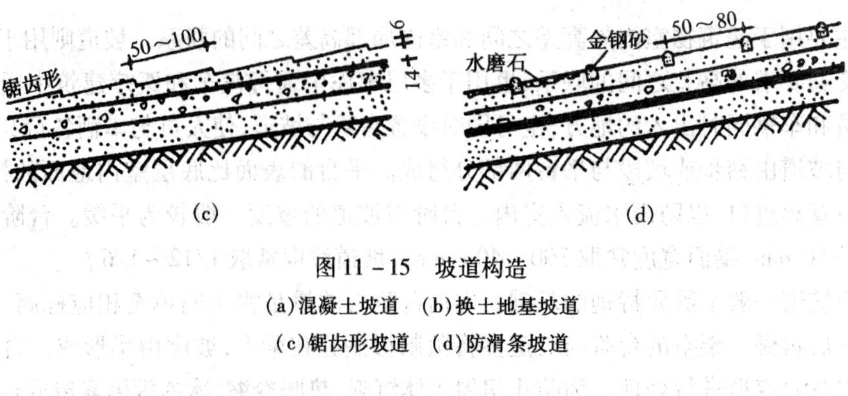

图 11－15　坡道构造

(a)混凝土坡道　(b)换土地基坡道

(c)锯齿形坡道　(d)防滑条坡道

11.6　电梯与自动扶梯

11.6.1　电梯

在多层和高层建筑中，电梯是一种快捷便利的垂直交通设施。电梯分客梯和货梯两大类型。除普通电梯外，还有医院专用电梯、消防电梯、观光电梯等。

电梯设备主要包括轿厢、平衡重、垂直轨道、提升机械和其他一些相关的设施，见图 11－16。它们对土建的要求主要包括电梯井道、机房、地坑三大部分。

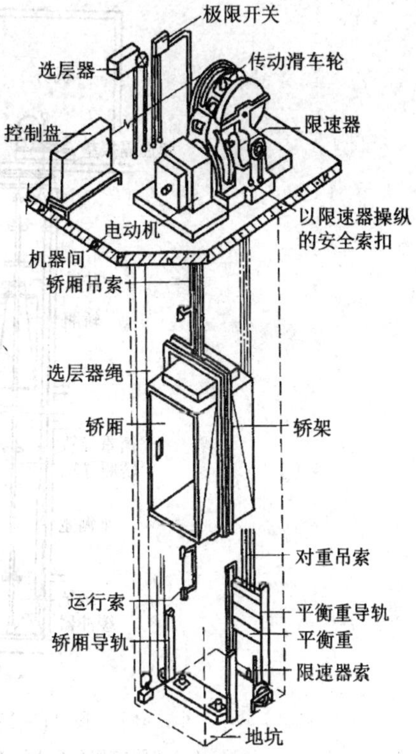

图 11－16　电梯井道内部透视示意

1. 电梯井道

电梯井道是电梯轿厢运行的通道，其内除电梯及出入口外还安装有轨道、平衡重和缓冲器等。

电梯井道是多层和高层建筑穿通各层的垂直通道，火灾事故中火焰及烟雾容易从中蔓延。因此，井道的围护构件较多采用钢筋混凝土墙。消防电梯的电梯井道及机房与相邻的电梯井道及机房之间应用耐火极限不低于 2.5 h 的墙隔开。

为了减轻机器运行时对建筑物产生的震动和噪声，应采取适当的隔震及隔声措施。一般情况下，在机房下设置弹性垫层达到隔震和隔声的目的。电梯运行速度超过 1.5 m/s 的，除弹性垫层外，还应在机房与井道间设置隔声层，高度为 1.5～1.8 m，见图 11　17。

2. 电梯机房

电梯机房一般设在电梯井道的顶部，是用来放置起重设备和控制系统的场所，用卷扬机作为起重设备。机房的平面尺寸根据设备尺寸及平面布置、使用维修所需空间而定，高度一般为 2.5～3.5 m。

层数不多、对电梯速度要求不高的建筑，可以采用液压式的电梯。其设备特点是顶升器件安放在轿厢底下。机房布置有自由性，便于建筑外观造型。

3. 井道地坑

井道地坑在最底层平面标高下，作为轿厢下降时所需的缓冲器的安装空间。

11.6.2　自动扶梯

自动扶梯又称为滚梯，是层间连续运输效率最高的载客设备，适用于车站、码头、空港、商场等人流量大的场所。自动扶梯构造见图 11－18。

自动扶梯有水平运行、向上运行和向下运行三种方式。向上或向下的倾斜角度为 30°左右。一般自动扶梯均可正逆方向运行，停机时可当作临时楼梯行走。平面布置可单台设置或双台并列。自动扶梯的基本尺寸见图 11－19。

自动扶梯的机械装置悬在楼板下面，楼层下做装饰处理，梯底则做地坑。为便于检修，机

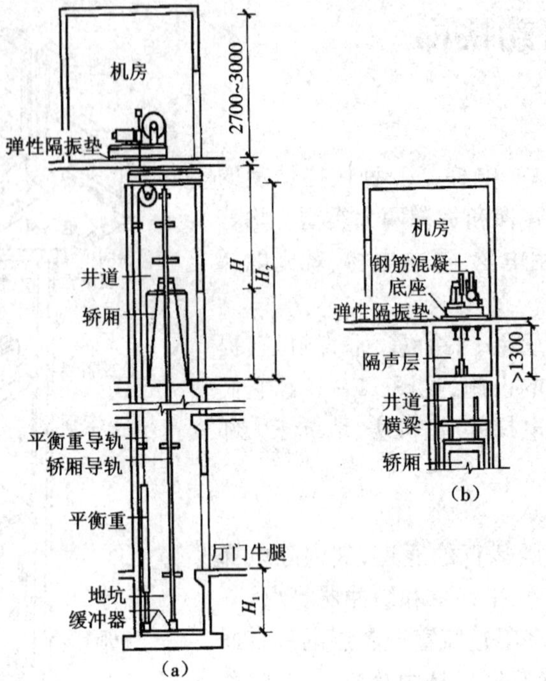

图 11－17　电梯机房隔震、隔声处理

(a)无隔声层(通过电梯门剖面)　(b)有隔声层(平行电梯门剖面)

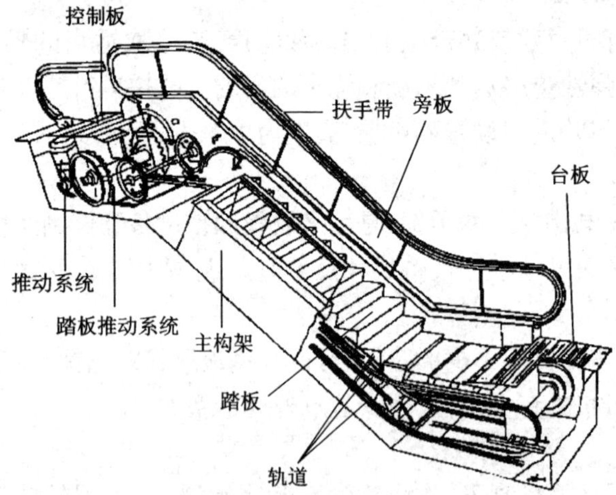

图 11－18　自动扶梯构造示意

房上部自动扶梯口,应做活动地板。

在建筑中设自动扶梯时,应满足防火分区要求,并应符合防火规范的有关规定。其上下层的面积总和超过要求时,应设防火隔断或复合式防火卷帘。

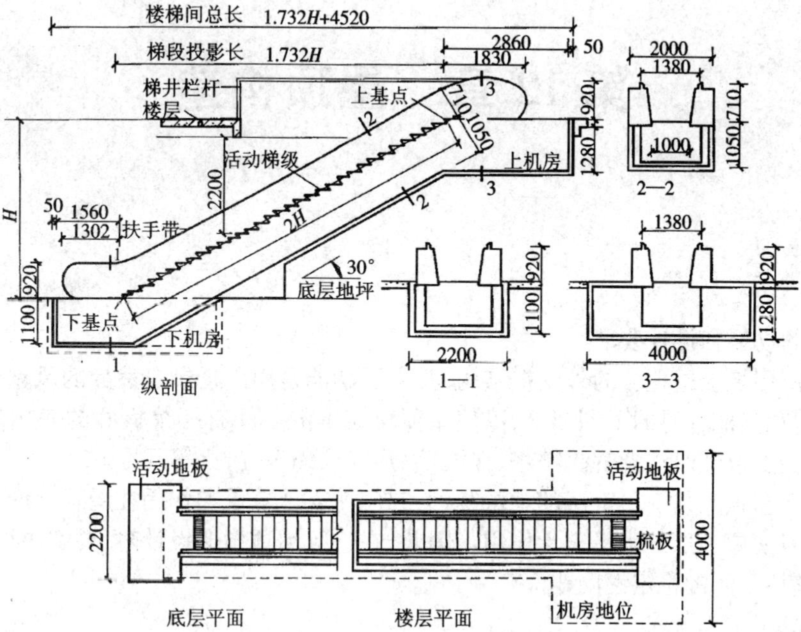

图 11－19 自动扶梯的基本尺寸

第 12 章　屋顶构造

12.1　概述

1. 屋顶的功能和设计要求

屋顶是房屋最上层覆盖的外围护结构，其主要功能是用以抵御自然界的风霜雨雪、太阳辐射、气温变化和其他外界的不利因素，以使屋顶覆盖下的空间有一个良好的使用环境。因此，要求屋顶在构造设计时注意解决防水、保温、隔热以及隔声、防火等问题。

在结构上屋顶又是房屋上层的承重结构，它应能支承自重和作用在屋顶上的各种活荷载，同时还起着对房屋上部的水平支承作用。因此，在进行屋顶构造设计时，要解决屋顶构件的强度、刚度和整体空间的稳定性问题。

2. 屋顶的组成与形式

屋顶主要由屋面和支承结构组成，有些还有各种形式的顶棚以及保温、隔热、隔声和防火等其他功能防御所需要的各种层次和设施。

屋顶的形式与房屋的使用功能、屋面盖料、结构选型以及建筑造型要求等有关。房屋的支承结构一般有平面结构和空间结构之分，前者常见的有梁板、屋架等结构，后者有折板、壳体、网架、悬索等结构。由于以上各种因素的不同，便形成平屋顶、坡屋顶以及曲面屋顶等多种形式（图 12－1）。

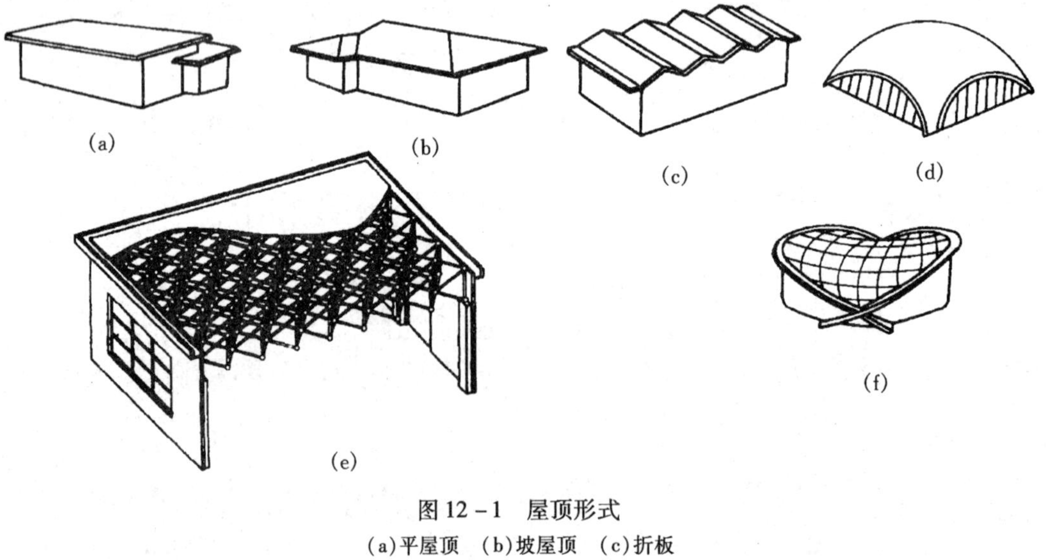

图 12－1　屋顶形式

(a)平屋顶　(b)坡屋顶　(c)折板
(d)壳体　(e)网架　(f)悬索

3. 屋面的常用坡度

屋面的坡度是由多方面的因素决定的。它与屋面材料、地理气候条件、屋顶结构形式、施工方法、构造组合方式、建筑造型要求以及经济状况等方面都有一定的关系。其中屋面覆盖材料的形体尺寸与屋面坡度形成的关系比较大。一般情况下，屋面覆盖材料的面积越小、厚度越大，它的屋面排水坡度亦越大。反之，屋面覆盖材料的面积越大、厚度越薄，则屋面排水坡度就越平缓。

不同的屋面防水材料有各自的排水坡度范围（如图 12－2）。屋面的坡度通常采用单位高度与相应长度的比值来标定，如 1∶2、1∶3等；较大的坡度也有用角度的，如 30°、45°等；小坡度常用百分比，如用 2%、5% 等表示。

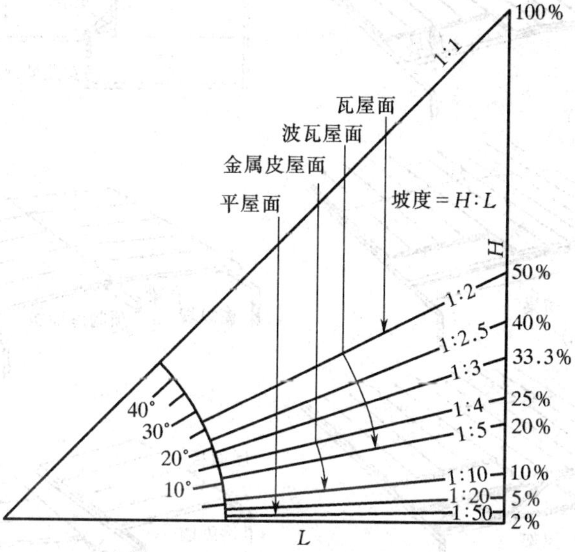

图 12－2　常用屋面坡度范围

12.2　平屋顶

12.2.1　平屋顶的特点与排水方式

平屋顶结构构造简单，适于各种平面形状的房屋。它除具有屋顶的一般功用外，还可作为屋顶阳台、屋顶花园等，这是目前民用建筑屋顶的主要形式。

平屋顶主要由屋面层（防水层）、结构层、顶棚层组成。此外，还要根据需要设置保温层、隔热层、保护层、找平层、隔蒸汽层等。

为了疏导和排除雨水，首先是选择合适的屋面排水坡度。从排水角度考虑，要求坡度越大越好；但从结构、经济以及上人活动等角度考虑，又要求坡度越小越好。一般屋面坡度常视屋面材料的表面粗糙程度和功能需要而定，常见的防水卷材屋面和混凝土屋面多采用 2%～3% 的坡度；上人屋面多采用 1%～2% 坡度。

平屋顶的排水坡度较小，要把屋面上的雨雪水尽快地排除出去，不要积存，就要组织好屋顶的排水系统。同时排水组织系统又与檐部做法有关，这就要与建筑外观结合起来统一考虑。

排水坡度的形成方法有搁置找坡和垫置找坡两种。搁置找坡亦称撑坡或结构找坡，屋顶的结构层根据屋面排水坡度搁置成倾斜（图 12－3），再铺设防水层等。这种做法不需另加找坡层,荷载轻、施工简便,造价低,但不另吊顶棚时,顶棚面须稍有倾斜。房屋平面凹凸变化时应另加局部垫坡(图 12-3(d))。垫置找坡亦称填坡或材料找坡。屋顶结构层可像楼板一样水平搁置,采用价廉、质轻的材料,如用炉渣加水泥或石灰来垫置屋面排水坡度,上面再做防水层(图 12-4)。垫置坡度不宜过大,避免徒增材料和荷载。须设保温层的地区,也可用保温材料形成坡度。

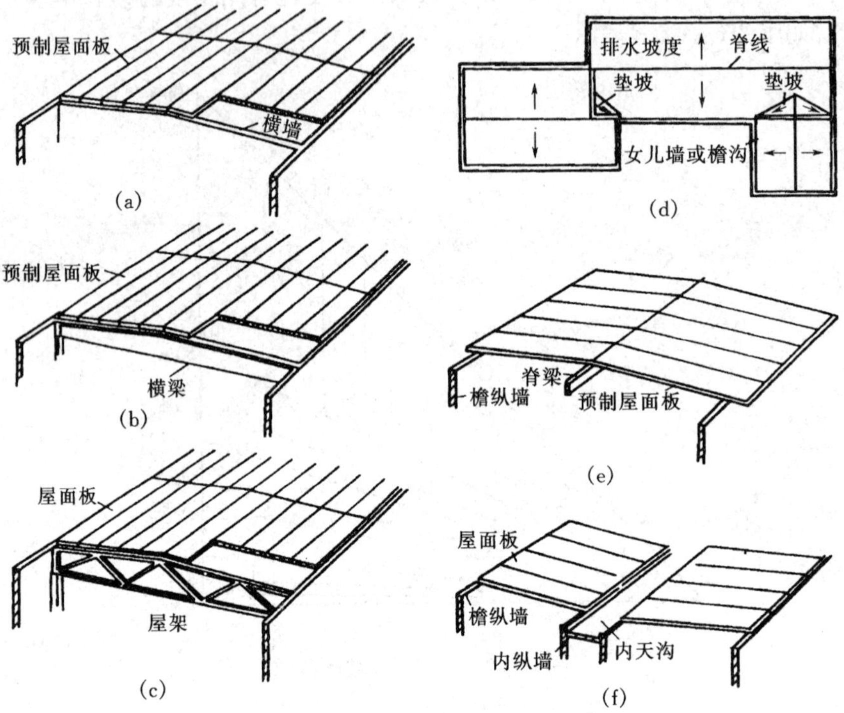

图 12-3 平屋顶搁置坡度

(a)横墙搁屋面板 (b)横梁搁屋面板

(c)屋架搁屋面板 (d)搁置屋面的局部垫坡

(e)纵梁纵墙搁置面板 (f)内外纵墙搁置屋面板图

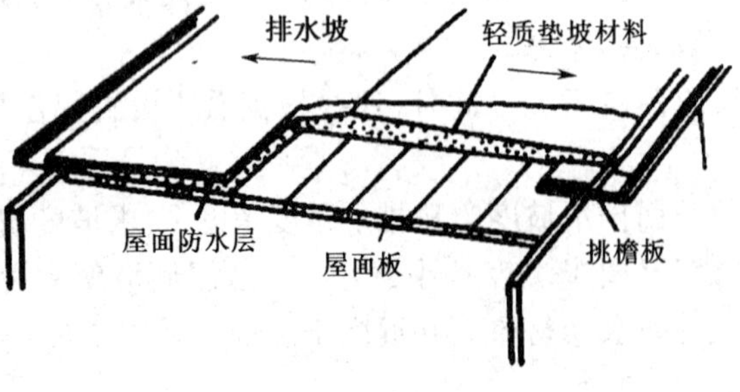

图 12-4 平屋顶垫置坡度

屋顶排水方式有外檐自由落水(又称无组织排水)、外檐沟排水、女儿墙内檐排水、内排水等。

12.2.2 刚性防水屋面

刚性防水屋面系以防水砂浆抹面或密实混凝土浇捣而成的刚性材料屋面防水层,其主要优点是施工方便、节约材料、造价低廉和维修较为方便,缺点是对温度变化和结构变形较为敏感,施工技术要求较高,较易产生裂缝而渗漏水,所以必须采取防水措施。

1. 刚性防水层的防水构造

刚性屋面在用水泥砂浆和混凝土施工时，如果用水量超过水泥水凝过程所需的用水量，那么多余的水便在硬化过程中，逐渐蒸发形成许多空隙和互相连贯的毛细管网；另外过多的水分在砂石骨料表面，形成一层游离的水，相互之间也会形成毛细通道。这些毛细通道都是砂浆或混凝土收水干缩时表面开裂和屋面的渗水通道。由此可见，普通的水泥砂浆和混凝土是不能作为刚性屋面防水层的，必须采取以下几种防水措施，才能作为屋面的刚性防水层。

1）增加防水剂

防水剂系由化学原料配制而成的，通常为憎水性物质、无机盐或不溶解的肥皂，如硅酸钠（水玻璃）类、氯化物或金属皂类制成的防水粉或浆。这些物质掺入砂浆或混凝土后，能与之生成不溶性物质，填塞毛细孔道，形成憎水性壁膜，以提高其密实性。

2）采用微膨胀配料

在普通水泥中掺入少量的矾土水泥和二水石粉等所配置的细石混凝土，在结硬时产生微膨胀效应，可抵消混凝土的收缩性，提高抗裂性。

3）提高密实性

控制水灰比，加强浇注时的振捣，均可提高砂浆和混凝土的密实性。细石混凝土屋面在初凝前表面用铁滚辗压，使余水压出，初凝后加少量干水泥，待收水后用铁板压平、表面打毛，然后盖席浇水养护，从而提高面层密实性并避免表面的龟裂。

2. 刚性防水屋面的变形及其预防

刚性防水屋面的最严重问题是防水层在施工完成后出现裂缝而漏水。裂缝的原因很多，有气候变化和太阳辐射引起的屋面热胀冷缩；有屋面板受力后产生挠曲变形；有墙身坐浆收缩、地基沉陷、屋面板徐变以及材料收缩等对防水层的影响。其中最常见的原因是屋面层在室内外、早晚、冬夏，包括太阳辐射所产生的温差所引起的胀缩、起挠等变形和移位。为了适应防水层的变形，常采用以下几种处理方法。

1）配筋

细石混凝土屋面防水层的厚度一般为 35 ~ 45 mm，为了提高其抗裂和抗应变的能力，常配置 ϕ3 mm@150 mm 或 ϕ4 mm@200 mm 双向钢筋。由于裂缝易在面层出现，钢筋宜置于中层偏上，使上面有 15 mm 保护层即可。

2）设置分仓缝

分仓缝亦称分格缝，是防止屋面出现不规则裂缝以适应屋面变形而设置的人工缝。分仓缝应设置在屋面温度年温差变形的许可范围内和结构变形敏感的部位。

3）设置浮筑层

浮筑层即隔离层。它是在刚性防水层与结构层之间增设的一道隔离层，使其上下分离以适应各自的变形，从而减少由于上下层变形不同而相互制约。一般先在结构层上面用水泥砂浆找平，再用废机油、沥青、油毡、黏土、石灰砂浆、纸筋石灰作隔离层。有保温层或找坡层的屋面，可利用其作隔离层，然后再做刚性防水层。

4）设置滑动支座

为了适应刚性防水屋面的变形，结构层屋面板的支承点最好做成活动支座。最简单的方法是在墙或梁顶上先用水泥砂浆找平，干铺 2 层油毡，中间夹滑石粉，再搁置预制屋面板。屋面板顶端之间或与女儿墙之间的端缝都应用弹性物嵌填。如为现浇屋面板，亦可在支承处做滑动支座。

12.2.3 柔性防水屋面

柔性防水屋面系将柔性的防水卷材或片材用胶结料粘贴在屋面上,形成一个大面积的封闭防水覆盖层。这是典型的以"堵"为主的防水构造。这种防水层需有一定的延伸性,可满足直接暴露在大气层的屋面和结构的温度变形需要,故称柔性防水屋面,亦称卷材防水屋面。

1. 防水卷材

我国过去一直沿用沥青油毡作为屋面的主要防水材料。这种防水屋面的优点是造价低廉,有一定的防水能力,但须热施工,存在污染环境、低温脆裂、高温流淌等缺点,且七八年即要重修。为了改变这一落后状况,已出现一批新的卷材或片材防水材料,分别介绍如下。

1)沥青玻璃布油毡、沥青玻璃纤维油毡、石油沥青麻布油毡

这三种油毡是以玻璃布、玻纤、麻布为胎的有胎浸渍卷材。其特点是抗拉强度高、柔韧性好、耐腐蚀性强,适用于对防水性、耐久性、耐腐蚀性要求较高的工程,管道工程以及基层结构有变形和结构外形较复杂的防水工程及部位。

2)再生胶油毡

再生胶油毡是一种无胎辊压卷材。它是用沥青与废橡胶粉混熔、脱硫后,掺入填充料混炼再经压延而成。这种油毡延伸性大,低温柔性好、耐腐蚀性强、耐水性及热稳定性好。适用于屋面或地下作接缝和满堂铺设的防水层,尤其适用于基层沉降较大或沉降不均匀的建筑物变形缝的防水处理。

3)三元乙丙橡胶防水卷材

三元乙丙橡胶防水卷材是一种橡胶基的无胎卷材。也是一种最先进、最具有发展前途的防水卷材。它具有耐老化、耐低温、耐腐蚀、弹性及抗拉强度高等优点,适应于冷施工等一系列条件,可在 -60 ~ 120 ℃条件下使用,寿命可达 30 ~ 50 年。粘贴时,应采用合成橡胶类胶粘剂粘贴,如 CX—404 胶粘剂和 BNZ 型黏合剂等。

4)聚氯乙烯防水卷材

聚氯乙烯防水卷材是一种树脂基的无胎防水卷材。它分为 S 型(以煤焦油与聚氯乙烯树脂混熔料为基料的柔性卷材)和 P 型(以增塑聚氯乙烯为基料的塑性卷材)两类。聚氯乙烯防水卷材具有良好的低温柔韧性、耐腐蚀性和耐老化性。

常用的防水卷材有 APP 改性沥青卷材、三元丁橡胶防水卷材、OMP 改性沥青卷材、氯丁橡胶卷材、氯化聚乙烯—橡胶共混防水卷材、水貂 LYX—603 防水卷材、铝箔面油毡等。

这些材料的优点是冷施工、弹性好、寿命长,但目前有些产品价格尚较高。由于目前油毡防水屋面仍有不少地区使用,且构造处理上也较为典型,所以这里仍做重点介绍。

2. 油毡防水屋面层

1)防水层

屋面油毡防水层是用沥青胶和油毡层交替黏合而成。一般平屋顶铺三层油毡用上下及两个夹层共四层沥青胶黏结,通称三毡四油。油毡上下左右搭接,形成一层整体不透水的屋面防水层(图 12 - 5)。在屋面的重要部位和严寒地区须做四毡五油。

平屋顶油毡的铺设,一般由檐口到屋脊一层层向上铺设,上下搭接 80 ~ 120 mm,左右搭接 100 ~ 150 mm。多层铺法的上下油毡层的接缝应错开。有一种逐层搭接半张的铺设方法代替

一般的二毡三油铺法，施工较为方便。

沥青黏合层的施工厚度要控制在 1 mm 左右，以免在自然环境中引起凝聚力而发生龟裂。

2）找平层和结合层

油毡防水层应铺设在一个平整的表面上，一般在结构或保温层上做 1∶3 水泥砂浆找平层，厚 15～20 mm（在散料上厚 20～30 mm）。为了使第一层热沥青能和找平层牢固地结合，须喷涂一层既能和沥青黏合又容易渗入水泥砂浆的稀释沥青溶液，通称冷底子油。一般的质量配合比为 40% 的石油沥青与 60% 的煤油（或轻柴油），或用 30% 的石油沥青与 70% 的汽油。

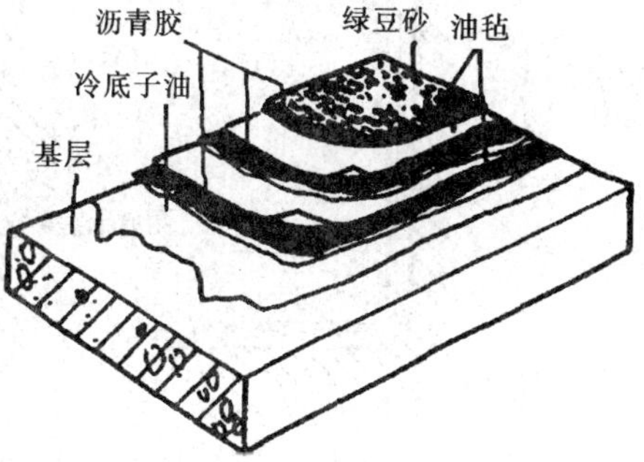

图 12－5　油毡防水层面构造层次

第一层沥青胶浇涂时，除注意粘结的牢固外，还要注意避免油毡层由于内部空气或湿汽在太阳辐射下膨胀形成的鼓泡。鼓泡一般在以下两种情况下容易发生：一种是室内蒸汽透过结构层渗透到油毡层底面；另一种是在保温层或找坡层中还留有一定的湿度。这些水气的蒸发和膨胀而使油毡防水层鼓泡。鼓泡的皱折和破裂形成漏水的隐患。

为了使油毡防水层与基层之间有一个能使蒸汽扩散的场所，常将第一层沥青层采用点状（俗称花油法）或条状粘贴。

3）保护层

油毡防水层的表面呈黑色，最容易吸热，在太阳辐射下，夏季表面综合温度可达 60～80 ℃，容易使沥青胶流淌和油毡老化。一般多在表面用沥青胶粘着一层 3～6 mm 粒径的粗砂作为保护层，俗称绿豆砂或豆石。保护层有利于防止暴风雨对防水层的冲刷，但砂粒易被冲刷流失而使防水层裸露。经测定，增大粒径至 15～25 mm 的小石子和增加厚度至 30～100 mm 的保护层，可使太阳辐射温度明显下降，对提高油毡防水屋面的使用寿命有利，缺点是增大了屋面的自重。

上人屋顶可在防护层上另加面层，该面层也可用作油毡防水层的保护层。一般可在防水层上浇注 30～40 mm 厚的细石混凝土面层，每 2 m 左右设一分仓缝；也可用砂填层或水泥砂浆铺预制混凝土块或大阶砖；还可将预制板或大阶砖架空铺设以利通风。

3. 油毡防水屋顶的节点构造

1）泛水构造

泛水系屋面防水层与垂直墙交接处的防水处理方式。一般须用砂浆在转角处做弧形（R ＝50～100 mm）或 45°斜面，油毡粘贴至垂直面至少 150 mm 高，常见为 250 mm。为了加强节点的防水作用，一般须加铺一层油毡，垂直面也用水泥砂浆抹光，并刷冷底子油一道。

油毡粘贴在墙面的上口极易脱口渗水（图 12－6(a)）。为了压住油毡的上口，各地有不同的处理方法，通常有钉木条、压铁皮、嵌砂浆、嵌油膏、压砖块、压混凝土和盖镀锌铁皮等处理方式，除盖铁皮方式外一般在泛水上口均挑出 1/4 砖，抹水泥砂浆斜口和滴水（图 12－6）。这些做法，施工均较复杂，而木砖和铁皮日久常会腐朽和锈蚀，用目前新的防水胶粘料把卷材直接粘贴在抹灰层上，也可成为有效的一种泛水处理方法（图 12－7）。

2）檐口构造

油毡防水屋面的檐口一般有自由落水、挑檐沟、女儿墙带檐沟、女儿墙外排水和内排水等

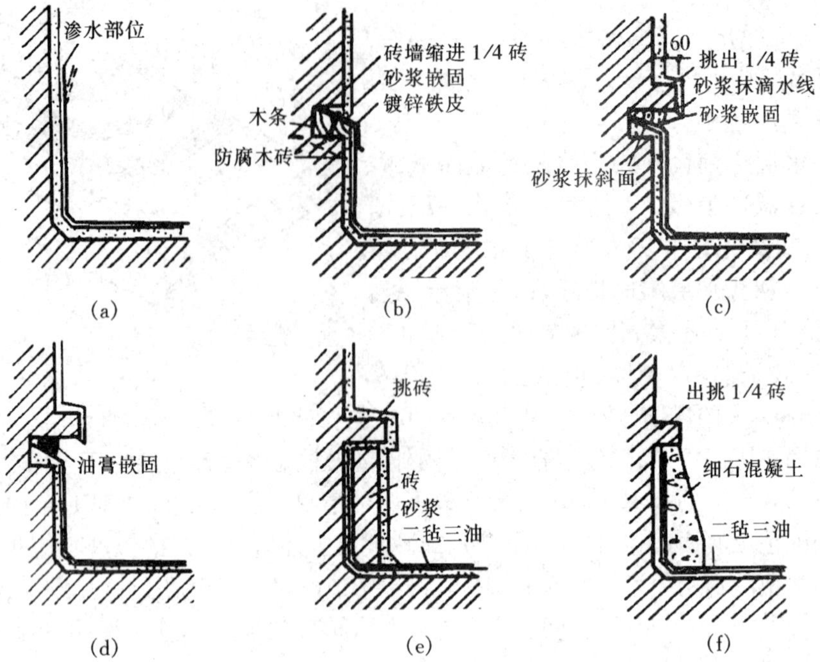

图 12－6　油毡屋面泛水构造举例

(a)油毡开口渗水　(b)铁皮压毡　(c)砂浆嵌固

(d)油膏嵌固　(e)压砖抹灰泛水　(f)混凝土压毡泛水

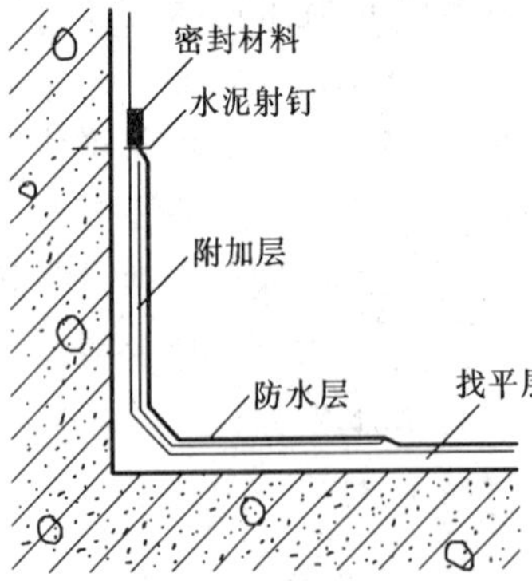

图 12－7　高分子防水卷材屋面泛水构造

多种。这里着重论述油毡防水层在檐口处的收头构造。自由落水檐口的油毡收头极易开裂渗水(图 12－8(a)、(b)、(c)),采用油膏嵌缝上面再洒绿豆砂保护,可有所改进(图 12－8(d)、(e))。

带挑檐沟的檐口,檐沟处要多加一层油毡。其檐沟口处的油毡收头,各地处理方法很不统一,一般有压砂浆、嵌油膏和插铁卡住等(图 12－9),其中以嵌密封油膏的方法较为合理。

3)雨水口构造

雨水口是屋面雨水汇集并排至水落管的关键部位,构造上要求排水通畅、防止渗漏和堵塞。图 12－10(a)示意了雨水口处容易漏水的部位。外檐沟和内排水的雨水口都是在水平结构上开洞,采用铸铁漏斗形的定型件用水泥砂浆埋嵌牢固。雨水口四周须加铺一层油毡,并铺到漏斗口内,用沥青胶贴牢。缺口及交接处等薄弱环节可用油膏嵌缝,再用带篦铁罩压盖(图 12－10(b)、(c)、(d))。穿过女儿墙的雨水口,采用侧向铸铁雨水口,亦要加铺一层油毡,并铺入雨水口 50 mm 以上,用沥青胶贴牢,再加铁篦(图 12－10(e))。所有雨水口处都应尽可能比屋面或檐沟面低一些,有垫坡层或保温层的屋面,可在雨水口直径 500 mm 周围减薄,形成漏斗形,使排水通畅,避免积水。对于冬季采暖房屋,这部分积雪比别处先融化,以免被冰雪堵塞。

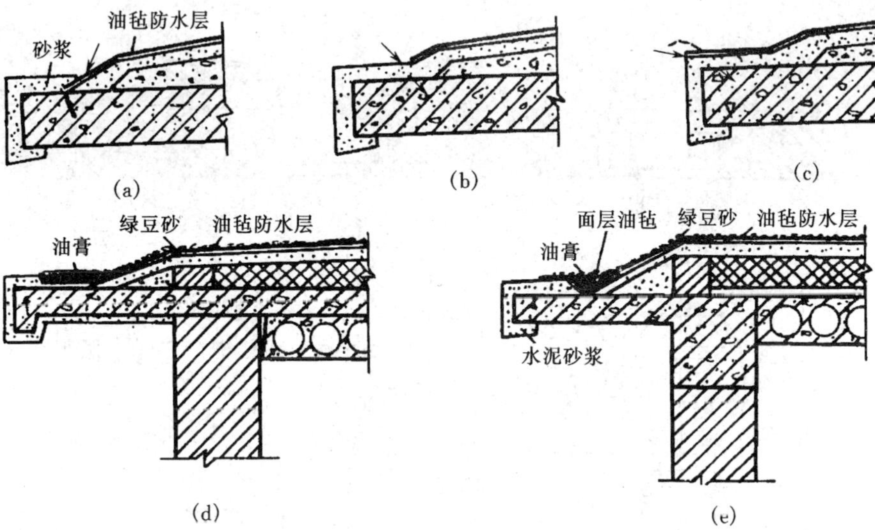

图 12－8　自由落水油毡屋顶檐口构造

(a)压毡砂浆豁口渗水　(b)油毡贴面豁口渗水　(c)油毡挠边渗水

(d)油膏嵌缝压毡　(e)油毡嵌缝压毡再铺面层油毡盖砂

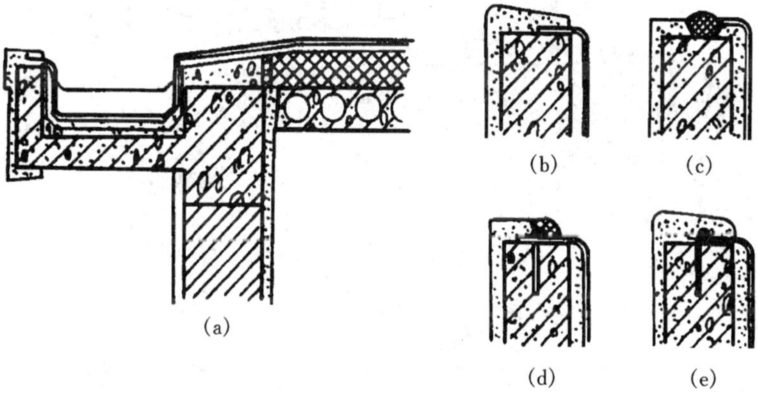

图 12－9　油毡防水层在檐沟口的构造

(a)檐沟构造　(b)砂浆压毡收头　(c)油膏压毡收头

(d)插铁油膏压毡收头　(e)插铁砂浆压砖收头

4. 平屋顶的保温与隔热

冬季室内采暖时，气温较室外高，热量通过围护结构向外散失。为了防止室内热量散失过多、过快，须在围护结构中设置保温层，以使室内有一个便于人们生活和工作的环境。

保温层的材料和构造方案是根据使用要求、气候条件、屋顶的结构形式、防水处理方法、材料种类、施工条件等综合考虑确定的。

夏季，特别在我国南方炎热地区，太阳的照射使得屋顶的温度很高，影响室内的正常生活和工作。因此，要求对屋顶进行构造处理，以减少屋顶的热量对室内的影响。

隔热降温采用的屋顶的形式有：实体材料隔热屋面、通风空气间层降温屋顶、反射降温屋顶、蒸发散热降温屋顶等。

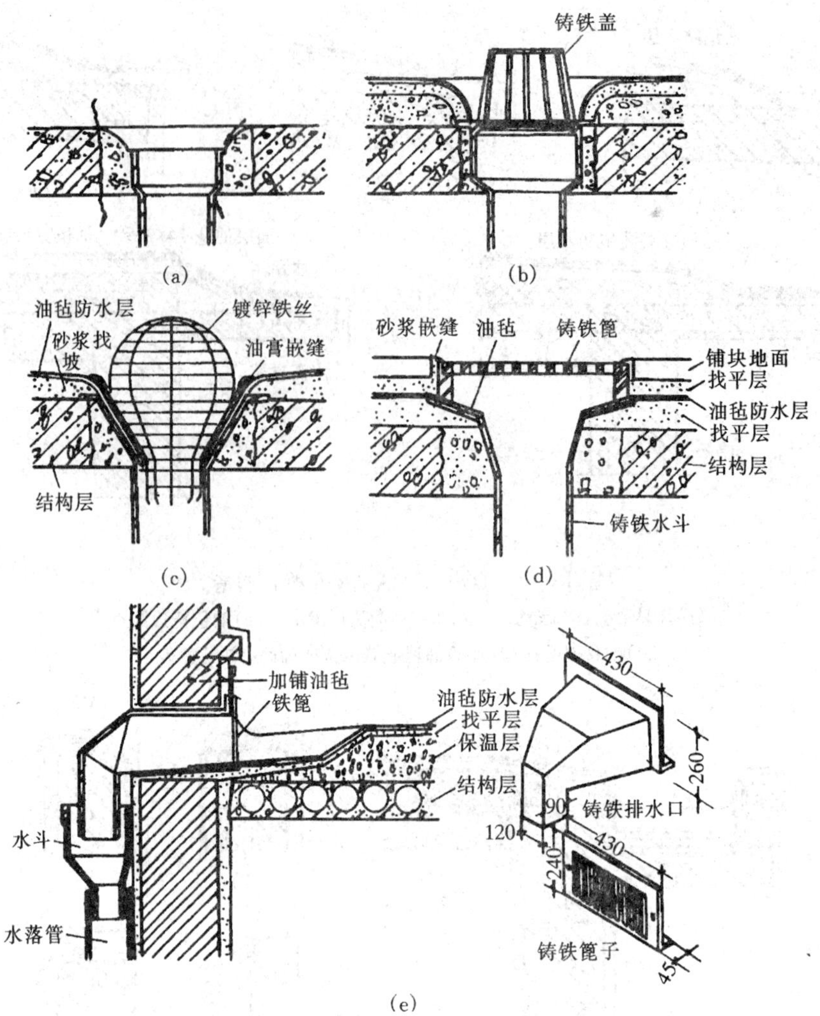

图 12－10　雨水口构造

(a)雨水口容易渗水的部位　(b)铸铁雨水口　(c)铁丝罩铸铁雨水口
(d)上人屋面铸铁雨水口　(e)铸铁侧向雨水口

12.3　坡屋顶

12.3.1　坡屋顶的形式与组成

1. 坡屋顶的形式

坡屋顶系排水坡度较大的屋顶，由各类屋面防水材料覆盖。根据坡面组织的不同，这类形式的屋顶主要有双坡顶、四坡顶。

1）双坡顶

根据檐口和山墙处理的不同，双坡屋顶又可分为以下三种屋顶。

(1)悬山屋顶　即山墙挑檐的双坡屋顶。挑檐可保护墙身，有利于排水，并有一定遮阳作用，常用于南方多雨地区(图 12－11(a))。

(2)硬山屋顶　即山墙不出檐的双坡屋顶。这种屋顶北方少雨地区采用较广(图 12－11(b))。

(3)出山屋顶　即山墙超出屋顶,作为防火墙或装饰之用。防火规定,山墙超出屋顶 500 mm 以上,易燃体不砌入墙内者,可作为防火墙(图 12－11(c))。

2)四坡顶

四坡顶亦叫四落水屋顶。古代宫殿庙宇中的四坡顶称为庑殿(图 12－11(d)、(e))。四面挑檐有利于保护墙身。四坡顶两面形成两个小山尖,古代称为歇山(图 12－11(f))。山尖处可设百页窗,有利于屋顶通风。

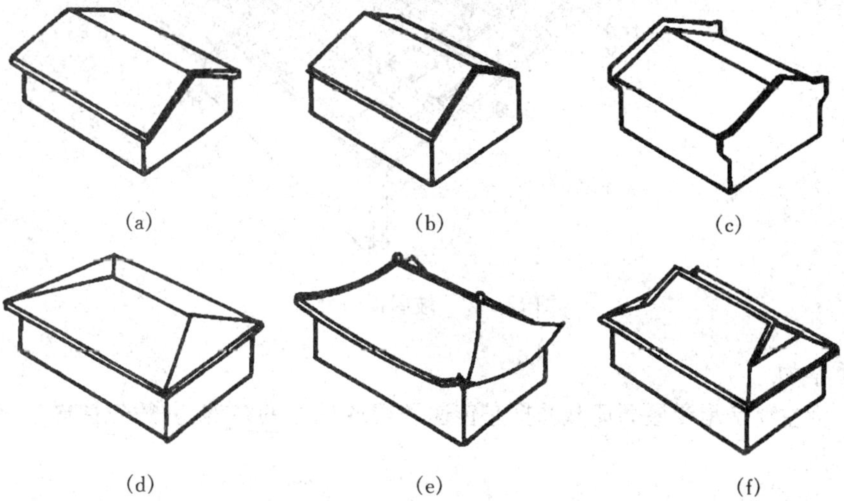

图 12－11　坡屋顶的形式

(a)双坡悬山屋顶　(b)双坡硬山屋顶　(c)双坡出山屋顶

(d)四坡屋顶　(e)庑殿屋顶　(f)歇山屋顶

2. 坡屋顶的坡面组织和名称

屋顶的坡面组织是由房屋平面和屋顶形式决定的,对屋顶的结构布置和排水方式均有一定的影响。在坡面组织中,由于屋顶坡面交接的不同而形成屋脊(正脊)、斜脊、斜沟、檐口、内天沟和泛水等不同部位和名称(图 12－12)。水平的内天沟构造复杂,处理不慎,容易漏水,一般应尽量避免采用。

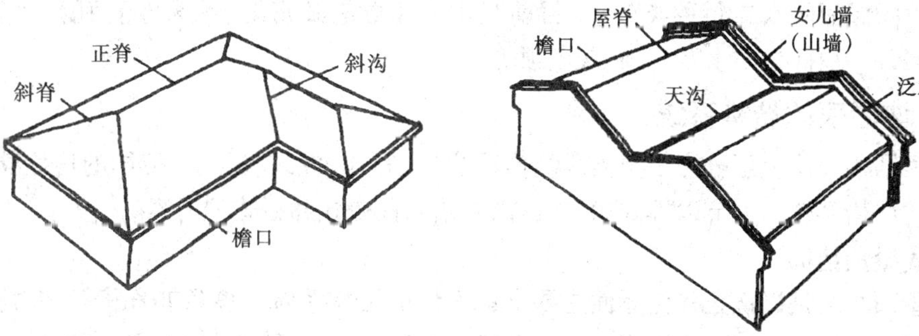

图 12－12　坡屋顶坡面组织名称

3. 坡屋顶的组成

坡屋顶一般由承重结构和屋面两部分组成，必要时还有顶棚、保温层或隔热层（图 12－13）。

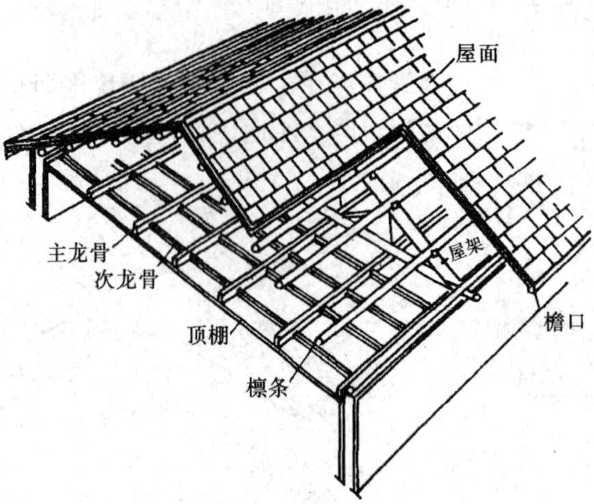

图 12－13 坡屋顶的组成

1）承重结构

承重结构主要是承受屋面荷载并把它传递到墙或柱上的结构，一般包括椽子、檩条、屋架或大梁等构件。

2）屋面

屋面是屋顶的上覆盖层，直接承受风雨、冰冻和太阳照射等自然环境的作用。它包括屋面盖料和基层，如挂瓦条、屋面板等。

3）顶棚

顶棚是屋顶下面的遮盖部分，可使室内上部平整，有一定光线反射，起保温隔热和装饰作用。

4）保温或隔热层

保温层或隔热层系指屋顶对气温变化的围护部分，可设在屋面层或顶棚层，视需要决定。

4. 坡屋顶的屋面盖料

坡屋顶的屋面防水盖料种类较多，目前我国采用的有弧形瓦（或称小青瓦）、平瓦、波形瓦、平板金属皮、构件自防水及草顶、灰土顶等。

12.3.2 坡屋顶的结构系统

坡屋顶结构大体上可分为三类支承结构系统，即檩式、椽式、板式。我国的房屋建筑主要是采用檩式结构系统。本节以檩式为主，适当介绍一些椽式和板式的内容。

1. 檩式屋顶结构

檩式屋顶结构是以檩条作为屋面主要支承构件的结构系统。檩条亦称桁条，是房屋纵向搁置在屋架或山墙上的屋面支承梁。它的上面一般用屋面板或椽子作为屋面的承重基层，也可以用苇箔、芦席等代替屋面板（图 12－14）。

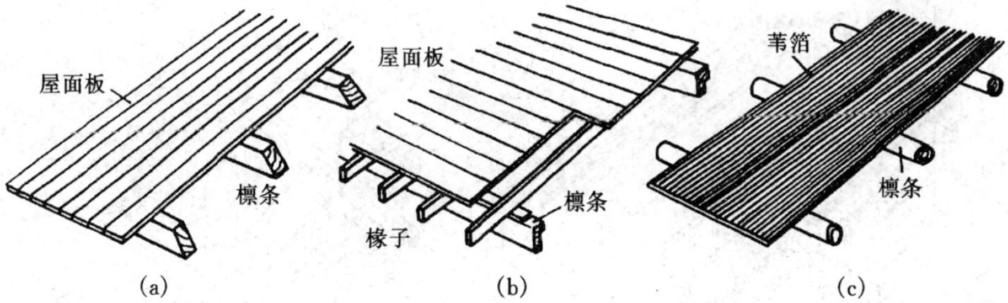

图 12－14　檩条支承系统

(a)支承屋面板　(b)支承椽子、屋面板　(c)支承植物杆—苇箔

1)檩条的类型

檩条的间距大小与屋面板的厚薄或椽子的截面尺寸有关。采用屋面板时，檩条间距约为 700～900 mm；屋面板与檩条之间采用椽子时，檩条间距可适当放大至 1～ 1.5 m。檩条一般用圆木或方木。为了节约木材，也可采用预制钢筋混凝土檩条或轻钢檩条。檩条的尺寸应按计算确定，特别要防止过大的挠曲。通常在采用屋面板的屋顶中，当山墙间距为 3～4 m 时，圆木檩条的梢径约为 100～120 mm；方木檩条截面尺寸约为(75～100)mm×(200～250)mm。

采用预制钢筋混凝土檩条时，各地都有产品规格可查。常见的有矩形、L 形和 T 形等截面。为了能在檩条上钉屋面板，常在面上设置木条，木条断面呈梯形，尺寸约为 40～50 mm(图 12－15(a))。

轻钢檩条多为冷轧薄壁型钢或小型角钢与钢筋焊接的平面或空间构架式檩条(图 12－15(c)、(d))。

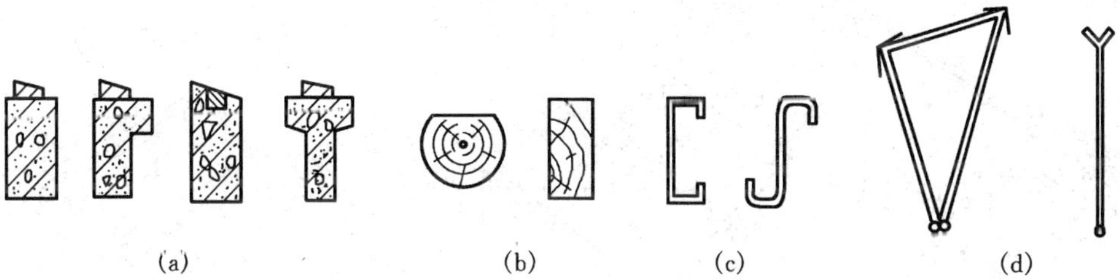

图 12－15　檩条的类型

(a)钢筋混凝土檩条　(b)木檩条　(c)薄壁钢檩条　(d)钢桁架檩条

采用木檩条要注意搁置处的防腐处理，一般在端头涂以沥青。还要在搁置点下设有混凝土垫块，以便荷载的传递(图 12－16(b))。

2)檩式屋顶的支承体系

(1)山墙支承　山墙常指房屋的横墙，将山墙砌成尖顶形状直接搁置檩条可以承载屋顶重量。这种结构形式叫“山墙承重”或“硬山搁檩”(图 12－16(a))。山墙到顶直接搁檩的做法简单经济，一般适合于多数相同开间并列的房屋，如宿舍、办公室之类。但这种结构形式大量采用砖墙，从总体上看，增加房屋自重和湿作业，此结构是否合适尚待进一步研究。

(2)屋架支承　一般建筑中常采用三角形屋架架设檩条以支承屋面荷载。通常屋架搁置在房屋纵向外墙或柱墩上，使建筑有一较大的使用空间(图 12－17)。当房屋内部有纵向承重

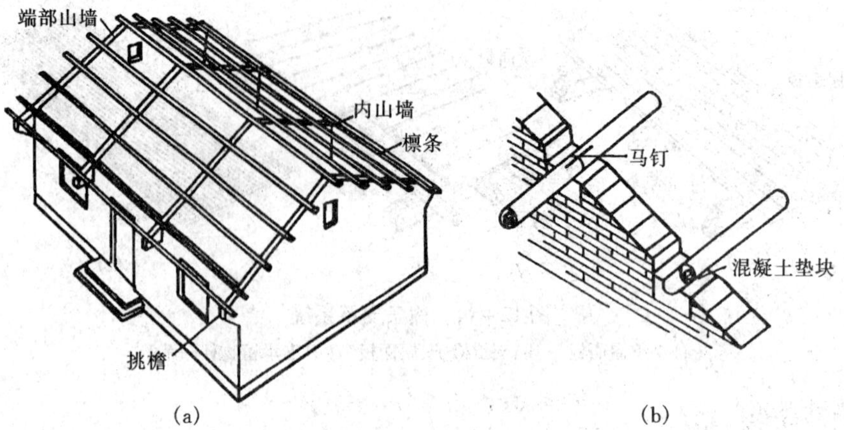

图 12－16　山墙支承檩条屋面及檩条形式
(a)山墙支檩屋顶　(b)檩条在山墙上的搁置形式

墙或柱时,可以用作为内部支承。

为了防止倾斜并加强屋架的稳定性,应在屋架之间设置支撑,常用的支撑为在每两根屋架间架设一道剪刀撑。剪刀撑可采用截面约 50 mm×100 mm 的方木、角钢或与檩条相同尺寸的半圆木交叉用螺栓固定在屋架上下弦或中柱上(图 12－17)。

(3)梁架支承　我国传统屋顶的结构形式是以柱和梁形成梁架结构支承檩条。一般每隔两根或三根檩条立一柱,并利用檩条及连系梁(枋),使整个房屋形成一个整体的框架(图 12－18)。墙只起围护和分隔作用,不承重,因此这种结构形式有"墙倒,屋不坍"之称。

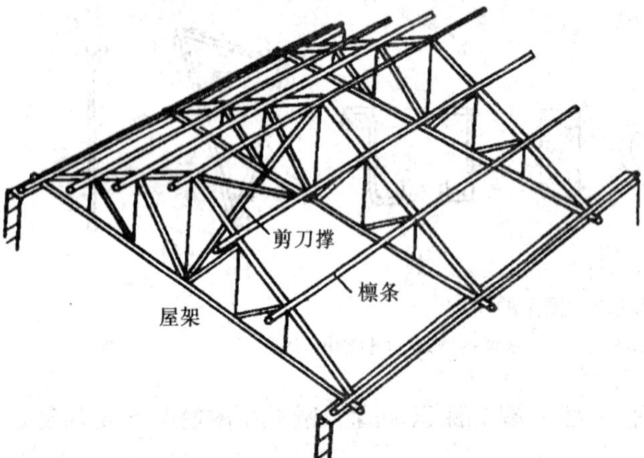

图 12－17　屋架支承檩条的屋顶

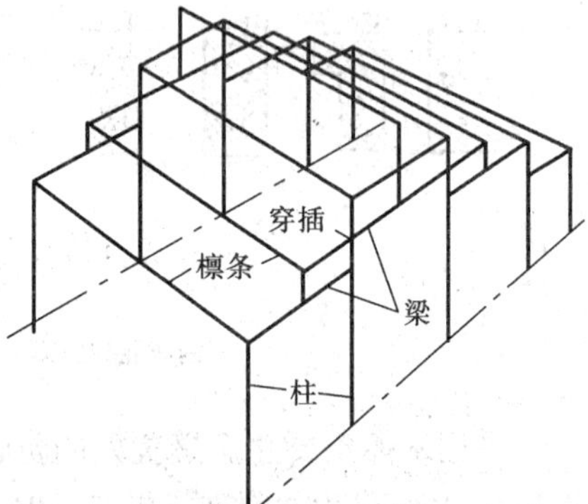

图 12－18　梁架承檩式屋架

2. 椽式屋顶结构体系

椽式是以椽架为主,小间距布置的屋面承重方式。椽架的间距一般为 0.4～1.2 m,椽架的间距较小,用料亦小,有利于各种不同尺度房间的灵活排列,并适合于有阁楼的房子。

椽架的另一种形式为简易三角形屋架,一般用小尺寸的木料钉合拼装而成,直接支承外墙。这种椽架构件轻、安装简便快速,常用于屋面坡度不大的屋顶。有起吊能力的工地,还可采用整批组装后再吊装。

3. 板式结构屋顶体系

板式结构屋顶体系即以预制钢筋混凝土屋面板为屋面基层结构的体系。它分为间接防水和直接防水两大类。现将常见的几种结构形式(图 12－19)介绍如下。

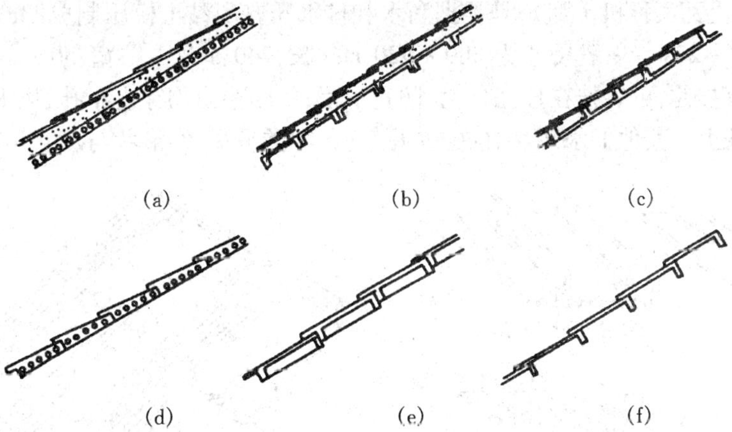

图 12－19　板式屋顶结构形式

(a)空心板盖瓦　(b)槽形板盖瓦　(c)倒 T 板盖瓦

(d)带挑口空心板　(e)F 形屋面板　(f)单肋屋面板

1)屋面板铺瓦

由于保温、防火或造型等的需要,瓦屋面是将预制钢筋混凝土空心板或槽形板作为基层,其上盖瓦的屋面。盖瓦的方式有三种:一是屋面板砂浆嵌缝,找平后用草泥或煤渣灰窝瓦(图 12－20(b));二是在找平层上铺油毡一层,用压毡条钉在嵌于板缝内的木楔上,再用挂瓦条挂瓦(图 12－20(a))。三是在屋面板上直接抹防水水泥砂浆并贴瓦。为了突出装饰的效果,还可采用齿形面砖(又称装饰瓦)铺贴(图 12－20(c))。

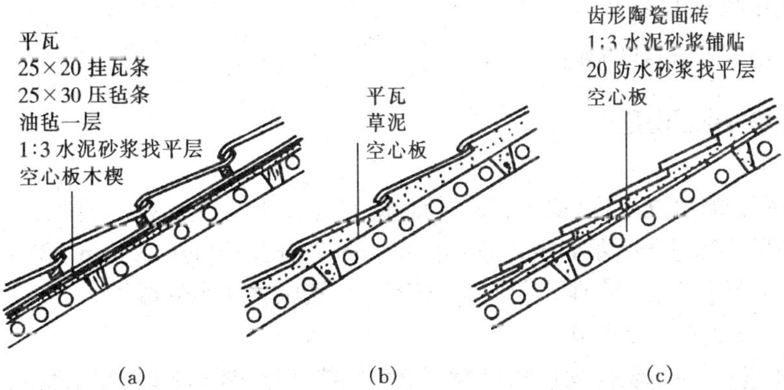

图 12－20　屋面板铺瓦构造

(a)木条挂瓦　(b)草泥窝瓦　(c)砂浆贴瓦

2)挂瓦板挂瓦

挂瓦板是把檩条、屋面板、挂瓦条和斜顶棚几个功能结合的倒 T 形预制钢筋混凝土构件。

基本形式有双 T、单 T 和 F 形三种(图 12－21)。肋距与挂瓦条间距相同,肋高按跨度计算决定。挂瓦板与山墙或屋架的固定可坐浆,用预埋于基层的钢筋套接。这种屋顶构造简单、省工省料、造价低廉,但易渗水,多用于要求不高的建筑中。

12.3.3 平瓦屋面

平瓦(即黏土瓦又称机干瓦),是根据防水和排水需要用黏土模压制成凹凸楞纹后焙烧而成的瓦片(图 12－22)。一般尺寸为 380～420 mm 长,240 mm 左右宽,50 mm 厚(净厚约 20 mm)。瓦下装有挂钩,可以挂在挂瓦条上,防止下滑;中间突出物穿有小孔,风大的地区可以用铅丝扎在挂瓦条上。其他如水泥瓦、硅酸盐瓦,均属此类平瓦,惟形状与尺寸稍有变化。

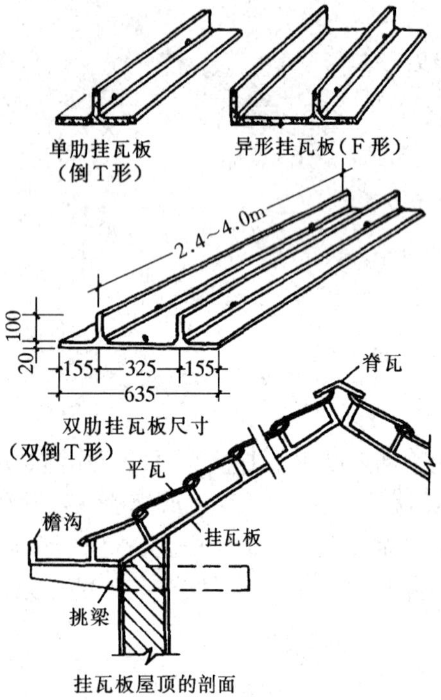

图 12－21 挂瓦板屋面构造

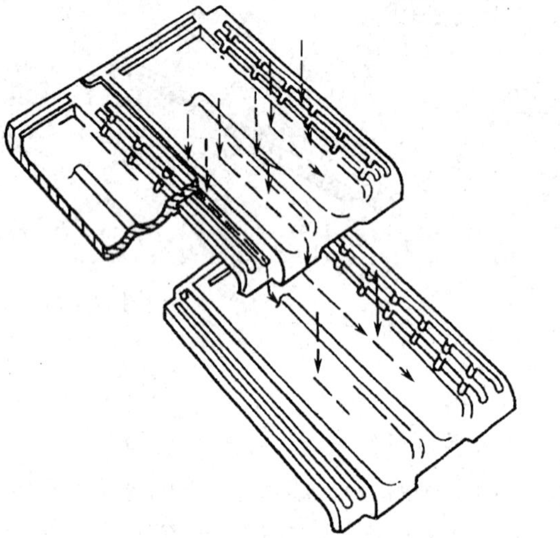

图 12－22 平瓦

1. 平瓦屋面的基层构造

1)冷摊瓦屋面

平瓦屋面最简单的方式俗称冷摊瓦屋面,即在椽子上钉挂瓦条后直接挂瓦(图 12－23(a))。挂瓦条尺寸视椽子间距而定,间距为 400 mm 时挂瓦条可用 20 mm×25 mm 立放,间距再大则要适当加大挂瓦条。冷摊瓦屋面简单经济,但雨雪往往容易飘入。

2)屋面板作基层的平瓦屋面

一般平瓦的防水主要靠瓦与瓦之间相互拼缝搭接,但在斜风带雨雪时,往往会使雨水或雪花飘入瓦缝,形成渗水。为防止这种现象,屋面板上可满铺一层油毡,作为第二道防水层。油毡可平行屋脊方向铺设,从檐口铺到屋脊,搭接不小于 80 mm,用板条(称压毡条或顺水条)钉牢。板条方向与檐口垂直,上面再钉挂瓦条,这样在挂瓦条与油毡之间留有空隙,以利排水(图 12－23(b))。一般屋面板厚 15～20 mm,对于清水屋面(底面露明的)要求密铺并将底面刨光;混水屋面(不露明的)则可稀铺,间隙≤25 mm。在檐口,为了求得第一皮瓦片与其他瓦片坡度一致，往往要钉双层挂瓦条（图 12－23(c)）；有时为了装钉封檐板，第一张瓦下垫以三角木（一般 50 mm×75 mm 对开），在这种情况下要设法使油毡上的雨水能顺利地排出屋面（图 12－23(c)）。

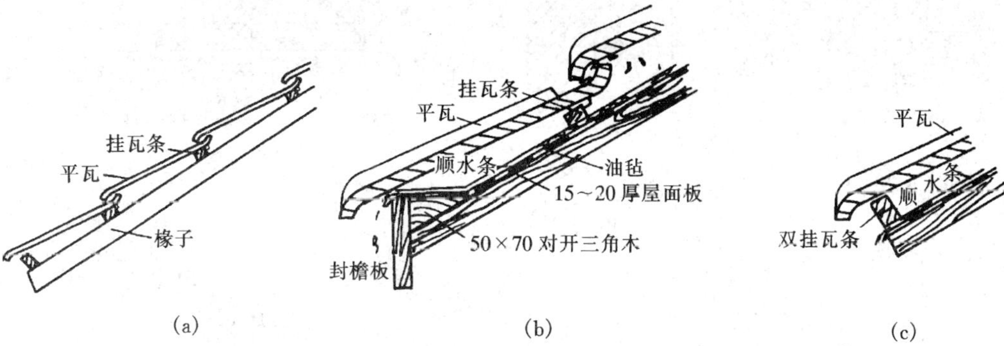

图 12－23　屋面基层形式

(a)冷摊瓦屋面　(b)屋面板铺瓦屋面　(c)檐口双层挂瓦条

2. 平瓦屋顶的节点构造

1）纵墙檐口

坡屋顶的檐口一般有挑檐和包檐两种。

（1）挑檐　挑檐是屋面挑出外墙部分，对外墙起保护作用。一般南方多雨，出挑较大；北方少雨，出挑较小。出挑小的，较方便的方法是用砖挑檐，每皮出挑 1/4 砖，宽约 60 mm，每次两皮砖高约 120 mm，挑出若干皮砖与墙厚有关，一般挑出不大于墙厚的 1/2（图 12－24(a)）。出挑较大时，通常采用木料挑檐，基本上可分以下三种情况。

①用屋面板出挑檐口，由于屋面板较薄（一般 15～20 mm），出挑长度不宜大于 300 mm（图 12－24(b)）。若能利用屋架托木或由横墙砌入挑檐木使之端头与屋面板及封檐板结合，则挑檐可较牢固，出挑长度可适当加大（图 12－24(c)）。挑檐木要注意防腐，压火墙内要大于出挑长度的两倍。

②挑檩檐口即在檐墙外面的檐口下加一檩条，利用屋架下弦的托木或横墙加一挑檐木（或混凝土挑梁）作为檐檩的支承。檐檩与檐墙上沿游木之间的距离不要大于其他部分檩条的间距（图 12－24(d)）。

③挑椽檐口即利用已有的椽子（图 12－24(e)或在采用檩条承重的屋顶的檐边另加椽子挑出作为檐口的支承（图 12－24(f)）。具体尺寸可根据椽子尺寸计算确定。

以上挑檐均可做檐口顶棚。檐口顶棚常见的构造有露缝板条、硬质纤维板、板条抹灰等。它们的基层做法一般是在靠外墙一边砌入木砖，钉一条顶棚龙骨；在靠封檐板一边，利用托木、批木或挑椽再钉一条顶棚龙骨，在两龙骨间钉横向板条或先钉横向小龙骨再钉纵向板条，就可做檐口顶棚的面层露缝或抹灰（图 12－25(a)、(b)）。檐口顶棚一般常作为屋顶的通风口。前面提到的露缝板条顶棚，因其本身已具有缝隙可用以作为屋顶通风。而对于纤维板或抹灰顶棚必要时还要每间加做通风洞。挑椽檐口作顶棚的结构形式见图 12－25(c)。

封檐板可避免檐口屋面板挠曲不平，使檐口外形挺直，并可封闭檐口顶棚。需要装排水檐沟时也可利用封檐板作支承。平瓦在檐口处应挑出封檐板约 40～60 mm。油毡要绕过三角木

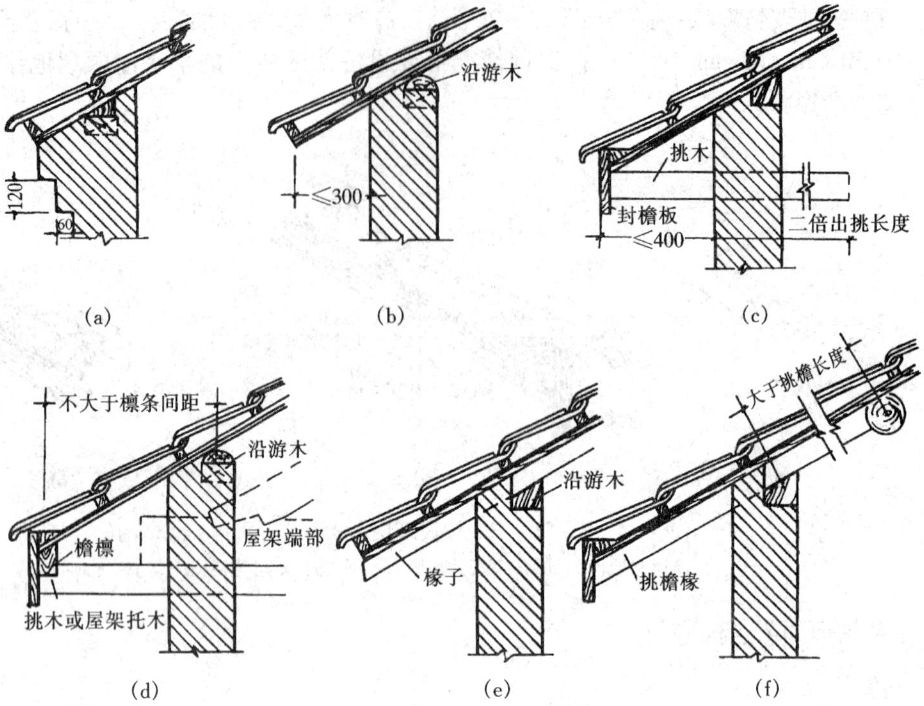

图 12－24　平瓦屋顶挑檐

(a)砖挑檐　(b)屋面板挑檐　(c)挑檐木挑檐

(d)挑檩檐口　(e)挑椽檐口　(f)檩式屋顶加挑椽檐口

搭入檐沟内(图 12－25(a))。

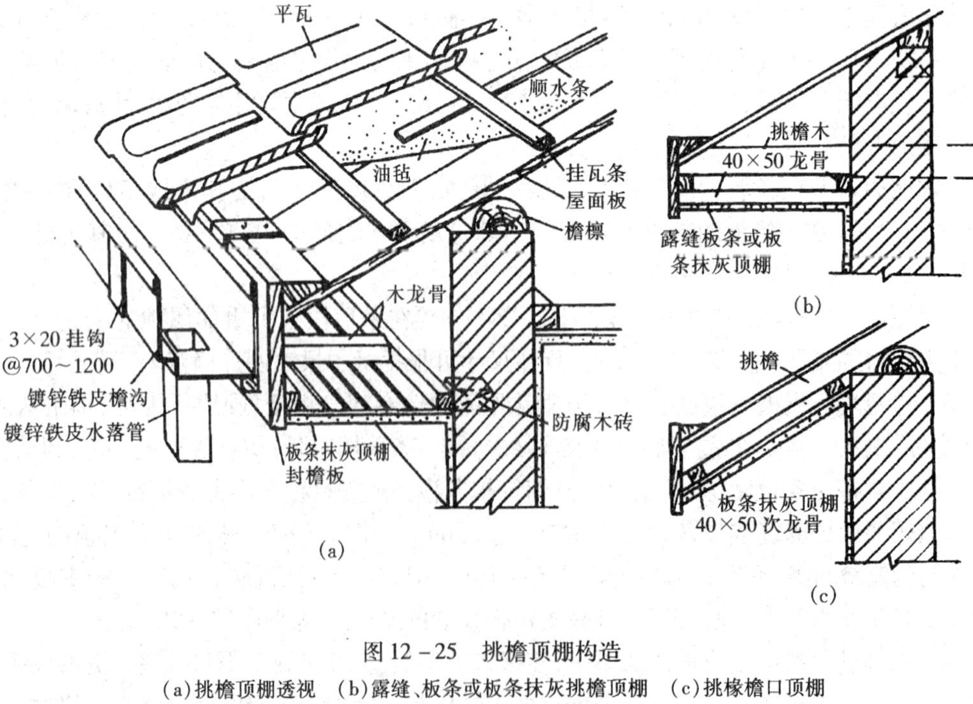

图 12－25　挑檐顶棚构造

(a)挑檐顶棚透视　(b)露缝、板条或板条抹灰挑檐顶棚　(c)挑椽檐口顶棚

(2)包檐檐口　包檐檐口是在檐口外墙上部用砖砌出屋檐的压檐墙(女儿墙)将檐口包住。在包檐内应很好地解决排水问题,一般均须做水平天沟式的檐沟,最常用的做法是用镀锌铁皮放在木底板上,铁皮天沟一边应伸入油毡层下,一边在靠墙处做泛水(图 12-26)。女儿墙高度不大的情况下,可把外墙缩小到半砖厚,檐沟做在墙出挑处,并在女儿墙上做混凝土压顶。

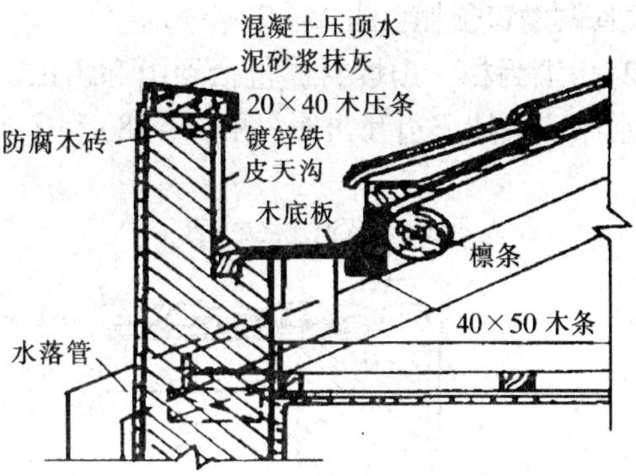

图 12-26　包檐檐口构造

包檐檐口很易损坏,铁皮须经常油漆防锈,木材也须防腐处理,保养不善将造成漏水。地震区女儿墙易坍落,故非特殊需要不宜采用。

2)山墙檐口

山墙檐口可分山墙挑檐和山墙封檐两种。

(1)山墙挑檐　山墙挑檐也称为山,一般用檩条出挑(图 12-27(a))。椽架式可另加挑檐木出挑,然后铺屋面板(图 12-27(b))。在檩条或挑椽木端头一般钉以封檐板,也称博风板。平瓦在山墙檐边须隔块锯成半块,用 1∶2水泥麻刀或其他纤维砂浆抹成高 8～10 mm,宽

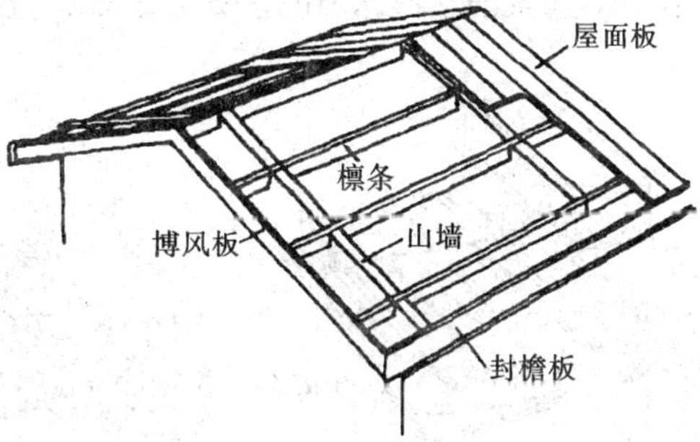

(a)

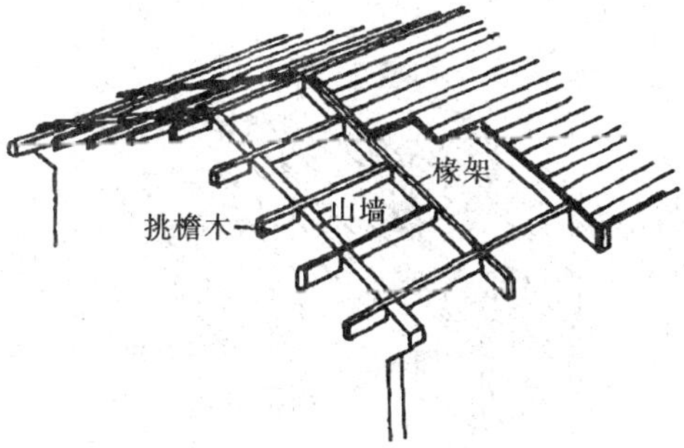

(b)

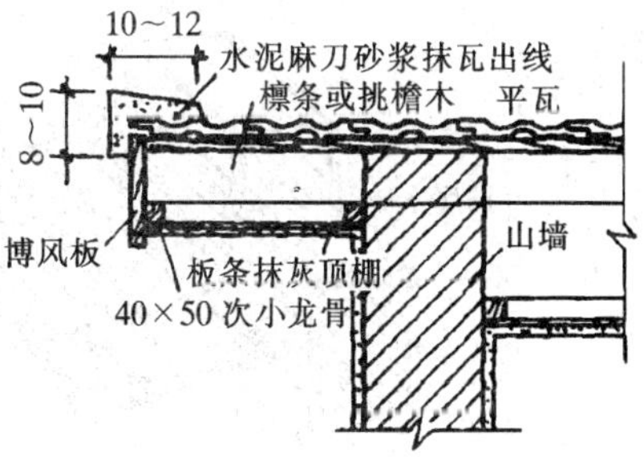

(c)

图 12-27　山墙挑檐构造

(a)檩条挑檐　(b)挑椽木挑檐　(c)山墙挑檐构造

10～12 mm 的转角封边,称“封山压边”或“瓦出线”。挑檐下也可和纵墙挑檐一样在檩条下钉顶棚龙骨做檐口顶棚(图 12－27(c))。

(2)山墙封檐　山墙封檐包括硬山和出山。硬山做法是屋面和山墙齐平,或挑出一二皮砖,用水泥砂浆抹压边瓦出线(图 12－28)。

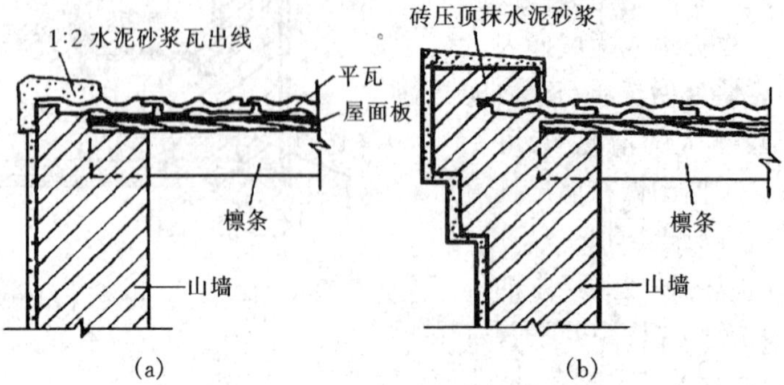

图 12－28　硬山封檐构造

(a)抹瓦出线封檐　(b)挑砖压顶封檐(也可改压顶成抹瓦出线)

出山做法是将山墙砌出屋面,高达 500 mm 者可作封火墙。在山墙与屋面交界处的泛水,是容易漏水的关键地方,最常见的构造有挑砖砂浆抹灰泛水、坐浆铺瓦泛水及镀锌铁皮泛水三大类。

第一类挑砖抹灰泛水,较经济方便,但砂浆易开裂渗水,一般砂浆须加麻刀或其他纤维材料(图 12－29(a))。第二类坐浆铺瓦泛水,也是较为简便的,各地形式不一,瓦要用砂浆砌牢

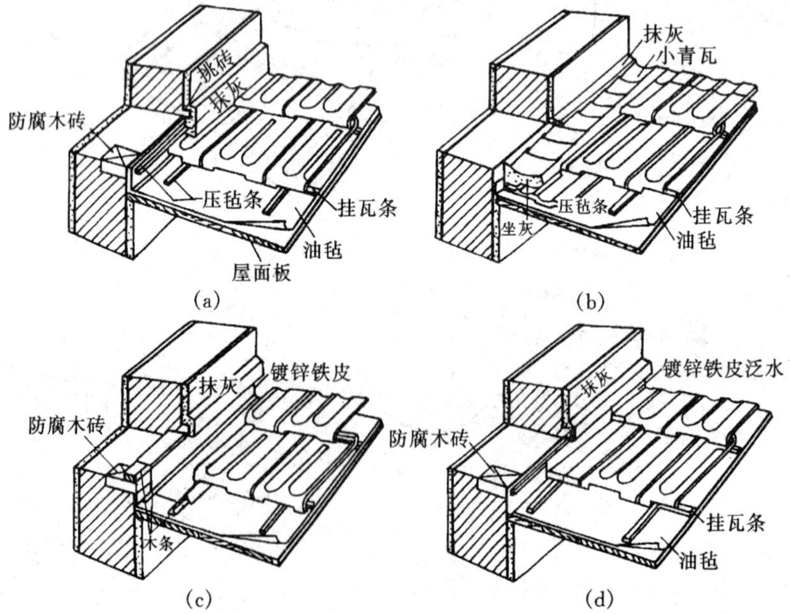

图 12－29　山墙泛水构造

(a)挑砖抹灰泛水　(b)小青瓦坐灰泛水

(c)统长镀锌铁皮泛水　(d)镀锌铁皮踏步泛水

(图 12－29(b))。第三类镀锌铁皮泛水,造价较贵,铁皮要有油漆保护。这类泛水又可分为统长泛水和踏步泛水。统长泛水一边要压在瓦底,一边要钉在沿墙挑砖下的木条上,再用砂浆封住(图 12－29(c))。踏步泛水用铁皮如踏步形一层层盖在瓦上,靠墙一边有两种做法:一种是踏步水平砌入墙内用砂浆压住;另一种是一块一块沿屋面坡度钉在嵌入墙内的木条上,用砂浆封住(图 12－29(d))。

3)斜天沟

斜天沟一般用半张(450 mm)宽的镀锌铁皮制成,两边包钉在木条上,木条高度要使瓦片搁在上面时,瓦片与其他瓦面平行,同时还可防止溢水。在斜沟两侧铺在屋面板上的油毡最好要包到木条上,否则在铁皮斜向的下面,要附加一层油毡。斜沟两侧的瓦片要锯成一条与斜沟平行的直线,挑出木条 40 mm 以上(图 12－30(a))。亦有用弧形瓦或缸瓦作斜天沟,但应注意搭接处要用麻刀灰浆砌实(图 12－30(b))。

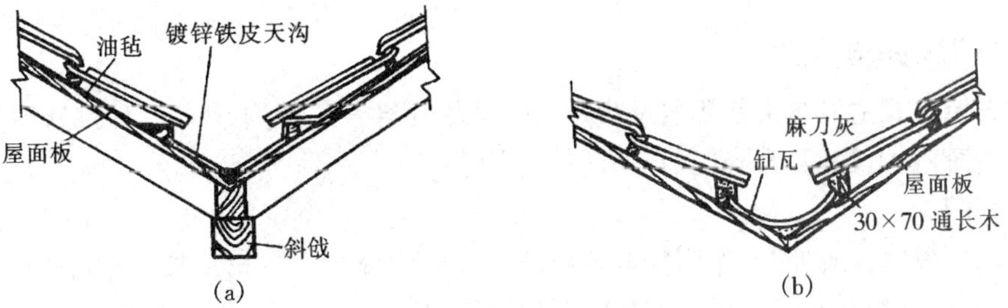

图 12－30　斜天沟构造

(a)镀锌铁皮斜天沟　(b)缸瓦斜天沟

第13章 门 窗

门和窗是房屋建筑中的两个围护部件。门的主要功能是供交通出入,分隔、联系建筑空间,有时也兼起通风和采光作用。窗的主要功能是采光、通风、观察和递物。在不同使用条件要求下,门窗还应具有保温、隔热、隔声、防水、防火、防尘及防盗等功能。此外,门窗的大小、比例尺度、位置、数量、材料、造型、排列组合方式对建筑物的造型和装修效果都有很大的影响。

13.1 门窗的类型及尺寸

13.1.1 门的开启方式

门的开启方式主要是由使用要求决定。通常的开启方式有:平开门、弹簧门、推拉门、折叠门、转门、卷帘门、上翻门、升降门、自动门等(图13-1)。

1. 平开门

平开门可以内开或外开,作为安全疏散门时一般应外开。在寒冷地区,为满足保温要求,可以做成内、外开的双开门。需要安装纱门的建筑,纱门与玻璃门为内外开。

2. 弹簧门

弹簧门可分为单面弹簧门、双面弹簧门和地弹簧门。这种门主要用于人出入频繁或要求自动关闭的地方,但托儿所、幼儿园等儿童经常出入的门,不可采用弹簧门,以免碰伤小孩。

3. 推拉门

这种门的门扇在轨道上左右水平或上下滑行,特点是开启不占室内空间,但封闭不严。电梯门多用推拉门。

4. 折门

折门又称折叠门。门关闭时,几个门扇靠拢在一起,可以少占有效面积。

5. 转门

这种门是3至4扇门组合在中部的垂直轴上,作水平旋转,其特点是对隔绝室内外气流有一定作用,但构造复杂,造价昂贵,多见于标准较高的、设有集中空调或采暖的公共建筑的外门。

6. 卷帘门

门扇由一片片的连锁金属片条或木板组成,帘板两端放在门两边的滑槽内,开启时由门洞上部的卷动辊轴将门扇页片卷起,可用电动或人力操作。卷帘门多用于商店橱窗或商店出入口外侧的封闭门。

13.1.2 门的组成与尺度

门主要由门框、门扇、亮子和五金零件等部分组成(图13-2)。

门扇通常有玻璃门、镶板门、夹板门、百叶门和纱门等。亮子又称腰头窗,在门的上方,供通风和辅助采光用,有固定、平开及上、中、下旋等方式。门框是门扇及亮子与墙洞的连系构

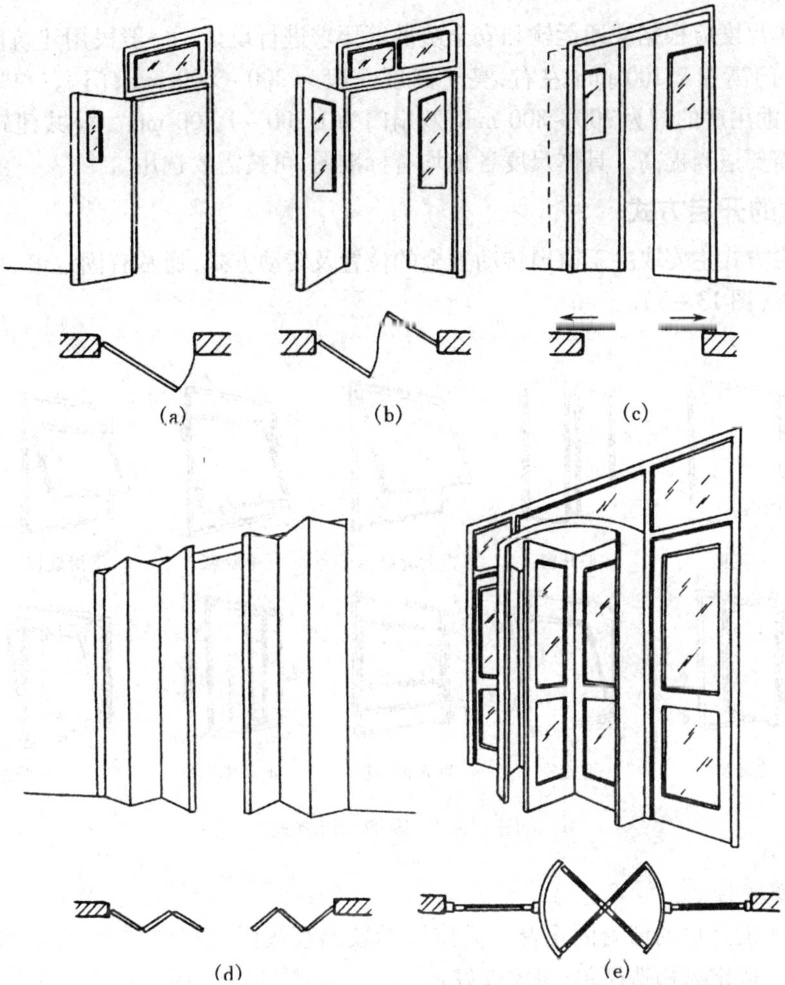

图 13－1　门的开启方式

(a)平开门　(b)弹簧门　(c)推拉门　(d)折叠门　(e)转门

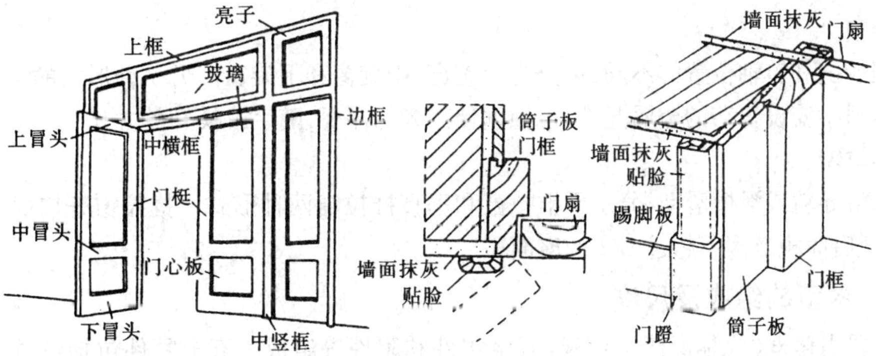

图 13－2　门的构造

件，有时还有贴脸或筒子板等装修构件。五金零件多种多样，通常有铰链、门锁、插销、风钩、拉手、停门器等。

门的基本尺度应根据交通运输和安全疏散等要求进行设计。一般民用建筑供人们日常活动进出的门,门高在 2 100 mm 左右;亮子高度一般为 300 ~ 600 mm;门宽:单扇门为 900 ~ 1 000 mm,辅助用房的门为 700 ~ 800 mm,双扇门为 1 200 ~ 1 800 mm。公共建筑和工业建筑的门可根据需要适当提高。具体尺度各地均有标准图,可按需要选用。

13.1.3 窗的开启方式

窗的开启方式主要取决于窗扇转动五金的位置及转动方式,通常有固定窗、平开窗、旋窗、推拉窗等几种(图 13 - 3)。

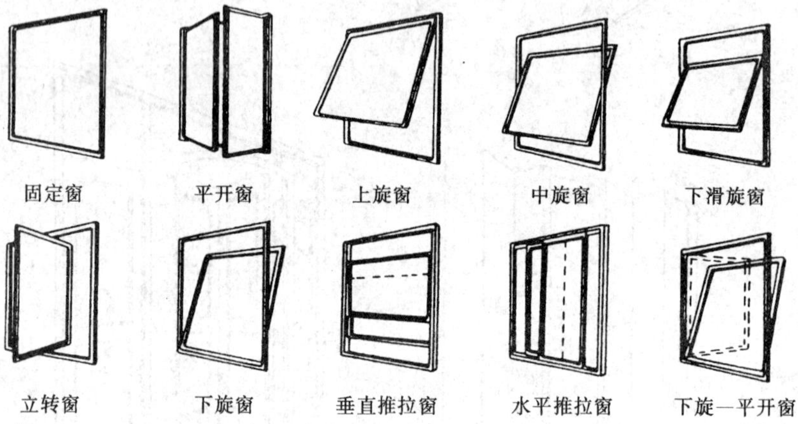

图 13 - 3 窗的开启方式

1. 固定窗

无窗扇、不能开启的窗为固定窗。固定窗的玻璃直接嵌固在窗框上,可供采光和眺望之用,不能通风。固定窗构造简单,密闭性好。

2. 平开窗

窗扇用铰链固定在窗框侧面,向内或向外水平开启。平开窗通风面积较大,构造简单,开关、制作和安装方便,应用最为广泛。

3. 旋窗

根据铰链和转轴位置的不同,可分为上旋窗、中旋窗和下旋窗。另一种形式的下滑旋窗是在窗口边框中安设复杂的金属配件,可根据使用者的需要,随手改换开关方式。

4. 推拉窗

窗扇沿导轨或滑槽滑动,分水平推拉窗和垂直推拉窗两种形式。推拉窗开启时不占用空间,但可开启面积最大不超过 1/2 的窗面积。

13.1.4 木窗的组成及尺度

窗主要由窗框(或称窗樘)、窗扇、五金零件和附件等组成。五金零件包括铰链、插销、窗钩、拉手、铁三角等。附件包括压缝条、贴脸板、披水条、筒子板、窗台板、窗帘盒。木窗的组成见图 13 - 4。

窗的尺度一般根据采光通风要求、结构构造要求和建筑造型等因素决定,同时应符合模数制要求。

从构造上讲，一般平开窗的窗扇宽度为400～600 mm，高度为800～1 500 mm，腰头上的气窗高度为300～600 mm，固定窗和推拉窗尺度可大些。目前我国各地标准窗基本尺度多以300 mm为扩大模数，有些地区尚有插入300 mm的一半为模数或习惯尺寸的，使用时可按标准图予以选用。

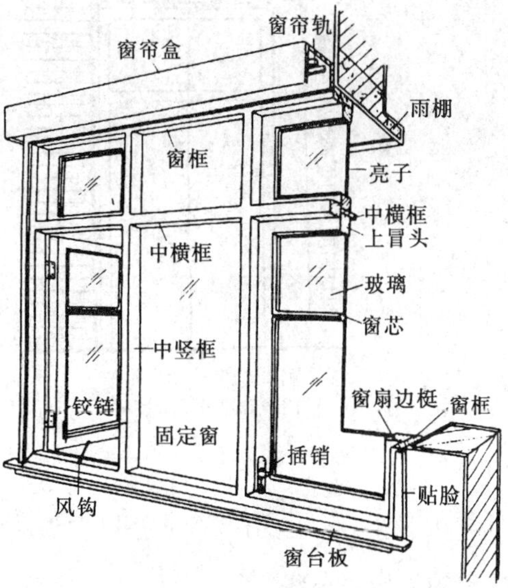

图13－4　木窗的组成

13.2　木门窗的构造

木门窗制作简单、灵活多变，适于手工加工，是广泛采用的传统形式。普通木门窗多采用变形较少的松木和杉木，较考究的木门窗多用硬木，所用木料需经干燥处理，以防变形。为节约木材，一般不应采用木材作外窗。

13.2.1　平开门构造

1. 门框

门框又称门樘，一般由上框和两根竖直边框组成。有亮子的门还有中横框。多扇门还有中竖框(图13－2)。外门及特种需要的门有些还有下框，可作防风、隔尘、挡水以及保温、隔声之用。

门框的安装有立口和塞口两种(图13－5)。塞口又称塞樘子，是在墙砌好后再安装门框。采用此法，洞口的宽度应比门框大20～30 mm，高度比门框大10～20 mm。门洞两侧砖墙上每隔500～600 mm预埋木砖或预留缺口，以便用圆钉或水泥砂浆将门框固定。框与墙之间的缝隙需用沥青麻丝嵌填。立口又称立樘子，砌墙前用支撑先立门框然后砌墙。框与墙的结合紧密，但是，立门框与砌墙工序交叉，施工不便。

门框在墙中的位置，可在墙的中间或与墙的一边平，一般都做在开门方向的一边，与抹灰面齐平，这样门开启的角度较大。门框四周的抹灰极易开裂脱落，因此在门框与墙结合处做贴脸板和木压条盖缝。装修标准较高的建筑，还可在门洞两侧和上方设筒子板(图13－2)。

2. 门扇

1)镶板门、玻璃门、纱门和百叶门

图13－6是最常见的几种门扇，主要骨架由上下冒头和两根边梃组成框子，有时中间还有一条或几条横冒头或一条竖向中梃，在其中镶装门心板、玻璃、纱或百叶板，组成各种门扇。

门扇边框内安装门心板者一般称为镶板门。门心板一般采用10～12 mm厚的木板拼成，也可采用胶合板、硬质纤维板、塑料板、玻璃和塑料纱等。当采用玻璃时，即为玻璃门，可以是半玻门或全玻门。门心板为百叶时为百叶门，门心板换为塑料纱(或铁纱)即为纱门。由于纱

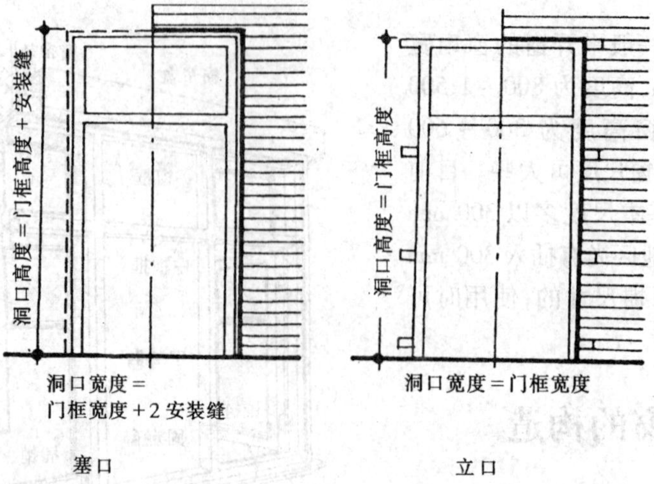

图 13－5 门的安装方法

门轻，门扇的骨架可小些。

玻璃、门心板及百叶可以根据需要组合。

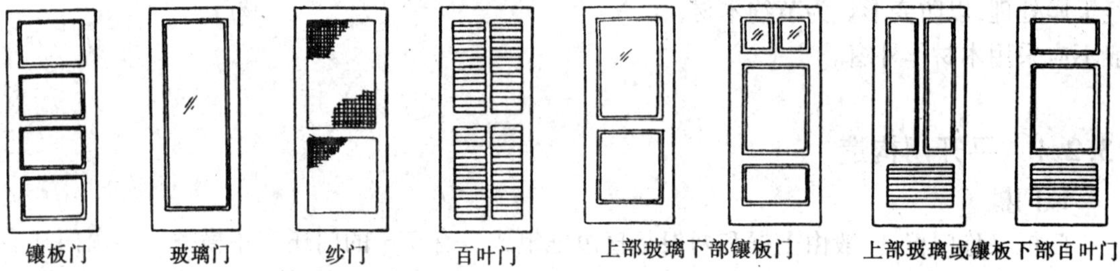

图 13－6 镶板门、玻璃门、纱门和百叶门的立面形式

2）夹板门

夹板门是中间为轻型骨架，双面贴薄板的门。骨架一般用厚 32～35 mm，宽 34～60 mm 木料做木框，内为格形纵横肋条，肋的宽同框料，厚为 10～15 mm（视肋距而定），肋距在 200～400 mm 之间，装锁处须另加附加木。骨架的形式可见图 13－7。

夹板门的面板一般为胶合板、硬质纤维板或塑料板，用胶结材料胶结。根据使用功能上的需要，夹板门也可加做局部玻璃或百叶。

夹板门用料省、自重轻、外形简洁，便于工业化生产，广泛适用于房屋的内门，作为外门则须注意采用防水的面板及胶合材料。

13.2.2 弹簧门构造

单面弹簧门用单面弹簧，双面弹簧门可用双面弹簧和地弹簧（图 13－8）。单面弹簧门为单扇，常用于需要温度调节及要遮挡气味的房间（如厨房、厕所）以及用作纱门。双面弹簧门通常为双扇门，常用于公共建筑的过厅、走廊及人流较多的房间。为避免人流出入碰撞，一般门上需装玻璃。

弹簧门中特别是双面弹簧门进出频繁，需用硬木，其用料尺寸比一般镶板门稍大些；门扇

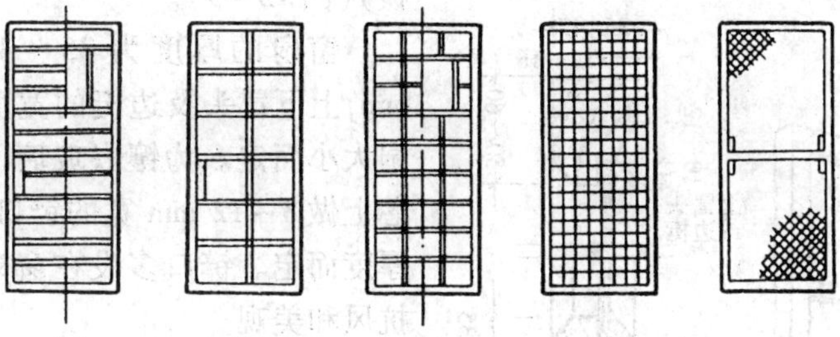

图13－7　夹板门骨架形式

(a)横向骨架　(b)双向骨架　(c)双向骨架

(d)密肋骨架　(e)蜂窝纸骨架

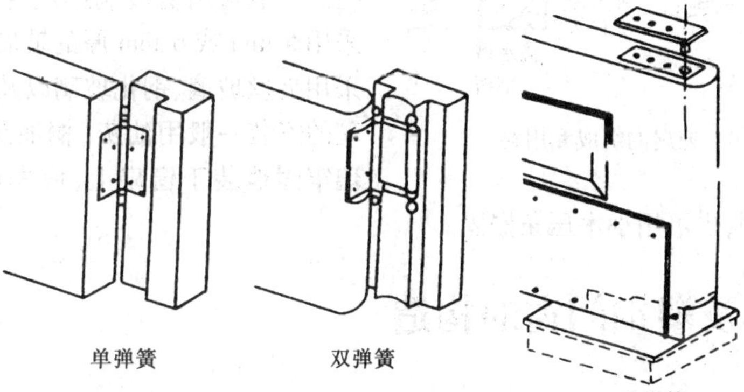

图13－8　门用弹簧形式

厚度为42～50 mm，上冒头及边框宽度为100～120 mm，下冒头宽为200～300 mm，中冒头视需要而定。为避免两扇门的碰撞而又不致有过大缝隙，通常上下冒头做平缝，边框做弧形断面，其弧面半径约为门厚的1～1.2倍。

13.2.3　平开窗的构造

1. 窗框

窗框由上框、下框、边框及中横框、中竖框组成(图13－9)。窗框断面尺寸约为50 mm×75～120 mm(宽度视窗扇宽度与层数而定)，窗框上设裁口，供安装窗扇。裁口深度为10 mm，宽度为窗扇厚度加2 mm。窗框临墙一侧应做出灰口，便于墙面抹灰时将灰浆嵌入，使接缝严密。中横框和中竖框因两面有裁口，并且横框常有披水，断面尺寸应相应增大。

窗框的安装与门框一样，分塞口与立口两种。塞口时洞口的高、宽尺寸应比窗框尺寸大10～20 mm。窗框在墙中的位置一般与墙内表面平，安装时框突出砖面20 mm，以便墙面粉刷后与抹灰面平。框与抹灰面交接处，应用贴脸搭盖，以阻止由于抹灰干缩形成缝隙后风透入室内，同时可增加美观。当窗框立于墙中时，应内设窗台板，外设窗台。窗框外表面与墙体外表面平齐时，靠室内一面设窗台板。窗台板可用木板，也可用预制水磨石板。

2. 窗扇

窗扇由上梃(上冒头)、下梃(下冒头)及边梃组成，有时为划分窗格还要设置窗芯(又叫窗

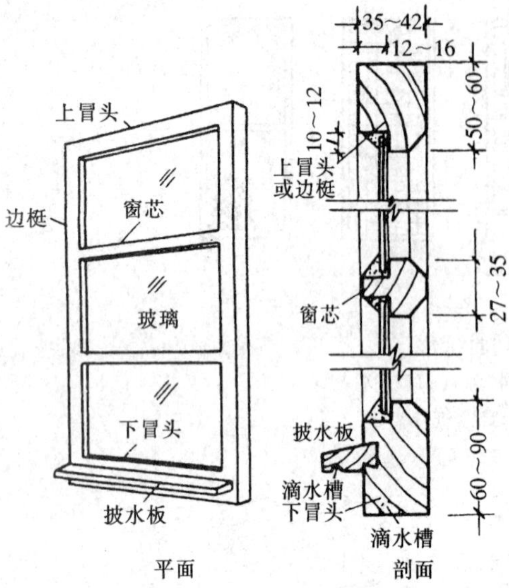

图 13－9　窗扇的组成和用料

梂)(图 13－9)。

窗扇的厚度为 35～42 mm,一般为 40 mm,上下冒头及边梃的宽度视木料材质和窗扇大小而定。为镶嵌玻璃,在冒头、边梃和窗芯上做 8～12 mm 宽的铲口,铲口深度视玻璃厚度而定。铲口多设在窗扇外侧,以利防水、抗风和美观。

大量民用建筑中采用平板玻璃,有时为遮挡视线,也可选用磨砂玻璃或压花玻璃。玻璃厚薄的选用与窗扇分格的大小有关。单块面积小的,可选用薄的;面积大的,玻璃厚度应厚些。一般常用窗玻璃厚度为 3 mm,大面积可采用 5 mm 或 6 mm 厚的玻璃。为了安全还可采用夹丝玻璃、钢化玻璃以及有机玻璃等。玻璃的安装一般用油灰(桐油灰)嵌固。为使玻璃牢固地装于窗扇上,应先用小钉将玻璃卡牢,再用油灰嵌固,也可用小木压条嵌固。

13.3　金属及塑钢门窗的构造

13.3.1　钢门窗

1. 钢门窗特点

钢门窗具有强度、刚度大,耐久、耐火性能好,透光系数大,便于工厂化、标准化生产等特点。但钢门窗易受酸碱和有害气体的腐蚀。涂色镀锌钢板(简称彩钢板)门窗较普通钢门窗具有较好的防腐能力和密封性能。

由于钢门窗可以节约材料,并适用于较大面积的门窗洞口,在建筑中的应用广泛。

2. 钢门窗的种类

钢门窗有实腹、空腹等。常用的实腹型钢门窗有 32 mm 和 40 mm 两种系列。空腹型钢门窗有 25 mm 和 32 mm 的断面。

由建设部等四部委联合下发的文件《关于在住宅建设中淘汰落后产品的通知》中规定:自 2000 年 12 月起,在大中城市新建住宅中,禁止使用不符合建筑节能的 32 系列实腹钢窗和 25 系列、32 系列空腹钢窗。

为了适应不同尺寸门窗洞的需要,便于门窗的组合和运输,钢门窗都以标准化的系列门窗规格作为基本单元。为了避免基本钢门窗产生过大变形而影响使用,每扇窗的高宽不宜过大。当钢门窗的高宽超过基本钢门窗的尺寸时,用拼料将门窗组合起来,形成组合式钢门窗。拼料起横梁和立柱的作用,承受门窗的水平荷载。

3. 钢门窗的安装

钢门窗的安装采用塞樘子方式。一般普通钢门窗与墙、梁、柱的连接采用铆、焊两种方式。通常在钢门窗四周每隔 500～700 mm 装一燕尾形铁脚,一端用螺钉与门窗框拧紧,另一端用水泥砂浆埋固在预先凿好的墙洞内，或用预埋件将Z形铁脚焊接(图13－10)。当外墙采用空心砖或多孔砖砌筑时，沿洞口两侧墙中的适当部位，局部改用预制混凝土块或实心砖砌入墙内，便于门窗框铁脚或膨胀螺栓等固定。

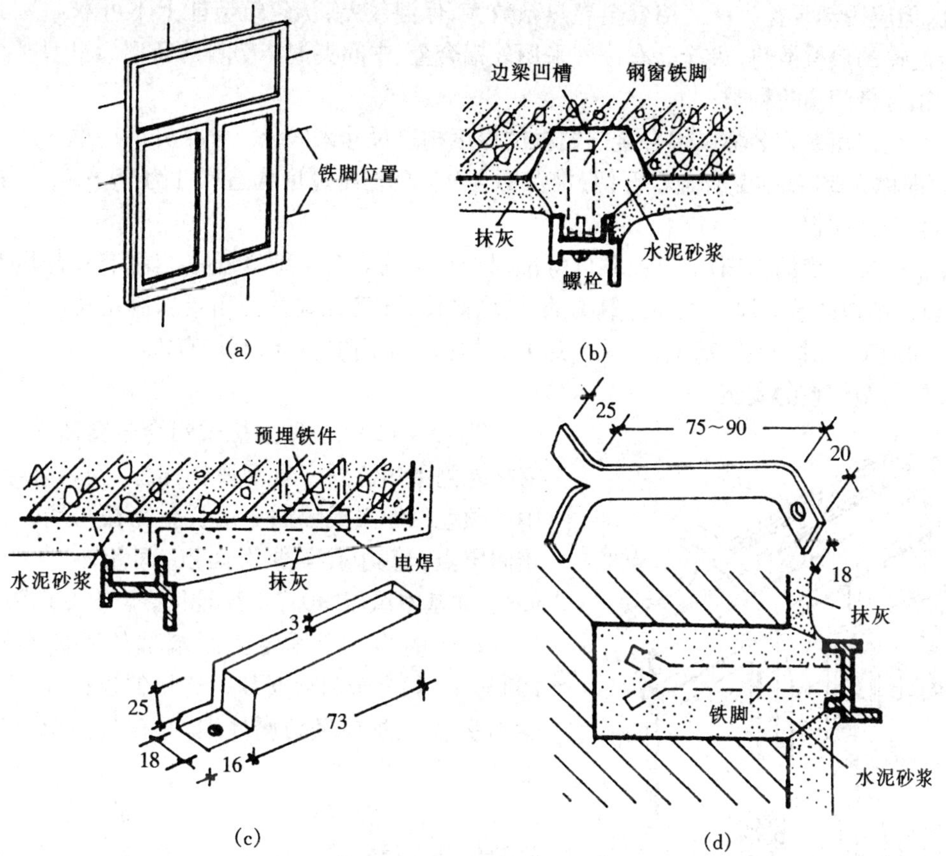

图13－10　钢窗铁脚安装节点构造

(a)钢窗铁脚位置　(b)过梁凹槽内安铁脚

(c)过梁预埋铁件电焊铁脚　(d)砖墙留(凿)洞，水泥砂浆嵌固铁脚

在钢门窗上安装玻璃，一般采用钢丝卡或钢夹将玻璃卡住，再嵌油灰加以封口(图13－11)。

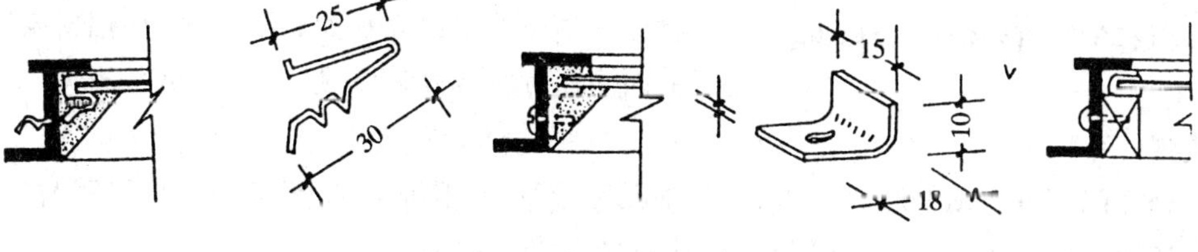

图13－11　钢门窗玻璃安装

13.3.2 铝合金门窗

1. 铝合金门窗特点

铝合金门窗具有关闭严密、轻质高强、耐水、美观、不锈蚀等优点，尽管造价较钢门窗和木门窗高，但应用却日益广泛。铝合金导热系数大，保温较差，从建筑节能上不可取。为了改善铝合金门窗的热桥散热，目前已有一种采用外铝合金、中间夹泡沫塑料的新型门窗型材。

2. 铝合金门窗的种类

铝合金门窗系列名称以铝合金门窗框的厚度构造尺寸来区分。如平开门门框厚度尺寸为 50 mm，即称为 50 系列铝合金平开门；推拉铝合金窗的窗框厚度构造尺寸为 90 mm，即称为 90 系列铝合金推拉窗。

在铝合金门窗的诸项标准中，强度标准对型材影响最大。我国幅员辽阔，自然环境差异很大，应根据各地的基本风荷载和建筑物的体型、高度、开启方式及使用要求制定相应的标准进行设计和加工。对于不同部位、不同开启方式的铝合金门窗，其壁厚均有规定。

3. 铝合金门窗的安装

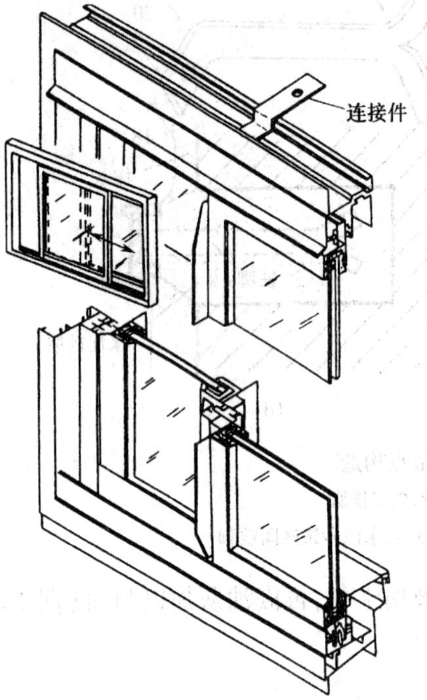

图 13－12　铝合金推拉窗构造图

图 13－12 为一种推拉式铝合金窗断面示意图，窗框外侧用螺钉固定着钢质锚固件，安装时与墙、柱中的预埋件焊接或锚固。铝合金门窗与墙体等的连接固定点，每边不得少于两点，间距不得大于 700 mm。在基本风压≥0.7 kPa 地区，不得大于 500 mm；边框端部的第一个固定点距端部的距离不得大于 200 mm。铝合金门窗安装所选用的连接件、固定件，除不锈钢外，均应经防腐处理，并在与铝型材接触面加设塑料或橡胶垫片。

铝合金门窗安装应采用预留洞的方法，预留间隙视墙体饰面材料总厚度而定，一般为 20～60 mm。四周缝内一般采用填塞矿棉条、玻璃棉毡条或现场发泡聚氨脂（即弹性接缝）；缝隙外表面留出 5～8 mm 深的槽口，填嵌防水密封胶，使窗的气密性、水密性和隔声性能得以保证。铝合金门窗安装节点及缝隙处理见图 13－13。

铝门窗框与墙体间隙塞填时，不得损坏铝门窗防腐面。当塞缝材料为水泥砂浆时，可在铝材与砂浆接触面涂沥青胶或满贴厚度大于 1 mm 的三元乙丙橡胶软质胶带。

铝合金门窗进行横向和竖向组合时，应采取套插、搭接形成曲面组合，以保证门窗的安装质量。搭接长度宜为 10 mm，并用密封膏密封（图 13－14）。

13.3.3 塑料门窗

1. 塑料门窗特点

塑料门窗的材料主要分硬质聚氯乙烯（UPVC）和聚氯乙烯钙塑两类。硬质聚氯乙烯型材

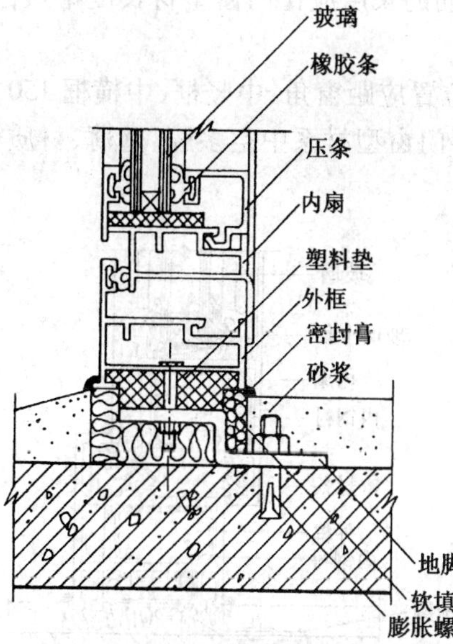

图13－13　铝合金门窗安装节点及缝隙处理示意图

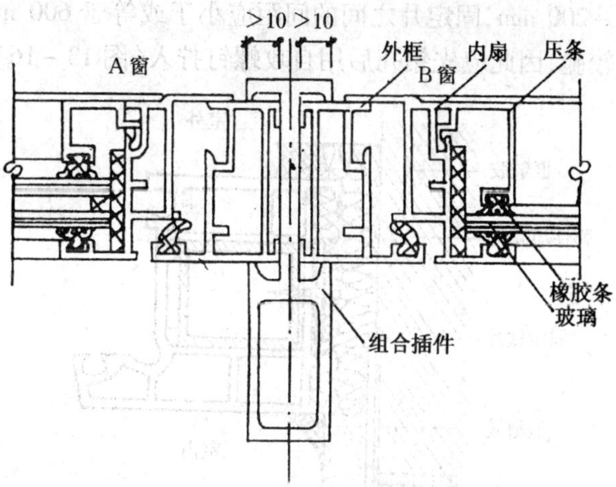

图13－14　铝合金门窗组装示意图

门窗由于不含碳酸钙,其强度和老化性能较聚氯乙烯钙塑要好得多。它具有良好的隔热、隔声、节能、气密、水密、绝缘、耐久和耐腐蚀等性能,适用于各种类型的建筑。

2. 塑钢门窗的构造

通常所说的塑钢门窗是指在塑料型材的竖框、中横框或拼樘料等主要受力杆件中加入钢、铝等增强型材,使其刚度更好,质量更轻(图13－15)。当在安装五金配件时,宜在相应位置的

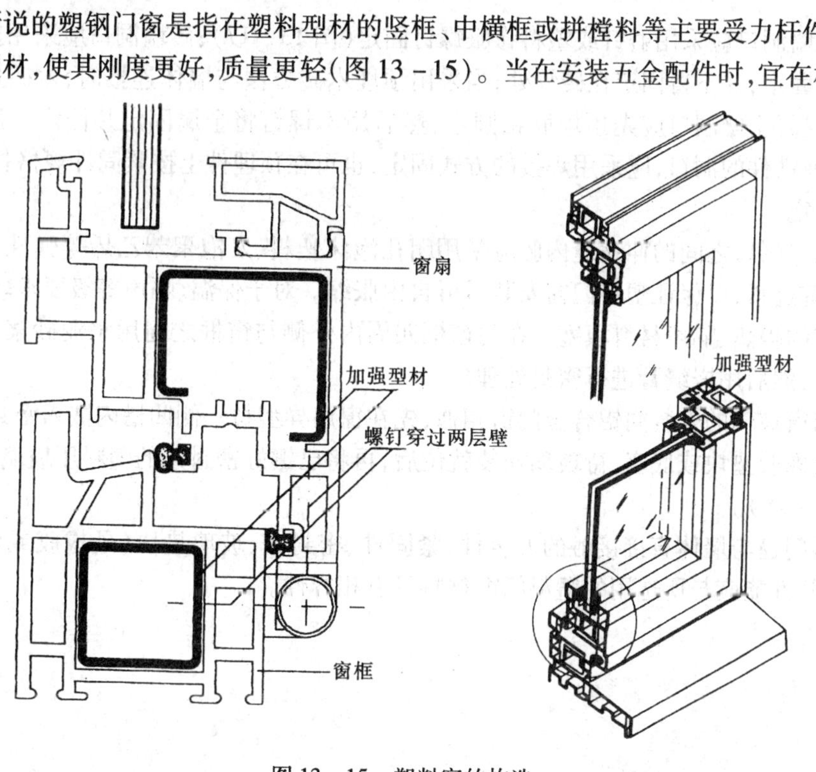

图13－15　塑料窗的构造

塑料门窗型材内增设 3 mm 厚的金属衬板。型材内衬加强筋的长度应比门窗型材长度略短，以不妨碍门窗型材端部的连接。

塑料门窗与墙体的固定应采用金属固定片，固定片的位置应距窗角、中竖框、中横框 150 ~200 mm，固定片之间的间距应小于或等于 600 mm。塑料门窗型材系中空多腔、壁薄、材质较脆，因此应先钻孔后用自攻螺钉拧入（图 13－16）。

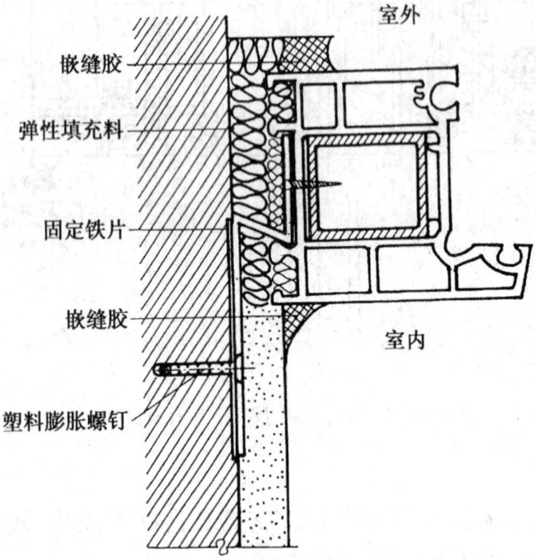

图 13－16　塑料门窗与墙体连接

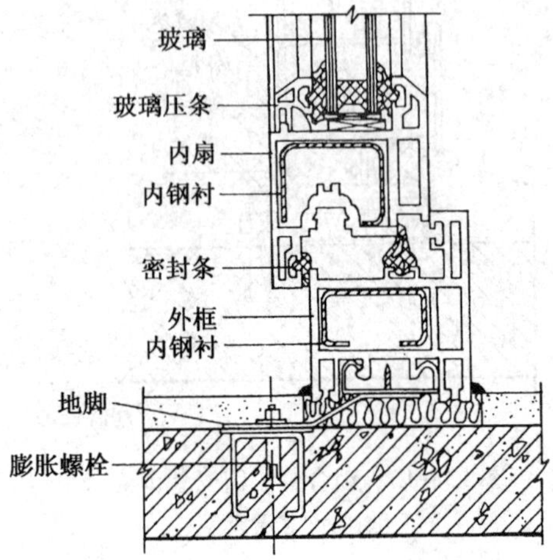

图 13－17　塑料门窗与窗台连接

混凝土墙洞口应采用射钉或塑料膨胀螺钉固定（图 13－17）；砖墙洞口应采用塑料膨胀螺钉或水泥钉固定，并不得固定在砖缝处；当采用预埋木砖方法与墙体连接时，木砖应进行防腐处理；加气混凝土墙洞口应先预埋胶粘圆木，然后用木螺钉将金属固定片固定于胶粘圆木之上；设有预埋铁件的洞口，应采用焊接的方式固定，也可在预埋件上按紧固件规格打基孔，然后用紧固件固定。

门窗框与洞口之间的伸缩缝内腔应采用闭孔泡沫塑料、发泡聚苯乙烯等弹性材料分层填塞，填塞不宜过紧，以保证塑料门窗安装后可自由胀缩。对于保温、隔声等级要求较高的工程，应采用相应的隔热、隔声材料填塞。在门窗框四周内外侧与窗框之间用水泥砂浆或麻刀白灰浆填实抹平，然后用嵌缝膏进行密封处理。

塑料门窗玻璃的安装同铝合金门窗相似，先在窗扇异型材一侧凹槽内嵌入密封条，并在玻璃四周安放橡胶垫块或底座，待玻璃安装就位后，再将已镶好密封条的塑料压玻璃条嵌装固定压紧（图 13－18）。

对塑料门窗与墙体直接接触的五金件、紧固件、密封条、玻璃垫块（硬橡胶或塑料）、嵌缝膏等材料，其性能应与所选用的塑料门窗材料具有相容性。

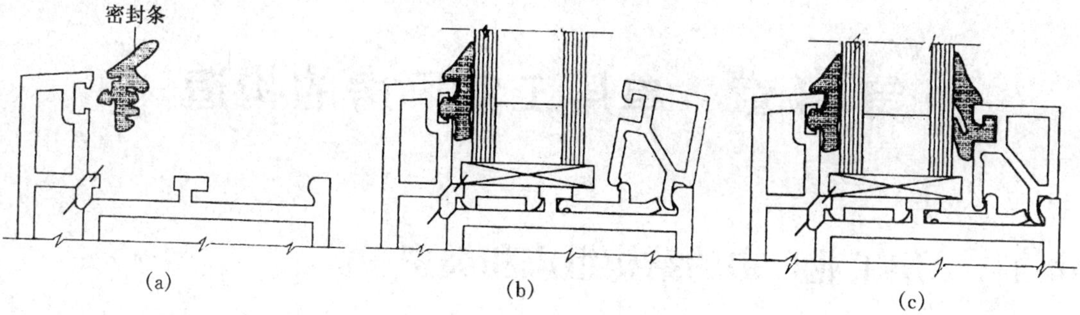

图 13-18 塑料窗玻璃安装示意
(a) 嵌入密封条 (b)放中空玻璃
(c)将嵌入密封条的压玻璃条卡入窗扇异型材的凹槽内

13.4 特种门窗的构造

13.4.1 防火门窗

在多高层建筑中为避免在发生火灾时火势蔓延,必须设置一定数量的防火门。防火门分为甲、乙、丙三级。其耐火极限甲级应为1～2 h,乙级应为0.9 h,丙级应为0.6 h,应根据设计要求选用。根据开启方式,防火门可分为一般防火门和自动防火门两种。

一般防火门包括平开式和推拉式两种。平开式防火门多用于民用建筑。推拉式防火门多用于工厂、仓库。一般防火门的门扇可以采用钢板、木板外贴石棉板再包以镀锌铁皮或木板外直接包镀锌铁皮等构造措施,并在门扇上设泄气孔。防火门的开启方式必须面向易于人员疏散的地方。自动防火门常悬挂于倾斜的铁轨上,门旁设平衡锤,用钢缆将门拉开。钢缆另一端装置易熔性合金片。发生火灾时,易熔性合金片熔断后,门扇依靠自重沿铁轨滑下关闭。

防火窗一般应首选钢窗,用铅丝玻璃,以免玻璃破裂后掉下。其目的是防止火焰窜入室内,也防止火焰窜出窗外。防火窗也装置自动关闭设备,多用于仓库或有需要的民用建筑中。

13.4.2 保温门窗

对于处于严寒、寒冷地区建筑的门窗,以及冷库等特殊建筑的门窗,应该考虑安装使用保温门窗,以达到节能的目的。

保温门要求门扇具有一定的热阻值和门缝密闭处理,故常在门扇两层面板之间填以轻质、疏松的材料(如玻璃棉,矿棉等)。保温窗可通过采用中空玻璃、吸热玻璃或反射玻璃提高窗扇的保温性能。

13.4.3 隔声门窗

隔声门窗常用于室内允许噪声级较低的房间中,如播音室、录音室等。在其他需要保证一定的音质,或希望没有过多噪声干扰的房间,也常常使用隔声门窗,如办公室、会议室、医院的治疗室等。

隔声门窗的隔声效果与材料的表观密度、构件的构造形式、声波的频率等因素有关。隔声门常采用多层复合结构,即在两层面板之间填吸声材料如玻璃棉、玻璃纤维等。

第 14 章 单层工业厂房的构造

14.1 单层工业厂房的结构组成和类型

14.1.1 单层工业厂房结构组成

在厂房建筑中支承各种荷载作用的构件所组成的骨架,称为结构。厂房结构稳定、耐久是靠结构构件连接在一起,组成一个结构空间来保证的。装配式钢筋混凝土单层工业厂房结构主要是由横向排架和纵向联系构件以及支撑所组成,如图 14－1 所示。

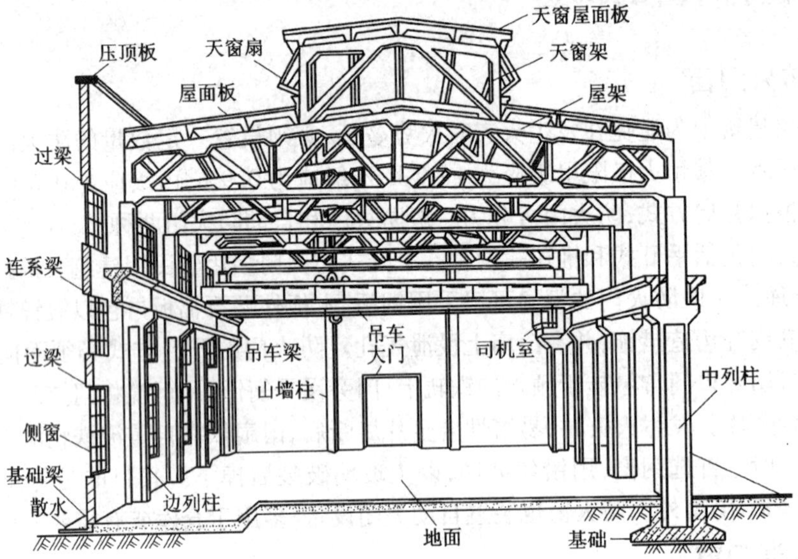

图 14－1 单层厂房的组成

横向排架包括屋架或屋面梁、柱和柱基础。横向排架的特点是把屋架或屋面梁视为刚度很大的横梁,它与柱的连接为铰接,柱与基础的连接为刚接。它的作用主要是承受屋盖、天窗、外墙及吊车梁等荷载作用。

纵向连系构件包括吊车梁、基础梁、连系梁、圈梁、大型屋面板等,这些构件的作用是连系横向排架并保证横向排架的稳定性,形成厂房的整个骨架结构系统,并将作用在山墙上的风力和吊车纵向制动力传给柱子。

支撑系统包括屋盖支撑和柱间支撑两大类。它的作用是保证厂房的整体性和稳定性。

单层厂房除骨架之外,还有外围护结构,包括厂房四周的外墙、抗风柱等,主要起围护或分隔作用。

14.1.2　单层工业厂房的结构类型

1. 按承重结构的材料分

单层厂房结构按其承重结构的材料分，有混合结构、钢筋混凝土结构和钢结构等类型。

混合结构是由墙或带壁柱墙承重，屋架用钢筋混凝土、钢木结构或轻钢结构，适用于吊车起重量小于 10 t、跨度 15 m 以内的小型厂房。大中型厂房多采用钢筋混凝土结构。

2. 按承重结构的形式分

单层厂房结构按其主要承重结构的形式分，有排架结构和刚架结构两种。

排架结构是单层厂房中应用比较普遍的结构形式。除用于一般单层厂房外，还用于跨度和高度均大，且有较大吨位的吊车或有较大震动荷载的大型厂房。

钢筋混凝土门式刚架的基本特点是柱和屋架（横梁）合并为同一个构件，柱与基础的连接多为铰接。它用于屋盖较轻的无桥式吊车或吊车吨位较小、跨度和高度亦不大的中小型厂房。

14.2　单层工业厂房定位轴线

14.2.1　柱网尺寸

在厂房中，为支承屋盖和吊车需设柱子，一般在纵横向定位轴线相交处设柱子。厂房柱子纵横向定位轴线在平面上形成有规律的网格称为柱网，如图 14 - 2 所示。

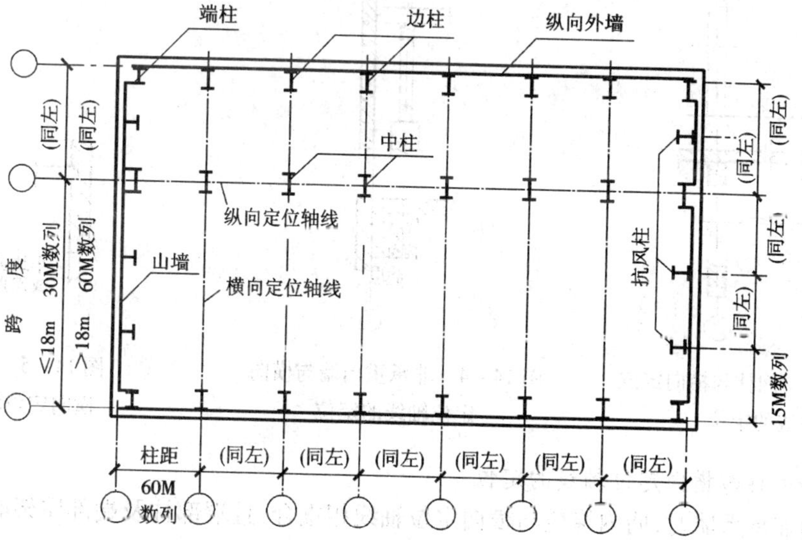

图 14 - 2　跨度和柱距示意图

1. 跨度

单层厂房中柱子纵向定位轴线间的距离称为跨度。

我国现行标准《厂房建筑模数协调标准》（GBJ6—86）规定，跨度在 18 m 以下时，应采用扩大模数 30M 数列，即 9、12、15、18 m；在 18 m 以上时应采用扩大模数 60M 数列，即 24、30、36 m 等。

2. **柱距**

单层厂房中横向定位轴线的距离称为柱距。

我国现行标准《厂房建筑模数协调标准》(GBJ6—86)规定,柱距应采用扩大模数60M数列,常用6 m柱距,有时也采用12 m柱距。

单层厂房山墙处的抗风柱柱距宜采用扩大模数15M数列,即4.5、6和7.5 m。

14.2.2 定位轴的定位方法

厂房的定位轴线分横向和纵向两种。与横向排架平面平行的称为横向定位轴线,与横向排架平面垂直的称为纵向定位轴线。

1. **横向定位轴线**

1)中间柱与横向定位轴线的定位

除山墙端部柱和横向变形缝两侧柱以外,厂房纵向柱列(包括中柱和边柱)中的中间柱的中心线应与横向定位轴线相重合,且横向定位轴线通过屋架中心线和屋面板、吊车梁等构件的横向接缝,如图14-3所示。

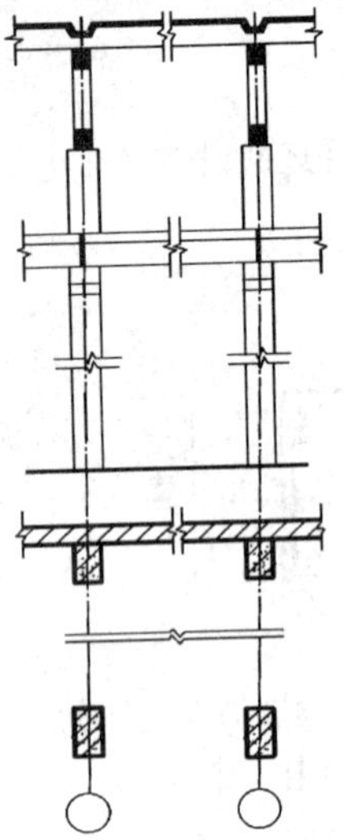

图14-3 中间柱与横向定位轴线的定位

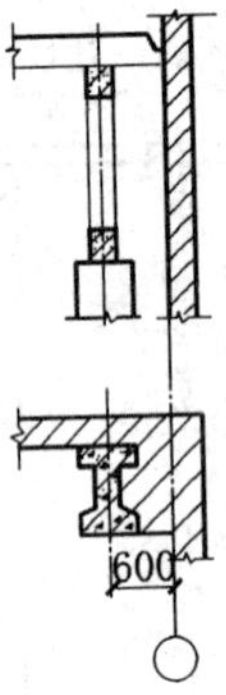

图14-4 非承重山墙与横向定位轴线的定位

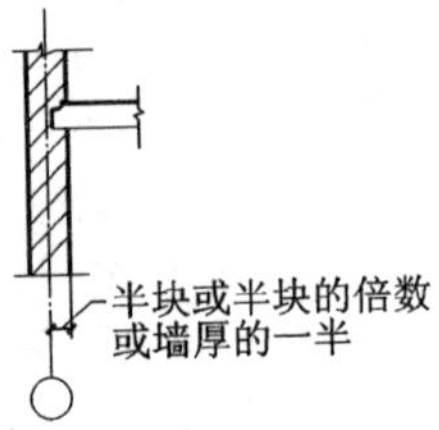

图14-5 承重山墙与横向定位轴线的定位

2)山墙处柱与横向定位轴线的定位

山墙为非承重墙时,墙内缘应与横向定位轴线相重合,且端部柱及端部屋架的中心线应自横向定位轴线向内移600 mm,如图14-4所示。

山墙为承重墙时,墙内缘与横向定位轴线间的距离应按砌体的块材类别分别为半块或半块的倍数或墙厚的一半,如图14-5所示。

3)横向变形缝处柱与横向定位轴线的定位

在横向伸缩缝或防震缝处,采用双柱及两条定位轴线。柱的中心线均应自定位轴线向两侧各移600 mm,如图14-6所示,两条横向定位轴线分别通过两侧屋面板、吊车梁等纵向构件的标志尺寸端部,两轴线间所需缝的宽度 a_e 应符合有关国家标准规定。

2. 纵向定位轴线

纵向定位轴线的定位都是按照屋架跨度的标志尺寸从其两端垂直引下来的。

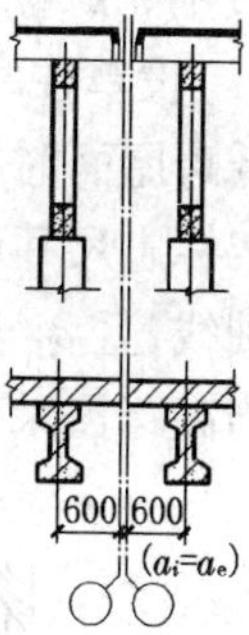

图 14－6　伸缩缝、防震缝处柱与横向定位轴线的定位

1）边柱与纵向定位轴线的定位

在有梁式或桥式吊车的厂房中，厂房跨度（L）与吊车跨度（S）两者关系（图 14－7）为

$$S = L - 2e$$

吊车轨道中心线至厂房纵向定位轴线间的距离 e 的确定与下列的因素有关：①上柱的截面高度 h；②吊车端部至轨道中心线的距离 B（即吊车的侧方宽度尺寸，其值可在《通用桥式起重机界限尺寸》中查得）。

2）等高跨中柱与纵向定位轴线的关系

当等高跨厂房没有设纵向伸缩缝时，中柱宜设单柱和一条纵向定位轴线，纵向定位轴线与上柱中心线相重合。当设插入距时中柱可采用单柱及两条纵向定位轴线，其插入距 a_i 应符合 3M 数列，即 300 mm 及其整数倍，柱中心线宜与插入距中心线相重合，如图 14－8 所示。

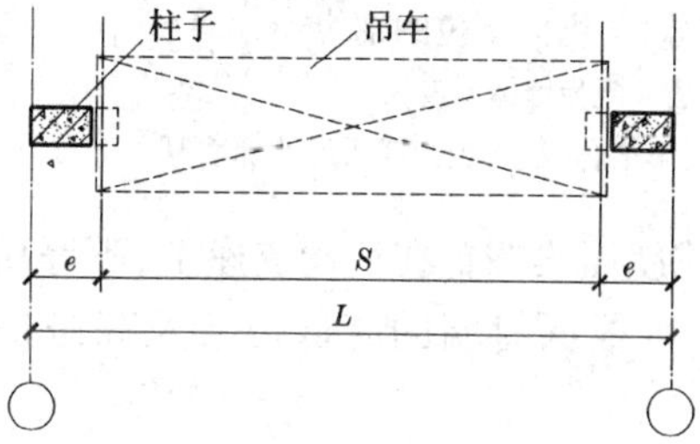

图 14－7　吊车跨度与厂房跨度的关系

L—厂房跨度　S—吊车跨度

e—吊车轨道中心线至厂房纵向定位轴线的距离

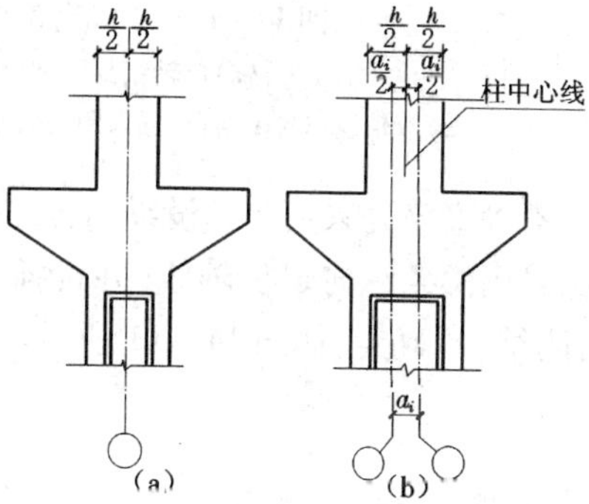

图 14－8　等高跨中柱单柱（无纵向伸缩缝）的纵向定位轴线

（a）封闭结合　（b）非封闭结合

当等高跨中柱设有纵向伸缩缝时，中柱可采用单柱并设两条纵向定位轴线，伸缩缝一侧的屋架应搁置在活动支座上，两条定位轴线间插入距 a_i 为伸缩缝的宽度 a_e，如图 14－9 所示。

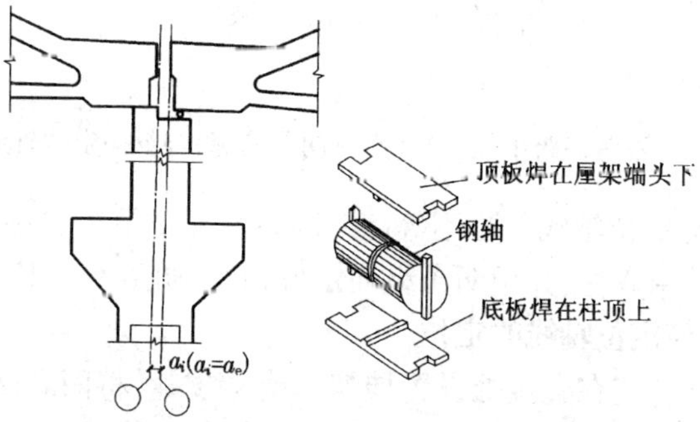

图 14－9　等高跨中柱单柱（有纵向伸缩缝）的纵向定位轴线

3)不等高跨中柱与纵向定位轴线的定位

(1)设单柱时的纵向定位轴线　不等高处采用单柱且高跨为“封闭结合”时,且封墙底面高于低跨屋面时,宜采用一条纵向定位轴线,即纵向定位轴线与高跨上柱外缘、封墙内缘及低跨屋架标志尺寸端部相重合,如图 14－10(a)所示;当封墙底面低于屋面时,应采用两条纵向定位轴线,且 $a_i=t$,如图 14－10(b)所示。

当高跨需采用“非封闭结合”时,应采用两条纵向定位轴线,如图 14－10(c)、(d)所示。

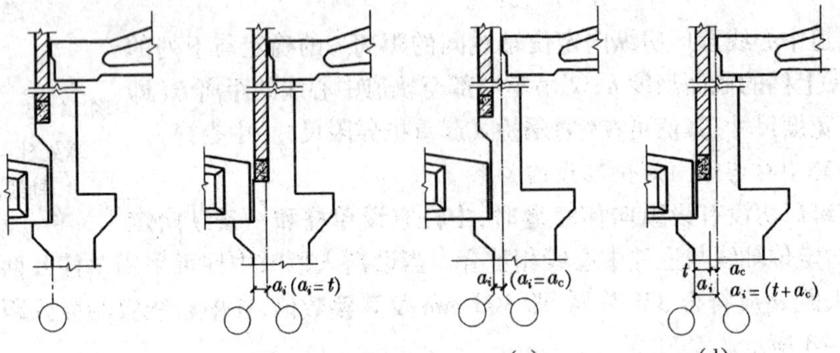

图 14－10　不等高跨中柱单柱(无纵向伸缩缝)与纵向定位的轴线

(a)单轴线封闭结合　(b)双轴线封闭结合(插入距为墙体厚度)

(c)双轴线非封闭结合(插入距为联系尺寸)　(d)双轴线非封闭结合(插入距为联系尺寸加墙厚)

不等高跨处采用单柱设纵向伸缩缝时,低跨的屋面或屋面梁搁置在活动支座上,不等高跨处应采用两条纵向定位轴线,并设插入距。其插入距 a_i 可根据封墙的高低位置及高跨是否“封闭结合”确定,如图 14－11 所示。

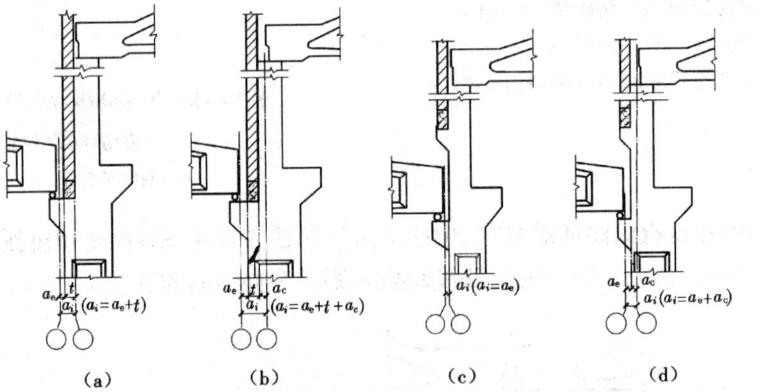

图 14－11　不等高跨中柱单柱(有纵向伸缩缝)与纵向定位轴线的定位

(2)设双柱时的纵向定位轴线　当不等高跨高差悬殊或吊车起重量差异较大或需设防震缝时,常在不等高跨处采用双柱,并用两条纵向定位轴线,如图 14－12 所示。

3. 纵横跨相交处柱与定位轴线的定位

在有纵横跨的厂房中,应在交接处设置伸缩缝或防震缝,将两者断开,使纵横跨在结构上各自独立,因此需设双柱并采用各自的定位轴线。两轴线与柱的定位分别按山墙处柱横向定位轴线和边柱纵向定位轴线的定位方法,如图 14－13 所示。

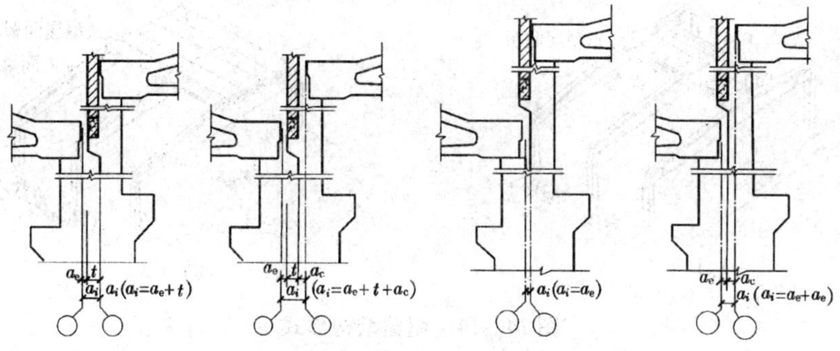

(a)　(b)　(c)　(d)

图 14 - 12　不等高跨设中柱双柱与纵向定位轴线的定位

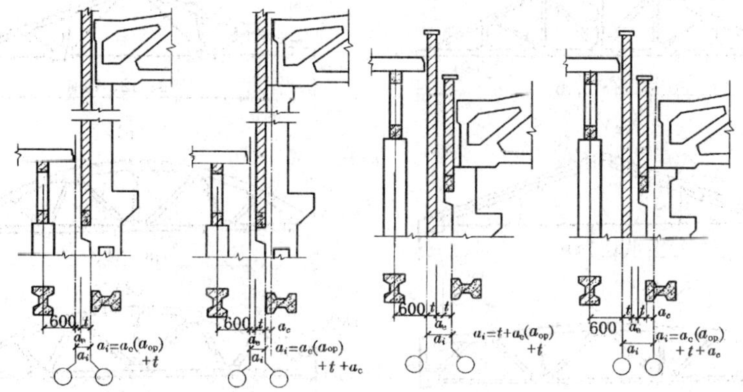

(a)　(b)　(c)　(d)

图 14 - 13　纵横跨相交处的定位轴线

(a)、(b)单墙方案　(c)、(d)双墙方案

14.3　单层工业厂房主要结构构件

14.3.1　屋盖结构

屋盖起围护和承重作用。它包括两部分:①覆盖构件,如屋面板或檩条、瓦等;②承重构件,如屋架或屋面梁。

屋盖结构形式大致可分为有檩体系和无檩体系两种,如图 14 - 14 所示。

1. 屋盖承重结构

1)屋架

屋架按其形式可分为三角形、拱形、梯形、折线形等。按制作材料分,有普通钢筋混凝土屋架和预应力钢筋混凝土屋架,如图 14 - 15 所示。

2)屋面梁

屋面梁也叫薄腹梁,有单坡和双坡两种,其截面形式有 T 形和工字形两种,如图 14 - 16 所示。

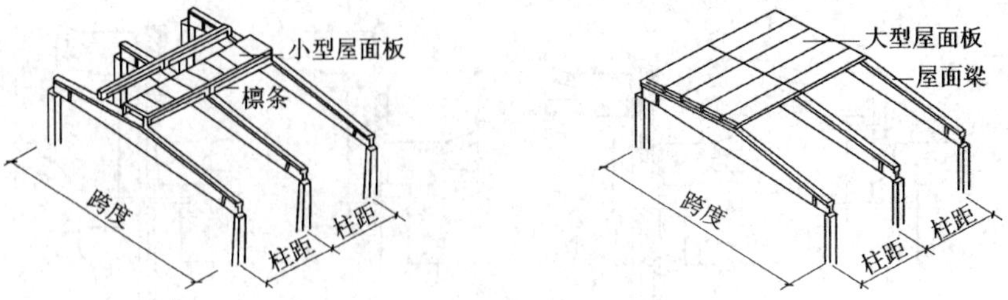

图 14-14 屋盖结构形式

(a)有檩体系 (b)无檩体系

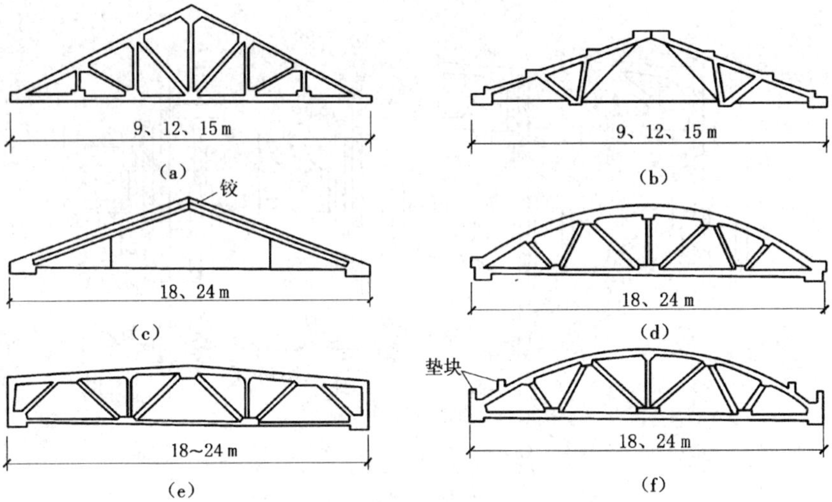

图 14-15 常见的钢筋混凝土屋架形式

(a)三角形 (b)组合式三角形 (c)预应力三角拱

(d)拱形 (e)预应力梯形 (f)折线形

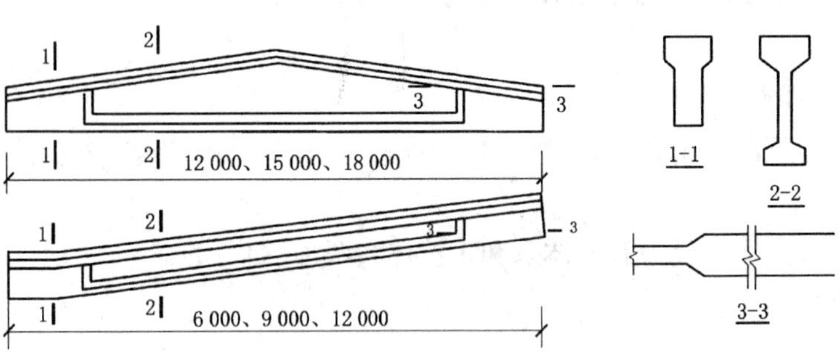

图 14-16 钢筋混凝土工字形屋面大梁

3)屋架与柱的连接

屋架与柱的连接有焊接和螺栓连接两种。焊接是在屋架或屋面梁端部支承部位的预埋件底部焊上一块垫板,待屋架就位校正后,与柱顶预埋钢板焊接牢固,如图 14-17(a)所示。螺栓连接是在柱顶伸出预埋螺栓,在屋架(或屋面梁)端部支承部位焊上带有缺口的支承钢板,就位校正后，用螺栓拧紧，如图 14－17(b)所示。

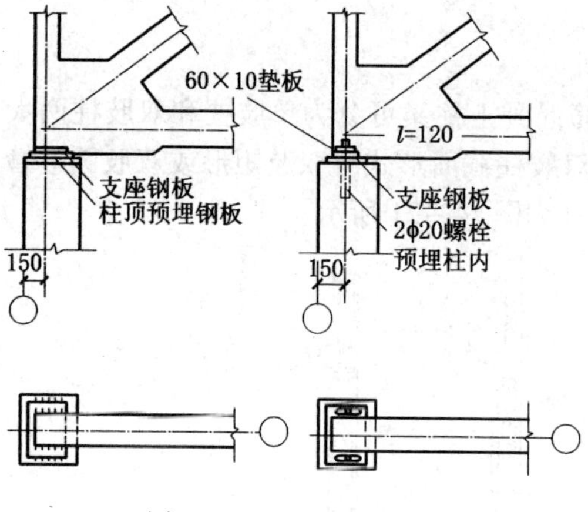

(a) (b)

图 14－17 屋架与柱的连接
(a)焊接方式 (b)螺栓连接方式

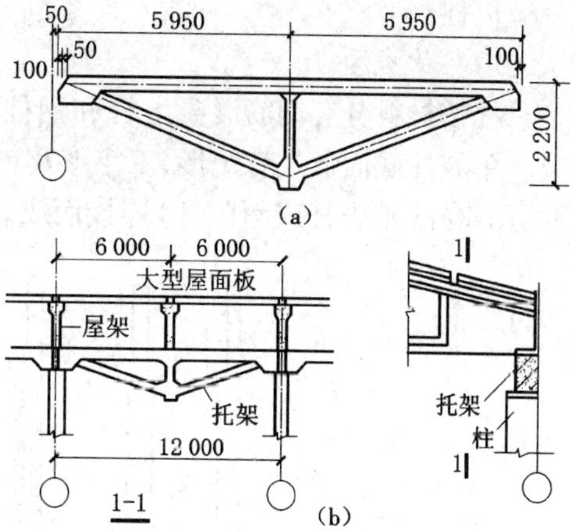

图 14－18 预应力钢筋混凝土托架
(a)托架 (b)托架布置

4）屋架托架

当厂房全部或局部柱距为 12 m、屋架间距仍保持 6 m 时，需在 12 m 柱距间设置托架来支承中间屋架，通过托架将屋架上的荷载传递给柱子，如图 14－18 所示。

2. 屋盖的覆盖构件

1）屋面板

在无檩体系中大型屋面板的常用标志尺寸为 1.5 m×6 m，为配合屋架尺寸和檐口做法还有嵌板、檐口板等，如图 14－19 所示。

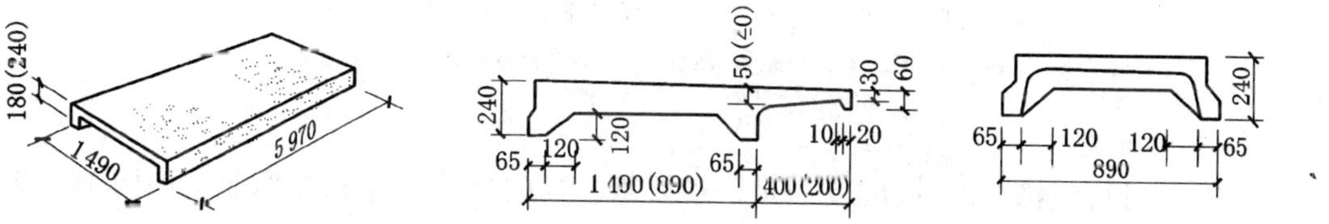

(a) (b) (c)

图 14－19 预应力钢筋混凝土屋面板、檐口板、嵌板
(a)屋面板 (b)檐口板 (c)嵌板

2）檩条与小型屋面板或槽瓦

在有檩体系屋面中，檩条支承槽瓦或小型屋面板，并将屋面荷载传给屋架。檩条与屋架上弦焊接，如图 14－20 所示。

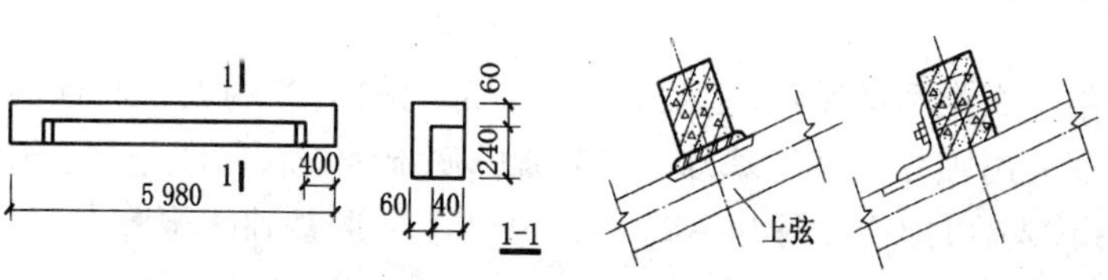

图 14－20 檩条与屋架的连接

14.3.2 柱、基础及基础梁

1. 柱

1)柱的类型

柱按材料分有钢筋混凝土柱和钢柱两种。钢筋混凝土柱又可分为单肢柱和双肢柱两大类。单肢柱截面形式有矩形、工字形及单管圆形。双肢柱截面形式有双肢矩形或双肢圆形管柱,用腹杆(平腹杆或斜腹杆)连接而成。上述各类柱如图 14-21 所示。

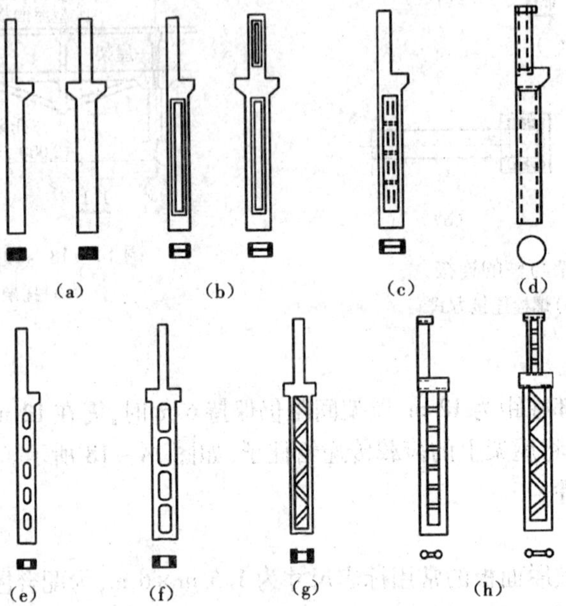

图 14-21 钢筋混凝土柱类型

(a)矩形柱 (b)工字形柱 (c)预制空腹板工字形柱 (d)单肢管柱
(e)双肢柱 (f)平腹杆双肢柱 (g)斜腹杆双肢柱 (h)双肢管柱

2)柱的构造

柱的尺寸应经济合理,同时要满足构造要求。柱的构造尺寸和外形要求如图 14-22 所示。

厂房结构中的屋架、托架、吊车梁和连系梁等构件,常由设在柱上的牛腿支承。其截面尺寸必须满足抗裂和构造要求。牛腿的构造要求如图 14-23 所示。

抗风柱与屋架的连接采用竖向可以移动、水平方向又具有一定刚度的弹簧板连接,如图 14-24 所示。

为确保柱与屋架、吊车梁、连系梁或圈梁、砖墙或大型屋面板、柱间支撑等处的连接,应在柱上埋设铁件,如钢板、螺栓及锚拉钢筋等,如图 14-25 所示。

2. 基础

单层厂房采用什么类型的基础,主要取决于上部结构荷载的大小和性质以及工程地质条件等。一般情况下采用独立的杯形基础。在基础的底部铺设混凝土垫层,厚度为 100 mm。图 14-26 为现浇柱下基础的构造,图 14-27 为预制柱下杯形基础的构造。

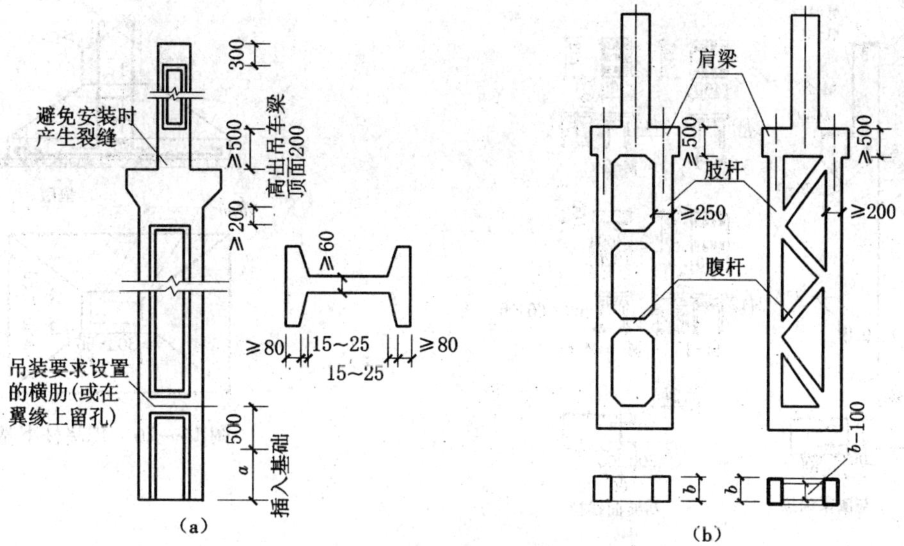

图 14-22　柱的外形及尺寸

(a)工字形　(b)双肢柱

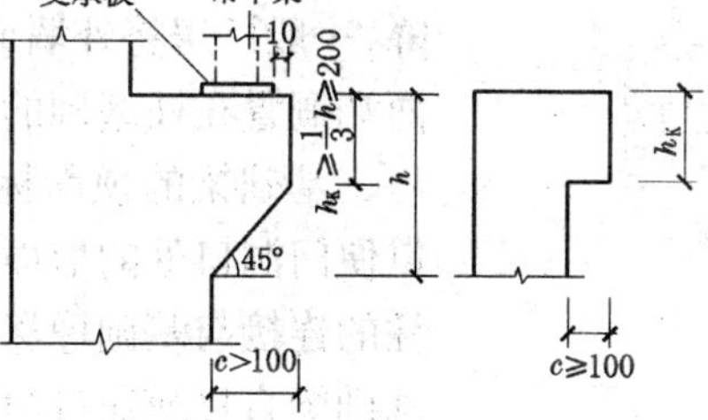

图 14-23　牛腿的构造要求

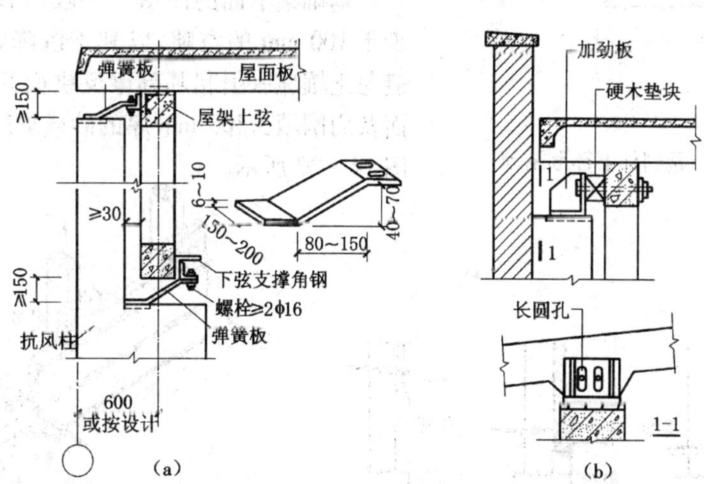

图 14-24　抗风柱与屋架连接

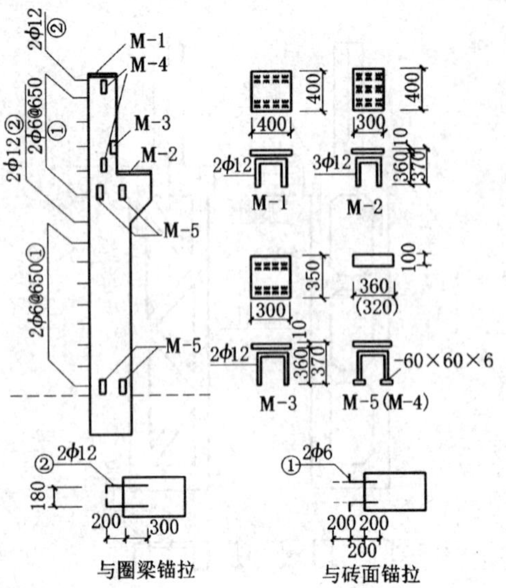

图 14－25　柱子预埋铁件

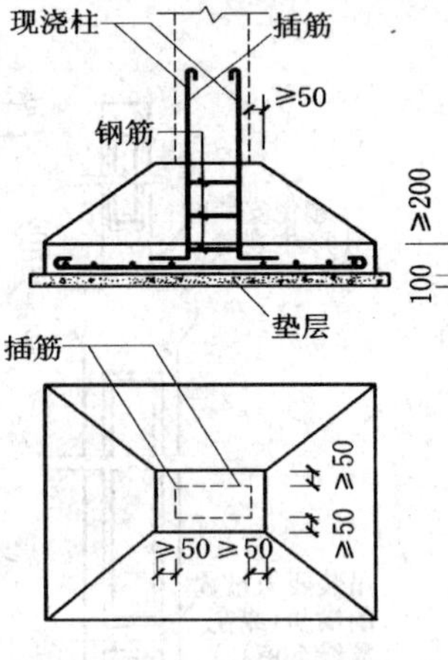

图 14－26　现浇柱下基础

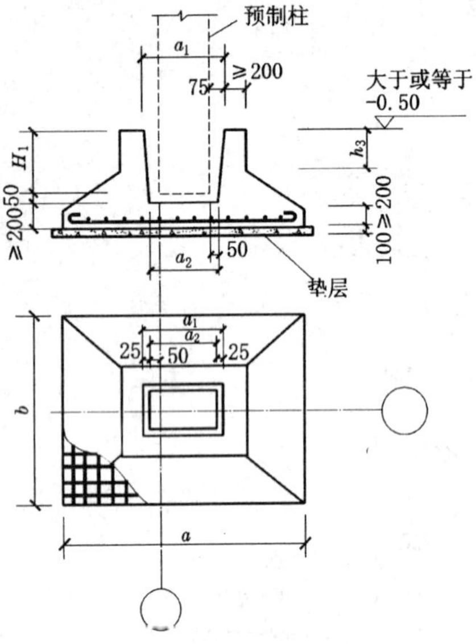

图 14－27　预制柱下杯形基础

3. 基础梁

当厂房采用钢筋混凝土排架结构时，由于墙与柱所承担荷载的差异大，为防止基础产生不均匀沉降，一般厂房将外墙或内墙砌筑在基础梁上，基础梁两端搁置在柱基础的杯口上，如图 14－28 所示。

基础梁的顶面标高通常比室内地面低 50 mm，以便门洞口处的地面做面层保护基础梁。基础梁与柱的连接与基础埋深有关，当基础埋深较浅时，可将基础梁直接或通过混凝土垫块搁置在基础顶面。当基础埋置较深时，用牛腿支承基础梁。

基础梁下面的回填土一般不需夯实，应留有不少于 100 mm 的空隙，以利于沉降。在寒冷地区为避免土壤冻胀引起基础梁反拱而开裂，在基础梁下面及周围填≥300 mm 厚的砂或炉渣等松散材料，如图 14－29 所示。

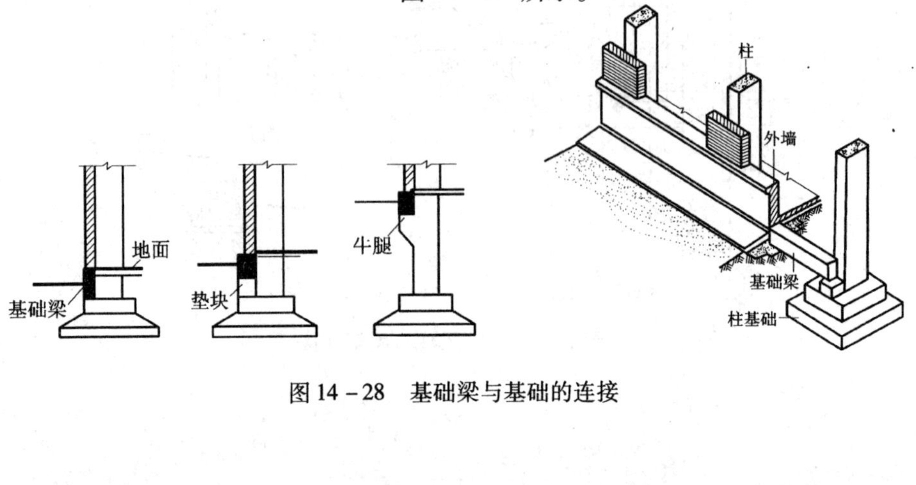

图 14－28　基础梁与基础的连接

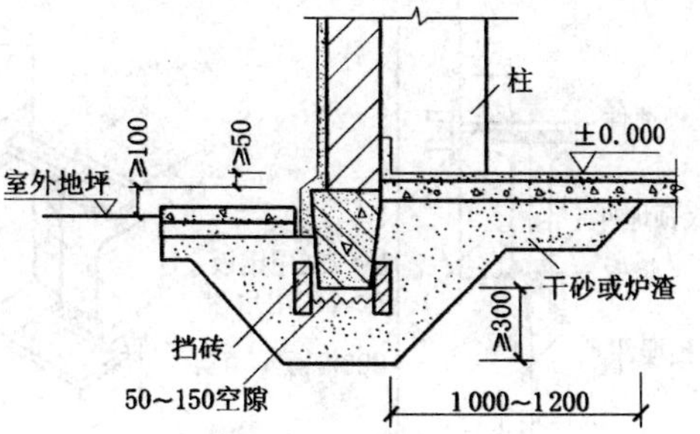

图 14－29　基础梁搁置构造要求及防冻措施

14.3.3　吊车梁、连系梁及圈梁

1. 吊车梁

要求吊车梁满足强度、抗裂度、刚度、疲劳强度的要求。

1) 吊车梁的类型

吊车梁按截面形式分，有等截面 T 形、工字形吊车梁及变截面的鱼腹式吊车梁等，如图 14－30 所示。

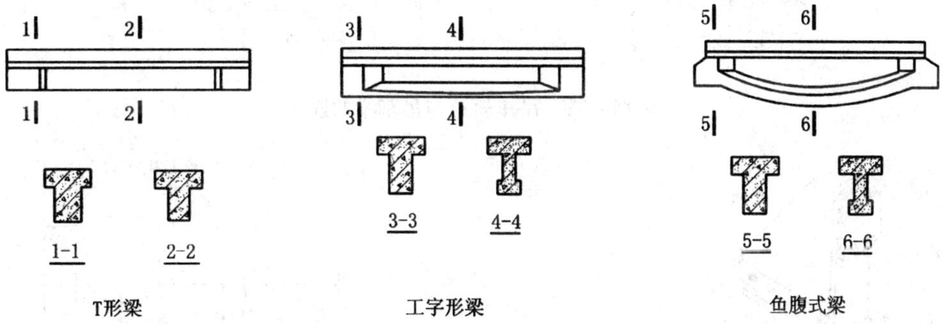

图 14－30　吊车梁的形式

2) 吊车梁与柱的连接

吊车梁上翼缘与柱间用钢板或角钢焊接；吊车梁底部安装前应焊接上一块垫板与柱牛腿顶面预埋钢板焊接牢；吊车梁的对接头以及吊车梁与柱之间的缝隙用 C20 混凝土填实，如图 14－31 所示。

3) 吊车梁与吊车轨道、车挡的连接

吊车梁与吊车轨道的连接如图 14－32 所示。为防止吊车在行驶中与山墙冲撞，在吊车梁的尽端应设车挡，如图 14－33 所示。

2. 连系梁

连系梁分为承重和非承重两种，其位置有设在墙内和不在墙内的两种，前者也称墙梁。连系梁与柱的连接如图 14－34 所示。

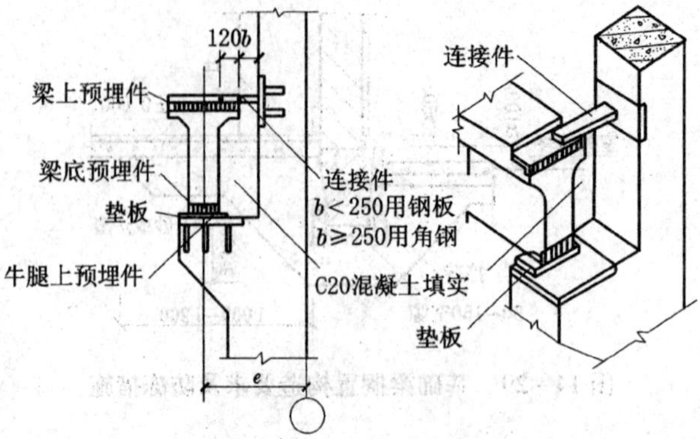

图 14-31 吊车梁与柱的连接

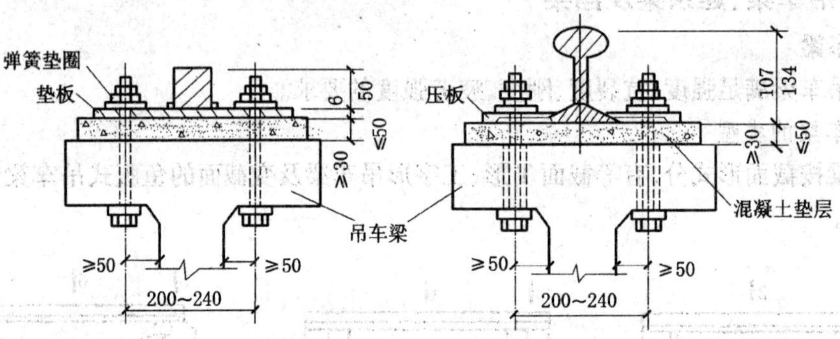

图 14-32 吊车轨道与吊车梁的连接

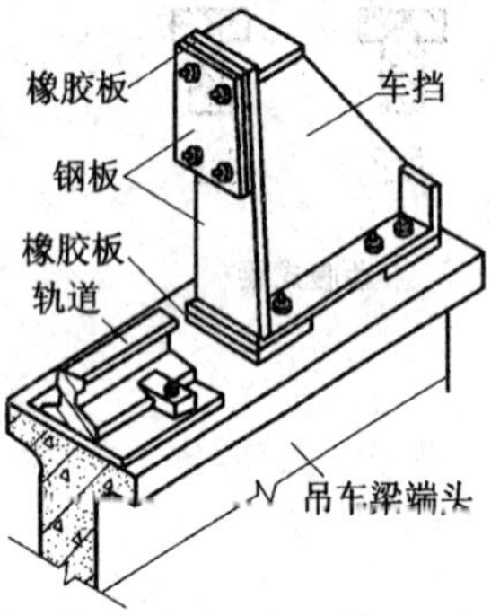

图 14-33 车挡

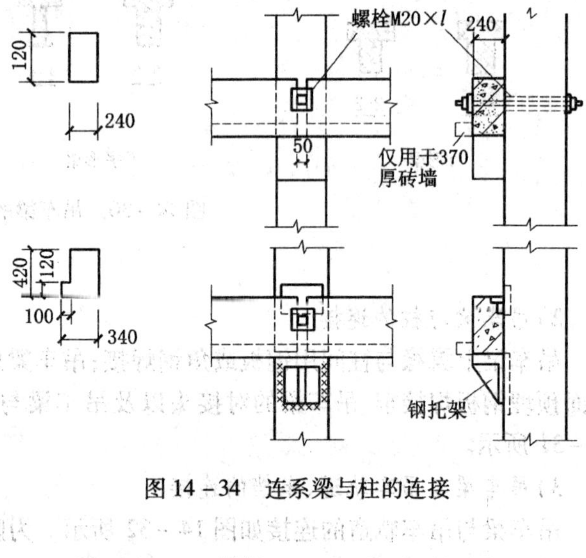

图 14-34 连系梁与柱的连接

3. 圈梁

圈梁有预制和现浇两种，圈梁与柱的连接构造如图 14-35 所示。

4. 支撑

在装配式单层厂房结构中，支撑的主要作用是保证厂房结构和构件的承载力、稳定性和刚度，并传递部分水平荷载。厂房的支撑必须按结构要求合理布置。支撑有屋盖支撑和柱间支撑两种。

屋盖支撑包括横向水平支撑(上弦或下弦横向水平支撑)、纵向水平支撑(上弦或下弦纵向水平支撑)、垂直支撑和纵向水平系杆(加劲杆)等,如图 14－36 所示。

柱间支撑按吊车梁位置分为上部和下部两种。柱间支撑布置在伸缩缝区段的中央柱间,一般用型钢制作,如图 14－37 所示。

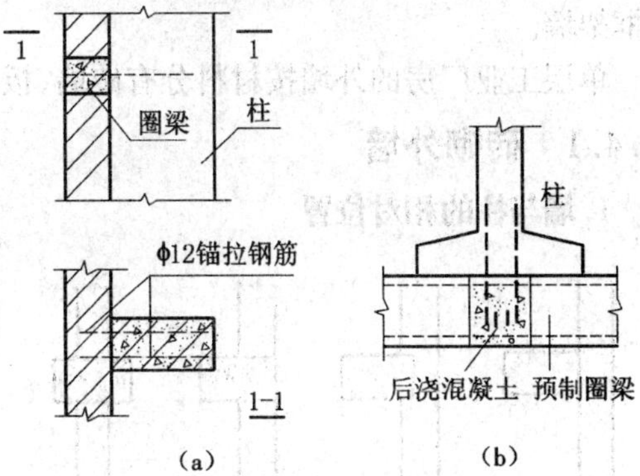

图 14－35　圈梁与柱子的连接

(a)现浇圈梁　(b)预制圈梁

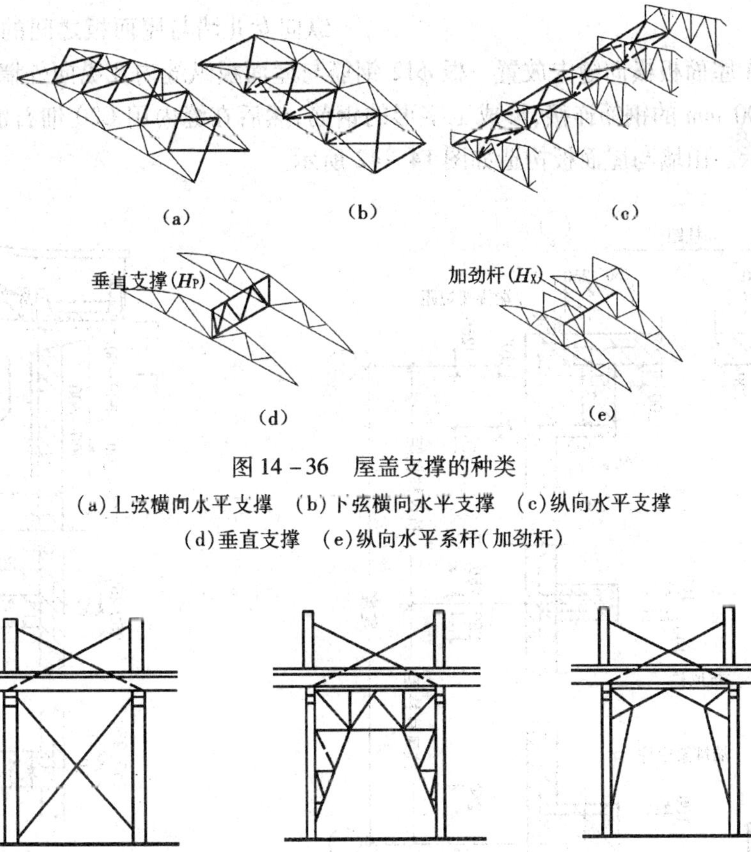

图 14－36　屋盖支撑的种类

(a)上弦横向水平支撑　(b)下弦横向水平支撑　(c)纵向水平支撑

(d)垂直支撑　(e)纵向水平系杆(加劲杆)

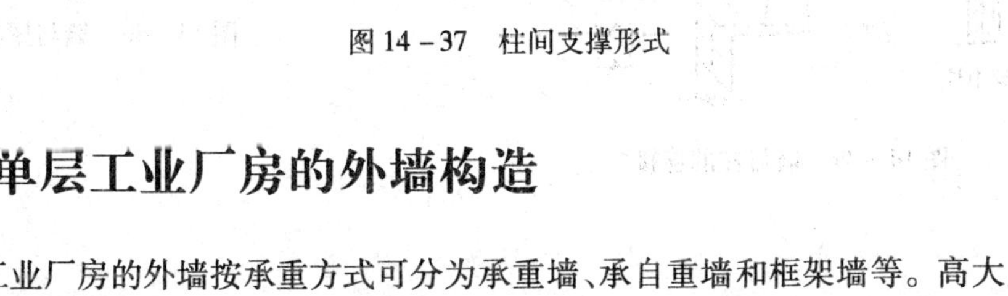

图 14－37　柱间支撑形式

14.4　单层工业厂房的外墙构造

单层工业厂房的外墙按承重方式可分为承重墙、承自重墙和框架墙等。高大厂房的上部墙体及厂房高低跨交接处的墙体,采用架空支承在排架柱上的墙梁(连系梁)来承担,这种墙称框架墙。

单层工业厂房的外墙按材料分有砖墙、板材墙、开敞式外墙等。

14.4.1 砖砌外墙

1. 墙与柱的相对位置

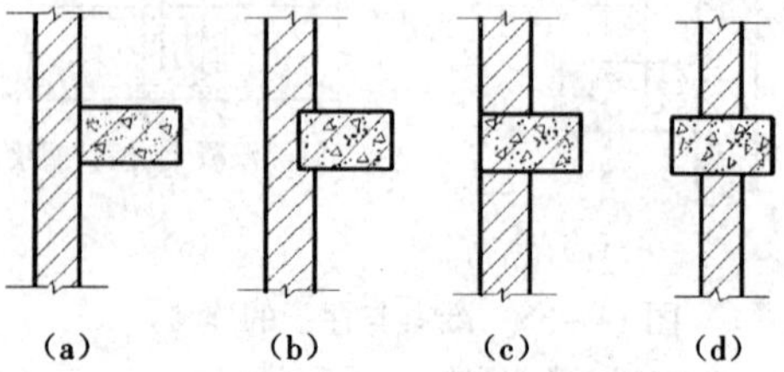

图 14－38 框架墙的墙、柱平面位置关系

单层厂房墙与柱的位置有四种方案，如图 14－38 所示。

2. 外墙与柱、屋架、屋面板、山墙的连接

做法是沿柱子高度方向每隔 500～600 mm 预埋两根 $\phi6$ 钢筋，砌墙时把伸出的钢筋砌在墙缝里，如图 14－39 所示。墙与屋架(或屋面梁)的连接构造如图 14－40 所示。

纵向女儿墙与屋面板之间的连接采用钢筋拉结措施，即在屋面板横向缝内放置一根 $\phi12$ 钢筋与屋面板纵缝内及纵向外墙中各放置一根 $\phi12$、长度 1 000 mm 的钢筋连接，形成工字形的钢筋，然后在缝内用 C20 细石混凝土捣实，如图 14－41 所示。山墙与屋面板构造如图 14－42 所示。

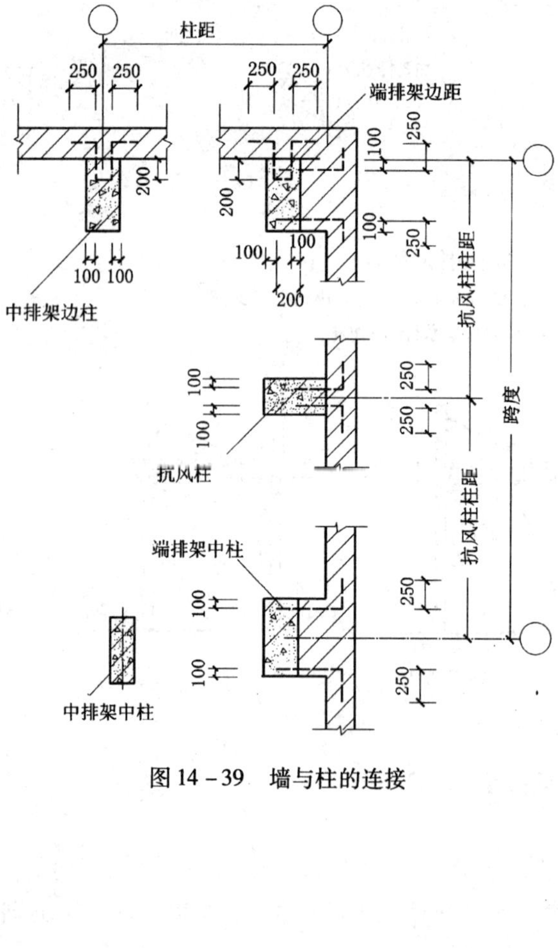

图 14－39 墙与柱的连接

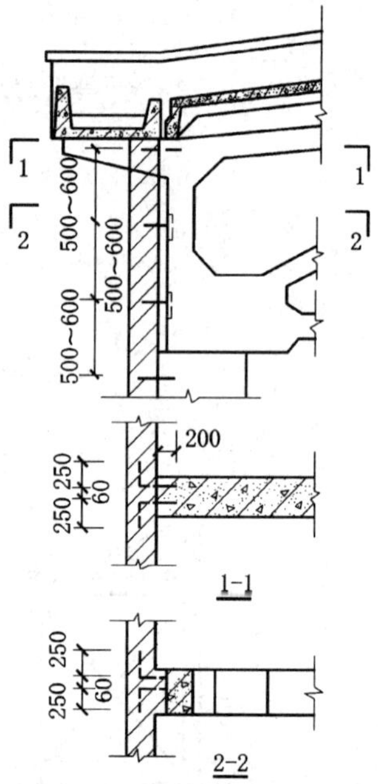

图 14－40 墙与屋架的连接

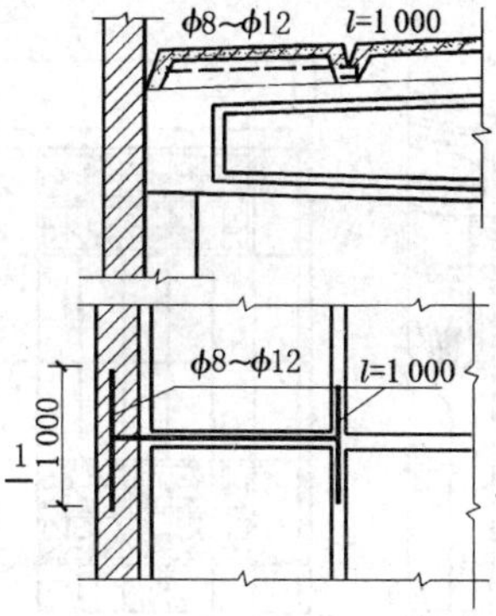

图14－41　纵向女儿墙与屋面板的连接

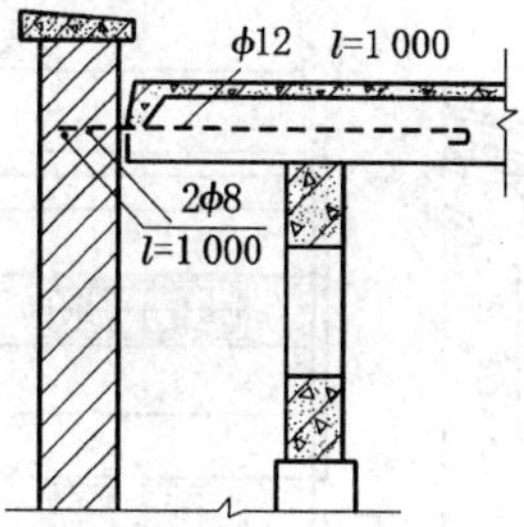

图14－42　山墙与屋面板的连接

14.4.2　钢筋混凝土板材墙的构造

1. 钢筋混凝土墙板规格及类型

钢筋混凝土墙板的长度和高度采用扩大模数3M，厚度采用分模数1/5M。长度有4 500、6 000、7 500、12 000 mm四种，高度有900、1 200、1 500、1 800 mm四种，常用的厚度为160～240 mm。

钢筋混凝土墙板按材料和构造方式分有单一材料墙板和复合墙板。

单一材料墙板有钢筋混凝土槽形板、空心板和配筋轻混凝土墙板，如图14－43所示。

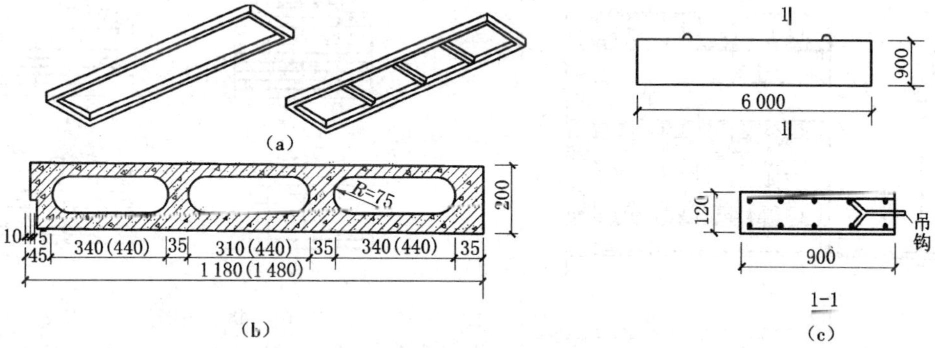

图14－43　单一材料墙板

(a)钢筋混凝土槽形板　(b)钢筋混凝土空心板　(c)配筋轻混凝土墙板

复合墙板是指采用承重骨架、外壳及各种轻质夹芯材料所组成的墙板。复合墙板如图14－44所示。

2. 墙板布置

墙板布置方式有横向布置(图14－45)、竖向布置(图14－46)和混合布置(图14－47)三种。

横向布置山墙时，墙身部分同侧墙，山尖处的布置有台阶形、人字形、折线形等，如图14－48所示。

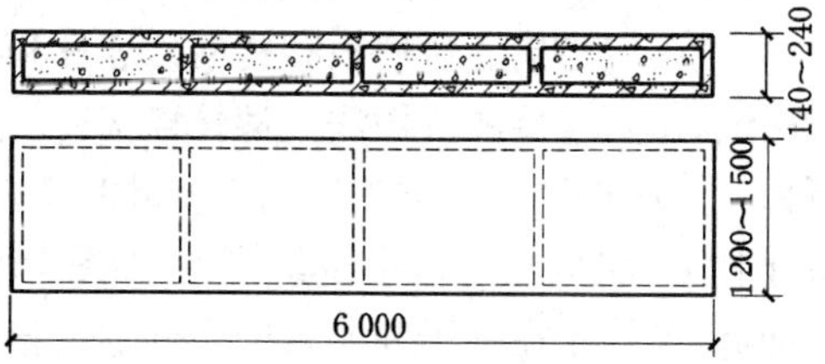

图14－44　复合墙板示例

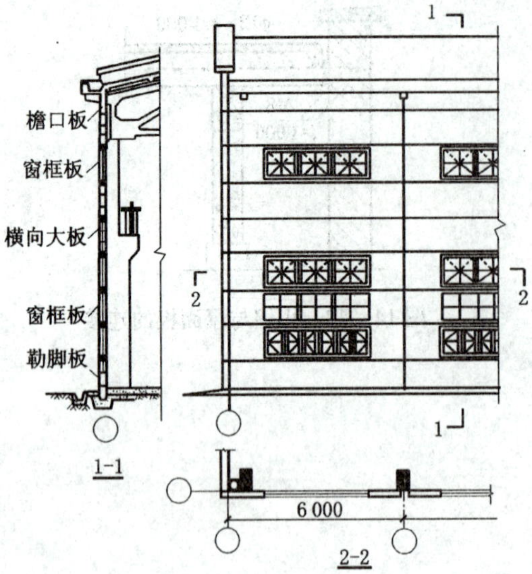

图 14－45　横向布置大型板材墙

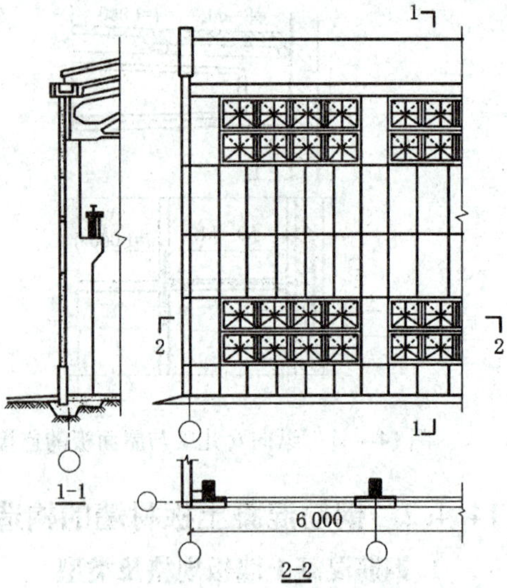

图 14－46　竖向布置板材墙

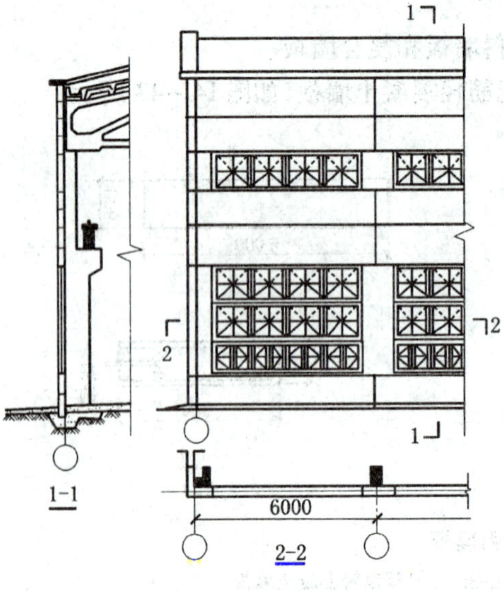

图 14－47　混合布置板材墙

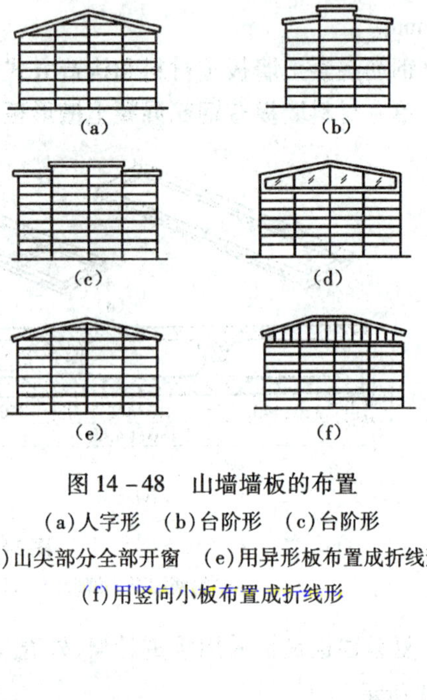

图 14－48　山墙墙板的布置

(a)人字形　(b)台阶形　(c)台阶形

(d)山尖部分全部开窗　(e)用异形板布置成折线形

(f)用竖向小板布置成折线形

3. 墙板和柱的连接

墙板与柱的连接分为柔性连接和刚性连接两种。

柔性连接是指通过墙板和柱的预埋件和连接件将二者拉结在一起。柔性连接的方法有螺栓连接和压条连接两种做法。螺栓连接在水平方向用螺栓、挂钩等辅助件拉结固定，在垂直方向每 3 ~4 块板设一个钢支托支承，如图 14－49 所示。压条连接是在墙板上加压条，再用螺栓（焊于柱上）将墙板与柱子压紧拉牢，如图 14－50 所示。

刚性连接是在柱子和墙板中先分别设置预埋件，安装时用角钢或 $\phi16$ 的钢筋段把它们焊接连牢，如图 14－51 所示。

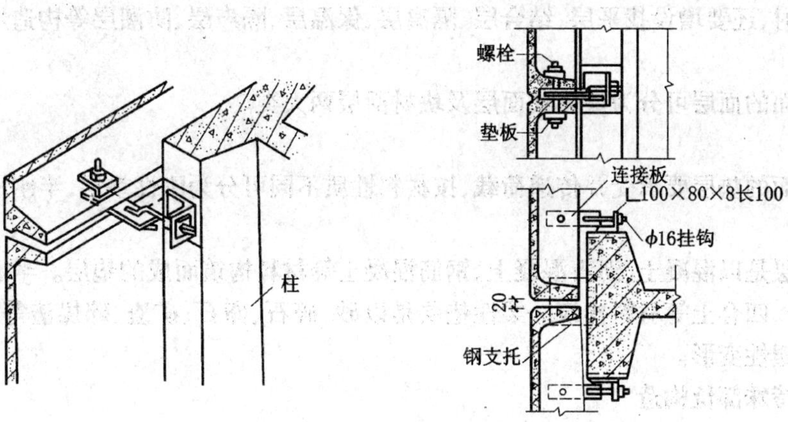

图 14－49　螺栓挂钩柔性连接构造示例

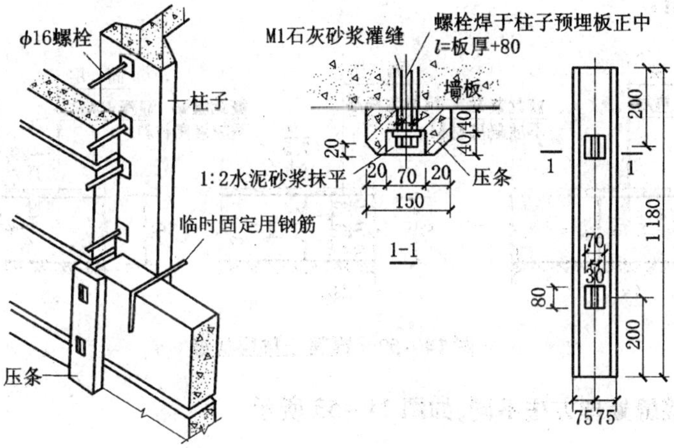

图 14－50　压条柔性连接构造示例

14.5　单层工业厂房的地面构造

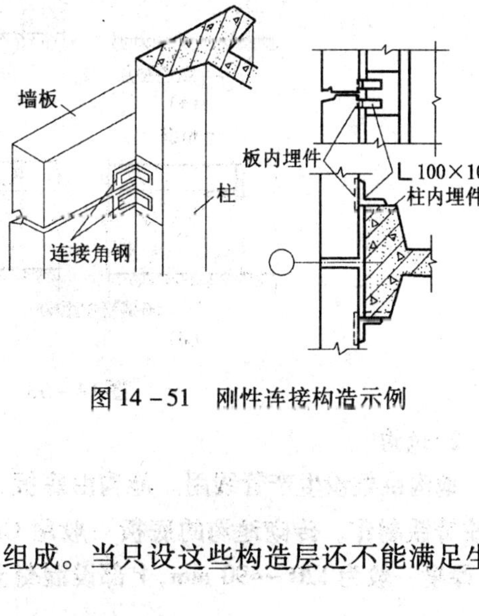

图 14－51　刚性连接构造示例

14.5.1　厂房地面的特点与要求

为了满足生产及使用要求，厂房地面往往需要具备特殊功能，如防尘、防爆、防腐蚀等，同一厂房内不同地段要求往往不同，这些都增加了地面构造的复杂性。另外，单层厂房地面面积大，所承受的荷载大，如汽车载重后的荷载，因此，地面厚度也大，材料用量也多。

14.5.2　厂房地面的构造

1. 地面的组成

厂房地面一般也是由面层、垫层、基层（地基）组成。当只设这些构造层还不能满足生产与使用要求时，还要增设找平层、结合层、隔离层、保温层、隔声层、防潮层等构造层次。

1）面层

厂房地面的面层可分为整体式面层及块材面层两大类。

2）垫层

厂房地面的垫层要承受并传递荷载，按材料性质不同可分为刚性垫层、半刚性垫层及柔性垫层三种。

刚性垫层是以混凝土、沥青混凝土、钢筋混凝土等材料构筑而成的垫层。半刚性垫层是以灰土、三合土、四合土等材料构筑。柔性垫层是以砂、碎石、卵石、矿渣、碎煤渣等构筑的垫层，受力后产生塑性变形。

2. 地面特殊部位构造

1）地面接缝

大面积刚性垫层的地面应做接缝。按其作用接缝可分为伸缝、缩缝两种。图 14－52 为混凝土垫层接缝构造。

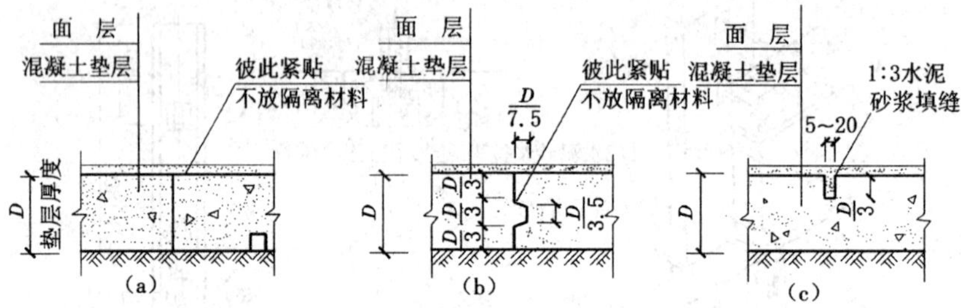

图 14－52　混凝土垫层接缝

不同地面的接缝处理方法不同，如图 14－53 所示。

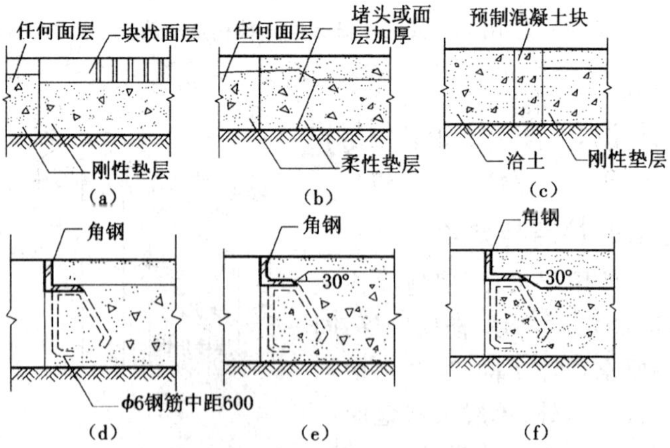

图 14－53　不同地面的接缝处理

2）地沟

地沟供敷设生产管线用。地沟由底板、沟壁、盖板三部分组成。盖板常用钢筋混凝土预制板或铸铁制作。砖砌地沟的底板一般用 C10 混凝土浇筑，厚度为 80～100 mm。沟壁常用砖砌，厚度一般为 120～490 mm，上部设混凝土垫块，以支承预制钢筋混凝土盖板。为了防潮，沟壁外侧应刷冷底子油一道、热沥青两道,沟壁内侧抹 20 mm 厚 1:2防水砂浆,如图 14 - 54 所示。

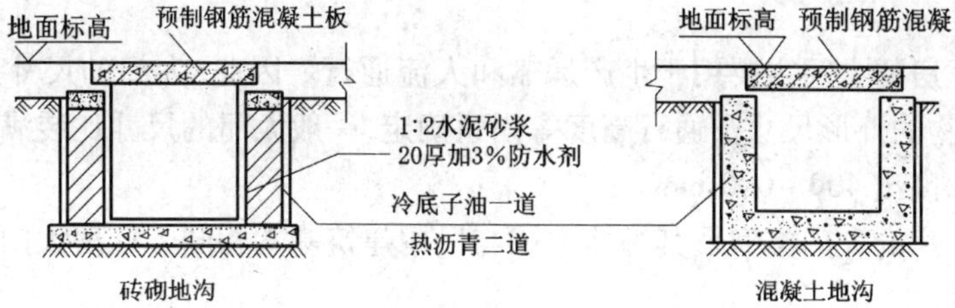

图 14 - 54　地沟构造

14.6　单层工业厂房的门窗及天窗构造

14.6.1　单层工业厂房侧窗

1. 侧窗的位置

侧窗的位置不同,室内的采光效果也不同。

窗台的高度从通风、采光要求讲,一般以低些为好。

在有吊车梁的厂房中,因吊车梁会遮挡部分光线,在该段范围内通常不设侧窗,如图 14 - 55 所示。

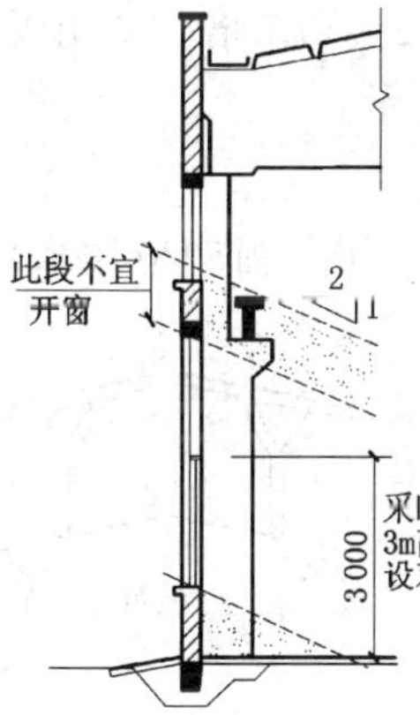

图 14 - 55　有吊车梁时的侧窗布置

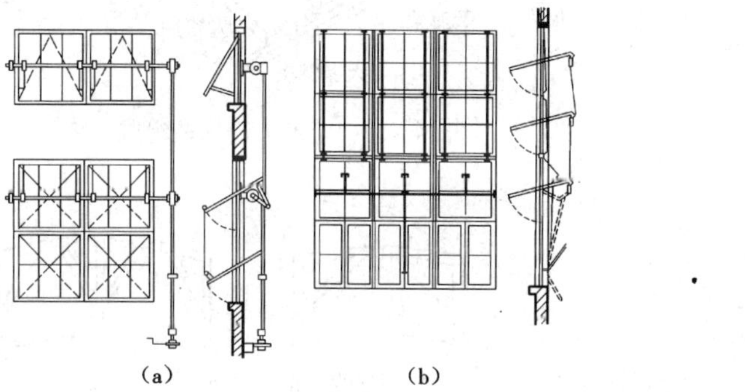

图 14 - 56　侧窗开关器

(a)蜗轮蜗杆手摇开关器　(b)撑臂式简易开关器

2. 侧窗布置形式及洞口尺寸

单层厂房侧窗的布置形式有两种,一种是被窗间墙隔开的单独的窗口形式,另一种是厂房整个墙面或墙面大部分做成大片玻璃墙面或带状玻璃窗。

侧窗洞口尺寸宽度在 900 ~ 6 000 mm 之间。其中,2 400 mm 以内,以 3M 为整倍数;2 400 mm 以上,以 6M 为整倍数。

3. 侧窗的构造

单层厂房的分类及其构造与民用建筑相同,但厂房侧窗一般将悬窗、平开窗或固定窗等组合在一起。

厂房侧窗高度和宽度较大，窗的开关常借助于开关器。开关器分手动和电动两种。图 14 –56 为中悬窗的手动开关器。

14.6.2 大门

单层工业厂房的大门主要用于生产运输和人流通行。因此，大门的尺寸应根据运输工具的类型、运输货物的外形尺寸及通行高度等因素确定，一般大门的尺寸比装满货物时车辆宽出 600 ~ 1 000 mm，高出 400 ~ 600 mm。

单层工业厂房的大门类型及其构造方式与民用建筑基本相同。厂房大门的门框有钢筋混凝土和砖砌两种。

14.6.3 天窗

1. 矩形天窗

矩形天窗沿厂房纵向布置，为简化构造并留出屋面检修和消防通道，在厂房两端和横向变形缝的第一柱间通常不设天窗。在每段天窗的端壁应设置天窗屋面的消防检修梯。

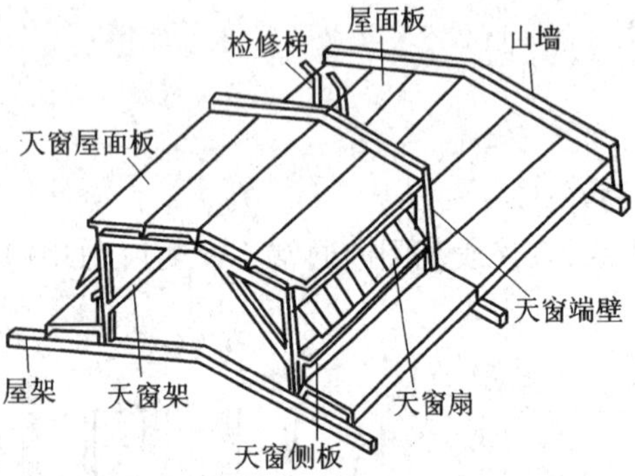

图 14 – 57 矩形天窗构造组成

矩形天窗主要由天窗架、天窗屋顶、天窗端壁、天窗侧板及天窗扇等组成，如图 14 – 57 所示。

1) 天窗架

天窗架直接承受天窗屋面上的全部荷载。天窗架有钢筋混凝土天窗架和钢天窗架两种。天窗架的跨度为厂房跨度的 1/3 ~ 1/2，高度为天窗架跨度的 0.3 ~ 0.5 倍。常用天窗架的形式如图 14 – 58 所示。

2) 天窗扇

钢天窗扇在厂房天窗中应用最广，也有用木材、塑料等材料。天窗的开启方式有上悬式和中悬式两种。为便于开启，宜使用上悬窗。上悬钢天窗扇由开启扇和固定扇等若干单元组成。可以布置成通长窗扇和分段窗扇。图 14 – 59 为上悬式钢天窗扇构造。

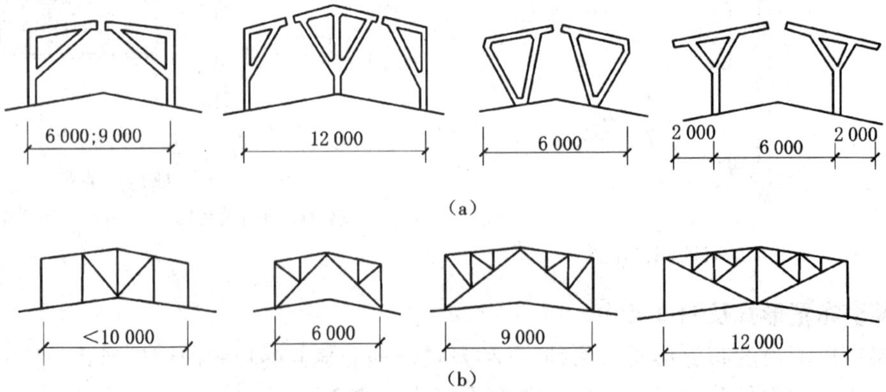

图 14 – 58 天窗架形式

(a) 钢筋混凝土组合式天窗架 (b) 钢天窗架

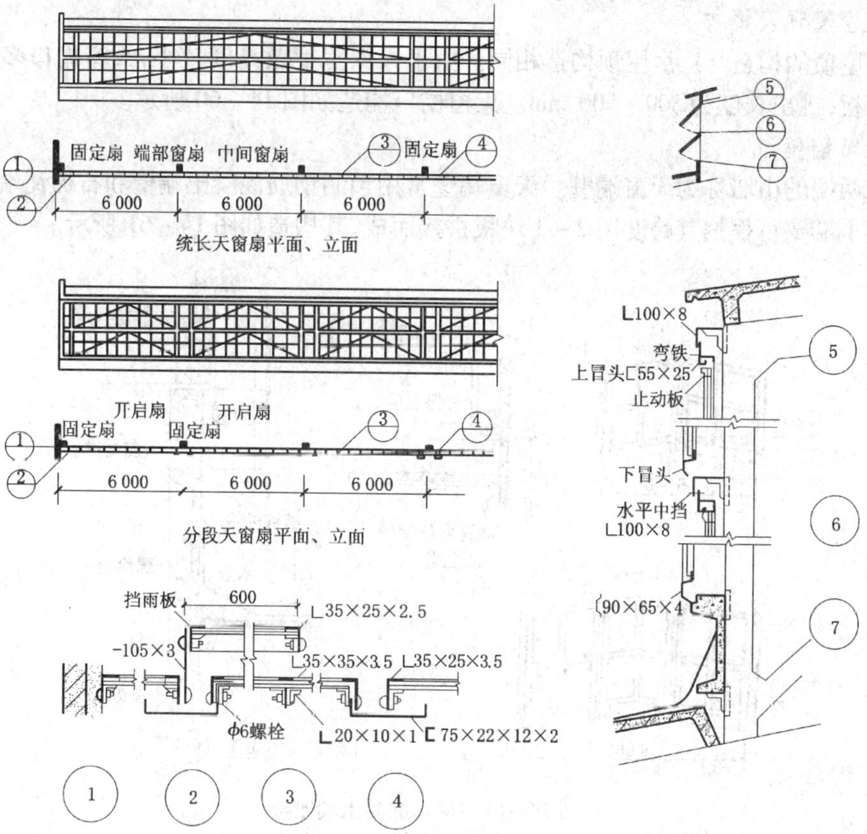

图 14－59　上悬式钢天窗扇构造

3) 天窗侧板

为防止雨水溅入车间和防止积雪遮挡天窗扇，在天窗扇下部设置天窗侧板。天窗侧板多采用钢筋混凝土槽形板或石棉水泥波瓦等轻质小板，其构造如图 14－60 所示。

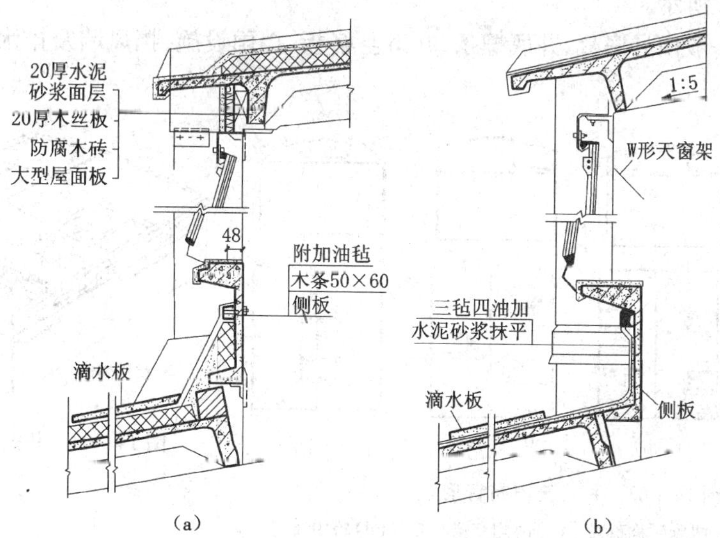

图 14－60　天窗檐口及侧板

(a) 对拼天窗架(屋面保温)　(b) 双 V 形天窗架(不保温)

4）天窗屋顶及檐口

天窗屋顶的构造与厂房屋顶构造相同。由于天窗宽度及高度较小，天窗檐口多采用带挑檐的屋面板，挑出长度为300～500 mm。天窗檐口构造如图14－60所示。

5）天窗端壁

天窗两端的山墙称为天窗端壁。天窗端壁常用预制钢筋混凝土端壁和石棉瓦端壁。预制钢筋混凝土端壁可根据其跨度用2～3块板拼接而成，其构造如图14－61所示。

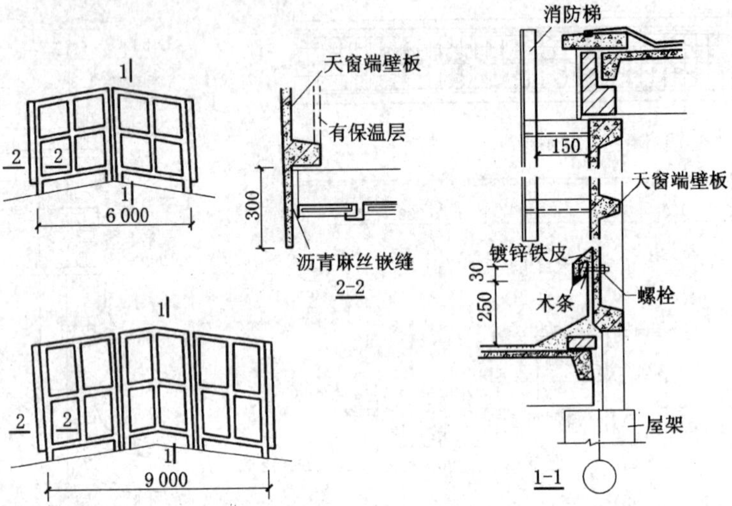

图14－61 钢筋混凝土端壁板

2. 下沉式天窗

下沉式天窗是在一个柱距内，将一定跨度内的屋面板下沉，铺在屋架的下弦上，利用上下屋面板之间的高差作采光和通风口。井式天窗的布置形式有单侧布置、两侧布置和跨中布置等，如图14－62所示。

井式天窗一般由井底板、井底檩条、井口空格板、挡雨设施、挡风墙及排水设施等组成，如图14－63所示。

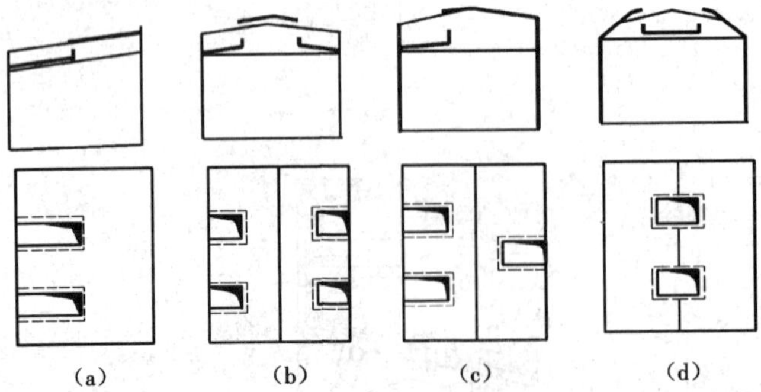

图14－62 井式天窗布置形式

（a）单侧布置 （b）两侧对称布置 （c）两侧交错布置 （d）跨中布置

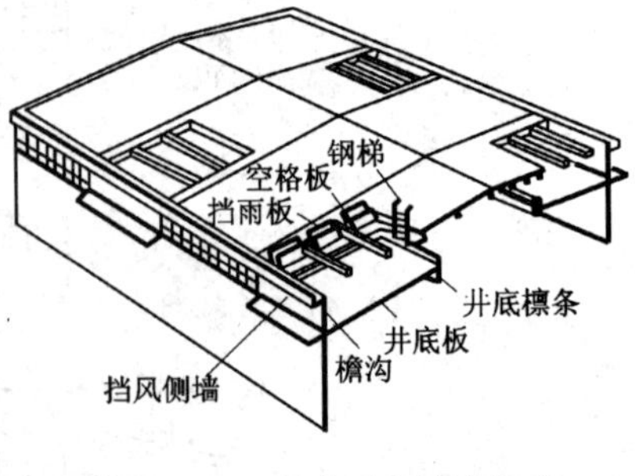

图14－63 井式天窗构造组成

3. 平天窗

平天窗有采光板、采光罩、采光带三种。

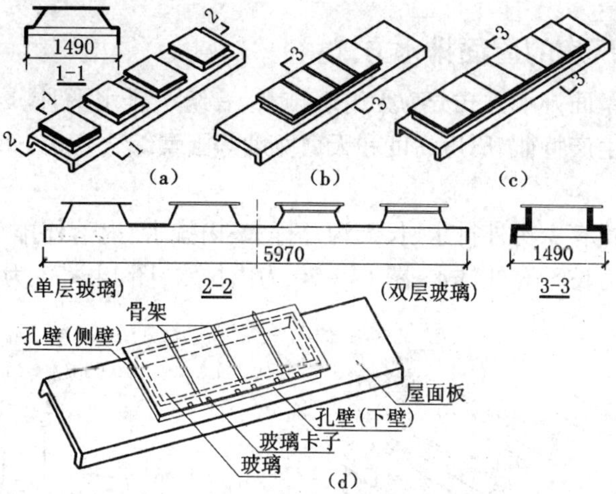

图 14－64　采光板形式和组成

(a)小孔采光板　(b)中孔采光板

(c)大孔采光板　(d)采光板的组成

采光板是在屋面板的孔洞上安装平板透光材料，有小孔采光板和大孔采光板，如图 14－64 所示。采光罩同样在屋盖上开孔，装设弧形透光材料而成，如图 14－65 所示。采光带是将一部分屋面板空出来，铺上采光材料做成条形的纵向或横向采光带，如图 14－66 所示。

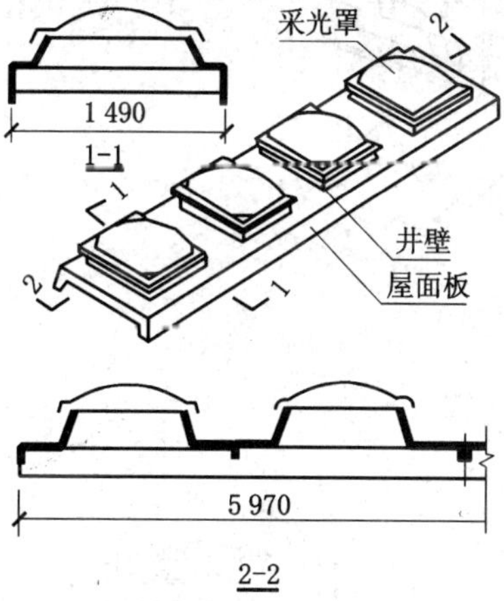

图 14－65　采光罩

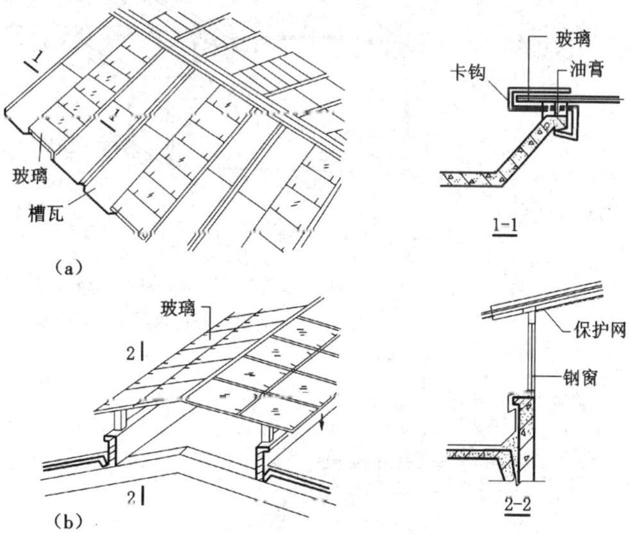

图 14－66　采光带形式

平天窗的一般构造是在采光口周围做 150 ~ 250 mm 高的井壁，并做泛水，井壁上安放采光材料。

14.7 单层工业厂房屋面的构造

14.7.1 单层工业厂房的屋面排水方式

单层工业厂房的屋面排水方式分为无组织排水、有组织排水两种。选择排水方式应以当地降雨量、气温、车间生产特征、厂房高度和天窗宽度等因素综合考虑。无组织排水如图 14-67 所示。

有组织排水的形式有檐沟外排水、长天沟外排水、内排水、内落外排水等。图 14-68 为檐沟外排水,图 14-69 为长天沟外排水,图 14-70 为内排水,图 14-71 为内落外排水。

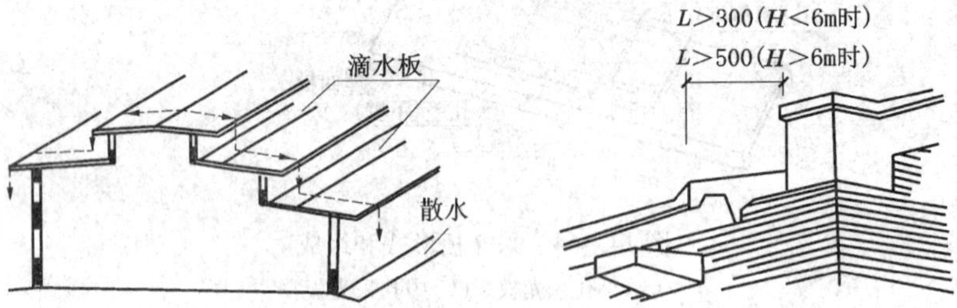

(a) (b)

图 14-67 无组织排水

(a)无组织排水 (b)大型屋面板挑檐

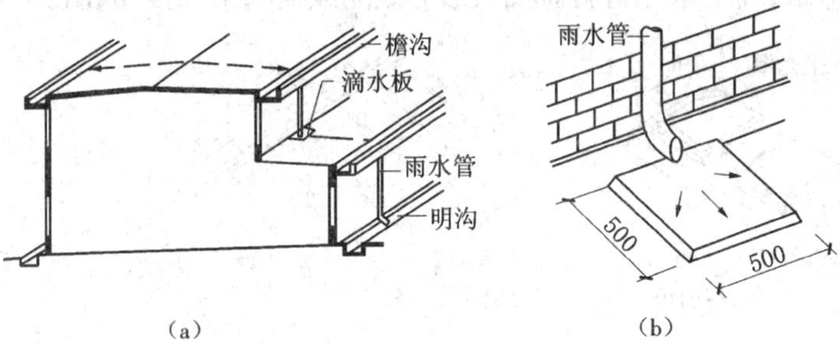

(a) (b)

图 14-68 檐沟外排水

(a)檐沟外排水示意 (b)低跨屋面滴水板

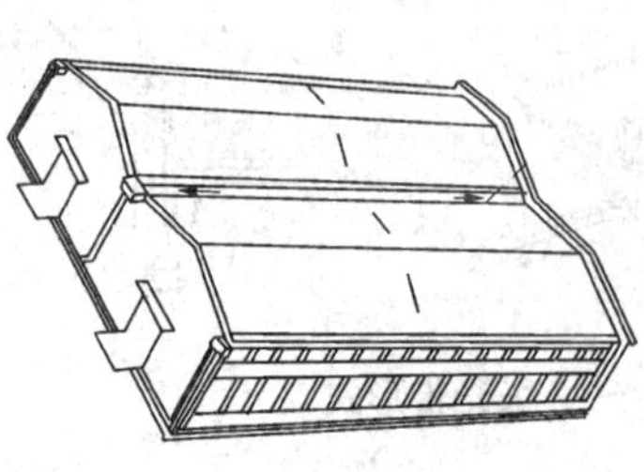

图 14-69 长天沟外排水示意

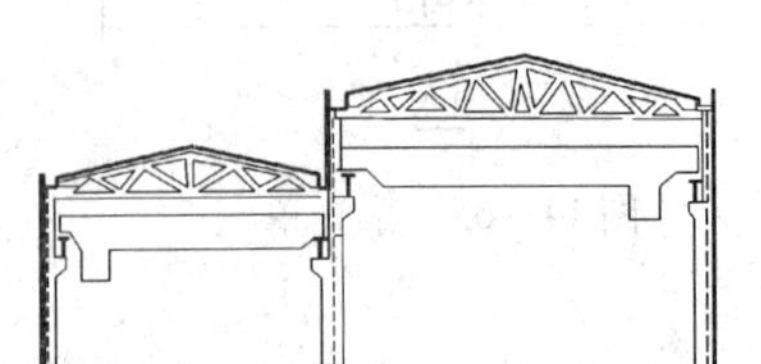

图 14-70 内排水示意

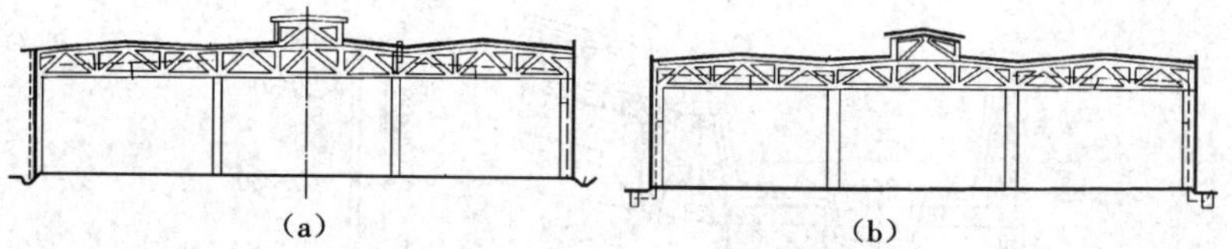

图 14－71　内落外排水

(a)地上出水　(b)地下出水

14.7.2　单层工业厂房的屋面排水构造

1. 卷材防水构造

卷材防水构造包括屋面板横向接缝构造(图 14－72)、挑檐构造(图 14－73)、纵向外檐沟构造(图 14－74)、中间天沟构造(图 14－75)、长天沟外排水构造(图 14－76)、纵向女儿墙构造(图 14－77)和高低跨处泛水构造(图 14－78)等。

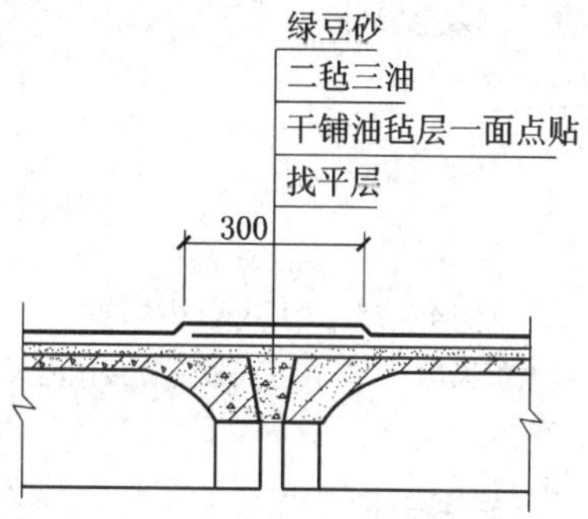

图 14－72　无隔热(保温)的屋面板横缝处卷材防水层处理

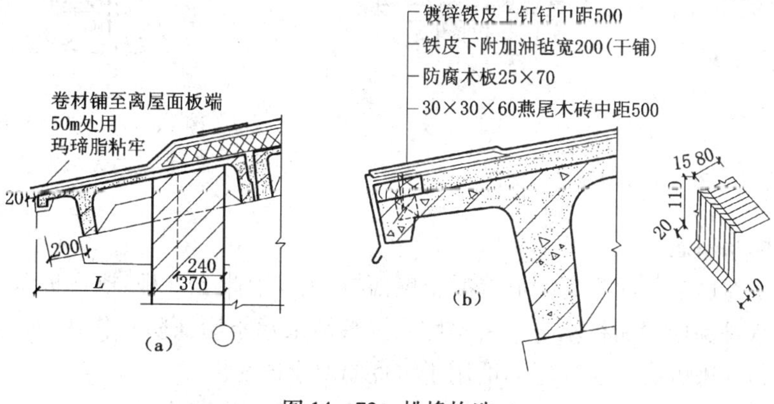

图 14－73　挑檐构造

(a)卷材自然收头　(b)附加镀锌铁皮收头

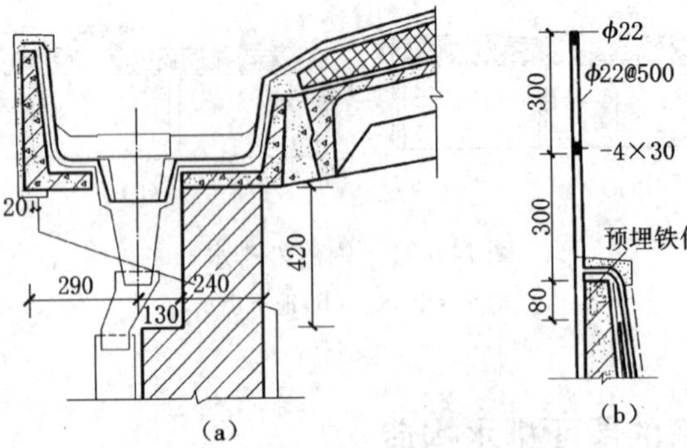

图 14－74　纵墙外檐沟构造

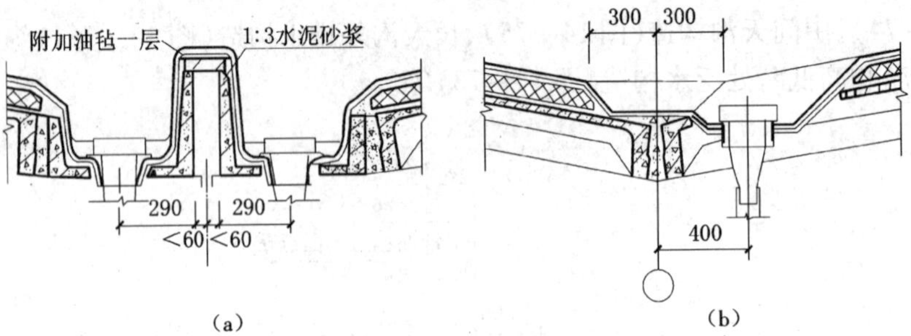

图 14－75　中间天沟构造

(a)双槽板天沟　(b)在屋面板上直接做内天沟

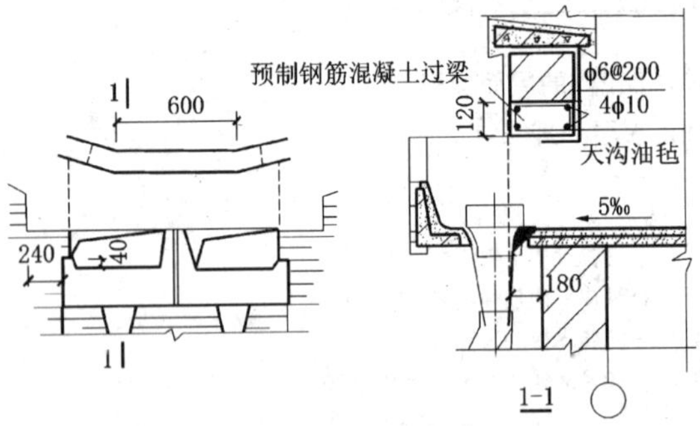

图 14－76　长天沟外排水构造

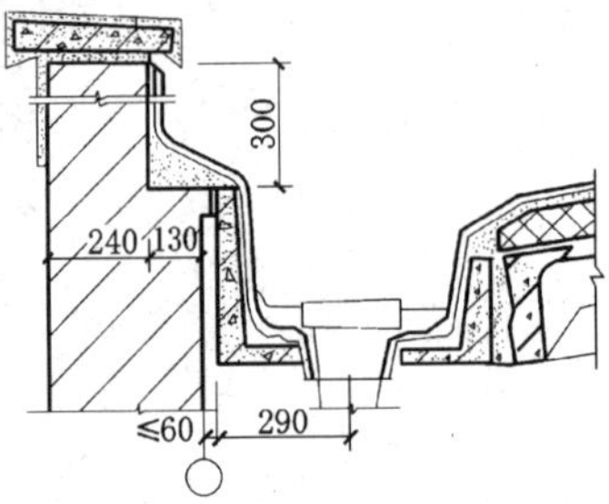

图 14－77　纵向女儿墙泛水与内天沟构造示例

2. 构件自防水屋面

构件自防水屋面的屋面板有钢筋混凝土屋面板、钢筋混凝土 F 板、槽瓦板以及波形瓦。

构件自防水是利用屋面板本身的密实性和抗渗性来承担屋面防水作用，而板缝的防水靠嵌缝或搭盖等措施来解决。这种屋面适用于无保温要求的屋面。

构件自防水屋面按其板缝的构造可分为嵌缝式、贴缝式和搭盖式等类型。

1）嵌缝、贴缝式构件自防水屋面

嵌缝式、贴缝式构件自防水是利用屋面板作为防水构件，板缝嵌油膏防水。若在板缝上粘贴一条卷材覆盖层则成为贴缝式。图 14－79 为嵌缝式、贴缝式板缝构造。

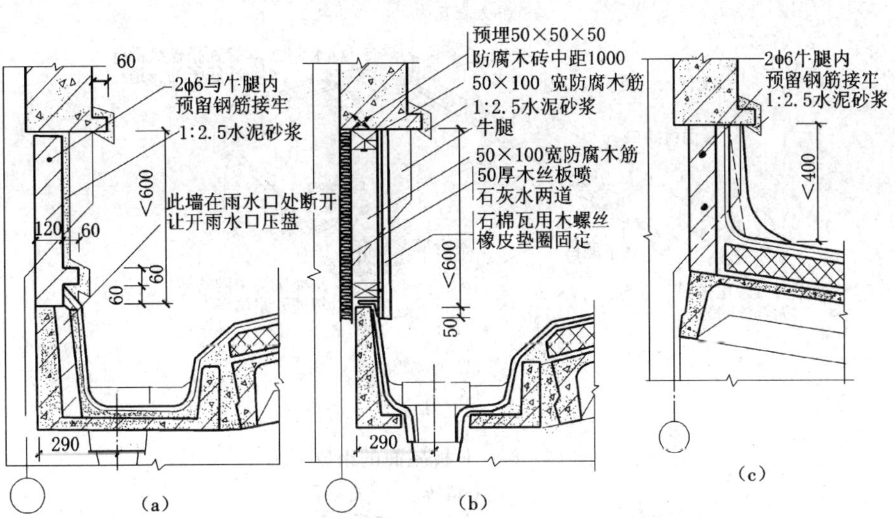

图 14－78　高低跨处泛水构造

(a)、(b)有天沟高低跨处泛水　(c)无天沟高低跨处泛水

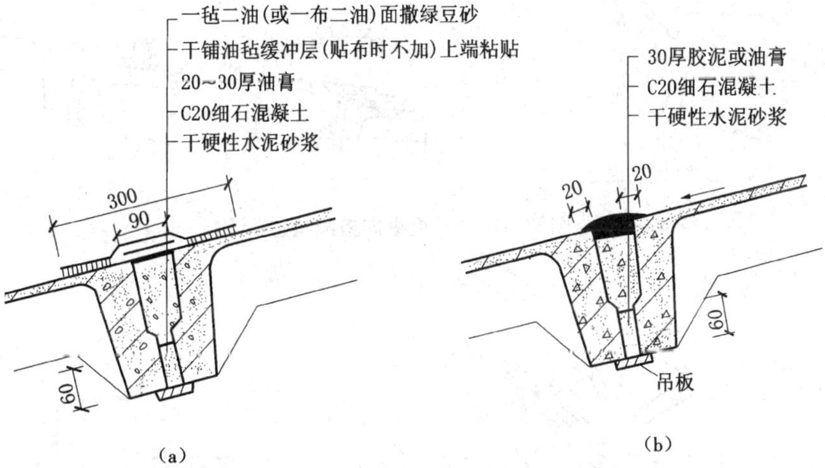

图 14－79　嵌缝式、贴缝式板缝构造

(a)有覆盖层　(b)无覆盖层

2)搭盖式构件自防水屋面

搭盖式构件自防水屋面利用屋面板上下搭盖住纵缝,用盖瓦、脊瓦覆盖横缝和脊缝的方式来达到屋面防水目的。常用的有 F 板、槽瓦和波形石棉瓦屋面。

(1)F 板屋面　图 14－80 为 F 板屋面的组成。图 14－81 为 F 板纵向搭缝构造。图 14－82 为 F 板与天沟的搭盖构造。

(2)槽瓦屋面　槽瓦屋面是以断面呈槽形的钢筋混凝土屋面板为主,配合盖瓦和脊瓦附加构件组成的构件自防水屋面。图 14－83 为槽瓦屋面组成。图 14－84 为槽瓦搭接和固定构造。

(3)波形石　棉水泥瓦屋面波形瓦包括石棉水泥瓦、木质纤维瓦、钢丝网水泥瓦、镀锌铁皮条,其中波形石棉水泥瓦应用较为广泛。图 14－85 为石棉瓦与檩条的固定构造。

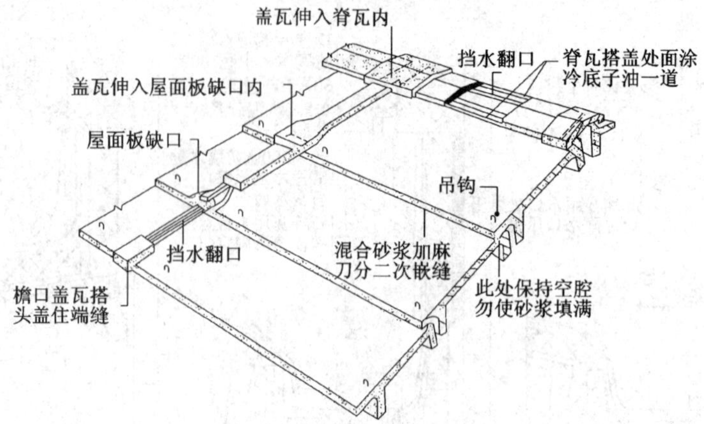

图 14－80　F 板屋面的组成

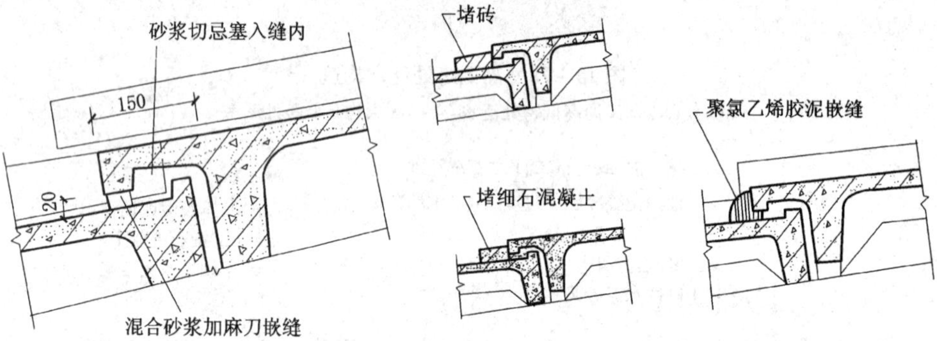

图 14－81　F 板纵向搭缝构造

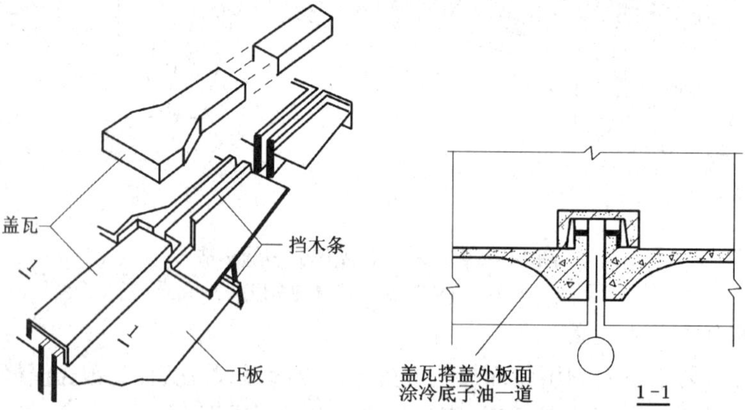

图 14－82　F 板横向盖缝构造

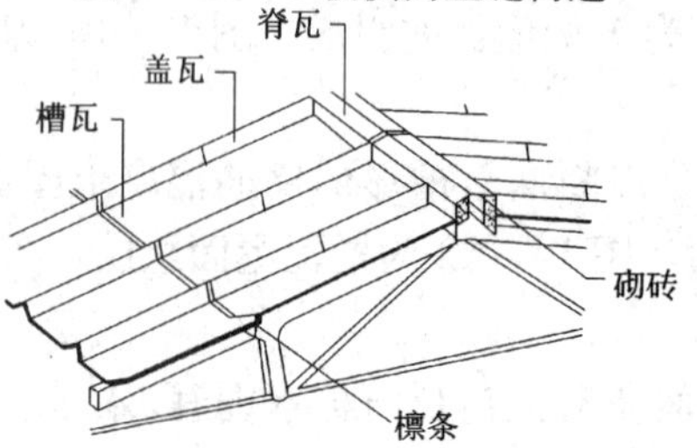

图 14－83　槽瓦屋面组成

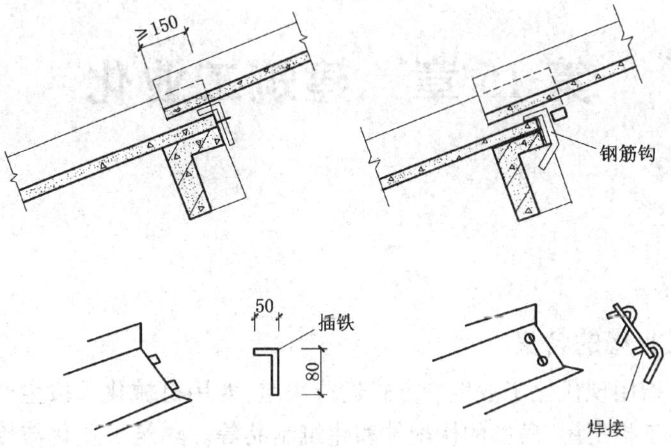

图 14－84　槽瓦搭接和固定

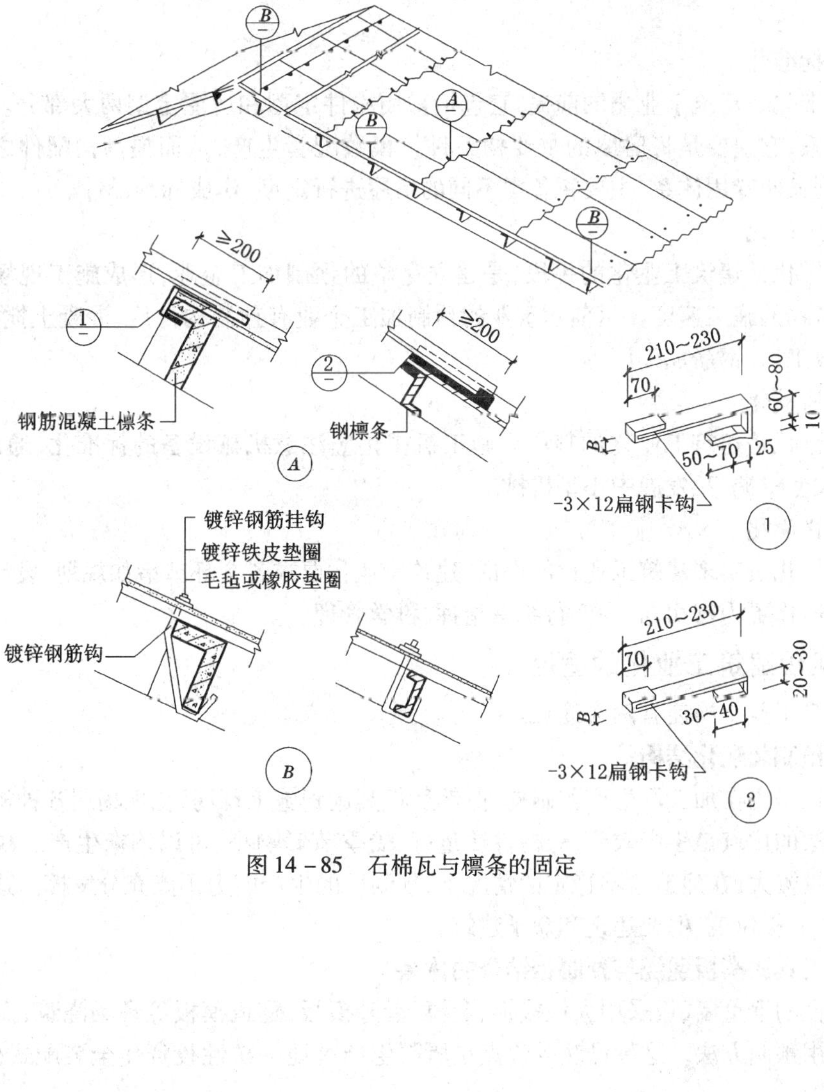

图 14－85　石棉瓦与檩条的固定

第15章　建筑工业化

15.1　概述

15.1.1　建筑工业化的含义

建筑工业化是指用现代化工业生产方式建造房屋，即用机械化手段生产定型产品。建筑工业化的定型产品是指房屋、房屋的构配件和建筑制品等。建筑工业化与传统的手工业建造方式相比，可以加快施工速度、降低劳动强度、简化施工程序，便于组织流水作业，有利于提高工程质量。建筑工业化的基本特征是设计标准化、构件生产工厂化、施工机械化和组织管理科学化。

1. 设计标准化

设计标准化是建筑工业化的前提，它包括采用构件定型和房屋定型两大部分。构件定型又叫通用体系，它主要是将房屋的主要构配件按模数配套生产，从而提高构配件之间的互换性；房屋定型又叫专用体系，主要将各类不同的房屋进行定型，作成标准设计。

2. 构件工厂化

构件工厂化是建筑工业化的手段，是建立完整的预制加工企业，形成施工现场的技术后方，提高建筑物的施工速度。目前建筑业的预制加工企业有预制构件厂、混凝土搅拌厂、门窗加工厂、模板工厂、钢筋加工厂等。

3. 施工机械化

施工机械化是建筑工业化的核心。施工机械化应注意机械设备的标准化、通用化、系列化，既发展大型机械，又发展中小型机械。

4. 管理科学化

管理科学化是实现建筑工业化的保证，建筑工业化要求各个环节诸如规划、设计、生产、施工等的配合协作更为密切，必须实行统一指挥、科学管理。

15.1.2　实现建筑工业化的途径

实现建筑工业化当前有两大途径。

1. 发展预制装配化结构

这条途径是先在加工厂生产预制构件，然后将其运到施工现场，在现场用各种机械进行安装。这种方法的优点是生产效率高、构件质量好、受季节影响小、可以均衡生产。缺点是生产基地一次性投资大；在建造量不稳定的情况下，预制厂的生产能力不能充分发挥。这条途径包括砌块建筑、大板建筑、框架建筑和盒子建筑。

2. 发展工具式模板现浇与预制相结合的体系

这条途径的承重墙、板采用大块模板、台模、滑升模板、隧道模板等现场浇筑，而一些非承重构件仍采用预制方法。这种做法的优点是所需生产基地一次性投资比全装配式少，适应性强,节省运输费用,结构整体性好;缺点是耗用工期比全装配式长。这条途径包括大模板建筑、滑板建筑、升板升层建筑。

15.2　大板建筑

15.2.1　大板建筑的承重方式

大板建筑靠板材墙承受并传递楼板荷载,是墙承重结构类型(图 15－1)。承重墙的结构布置方式与砖混结构一样,有横墙承重、纵墙承重和纵横墙混合承重。以小开间的横墙承重和整间双向楼板的纵横墙混合承重的房屋整体刚度较好。横墙承重,楼板跨度较小,墙板的使用功能划分明确。这种结构布置在住宅建筑中广泛采用。纵墙承重的房屋刚度较差,需要借助楼板和梯井来增强整个房屋的刚度,导致整栋建筑的用钢量增多。

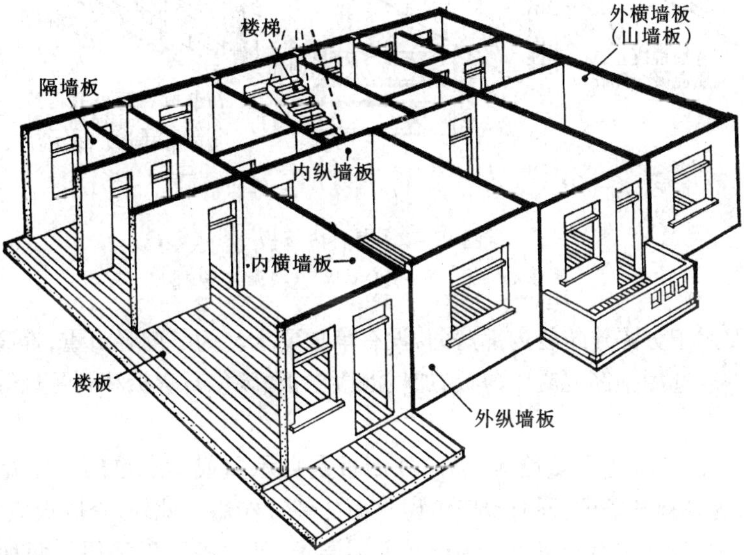

图 15－1　大板建筑

15.2.2　大板建筑的板材类型

大板建筑是用内墙板、外墙板、楼板、屋面板等主要承重构件和其他构件(楼梯、隔墙、阳台、檐口)组装而成。

1. 墙板

墙板按其安装的位置分为内墙板和外墙板;按其材料分砖墙板、混凝土墙板、工业废渣墙板;按其构造形式分为单一材料墙板和复合墙板。

1)内墙板

内墙板是大板建筑的主要受力构件,应有足够的强度和刚度,同时内墙板是分隔内部空间的构件,应具有一定的隔声、防火、防潮的能力。内墙板还应具有足够的厚度,以保证楼板有足够的搭接长度和现浇加筋板缝所需要的宽度。在横墙承重的大板建筑中,横向内墙是主要的承重构件,纵向内墙是非承重构件,但由于要与横向墙板共同作用,以保证整个建筑物的空间刚度并共同承受水平力的作用,故纵向内墙与横向内墙采用同一类型的墙板。

由于内墙板不需要考虑保温、隔热，其构造形式多采用单一材料的实心板、空心板等，板材大多以钢筋混凝土墙板、粉煤灰矿渣墙板和振动砖墙板为主。图 15－2 为各种内墙板的构造图。

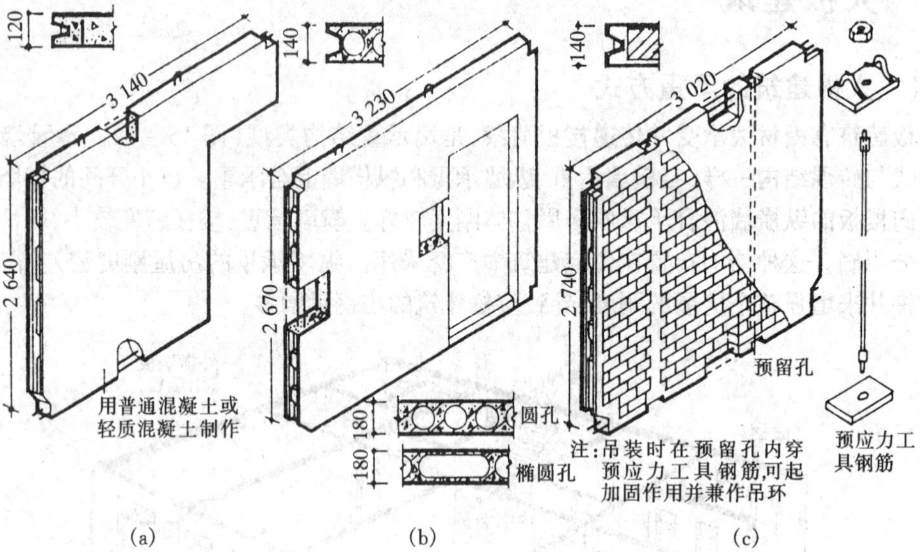

图 15－2 各种内墙板
(a)实心墙板 (b)空心墙板 (c)振动砖墙板

隔墙板主要用于分隔建筑物内部房间，没有承重要求。为了减轻自重，提高隔音效果和防火、防潮性能，一般选用钢筋混凝土薄板、加气混凝土板、碳化石灰板和石膏板等。

2)外墙板

横墙承重时，山墙板是承重墙板，纵向外墙板是自承重或非承重的。外墙板应该满足保温、防止风雨渗透等围护要求，同时也应考虑立面的装饰作用。此外，外墙板应有一定的强度，使它可以承担一部分地震力和风力。为满足上述要求，外墙板可以采用由两种以上材料制成的复合墙板或者轻质材料做成的单一材料的墙板。复合板一般用钢筋混凝土作受力层，轻质材料做保温层；单一板采用的材料可以是矿渣混凝土、陶粒混凝土和加气混凝土等(图 15－3)。

2. 楼板和屋面板

为了加强房屋的整体刚度，宜用整间的预应力混凝土大楼板和屋面板。当吊装和运输设备不允许时，也可以每间安装两块板或三块板拼接起来(板间现浇一条钢筋混凝土带)。钢筋混凝土楼板的构造形式通常可用空心板、实心板、肋形板，肋形板中填充轻质材料，如炉渣混凝土块、加气混凝土块和泡沫混凝土块等。板的四周预留缺口和甩出连接钢筋，以便与墙板连接(图 15－4)。

3. 其他构件

大板建筑的其他构件包括阳台板、楼梯、挑檐板和女儿墙板等。

15.2.3 大板建筑的节点构造

大板建筑的节点构造包括板材间的连接和外墙板的接缝处理。节点要满足强度、刚度、延

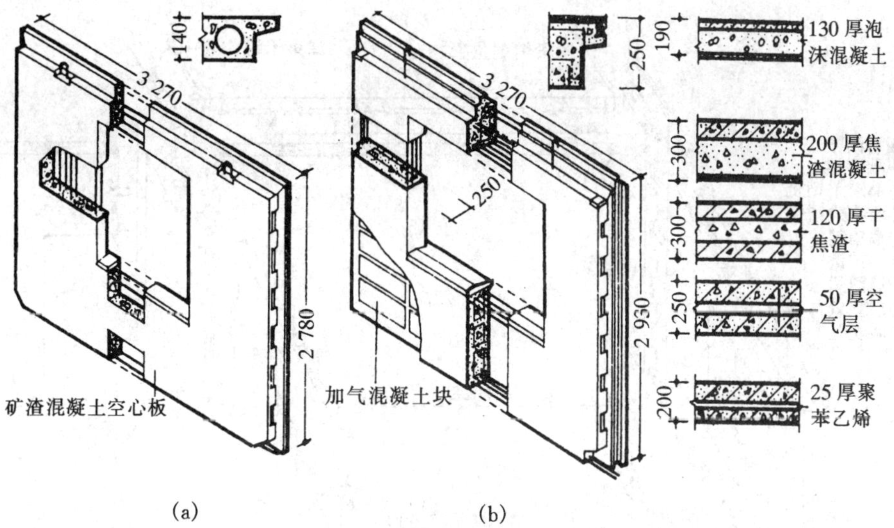

图 15－3　各种外墙板

(a)单一材料外墙板　(b)复合材料外墙板

性以及抗腐蚀、防水、保温等构造要求。节点的性能如何，直接影响整个建筑物的整体性、稳定性和使用年限。

1. 板材连接

板材连接有干法连接和湿法连接两种。

1）干法连接

干法连接是借助预埋在板材边缘的铁件通过焊接或螺栓将板材连成一体（图 15－4⑤⑥）。这种方法施工简便，接头处不需要养护就能马上受力，对施工速度无影响。但干法连接耗钢量大，连接铁件的质量要求高，目前我国很少采用这种方法。

2）湿法连接

湿法连接是在板材边缘预留钢筋（称为甩筋），安装时先将这些甩筋相互绑扎或焊接，然后在板缝中浇灌混凝土，使所有楼板的四周形成现浇圈梁，所有墙板竖缝中形成现浇的构造柱（构造柱内事先插入竖向钢筋），并在板材四周还预留若干个键槽，浇注混凝土后，键槽处形成与圈梁和小柱连在一起的销键（图 15－4）。这种连接方法的刚度好、强度大、整体性强，但施工工序多，而且需要养护时间。

2. 外墙板的接缝构造

大板建筑的板缝处理直接影响房屋的渗漏、保温、结构强度以及施工方便和经济合理等方面，板缝的防水和保温是接缝处理中的主要问题。板缝的保温处理方法一般是在接缝处附加一定厚度的轻质保温材料，如泡沫聚苯乙烯板、矿棉板等，或用轻混凝土灌缝。在有保温材料的接缝中，如果有水侵入不仅会降低保温效果，而且还可能使保温材料遭到破坏，故防水质量尤为重要。

板缝防水的措施有两种：构造防水和材料防水。

1）构造防水

在墙板四边应设置滴水、挡水台、凹槽等，以便利用水的重力作用排除雨水或切断雨水的

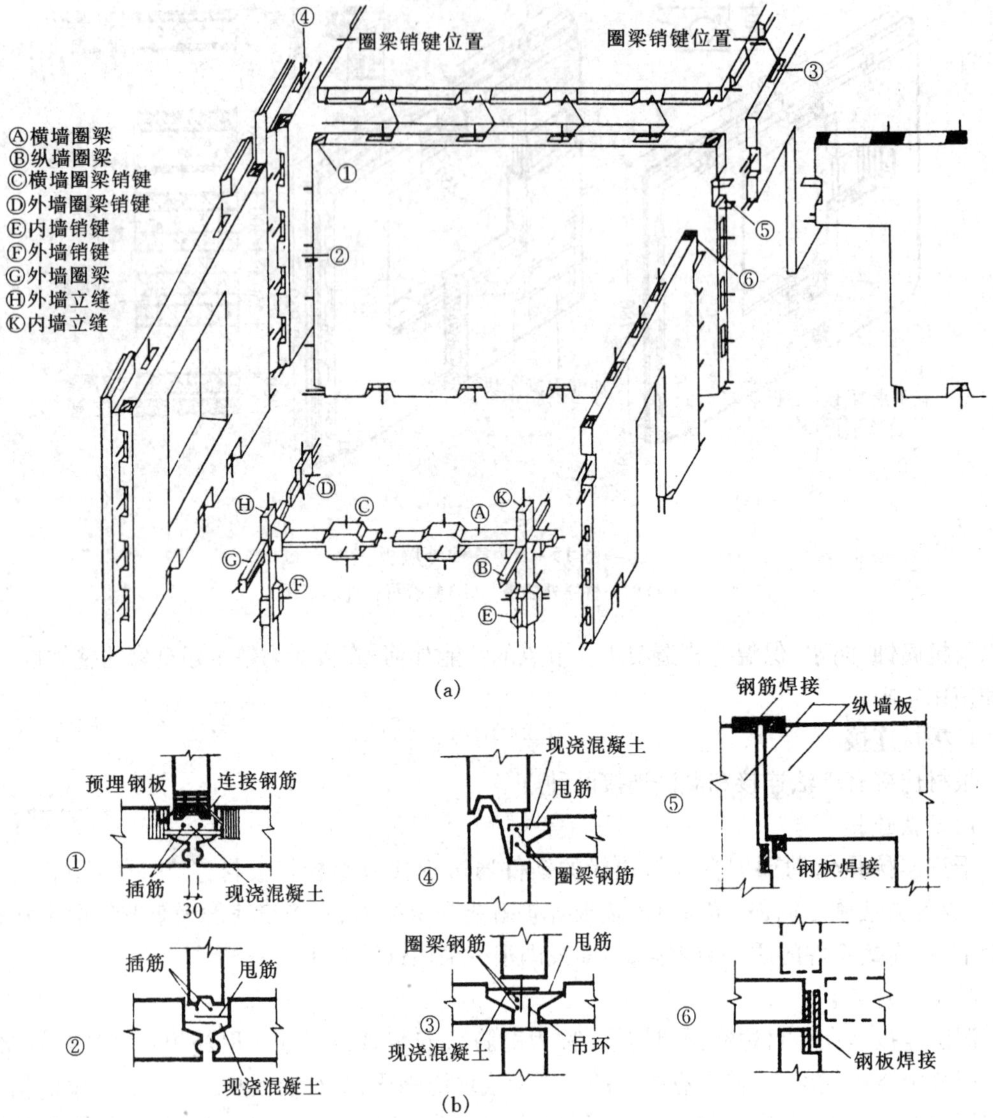

图 15-4 板材连接构造

(a)板材连接轴测图 (b)现浇圈梁及立缝中的小柱

通路,达到防水效果。常用的防水构造有水平缝做法(图 15-5)、垂直缝做法(图 15-6)以及十字缝防水做法(图 15-7)。水平缝是上下墙板之间的接缝。垂直缝是左右两墙板之间的接缝。十字缝是指垂直缝与水平缝的交叉口。这些方法经济、耐久、便于施工,但墙板外形较复杂,在运输、堆放、吊装时须注意防止墙边、墙角损坏。

2)材料防水

在外墙板接缝处采用有弹性和附着性的嵌缝材料或衬垫材料封闭接缝,以适用墙板的变形。材料防水的优点是墙板边缘形状简单,制作方便。根据材料性质的不同可分为两类。

(1)塑性材料嵌缝 塑性材料嵌缝即采用防水油膏和胶泥等嵌缝(图 15-8(a))。嵌缝防水材料应具有塑性大、高温不流淌、低温不脆裂、不易老化,并能和砂浆、混凝土等粘接在一

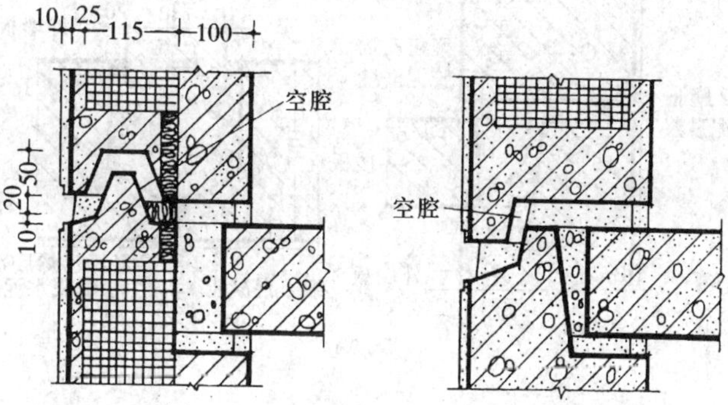

(a)　(b)

图 15－5　水平缝做法

(a)企口缝　(b)高低缝

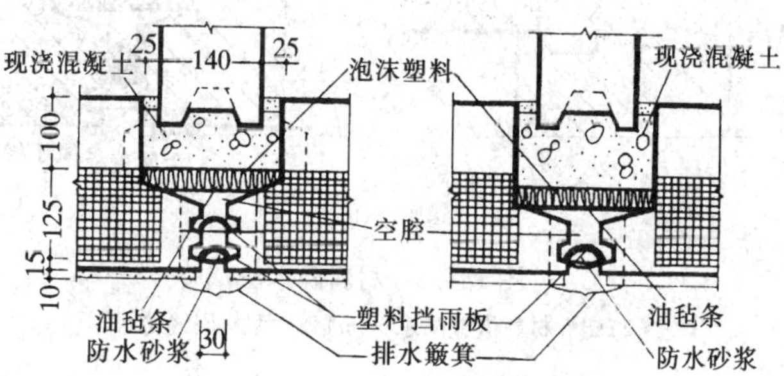

图 15－6　垂直缝做法

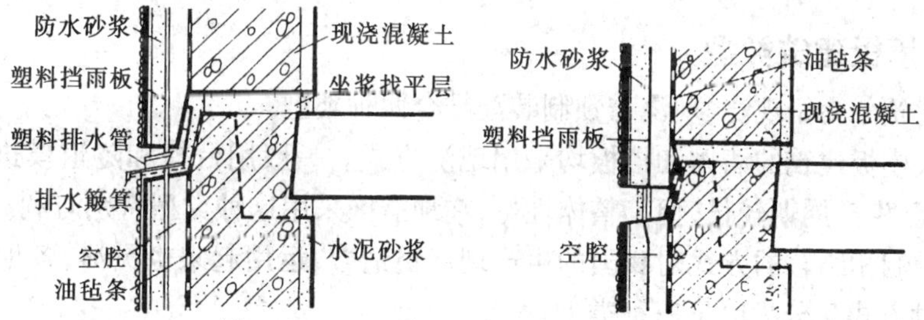

(a)　(b)

图 15－7　十字缝防水做法

(a)分层排水　(b)通腔排水

起的性能。

(2)弹性型材嵌缝　弹性型材嵌缝即接缝处用定型弹性条作密封防水(图 15－8(b))。弹性条有金属弹性卡、聚氯丁二烯软管、氯丁橡胶型材等。

在实践中常采用构造防水和材料防水相结合的处理方法。

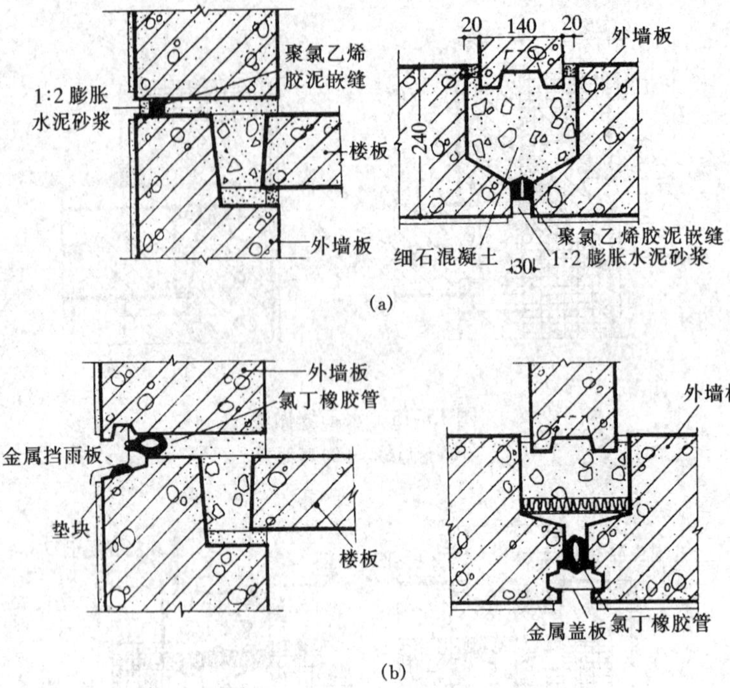

图 15－8 材料防水法

(a)塑性材料嵌缝防水 (b)弹性型材嵌缝防水

15.3 大模板建筑

15.3.1 大模板建筑类型

大模板建筑分为全现浇、现浇与预制装配结合两种类型。

全现浇大模板建筑的墙体和楼板均采用现浇方式。一般用台模和隧道模进行施工，技术装备条件较高，生产周期较长，但其整体性好，在地震区采用这种类型特别有利。

现浇与预制相结合的方式对我国的生产现状更适合，运用起来也灵活，各地采用较多(图15－9)。这种方式又分为以下三种类型。

1. 内外墙全现浇

这种方式系内外墙全部为现浇混凝土，楼板采用预制大楼板。其优点是内外墙之间为整体连接，建筑物的空间刚度增强，但外墙支模复杂，外墙的装修工作量较大，一般用于多层建筑。

2. 内墙现浇外墙挂板

这种方式系内墙用大模板现浇混凝土墙体，外墙用预制大墙板支承(悬挂)在现浇内墙上，楼板则用预制大楼板。这种类型简称为"内浇外挂"。其优点是外墙的保温和装修更容易解决，建筑物的空间刚度也可得到保证。这种类型兼有大模板与大板两种建筑体系的优点，目前在我国高层大模板建筑中应用最为普遍。

3. 内墙现浇外墙砌砖

这种方式内墙采用大模板现浇，外墙用砖砌筑，楼板则用预制大楼板或条板，简称为"内

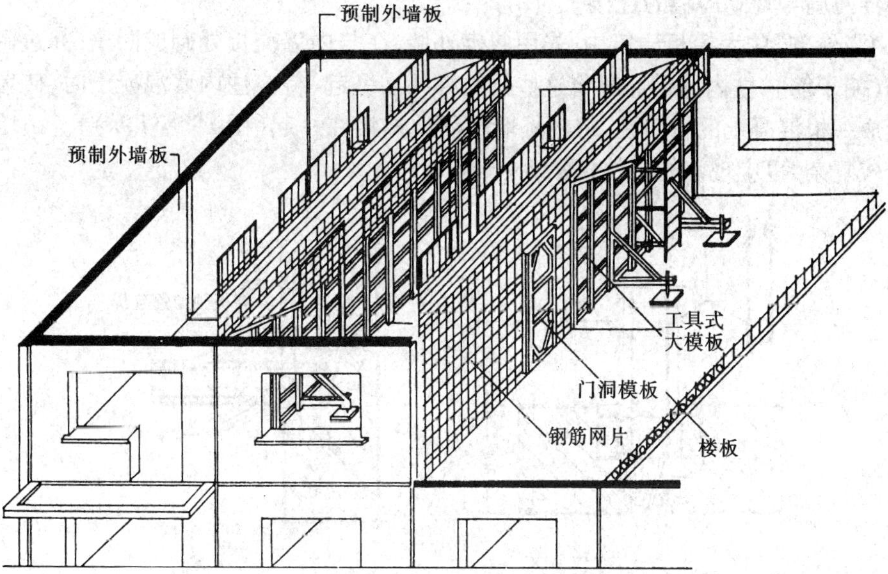

图 15－9　大模板建筑

浇外砌”。砖砌外墙较混凝土墙的保温性能好且便宜,故在多层大模板建筑中曾经运用较多。但因现场砌筑工作量大,工期较长,高层大模板建筑很少采用这种类型。

15.3.2　大模板建筑的节点构造

大模板建筑的节点构造是指墙体与墙体的连接、墙体与楼板的连接。外挂板的板缝防水构造与大板建筑完全相同,这里不再重复。

1. 现浇内墙与外挂墙板的连接

在“内浇外挂”的大模板建筑中,外墙板是在浇内墙前先安装就位,并将预制外墙板的甩出钢筋与内墙钢筋绑扎在一起,在外墙板中插入竖向钢筋(图 15－10(a)),上下板的甩出钢筋也相互搭接焊牢(图 15－10(b)),当浇注内墙混凝土时这些接头连接便将内外墙锚固成整体。

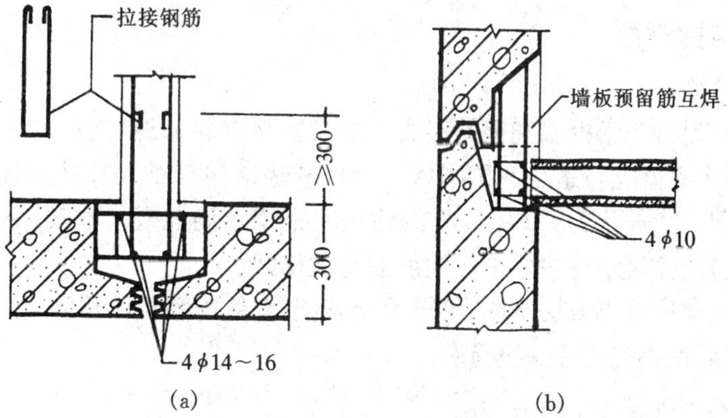

图 15－10　现浇内墙与外挂板连接

(a)内外墙连接(平面)　(b)山墙板楼板连接(剖面)

2. 现浇内墙与外砌砖墙的连接

在“内浇外砌”的大模板建筑中,先用砖砌外墙,在与内墙交接处砌成凹槽,并边砌边放入锚拉钢筋(胡子筋),立内墙钢筋时将这些钢筋绑扎在一起,待浇注内墙混凝土时,砖墙的预留凹槽便形成一根混凝土的构造柱,将内外墙牢固地连接在一起(图 15－11(a))。山墙转角处由于受力较复杂,也应现浇构造柱(图 15－11(b))。

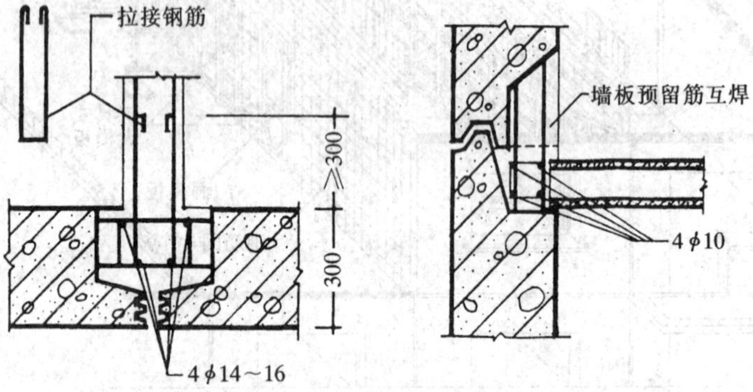

图 15－11 现浇内墙与外砌砖墙的连接
(a)内外墙交接处构造 (b)山墙转角处构造

3. 现浇内墙与预制楼板的连接

安装楼板时,可将钢筋混凝土楼板伸进现浇墙内 35～45 mm,使相邻两楼板之间至少有 70～90 mm 的空隙作为现浇混凝土的位置。楼板端头甩出的连接筋与墙体竖向钢筋及水平附加钢筋相互搭接,浇筑墙体时,在楼板之间形成一条钢筋混凝土现浇带将楼板与墙体连接成整体(图 15－12)。外墙采用砖砌筑时,则在砖墙内的楼板部位设钢筋混凝土圈梁,见图 15－12 中 1－1 的剖面节点构造。

15.4 框架板材建筑

15.4.1 框架结构类型

1. 按所用材料分

框架按所用材料分为钢框架和钢筋混凝土框架。从材料来源、造价和防火性能等方面考虑,采用钢筋混凝土框架比较适合我国国情。但从减轻结构自重、加快施工速度方面考虑,则采用钢框架较有利。一般认为,30 层以下的建筑可采用钢筋混凝土框架,更高的建筑才采用钢框架。我国目前的建筑结构主要采用钢筋混凝土框架。

钢筋混凝土框架按施工方法不同,可分为全现浇、全装配和装配整体式。全现浇框架现场湿作业多,故采用后两种施工方法更有利。

2. 按构件组成情况分

按构件组成情况框架可分为三种,即板柱框架、梁板柱框架和框剪结构(图 15－13)。板柱框架是由楼板和柱组成的框架。楼板可以是梁和板合一的肋形楼板,也可是实心大楼板。梁板柱框架是由梁、楼板、柱组成的框架。框剪结构是在以上两种框架中增设一些剪力墙。剪

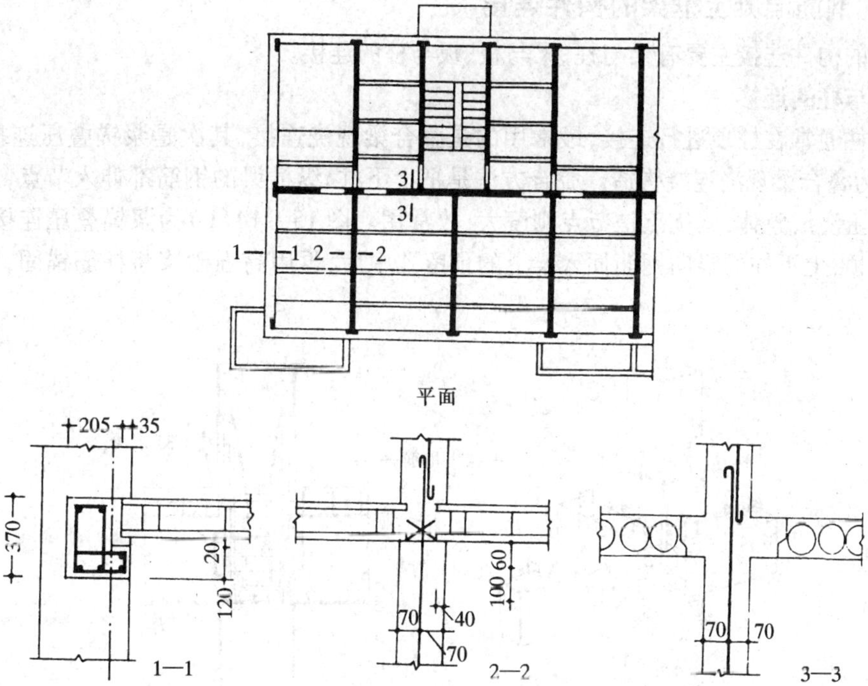

图 15－12　墙与楼板连接

力墙主要承担水平荷载，使建筑物的刚度增加，简化框架的节点构造，故框剪结构在高层建筑中采用较普遍。框剪结构多用于 10～25 层的建筑。

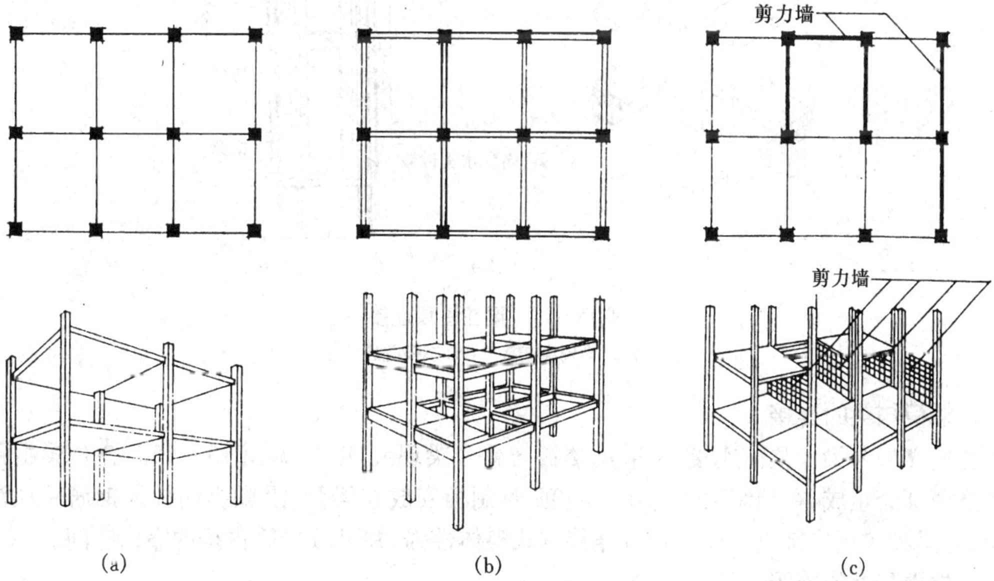

图 15－13　框架结构类型

(a)板柱框架系统　(b)梁板柱框架系统　(c)剪力墙框架系统

15.4.2 钢筋混凝土框架的构件连接

框架的构件连接主要有梁与柱、梁与板、板与柱的连接。

1. 梁与柱的连接

梁与柱通常在柱顶进行连接，最常用的是叠合梁现浇连接，其次是浆锚叠压连接。图15－14(a)为叠合梁现浇连接构造。叠合方法是把上下柱、纵横梁的钢筋都伸入节点，加配箍筋后灌混凝土浇成整体，其优点是节点刚度大，故常用。图15－14(b)为浆锚叠压连接，将纵横梁置于柱顶，上下柱的竖向钢筋插入梁上的预留孔中后，再用高强砂浆将柱筋锚固，使梁柱连接成整体。

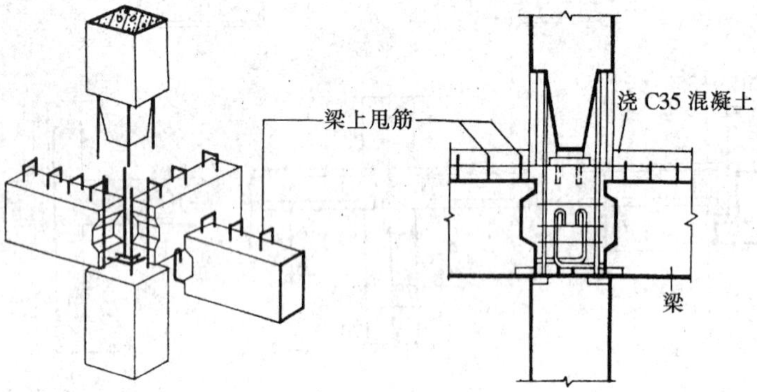

(a)

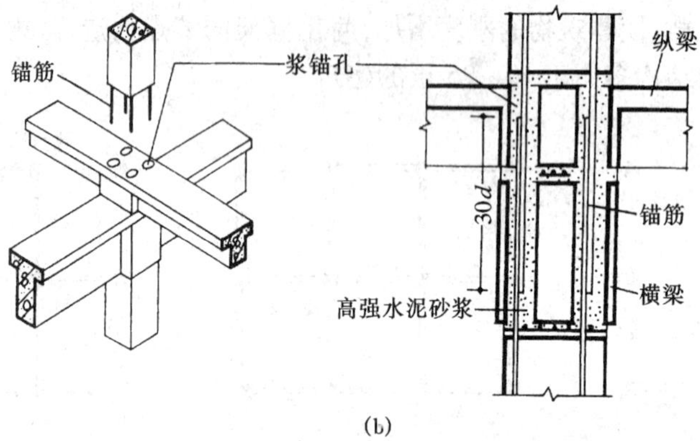

(b)

图15－14 梁在柱顶连接

(a)叠合梁现浇连接 (b)浆锚叠压连接

2. 楼板与梁的连接

为使楼板与梁作整体连接，常采用楼板与叠合梁现浇连接，见图15－15。叠合梁由预制和现浇两部分组成，在预制梁上部留出箍筋，预制板安放在梁侧，沿梁纵向放入钢筋后现浇混凝土，将梁和楼板连接成整体。这种连接方式整体性强，并可减少梁占据的室内空间。

3. 楼板与柱的连接

在板柱框架中，楼板直接支承在柱上，其连接方法可用现浇连接、浆锚叠压连接和后张预应力连接，见图15－16。前两种连接方法与梁柱连接是相同的。后张预应力连接法是在柱上预留穿筋孔，预制大型楼板安装就位后，预应力钢丝索从楼板边槽和柱上预留孔中通过，当预应力钢丝张拉后，在楼板边槽中灌混凝土，待混凝土强度达到70%时放松预应力钢丝索，楼板与柱便连成整体。这种方法构造简单，连接可靠，施工方便快捷，在我国各地均有采用。

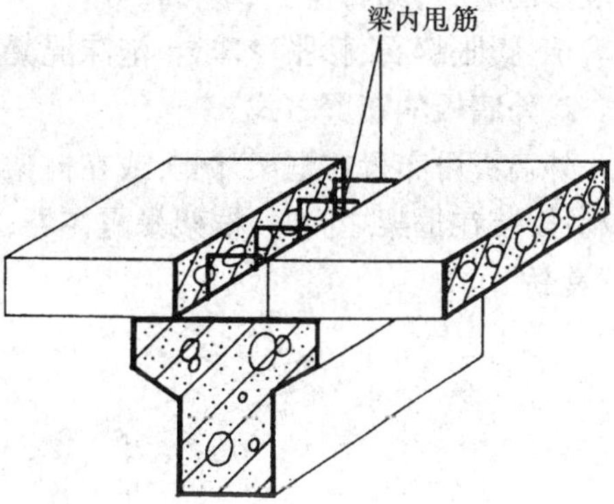

图 15－15　楼板与梁的连接

15.4.3　外墙板

1. 外墙板的类型

按所使用材料，外墙板可分为四类：单一材料的混凝土墙板、复合材料墙板、玻璃幕墙和金属幕墙。复合材料通常由三层组成，即内外壁层和夹层。外壁选用耐久性和防水性均较好的材料，如钢丝网水泥等；内壁选用防火性能好，又便

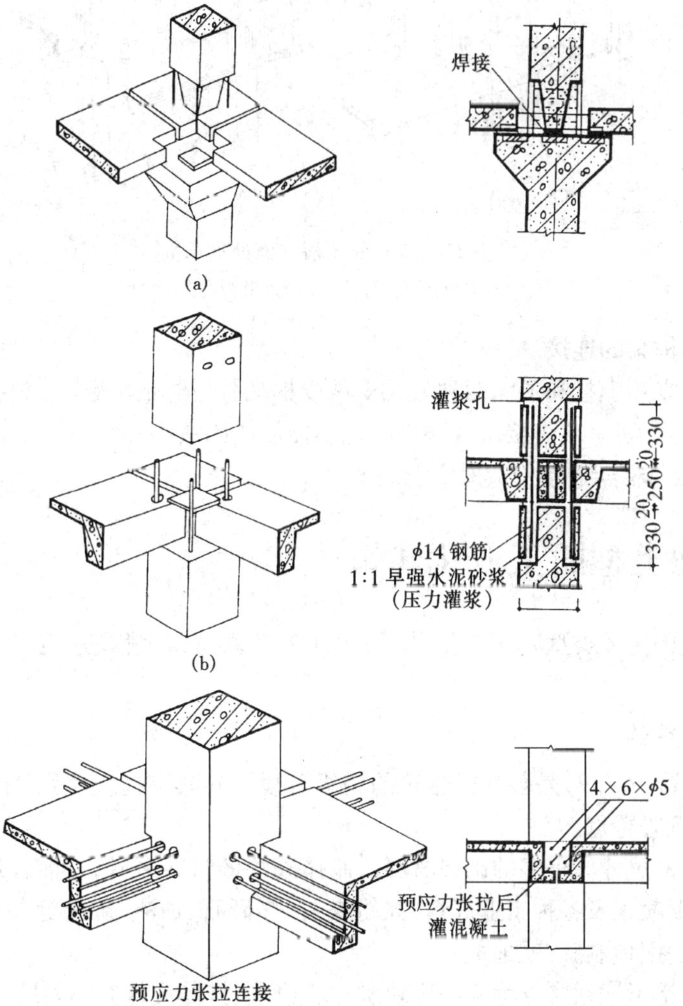

图 15－16　楼板与柱的连接

(a)现浇连接　(b)浆锚叠压连接　(c)预应力张拉连接

于装修的材料，如石膏板、塑料板等；夹层选用密度小、保温隔热性能好且价廉的材料，如矿棉、玻璃棉、膨胀蛭石、膨胀珍珠岩、泡沫混凝土、泡沫塑料等。

2. 外墙板的布置方式

外墙板可布置在框架外侧，或在框架之间，见图 15－17。外墙板安装在框架外侧对保温有利；安装在框架之间时，框架暴露在外，在构造上需作保温处理，防止外露的框架柱和楼板成为“冷桥”。

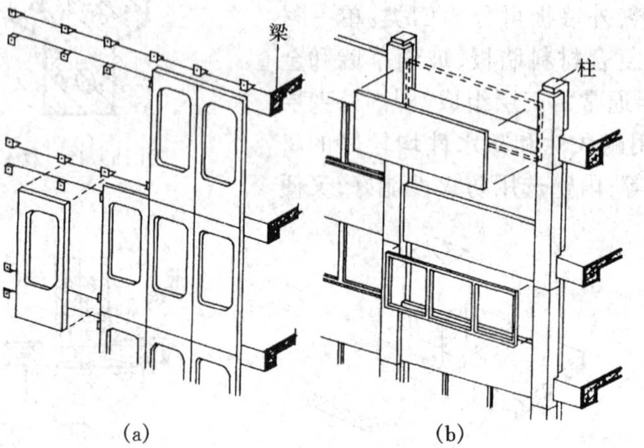

图 15－17 外墙板立面处理示例

(a)外墙板在框架外侧 (b)外墙板在框架之间

3. 外墙板与框架的连接

外墙板可以采用上挂和下承两种方式支承于框架柱、梁和楼板上。根据不同的板材类型和板材的布置形式，可采用焊接法、螺栓栓接法、插筋锚固法将外墙板固定在框架上。图 15－18 是各种外墙板与框架连接构造的实例。

15.5 其他类型的工业化建筑

工业化建筑的主要类型除了以上几种外，还有砌块建筑、滑模建筑、升板建筑、盒子建筑等。

15.5.1 砌块建筑

砌块建筑(图 15－19)是装配式建筑的初级阶段。它具有适应性强、生产工艺简单、技术效果良好、造价低等特点。

砌块是比砖的尺寸大得多的砌墙材料。制作砌块的材料多样，目前各地广泛采用的材料有混凝土、加气混凝土及各种工业废料，如粉煤灰、煤矸石、炉渣、矿渣等。生产砌块应结合各地区的实际情况，因地制宜，就地取材。

砌块按其构造形式通常分为实心砌块和空心砌块，按其质量大小和尺寸大小分为三类：小型砌块(每块 20 kg 以下)、中型砌块(每块 350 kg 以下)、大型砌块(每块 350 kg 以上)。小型砌块可用手工砌筑，施工技术完全与砖混结构一样；中型砌块需要用轻便的小型吊装设备施工；大型砌块则需要比较大的吊装设备。我国最常用的是小型砌块和中型砌块。

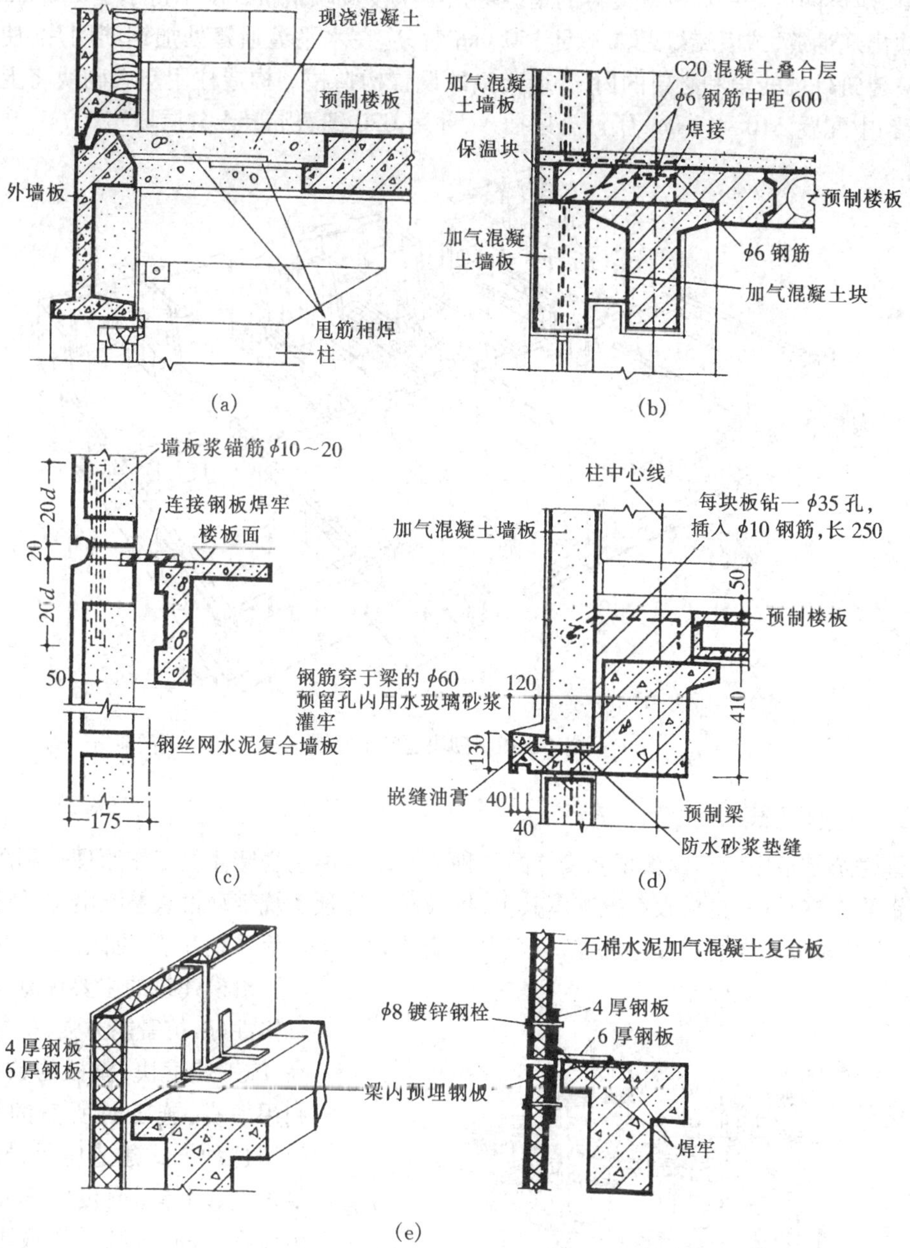

图 15－18　外墙板与框架连接

(a)钢筋混凝土复合外墙板与框架的连接　(b)加气混凝土外墙板与框架的连接
(c)钢丝网水泥复合墙板与框架的连接　(d)加气混凝土外墙与框架的连接
(e)石棉水泥复合外墙板与框架的连接

无论哪种砌块，其长度和高度常以 100 mm 为模数。其中最大长度一般不超过高度的三倍，砌块的厚度与墙身厚度相同。

砌块建筑的构造与砖混结构基本相同。一般砌块采用 M5 级砂浆砌筑，水平灰缝、垂直灰缝一般为 15～20 mm。当垂直灰缝大于 30 mm 时，须用 C20 细石混凝土灌实。为增强建筑整体性，每层应设圈梁。中型砌块砌体的错缝搭接上下皮砌块搭接长度不得小于 150 mm。当上下皮砌块出现通缝，或者错缝距离不足 150 mm 时，应在水平缝通缝处加钢筋网片，使之拉结成整体。建筑外墙转角和必要的内、外墙交接处设置构造柱。构造柱用空心砌块将上下孔洞对齐，于孔中配置 $\phi10 \sim 12$ mm 钢筋分层插入，并用 C20 细石混凝土分层填实。

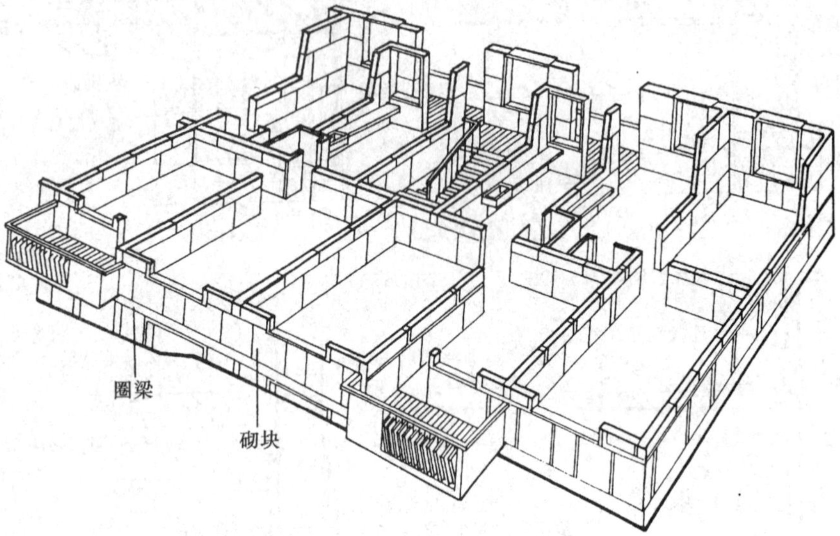

图 15－19　砌块建筑示意图

15.5.2　滑模建筑

滑模建筑是指用滑升模板现浇墙体的一种建筑。滑模现浇墙体的工作原理是利用墙体内的竖向钢筋作支承杆，将模板系统支承其上，用液压千斤顶系统带动模板系统沿支承杆慢慢向上滑移，边升模板边浇注混凝土墙体，直至顶层墙体后才将模板系统卸下，见图 15－20。

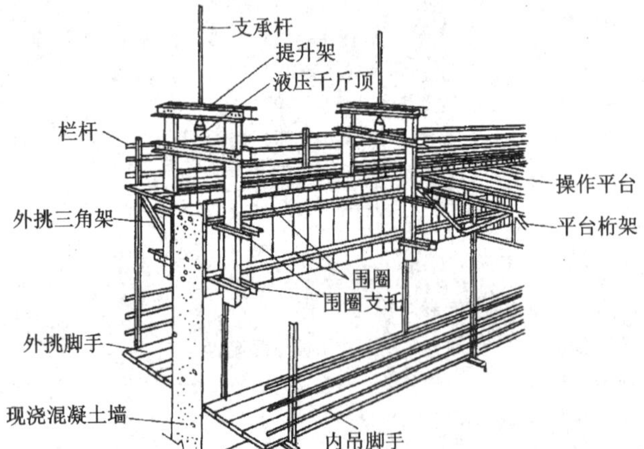

图 15－ 20　滑膜施工示意

滑模建筑的主要优点是结构的整体性好，抗震能力强，机械化程度高，施工速度快，模板的数量少，且利用率高，施工时所需的场地小。但用这种方式建造房屋，操作精度要求高，墙体垂直度的偏差不能超出允许范围，否则将酿成事故。滑模建筑适用于外形简单整齐、上下壁厚相同的建筑物和构筑物，如多层和高层建筑、水塔、烟囱、筒仓等。我国深圳国际贸易中心大厦 53 层的主楼部分，便是采用滑模施工的。

滑模建筑通常有三种类型。第一种是内外墙全部用滑模现浇混凝土。第二种是内墙用滑模现浇混凝土，外墙用预制墙板，有利于外墙的保温和装修。第三种是滑模浇注楼梯间、电梯间等构成筒体结构,其余部分用框架或大板结构,这种多见于高层建筑。

15.5.3　升板升层建筑

升板升层建筑是指先立柱子,然后在地坪上浇筑楼板、屋面板,通过特制的设备提升就位的一种建筑,只提升楼板的叫"升板",在提升楼板的同时,连墙体一起提升的叫"升层"。

图 15-21 为升板建筑做法示意图。第一步是做基础,即在平整好的场地开挖基槽,浇筑柱基础。第二步是在基础上立柱子,大多采用预制柱。第三步是打地坪。地坪做好后,可在上面预制楼板。第四步是叠层预制楼板和屋面板,板与板之间用隔离剂隔开。第五步是逐层提升。为了避免在提升过程中柱子失去稳定性而使房屋倒塌,楼屋面板不能一次提升到设计位置,而是分若干次进行,要防止上重下轻。第六步是逐层就位,即从底到顶逐层将楼板和屋面板分别固定在各自的设计位置上,直至最后全部就位。

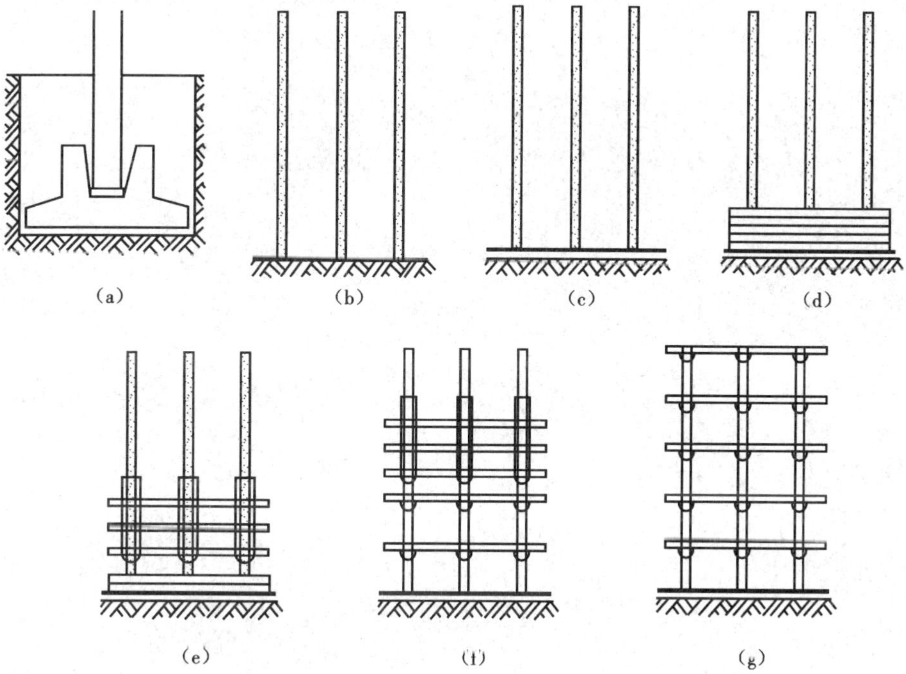

图 15-21　升板建筑施工顺序

(a)做基础　(b)立柱子　(c)打地坪　(d)叠层预制楼板　(e)逐层提升　(f)逐层就位　(g)全部就位

升板建筑的优越性很明显。由于是在建筑物的地坪上叠层预制楼板,不需要底模,可以大大节约模板;把许多高空作业转移到地面上进行,可以提高效率,加快进度;预制楼板是在建筑物本身平面范围内进行,不需要占用太多的施工场地。因此,升板建筑主要适用于隔墙少、楼面荷载大的多层建筑,如商场、书库、车库和其他仓贮建筑,特别适合于施工场地狭小的地段建造房屋。

15.5.4　盒子建筑

盒子建筑是指在工厂预制成整间的空间盒子结构,运到工地进行组装的建筑(见图 15-22)。一般在工厂不但完成盒子的结构部分和维护部分,而且内部的装修也在工厂做好,甚至连家具、地毯、窗帘等也已布置好,只要安装完成,接通管线,即可交付使用。

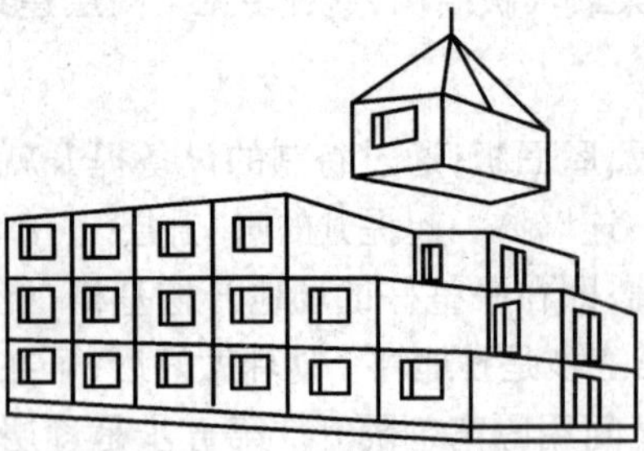

图 15-22 盒子建筑示意

盒子建筑的主要优点在于:施工速度快,生产效率高;装配化程度高,修建的大部分工作,包括水、暖、电、卫等设备安装和房屋装修等都移到工厂完成,施工现场只余下构件吊装、节点处理,接通管线就能使用;混凝土盒子构件是一种空间薄壁结构,自重很轻,与砖混建筑相比,可减轻结构自重的一半以上。

盒子建筑是装配化程度最高的一种形式。目前,影响盒子建筑推广使用的主要原因是建造盒子构件的预制厂投资过大。

第 4 篇　建筑施工

第 16 章 主体工程

16.1 深基础工程

一般工业与民用建筑物多采用天然浅基础，它造价低，施工简便。如果天然浅土层软弱，可采用机械压实、强夯、深层搅拌、堆载预压、砂桩挤密、化学加固等方法进行人工加固，形成人工地基浅基础。如深部土层机样软弱，建筑物系上部荷载很大的工业建筑或对变形和稳定有严格要求的一些特殊建筑或高层建筑，无法采用浅基础时，则需要经过技术经济比较后采用深基础。

深基础是指桩基础、墩基础、深井基础、沉箱基础和地下连续墙等，其中桩基础应用最广。深基础不但可用深部较好的土层来承受上部荷载，还可用深基础周壁的摩擦阻力来共同承受上部荷载，因而其承载力高、变形小、稳定性好，但其施工技术复杂、造价高、工期长。

16.1.1 桩基础

桩基础是一种常用的深基础形式，它由桩和桩顶的承台组成。

按桩的受力情况，桩分为摩擦桩和端承桩两类。前者桩上的荷载由桩侧摩擦力和桩端阻力共同承受；后者桩上的荷载主要由桩端阻力承受。

按桩的施工方法，桩分为预制桩和灌注桩两类。预制桩是在工厂或施工现场制成的各种材料和形式的桩（如木桩、钢筋混凝土方桩、预应力钢筋混凝土管桩、钢管或型钢的钢桩等），而后用沉桩设备将桩打入、压入、旋入或振入（有时还兼用高压水冲）土中。钢筋混凝土预制桩能承受较大的荷载、坚固耐久、施工速度快，但对周围环境影响较大，是我国广泛应用桩型之一。常用的为钢筋混凝土方形实心断面桩和圆形实心断面桩。除此之外，预应力混凝土桩也正推广应用。钢筋混凝土方桩的截面尺寸，边长多为 250 ~ 550 mm，单根桩或多节桩的单根长度，应根据桩架高度、制作场地、运输和装卸能力而定；多节桩如用电焊法点接桩时，节点的竖向位置尚应辟开土层中的硬夹层。桩的接头不宜超过两个。如在工厂制作，长度不宜超过 12 m；如在现场预制，长度不宜超过 30 m。

钢筋混凝土圆柱体空心管桩，是以离心法在工厂生产的，通常都施加预应力，直径为 400 mm 和 500 mm；壁厚 80 ~ 100 mm，每节长 8 ~ 10 m，用法兰连接，下节桩低端可设桩尖，亦可以是开口的。

灌注桩是在施工现场的桩位上用机械或人工成孔，然后在孔内灌注混凝土或钢筋混凝土而成。根据成孔方法不同分为钻、挖、冲孔灌注桩，沉管灌入桩和爆扩桩。如在成孔内灌注砂、石灰等，则称为砂桩、石灰桩等。

灌注桩能适应地层的变化，无须接桩，施工时无震动、无挤土和噪音小，宜在建筑物密集地区使用。但其操作要求严格，施工后需一定养护期，且不能立即承受荷载。

16.1.2 地下连续墙

地下连续墙是近几十年来在地下工程和深基础工程中发展起来并应用较广泛的一项技

术。近年来,高层建筑、地铁及各种大型地下设施日益增多,其基础埋置深度大,再加上周围环境和施工场地的限制,无法采用传统的施工方法,地下连续墙便成为深基础施工的有效手段。地下连续墙可以用作深基坑的支护结构,亦可以用作建筑物的地下室外墙,后者更为经济。我国的广州白天鹅宾馆、花园饭店,北京的王府井宾馆,上海的金茂大厦、海仑宾馆、国际贸易中心、地铁1号线的各车站等基础工程和地下工程皆有效地采用了地下连续墙。

地下连续墙的优点是刚度大,既挡土又挡水,施工时无震动,噪音低,可用于任何土质,还可用于逆筑法施工。其缺点是成本高,施工技术较复杂,需配备专用设备,施工中用的泥浆要妥善处理,否则有一定的污染性。

地下连续墙的施工过程,是利用专用的挖槽机械在泥浆护壁下开挖一定长度(一个单元槽段),挖至设计深度并清除沉渣后,插入接头管,再将在地面上加工好的钢筋笼用起重机吊入充满泥浆的沟槽内,最后用导管浇注混凝土,待混凝土初凝后拔出接头管,一个单元槽段即施工完毕。如此逐段施工,即形成地下连续的钢筋混凝土墙。

16.2 砌筑工程

砌筑工程是指普通黏土砖、硅酸盐类砖、石块和各种砌块的施工。

砖石建筑在我国有悠久的历史,目前在建筑工程中仍占有相当的比重。这种结构虽然取材方便、施工简单、成本低廉,但它的施工仍以手工操作为主,劳动强度大、生产效率低,而且烧制黏土砖占用大量农田,因而采用新型墙体材料,改善砌体施工工艺是砌筑工程改革的重点。

砌筑工程是一个综合的施工过程,它包括砂浆制备、材料运输、脚手架搭设和墙体砌筑等。

16.2.1 准备工作

1. 砌筑材料

砌筑工程所用材料主要是砖、石或砌块以及砌筑砂浆。

常温下砌砖,对普通黏土砖、空心砖的含水率宜为10% ~15%,一般应提前半天至1天浇水润湿,避免砖吸收砂浆中过多的水分而影响黏结力,并可除去砖面上的粉末。但浇水过多会产生砌体走样或滑动。气候干燥时,石料亦应先洒水润湿。但灰砂砖、粉煤灰砖不宜浇水过多,其含水率控制在5% ~8%为宜。

砌筑砂浆有水泥砂浆、石灰砂浆和混合砂浆。砂浆种类选择及其等级的确定,应根据设计要求。

水泥砂浆和混合砂浆可用于砌筑潮湿环境和强度要求高的砌体,但对于基础一般只用水泥砂浆。

石灰砂浆宜用于砌筑干燥环境中以及强度要求不高的砌体,不宜用于潮湿环境的砌体及基础,因为石灰属气硬性胶凝材料,在潮湿环境中,石灰膏不但难以结硬,而且会出现溶解流散现象。

制备混合砂浆和石灰砂浆用的石灰膏,应经筛网过滤并在化灰池中熟化7天以上,严禁使用脱水硬化的石灰膏。

砂浆的拌制一般用砂浆搅拌机,要求拌和均匀。为改善砂浆的保水性可掺入黏土、电石膏、粉煤灰等塑化剂。砂浆应随拌随用,常温下,水泥砂浆和混合砂浆必须分别在搅拌后3 h和4 h内使用完毕,如气温在30 ℃以上,则必须分别在2 h和3 h内用完。

砂浆稠度的选择主要根据墙体材料、砌筑部位及气候条件而定。对于一般实心砖墙和柱，砂浆的流动性宜为70～100 mm；砌筑平拱过梁、毛石及砌块宜为50～70 mm。

2. 脚手架

砌筑用脚手架是砌筑过程中堆放材料和工人进行操作的临时性设施。按其搭设位置分为外脚手架和里脚手架两大类；按其所用材料分为木脚手架、竹脚手架与金属脚手架；按其构造形式分为多立杆式、框式、桥式、吊式、挂式、升降式以及用于楼层间操作的工具式脚手架等。对脚手架的基本要求是：其宽度应满足工人操作、材料堆置和运输的需要，坚固稳定，装拆简便，能多次周转使用。脚手架的宽度一般为1.2～1.5 m，砌筑用脚手架的每步架高一般为1.2～1.4 m，外脚手考虑到砌筑、装饰两用，其步架高一般为1.6～1.8 m。

3. 材料运输

砌筑工程中不仅要运输大量的砖（或砌块）、砂浆，而且还要运输脚手架、脚手板和各种预制构件。不仅有垂直运输，而且有地面和楼面的水平运输。其中垂直运输是决定砌筑工程施工速度的重要因素。

常用的垂直运输机有塔式起重机、井架及龙门架。塔式起重机生产效率高，并可兼作水平运输，在可能条件下宜优先选用。井架也是砌筑工程垂直运输常用设备之一。

16.2.2　砌砖施工

1. 砌筑要求

砌砖工程质量的基本要求是：横平竖直、砂浆饱满、灰缝均匀、上下错缝、内外搭砌、接碴牢固。

2. 砌砖工艺

砌筑砖墙通常包括抄平、放线、摆砖样、立皮数杆、挂准线、铺灰、砌砖等工序。如是清水墙，则还要进行勾缝。

16.2.3　中小型砌块的施工

中小型砌块在我国已得到广泛应用。砌块按材料分，有粉煤灰硅酸盐砌块、普通混凝土空心砌块、煤矸石硅酸盐空心砌块等。砌块的规格不一，一般高度为380～940 mm，长度为高度的1.5～2.5倍，厚度为180～300 mm，每块砌块质量为50～200 kg。

由于中小型砌块体积较大、较重，不如砖块可以随意搬动，多采用专用设备进行吊装砌筑，因此在吊装前应绘制砌块排列图，以指导吊装砌筑施工。

16.3　结构吊装工程

在现场或工厂预制的结构构件或构件组合，用起重机械在施工现场把它们吊起并安装在设计位置上，这样形成的结构叫装配式结构。结构吊装工程就是有效地完成装配式结构构件的吊装任务。

结构吊装工程是装配式结构工程施工的主导工种工程，其施工特点如下：

①受预制构件的类型和质量影响大；

②正确选用起重机具是完成吊装任务的主导因素；

③构件所处的应力状态变化多；

④高空作业多,容易发生事故,必须加强安全教育,并采取可靠措施。

16.3.1 起重机械

结构吊装工程常用的起重机械主要有桅杆式起重机、自行式起重机和塔式起重机。

1. 桅杆式起重机

桅杆式起重机可分为:独脚拔杆、悬臂拔杆和牵缆式桅杆起重机。

桅杆式起重机具有制作简单、装拆方便、起重量大(可达 1 000 kN 以上)、受地形限制小等特点。但它的灵活性较差,服务半径小,移动较困难,并需要拉设较多的缆风绳,故一般只适用于安装工程量比较集中的工程。

2. 自行式起重机

自行式起重机分为履带式起重机和轮胎式起重机两种。自行式起重机的优点是灵活性大,移动方便;缺点是稳定性较差。

1)履带式起重机

履带式起重机是一种具有履带行走装置的转臂起重机。其起重量和起重高度较大,常用的起重量为 10~500 kN,目前最大起重量达 3 500 kN,最大起重高度达 135 m。由于履带接地面积大,起重机械能在较差的地面上行驶和工作,可带载移动,并可原地回转,故多用于单层工业厂房结构吊装。但其自重大,行走速度慢,转移时需要其他车辆搬运。

2)轮胎式起重机

轮胎式起重机分为汽车起重机和轮胎起重机。

(1)汽车起重机　汽车起重机是一种将起重作业部分安装在汽车通用或专用底盘上,具有载重汽车行驶性能的轮式起重机。根据吊臂结构可分为定长臂、接长臂和伸长臂三种,前两种多采用桁架结构臂,后一种采用箱形结构臂。根据传动动力,又可分为机械传动、液压传动和电力传动三种。因其机动灵活性好,能迅速转移场地,所以广泛应用于建筑工地。

(2)轮胎起重机　轮胎起重机不采用汽车底盘,而另行设计轴距较小的专门底盘。其构造基本上与履带式起重机相同,只是底盘上装有可伸缩的支腿,起重时可使用支腿以增加机身的稳定性,并保护轮胎。轮胎起重机的优点是行驶速度较高,能迅速地转移工作地点或工地,对路面破坏小。但这种起重机不适合在松软或泥泞地面上工作。

3. 塔式起重机

塔式起重机有竖立的塔身,吊臂安装在塔身顶部形成"Γ"形工作空间,因而具有较大的工作范围和起重高度,其幅度比其他起重机高,一般可达全幅度的 80%。塔式起重机在建筑施工中,尤其在高层建筑施工中得到广泛应用。它用于物料的垂直与水平运输和构件的安装。

塔式起重机按照行走机构,分为固定式、轨道式、轮胎式、履带式、爬升式和附着式等多种。固定式起重机的底座固定在轨道或地面上,或者塔身直接装在特制的固定基础上。轨道式起重机装有轨轮,在铺设的钢轨上移动,是应用最广泛的品种。轮胎式靠充气轮胎行走,履带式以履带底盘为行走支承,这两类起重机应用都不多。爬升式起重机置于建筑物内部,随着建筑物的升高,以建筑物为支承而升高。附着式是固定式的一种,也随着建筑物的升高而不断加长塔身,为了减少塔身的弯矩,在塔身上每隔一定高度用附着杆与建筑物相连。此外,还有一种用于工业建筑的塔桅起重机,是一种固定塔式与桅杆式相结合的起重机。

16.3.2 单层工业厂房结构吊装

单层工业厂房结构件有基础、柱、吊车梁、连系梁、天窗架、屋面板等。除基础为现浇外,其余构件多为预制构件。预制件在现场或预制构件厂预制，然后运到现场进行吊装，因此，单层工业厂房的施工关键是制定一个切实可行的结构吊装方案。

1. 起重机的选用

一般钢筋混凝土单层工业厂房的结构吊装，多采用自行式起重机。在无自行式起重机时，也可采用桅杆式起重机等。

1）起重机型号的选择

起重机型号选择取决于3个工作参数，即起重量、起重高度和起重半径。3个工作参数均应满足结构吊装的要求。

2）起重机台数的确定

起重机台数应根据厂房的工程量、工期和起重机的台班产量确定。

2. 结构吊装方法

单层工业厂房结构的吊装方法，有以下两种。

1）分件吊装法

起重机每开行一次，仅吊装一种或几种构件。通常分3次开行吊装完全部构件。

第一次开行，吊装全部桩子，经校正及最后固定，接头混凝土强度要达到70%设计强度。

第二次开行，吊装全部吊车梁、连系梁及柱间支撑。

第三次开行，依次按节间吊装屋架、天窗架、屋面板及屋面支撑等。

2）综合吊装法

起重机在厂房内一次开行中（每移动一次）就吊装完一个节间内的各种类型的构件。吊装的顺序先吊装4～6根柱子，并加以校正和最后固定；随后吊装这个节间内的吊车梁、连系梁、屋架和屋面板等构件。一个节间的全部构件吊装完后，起重机移至下一节间进行吊装，直至整个厂房结构吊装完毕。

3. 构件吊装工艺

预制构件吊装过程，一般包括绑扎、起吊、就位、临时固定、校正和最后固定等工序。

1）柱的吊装

①柱的绑扎，即柱身绑扎点和绑扎位置，要保证柱身在吊装过程中受力合理，不发生变形或裂断。

②柱的起吊方法，按柱的吊升过程中柱身运动的特点分旋转法和滑行法。

2）吊车梁的吊装

吊车梁吊装须在柱子最后固定好，接头混凝土达到70%设计强度后进行。吊车梁的绑扎应对准吊钩中心，起吊后使构件保持水平。

3）屋盖吊装

屋盖构件包括屋架（或屋面板）、屋架上下弦水平支撑和垂直支撑、天沟板和屋面板、天窗架和天窗侧板等，屋盖的吊装一般都按节间逐一采用综合吊装法。

第17章　装饰工程

装饰工程包括抹灰、饰面、刷浆、油漆、裱糊、花饰、铝合金和玻璃幕墙等工程，是建筑施工的最后一个施工过程。具体内容包括：内外墙面和顶棚的抹灰，内外墙饰面和镶面，楼地面的饰面，内墙裱糊，花饰安装，门窗等木制品和金属品安装，油漆以及墙面刷浆等。其作用是保护墙面免受风雨、潮气等侵蚀，改善隔热、隔音、防潮功能，提高卫生条件以及增加建筑物美观和美化环境。

17.1　抹灰工程

17.1.1　抹灰的分类和组成

抹灰工程按材料和装饰效果分为一般抹灰和装饰抹灰两大类。一般抹灰用石灰砂浆、水泥混合砂浆、水泥砂浆、聚合物水泥砂浆、膨胀珍珠岩水泥砂浆和麻刀石灰、纸筋石灰、石膏灰等材料。一般抹灰按质量要求和相应的主要工序分为普通抹灰、中级抹灰和高级抹灰三种。普通抹灰为一底层、一面层，两遍完成。其主要工序为分层赶平、修整和表面压光。中级抹灰为一底层、一中层、一面层，三遍完成。中级抹灰要求阳角找方，设置标筋（又称冲筋）控制厚度和表面平整度，分层赶平、修理和表面压光。高级抹灰为一底层、几遍中层、一面层，多遍完成。高级抹灰要求阴阳角找方，设置标筋，分层赶平、修整和表面压光。

17.1.2　一般抹灰施工

1. 施工顺序

在施工之前应安排好抹灰的施工顺序，目的是为了保护好成品。一般应遵循的施工顺序是先室外后室内、先上面后下面、先地面后顶墙。

2. 基层处理

为了使抹灰砂浆与基体表面黏结牢固，防止抹灰层产生空鼓现象，抹灰前应对基层进行必要的处理。

3. 抹灰施工

抹灰施工，按部位分墙面抹灰和顶棚抹灰。

(1) 中、高级墙面抹灰　为控制抹灰层厚度和墙面平直度，用与抹灰层相同的砂浆先做出灰饼和标筋，标筋稍干后以标筋为平整度的基准进行底层抹灰。如用水泥砂浆或混合砂浆，应待前一抹灰层凝结后再抹后一层；如用石灰砂浆，则应待前一层达到七八成干后，方可抹后一层。中层砂浆凝固前，亦可在层面上交叉划出斜痕，以增强与面层的黏结。

(2) 顶棚抹灰　应先在墙顶四周弹出水平线，以控制抹灰层厚度，然后沿顶棚四周抹灰并找平。顶棚面要求表面平顺，无抹纹和接碴，与墙面交角应成一直线。如有线脚，宜先用准线拉出线脚，再抹顶棚大面，罩面应两遍压光。

17.1.3　装饰抹灰施工

装饰抹灰是采用装饰性强的材料，或用不同的处理方法以及加入各种颜料，使建筑物具备某种特定的色调和光泽。随着建筑业的发展和人民生活水平的提高,装饰抹灰施工有很大发展,也出现不少新的工艺。

装饰抹灰的底层与一般抹灰的要求相同,只是面层根据材料及施工方法的不同而具有不同的形式。常用的装饰抹灰可采用水磨石、水刷石、干粘石、斩假石与仿斩假石,喷涂、滚涂与弹涂饰面等。

17.2 饰面工程

饰面工程包括用饰面砖、天然或人造石饰面板进行室内外墙面饰面,以及用装饰外墙板进行外墙饰面。

饰面砖有釉面瓷砖、面砖、马赛克等。饰面板有大理石、花岗岩等天然石板,预制水磨石、人造大理石等人造饰面板。

装饰外墙板是用正打印花、压花工艺或反打工艺使花饰、线条与墙板混凝土同时浇注成型,还可在混凝土中掺入颜料,制成彩色混凝土饰面层。

17.2.1 饰面砖镶贴

饰面砖镶贴的一般工艺程序如下:清理基层表面→润湿→基层刮糙→底层找平划毛→立皮数杆→弹线→贴灰饼→镶贴饰面砖→清洁面层→勾缝→清洁面层。

镶贴饰面砖的基层应清洁、湿润,基层刮糙后涂抹 1∶3水泥砂浆找平层。饰面砖镶贴必须按弹线和标志进行,墙面上弹好水平线并作好镶贴厚度标志,墙面的阴阳角、转角处均需拉垂直线,并进行兜方,阳角要双面挂垂直线,划出纵横皮数杆,沿墙面进行预排。镶贴第一层饰面砖时,应以房间内最低的地漏处或水平线为准,并在砖的下口用直尺托底。饰面砖铺贴顺序为自下而上,从阳角开始,使不成整块的留在阴角或次要部位。对多层、高层建筑应以每一楼层层次为界,完成一个层次再做下一层次。待整个墙面镶贴完毕,接缝处应用与饰面砖颜色相同的石膏浆或水泥浆填抹。其中室外和室内潮湿的房间应用与饰面砖颜色相同的水泥浆或泥砂浆勾缝。勾缝材料硬化后,用盐酸溶液刷洗后,再用清水冲洗干净。

17.2.2 饰面板安装

饰面板(大理石、花岗岩等)是多用于重要建筑物的墙面、柱面等处的高级装饰物。饰面板安装可采取水泥砂浆固定法、聚酯砂浆固定法、树脂胶连接法和螺栓或金属卡具固定法。

17.3 铝合金与玻璃幕墙

铝合金是以铝为基体而加入其他元素构成的新型合金。它除具备必要的力学性能外,还具有一些特殊的装饰性能,表面经阴阳电化处理后,具有古铜、青铜、金黄、银白等颜色,轻盈美观,适合室内吊顶、墙体和门窗等装饰。

铝合金吊顶由龙骨、T 形骨、铝角条、吊杆和饰面板等组成。

现代高层建筑的外墙面装饰,还可采用铝合金窗和铝板组合而成的铝合金幕墙和玻璃幕墙。铝合金幕墙、铝合金板是覆盖在金属框上,而金属框利用在结构楼面上的预埋件用钢扣件连接固定;铝合金窗框则用螺栓安装在铝板金属框上。铝合金幕墙的施工顺序如下:预埋件安装→安装弹线→钢扣件安装→铝板安装→铝窗安装→玻璃安装→镶嵌封条→室内石膏板安装→幕墙表面清洗。

玻璃幕墙一般用于高层建筑的整个立面或裙房的四周围护墙体。施工时,按设计尺寸预先排列幕墙的金属间隔框及组合固定件位置,提出中空玻璃的性能要求、外形尺寸和配件等数量。库房存放应按编号分堆堆放,存放时要垂直放平以防翘曲变形导致玻璃破裂。

17.4 油漆、刷浆和裱糊工程

油漆和刷浆是将液体涂料刷在木料、金属、抹灰层或混凝土等表面,干燥后形成一层与基层牢固黏结的薄膜(漆膜),以与外界空气、水气、酸、碱隔绝,达到木材防潮、防腐和铁件、钢材防锈的作用。此外油漆和刷浆也可满足建筑装饰的要求。近年来在宾馆及高级民用建筑中还广泛采用壁纸裱糊,随着新型壁纸材料的出现以及胶粘剂、裱糊工具的配套,已形成完整的施工工艺。

17.4.1 油漆工程

油漆是一种胶体溶液,主要由胶粘剂、溶剂(稀释剂)及颜料和其他填充料或辅助材料(如催干剂、增塑剂、固化剂)等组成。胶粘剂常用桐油、梓油和亚麻仁油及树脂等为原料,是硬化后生成漆膜的主要成分。颜料除使涂料具有色彩外,尚能起充填作用,能提高漆膜的密实度,减小收缩,改善漆膜的耐水性和稳定性。溶剂为稀释油漆涂料,常用的有松香水、酒精及溶剂油(代松香水用),溶剂的掺量过多,会使油漆的光泽不耐久。若需加速油漆的干燥,可加入少量催干剂,但如掺加太多会使漆膜变黄、发软或破裂。

为此,对于品种繁多的油漆涂料,按其性质和用途予以认真选择,并结合相应的施工工艺,就可以取得良好效果。选择涂料应注意配套使用,即底漆和腻子、腻子与面漆、面漆与罩光漆彼此之间的附着力不致有影响和咬起等。

17.4.2 刷浆工程

刷浆工程是将涂料刷在抹灰层或结构表面。分为室内刷浆和室外刷浆,亦包括顶棚等涂料的涂刷。

建筑涂料是一种装饰材料,发展十分迅速,品种不断增多,质量日益提高,应用逐渐广泛。建筑涂料色彩丰富、质感强、装饰效果好,而且施工简便、效率高。建筑涂料按其化学成分,分为有机高分子涂料和无机高分子涂料两大类。

17.4.3 墙纸裱糊

室内裱糊工程常用的有普通墙纸、塑料墙纸等,用胶粘剂裱糊在室内基体或基层表面上。塑料墙纸品种繁多,按外观分:有印花、压花、浮雕、印花压花、低发泡、高发泡等塑料墙纸;按施工方法分:有现场刷胶裱贴的,有背面预涂压敏胶直接铺贴的。

塑料墙纸材料的底层有布基和纸基两种。布基最常用的是玻璃布、玻璃毡和无纺布,纸基有普通纸和石板纸。

纸基塑料墙纸的裱糊工艺过程如下:基层处理→安排墙面分幅和画垂直线→裁纸→润湿→墙纸上墙→对缝→赶大面→整理纸缝→擦净纸面。

参考文献

[1] 李必瑜,王雪松. 房屋建筑学. 武汉:武汉理工大学出版社,2008.
[2] 孙犁,张文华. 建筑工程概论. 武汉:武汉理工大学出版社,2008.
[3] 冯美宇. 房屋建筑学. 第2版. 武汉:武汉理工大学出版社,2008.
[4] 聂洪达,郄恩田. 房屋建筑学. 北京:北京大学出版社,2007.
[5] 邢双军. 房屋建筑学. 北京:机械工业出版社,2006.
[6] 同济大学,西安建筑科技大学,东南大学,重庆大学合编. 房屋建筑学. 第4版. 北京:中国建筑工业出版社,2005.
[7] 李伟,王飞. 建筑工程施工技术. 北京:机械工业出版社,2006.
[8] 中华人民共和国建设部. 民用建筑设计通则 GB50352—2005. 2005.
[9] 中华人民共和国建设部,国家质量监督检验检疫总局. 建筑设计防火规范 GB50016—2006. 2006.
[10] 中华人民共和国城乡建设环境保护部. 建筑模数协调统一标准(GBJ2—86). 1987.

参考文献

[1] [illegible]
[2] [illegible]
[3] [illegible]
[4] [illegible]
[5] [illegible]
[6] [illegible]
[7] [illegible]
[8] [illegible]
[9] [illegible]
[10] [illegible]